U0003167

解剖之書

The Anatomists' Library

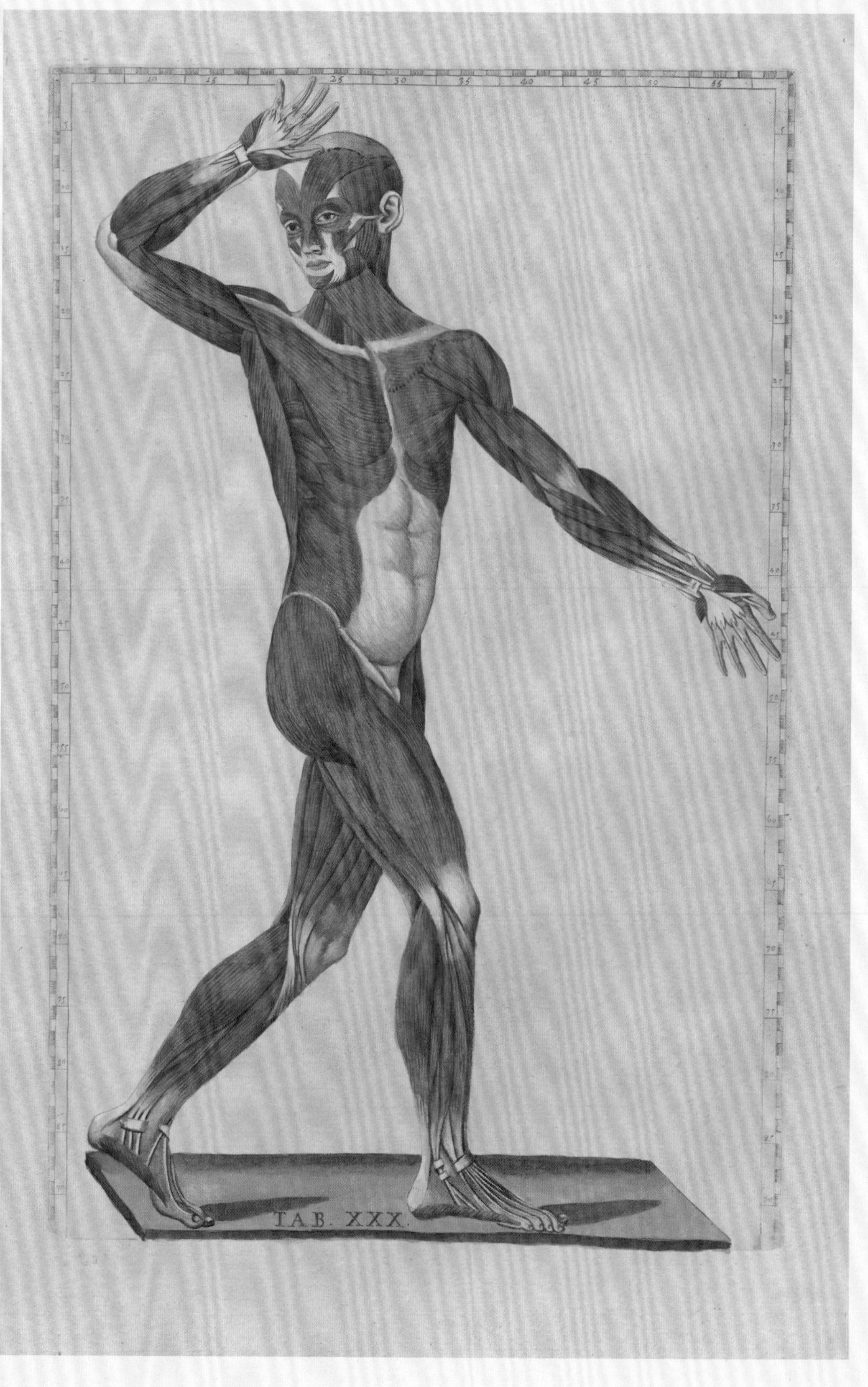
TAB. XXX.

解剖之書

從古埃及到現代，300⁺史上重要的
人體構造繪畫與醫療史

科林・薩爾特爾
COLIN SALTER

翻譯　張雅億

La Vie

解剖之書：從古埃及到現代，300+史上重要的人體構造繪畫與醫療史
The Anatomists' Library: The Books that Unlocked the Secrets of the Human Body

作者　科林・薩爾特爾（COLIN SALTER）
翻譯　張雅億
責任編輯　謝惠怡
美術設計　郭家振
行銷企劃　張嘉庭

發行人　何飛鵬
事業群總經理　李淑霞
社長　饒素芬
圖書主編　葉承享

出版　城邦文化事業股份有限公司　麥浩斯出版
地址　115台北市南港區昆陽街16號7樓
電話　02-2500-7578
傳真　02-2500-1915
購書專線　0800-020-299

發行　英屬蓋曼群島商家庭傳媒股份有限公司城邦分公司
地址　115台北市南港區昆陽街16號5樓
電話　02-2500-0888
讀者服務電話　0800-020-299（9:30AM~12:00PM；01:30PM~05:00PM）
讀者服務傳真　02-2517-0999
讀者服務信箱　csc@cite.com.tw
劃撥帳號　19833516
戶名　英屬蓋曼群島商家庭傳媒股份有限公司城邦分公司

香港發行　城邦（香港）出版集團有限公司
地址　香港九龍九龍城土瓜灣道86號順聯工業大廈6樓A室
電話　852-2508-6231
傳真　852-2578-9337

馬新發行　城邦（馬新）出版集團Cite（M）Sdn. Bhd.
地址　41, Jalan Radin Anum, Bandar Baru Sri Petaling, 57000 Kuala Lumpur, Malaysia.
電話　603-90578822
傳真　603-90576622

總經銷　聯合發行股份有限公司
電話　02-29178022
傳真　02-29156275

製版印刷　凱林彩印股份有限公司
定價　新台幣850元／港幣283元
2024年3月初版一刷・Printed In Taiwan
ISBN：978-626-7401-34-7

版權所有・翻印必究（缺頁或破損請寄回更換）

Anatomists' Library : The Books that Unlocked the Secrets of the Human Body © 2023 by Ivy Press An imprint of The Quarto Group.
Text copyright © 2023 Colin Salter
Copyright © Quarto Publishing plc
All rights reserved.
This Complex Chinese edition is published in 2024 by My House Publication, a division of Cite Publishing Ltd.

國家圖書館出版品預行編目資料

解剖之書：從古埃及到現代，300+史上重要的人體構造繪畫與醫療史/科林.薩爾特爾（Colin Salter）作；張雅億翻譯. -- 初版. -- 臺北市：城邦文化事業股份有限公司麥浩斯出版：英屬蓋曼群島商家庭傳媒股份有限公司城邦分公司發行, 2024.03

面；　公分

譯自：The Anatomists' Library: The Books that Unlocked the Secrets of the Human Body

ISBN 978-626-7401-34-7（平裝）

1.CST: 人體解剖學 2.CST: 歷史

394.09　　113001802

目錄

引言

書是時空膠囊，它們保存了其所處時代的知識與態度。所有的書皆不例外，即便是科幻小說，也必須從寫作時的時下觀點發想，才有可能像變魔術般編織出創新的未來或過去。作家無法想像意想不到之事，這點對紀實文學而言更是如此，因為這類作品記錄的是作家在寫作當下所理解的真相。知識拓展，文化演進，隨之產生的變化都會展現在任一主題的相繼著作上。將這些相同主題的書全放進同一個書庫裡，合在一起所呈現的便是特定學問的社會與科學史。

解剖學能充分說明這點，因為這是最古老的一門科學，其信史可追溯到數千年前。本書章節所介紹的解剖之書，雖然只涵蓋該領域已出版書籍的一小部分，但數量卻遠多於 150 本書，橫跨時間超過 5000 年。其中包括描述古埃及戰傷手術的《艾德溫．史密斯紙莎草卷》（Edwin Smith Papyrus）、反映 21 世紀科技進步的《骨骼肌肉磁振造影》（*Musculoskeletal MRI*）新版，以及為孩童創作的《人類解剖學與生理學著色書》（The Human Anatomy and Physiology Coloring Book）——後者顯示出整個社會在破除長久以來圍繞著解剖學的迷思與懷疑上，已有相當大的進展。

解剖學一直以來都受到人類關注，這一點也不奇怪。我們的身體代表著我

右圖

《論解剖十五卷》
（*De re anatomica libri XV*，1559年）

在雷爾多．科倫坡（Realdo Colombo）的《論解剖十五卷》中，卷首插圖描繪了1548年時，英國解剖學家約翰．班尼斯特（John Banister，1533–1610年）在倫敦的理髮外科醫師大廳（Barber-Surgeon's Hall）講授解剖學的情形。

左圖

劍橋大學的解剖劇場（1815年）

懸吊在解剖台上方的人體骨骼是一種教學輔助工具，同時也是一種「死亡的象徵」（*memento mori*），用來提醒人們勿忘自己終將一死。

上圖
約翰尼斯·克卜勒（Johannes Kepler，1571–1630年）

天文學家克卜勒的人眼研究為現代光學奠定了基礎。

們自己。不論我們是否相信體內有靈魂，能夠肯定的是，身體確實乘載著我們的血液與跳動的心臟，以及我們的生命與（某種形式的）死亡。美國喜劇演員艾倫·謝爾曼（Allan Sherman）把身體構造當成梗，改編了〈你們要有心〉（You Gotta Have Heart）[1] 這首歌。在他的精采仿作中，他唱道：

皮膚的包覆令你舒服自在，

況且，要是少了它，

你的五臟六腑

全部都會掉光光。

「細看人類解剖學，」英國人氣醫學作家與廣播主持人愛麗絲·羅伯茲（Alice Roberts）曾說，「總是會令我產生兩種本質上完全對立的想法：我們的身體是美妙、複雜又精細的偉大作品，但同時，它們也是東拼西湊、雜七雜八、偶爾還會哐啷作響的機器。」身體是自我調節與修復能力卓越的機器，然而當它們故障或滲漏時（通常是由我們的人類同伴或我們自己的野蠻或輕率所造成），我們會希望能修好它們。

解剖學的應用最早有可能發生在戰場上，但很快就顯露較心靈的層面。隨著古埃及與希臘的思想家發展出哲學思想，靈魂的概念就此誕生。靈魂與思想雖然跳脫身體的實際功能，不過仍被認為是包含在身體之內。早期的解剖學家對腦與心的相對角色進行了激烈的學術論戰。靈魂存在於何處？理智的中心在哪？在解剖學的層級結構中，是心支配腦，還是腦支配心？直至今日，當我們問自己「要跟著理智走，還是跟著感覺走」時，我們仍舊是（以一種較隱喻的方式）在進行著相同的辯論。

解剖學無法不受全球事件影響。文明間的戰爭促使人類對身體萌生好奇。爾後，羅馬帝國於 15 世紀崩塌，導致西歐進入了一段野蠻時期，於是新的學術中心向東崛起，開啟了伊斯蘭文明的黃金時代，為解剖學研究帶來了重大貢獻。在那段黃金時代的尾聲，西方學者到訪西班牙舊時的伊斯蘭學術中心，將伊斯蘭文本又重新譯回拉丁文。到了 20 世紀，第二次世界大戰的屠戮慘狀，促使有史上最精美解剖圖集之稱的著作問世。然而，在看待這部由奧地利解剖學家艾德華·彭科夫（Eduard Pernkopf）繪製、共四卷的《人體解剖學圖集》（*Topographic Anatomy of Man*）時，不能脫離其歷史背景；這部與納粹殘忍暴行有關的著作，將永遠背負著汙名。

透過實驗性質的解剖，赫洛菲洛斯（Herophilos）、蓋倫（Galen）、拉齊（Rhazes）與阿維森納（Avicenna）等早期解剖學家開始探索皮膚底下的真相，並將他們的發現記錄在書中。有些迷思因此被破解，有些則繼續流傳——例如靜脈負責運輸肝臟製造的血液，而動脈負責輸送一種被稱為「普紐瑪」（pneuma）的神祕能量，

[1] 1958 年歌舞喜劇片《失魂記》（*Damn Yankees*）中的歌曲。艾倫·謝爾曼將這首歌改編成〈你們要有皮膚〉（You Gotta Have Skin）。

會在我們呼吸時，跟著空氣一起被吸入體內。

根據自然哲學家的主張，如果這個世界是由風、火、水、土所構成，那麼身體一定是由相對應的物質所組成——即黑膽汁、黃膽汁、血液與黏液；這些所謂的「體液」（humor）若失去平衡，勢必會導致身體不適。以蓋倫為主要提倡者的體液說在解剖學文獻中留存了數世紀，即使在威廉·哈維（William Harvey）於 17 世紀發現血液循環的真相後，仍舊屹立不搖。在過去有一種說法是，醫生們「寧願和蓋倫一起犯錯，也不願與哈維一同說出真相」。

對任何一位解剖學家而言，設法脫離宗教對解剖學理論的普遍影響，都是既勇敢又艱辛的一步。天主教在中世紀對社會握有強大的掌控權；西班牙解剖學

左圖

《十四具骷髏》（*Fourteen Skeletons*，約1740年）

這幅18世紀鐫刻版畫描繪了生與死，仿自克里索斯托莫·馬丁內斯（Crisóstomo Martínez，1628–94年）的畫。

左圖

《菲德里・勒伊斯醫生的解剖課》
（*The Anatomy Lesson of Dr Frederik Ruysch*，1670年）

由荷蘭藝術家阿德里安・巴克（Adriaen Backer，1635–84年）所繪。勒伊斯（1638–1731年）開發了一種用來保存人類細胞組織的早期技術。

家米格爾・塞爾維特（Miguel Servet）就是因為大膽挑戰其正統性，而不幸被活活燒死在焚燒其著作的火堆中。儘管如此，科學仍逐漸開始與政教分離。

科學從政教的束縛中解脫，使解剖學家得以純然為追求知識而探索人體構造。現代解剖科學最初是受到義大利文藝復興時期渴求真理的精神所推動，而誕生於 16 世紀。不只是外科醫生需要了解人體，雕塑家與畫家也希望能將人的體態刻畫得盡善盡美。藝術家開始出席公開解剖展示，甚至學習如何親自解剖屍體。在解剖學家的書房裡，用來裝飾書架的細膩畫作顯示出藝術家對人體有深入的了解。

下圖
《手術前》
（*Before the Operation*，1889年）

朱爾斯—埃米爾・佩恩（Jules-Émile Péan，1830–98 年）在其所處時代是最頂尖的法國外科醫生之一。亨利・熱爾韋（Henri Gervex）的畫呈現出他在手術前為學生解說的情景。

在解剖學的歷史中，解剖用人體的供給向來是一大挑戰，也是引發爭議的來源。社會風俗經常導致任何形式的解剖都演變成違法、褻瀆神明或至少引人反感的活動。有時解剖也被當成是一種附加的懲罰，使罪犯在遭到處決後，屍體還要被剖開。倫敦的理髮外科醫師大廳刻意蓋在新門監獄（Newgate Prison）附近，就是因為從那裡有望能獲得穩定的人體供給。隨著解剖課程從 17 到 19 世紀變得愈來愈受歡迎，人體逐漸供不應求，於是盜屍人開始偷挖剛下葬的屍體，將它們賣給貧窮的講師與學生。本書會介紹 1829 年兩位愛丁堡盜墓者駭人聽聞的審判案，以及用其中一人的皮膚做成封面的筆記本。李奧納多・達文西（Leonardo da Vinci）與米開朗基羅（Michelangelo）都曾私下與地方醫院交易，以取得用來研究的新鮮屍體。

自文藝復興以來，藝術學校一直都有解剖學課程。動畫大師華特・迪士尼（Walt Disney）也曾上過繪畫課，並在十年後，也就是 1928 年時，推出了他的第一個創作角色：米老鼠。後來他回憶道：「對我們來說，最困難的工作是為卡通中的人物與動物，創造出不自然卻又看似自然的身體構造。」除了迪士尼外，了解身體結構對阿爾布雷希特・杜勒（Albrecht Dürer）來說也一樣重要。這位偉大的 16 世紀插畫家最著名的成就，就是在從未親眼見過犀牛的情況下，繪製出構造相當準確的犀牛畫像。最早為藝術家而非外科醫生所寫的解剖書之一，也是出自杜勒之筆。

藝術與解剖學之間存在著共生關係。多年來，解剖學書籍中的插圖就和文字本身一樣善於說故事。從早期伊斯蘭文本中外型像青蛙的全身人體圖，到清晰準確的特定器官圖，歷代解剖學在視覺呈現上皆採用當時最新的技術。當許多書籍仍以手抄的方式複製時，解剖學早已開始使用印刷技術。舉例來說，外傷示意圖《受傷的人》（*The Wounded Man*）就是以原木雕版印刷而成（這個倒楣人物的設計目的是要在單一圖畫中，盡可能地展示出多種不同的外傷）。木刻技術在中世紀期間變得更加純熟，直到文藝復興時期，能表現出精密細節的平版印刷術問世後，才為之所取代。攝影技術的發明提高了寫實度，尤其是隨著 19 世紀彩色印刷技術的進步，效果更是顯著。不過比起照片，藝術家的理想畫作通常更能展現出他們想要突顯的細節。

從 17 世紀的顯微鏡到 19 世紀的內視鏡，以及從現代的 X 光到電腦斷層與磁振造影掃描，我們在觀察人體構造上的科技進展，改變了解剖學的視覺呈現方式。舉例來說，掃描影像能藉由人工著色突顯它們所捕捉的細節。

在 21 世紀，磁振造影掃描所產生的解剖影像有可能是列印的 2D 靜態圖像，但也有可能是線上的 3D 視圖。在這個網路年代，解剖之書或許總有一天會變得完全過時。本書把焦點放在那些在 19 世紀結束前出版的解剖書上；在那之前，宏觀的人體解剖學（肉眼觀察得到的解剖學）大致上已發展完備。每個身體部位都有各自的名稱，而對於所有部位如何協力運作以維持生命與動力，我們也獲得了充分的認識。從 20 世紀起，解剖學的重大進展都發生在細胞或刺細胞的層級；如今，解剖學正處於一個嶄新、微觀的階段。

解剖學的歷史也是關於我們如何克服生理缺陷的歷史。另一位動畫大師查克・瓊斯（Chuck Jones）是知名卡通人物兔巴哥（Bugs Bunny）與其死對頭歪心狼（Wile E. Coyote）的創作者，他曾表示：「歪心狼和兔巴哥一樣，都因為身體構造而有所侷限。」我們都受限於自己的生理結構，但透過寫作與繪畫、閱讀與觀察，我們能了解自己的極限，甚至在某些情況下加以克服。每個人都活在一台奇妙的機器裡，那就是我們的身體：經過精確調整，但在此同時，相互依存的內部系統又處於脆弱混亂的狀態，經常面臨故障的風險。因此，從實際意義來看，認識解剖學就是認識我們自己。

科林・薩爾特爾
寫於愛丁堡
2022 年 9 月

古世界的解剖學

ANATOMY IN THE ANCIENT WORLD

3000 BCE–1300 CE

在進入 14 世紀前，實際上已有 1300 年的時間，醫學界都在使用同一本教科書。醫生們依舊靠草藥、水蛭和外科鋸治療大部分的病症，解剖知識也依舊粗略又不精確，大多以猿猴和豬的解剖為依據，並混雜了宗教與哲學教義。

在此所提到的「教科書」，其實就是克勞狄烏斯・蓋倫（Claudius Galenus）的大量論述。這位多產的醫學作家生活於西元 1 和 2 世紀。在歷史上，蓋倫（Galen，為 Galenus 的現代體）推動解剖科學發展的功勞無人能及。然而在這個過程中，他所仰賴的是累積了數千年的人體實驗知識。現代的解剖學家與解剖藏書的管理員都應該要對蓋倫心存感激，不只是因為他個人的貢獻，也因為他對前人思維（正確和錯誤的都有）的觀察。在許多情況下，原始的文獻早已遺失，而蓋倫的筆記是呈現原作者想法的唯一記錄。

1. 古埃及

現存最早的解剖學記錄是埃及的紙莎草卷。紙莎草卷本身約有 3600 年的歷史，但有些紙莎草卷會用來複寫更早期的文獻，而這些文獻最早有可能寫於 5000 年前。有一份紙莎草卷似乎曾作為軍用醫療手冊，用於治療頭部創傷等各種外傷。1862 年，這本手冊在埃及的盧克索（Luxor）被美國古物收藏家艾德溫・史密斯（Edwin Smith）收購，如今被稱為《艾德溫・史密斯紙莎草卷》。在少數已知的醫學類紙莎草卷中，這本手冊因十分實用而格外獨特，當中的治療方法是源自觀察與實務，而非法術與迷信。不過，裡頭確實含有一些咒語，用來作為走投無路時的最後手段。這本手冊在 1930 年首次經人翻譯後，被發現當中包含了已知最古老的解剖術語應用，例如「腦」的象形文字（其字面意義是「顱骨殘渣」）第一次出現就是在這本手冊中。其內容描述了腦的組成部位，以及頭骨損傷對身體其他地方的影響。如今，這本手冊是紐約醫學會（New York Academy of Medicine）的珍貴收藏。

在當時（就如同在解剖歷史上的許多時候），嚴重外傷是能觀察到人體內部的唯一機會。除此之外，儘管是在信仰儀式而非科學場景中，但埃及製作木乃伊的傳統也使人得以一窺體內器官。至於人體骨骼，則需透過死亡已久的遺體獲得認識。純粹為追求知識而特意進行解剖，是一種對靈魂容器的侵犯，不論是從哲學或法律的角度來看，都不可行。

雖然如此，《艾德溫・史密斯紙莎草卷》仍針對脊椎損傷提供了非常現代的診斷程序，並辨識出心跳與脈搏之間的關係。另一份年代相仿的紙莎草卷探討的是心臟在所有體液循環中的角色，也因此論及了心臟與所有身心疾病的關聯。1872 年，德國埃及古物學家喬治・埃伯斯（Georg Ebers）在盧克索向艾德溫・史密斯購買了這份紙莎草卷；如今它被保存於埃伯斯曾任教的萊比錫大學（University of Leipzig）。這份紙莎草卷包含大量的法術與咒語，但也展示了一些從經驗中獲得的解剖學知識。當中有關於牙醫學、皮膚狀況、眼睛、腸道與婦科（包括避孕）的章節。「若要避孕，」其內容建議：「可將棗子、金合歡與蜂蜜製成膏狀物後，塗抹在羊毛上，當作子宮帽使用。」

下圖

古埃及象形文字

醫學進步的埃及人寫下了現存最古老的解剖學相關文字。這四個字母大約源自西元前1700年，拼在一起就是「腦」的古埃及文。

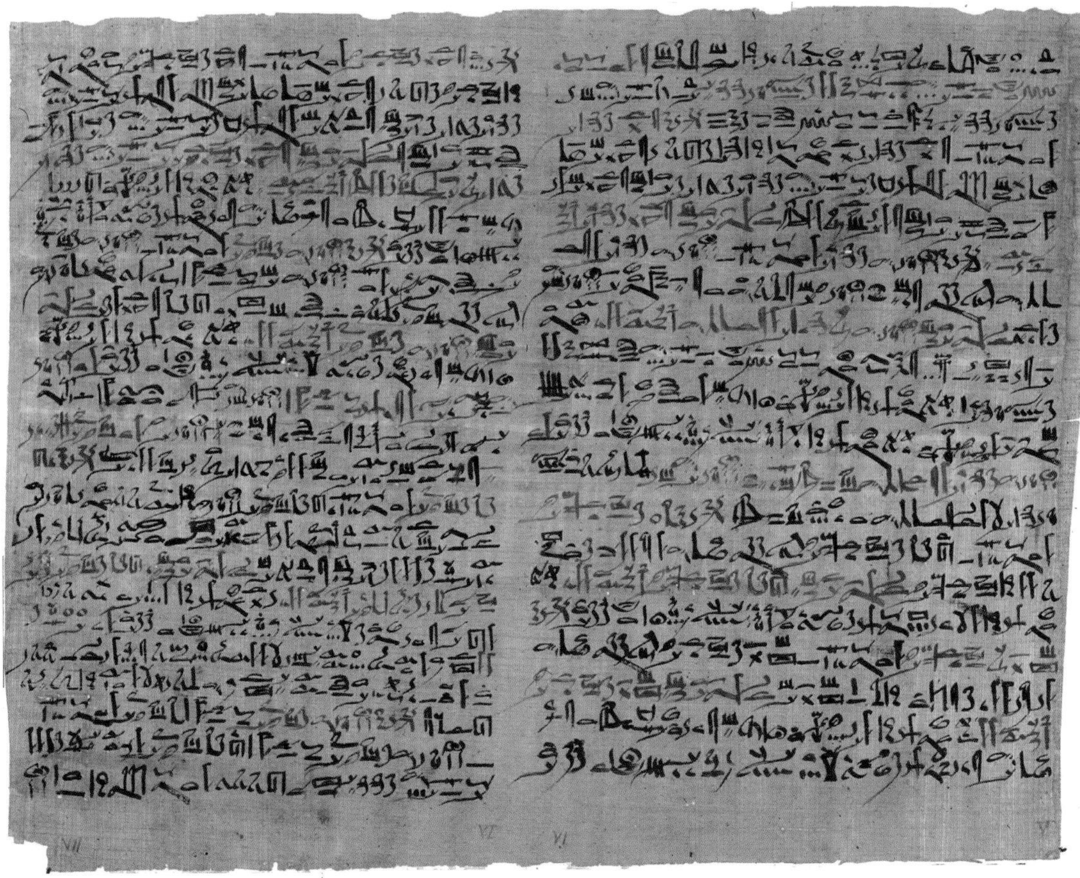

上圖

《艾德溫・史密斯紙莎草卷》（Edwin Smith Papyrus，約西元前3000年）

這份已知最早的外科文件描述了48種病況的詳細治療方法，其中有許多病況都是戰傷所致。

上述的《喬治・埃伯斯紙莎草卷》（Georg Ebers Papyrus）是少數以兩個文本留存的古籍文獻之一——較晚出現的《卡爾斯堡紙莎草卷》（Carlsberg Papyrus）內容與《埃伯斯紙莎草卷》完全一致。柏林的《布魯格施紙莎草卷》（Brugsch Papyrus）則是不同的文本，但談論的主題和《埃伯斯紙莎草卷》以及《卡爾斯堡紙莎草卷》大致相同；此外，某些歷史學家根據當中的細節，研判蓋倫可能曾參考這份紙莎草卷。《卡洪紙莎草卷》（Kahun Papyrus）探討的主題也是懷孕、生殖與婦科疾病；這份紙莎草卷寫於西元前約 1800 年，如今被保存在倫敦大學學院（University College London）。

《赫斯特紙莎草卷》（Hearst Papyrus）是在菲比・赫斯特（Phoebe Hearst，美國企業大亨威廉・藍道夫・赫斯特〔William Randolph Hearst〕之母）於 1901 年帶領的考古探勘行動中被發掘，因此以她命名。這份紙莎草卷探討了血液、頭髮與尿液等問題。其所描述的其中一種病症是「迦南病（Canaanite illness）……患病時身體會變得像煤炭一樣黑，還會出現深灰色的斑點」。據信這份紙莎草卷是另一部較早期著作的副本，抄寫於西元前約 1800 年，不過目前這項說法仍遭質疑。

被視為顱骨殘渣的大腦在古埃及時期並未獲得理解，而在木乃伊的製作過程中，當然也沒有被保存下來。埃及人似乎對腎臟所知甚少，並認為心臟帶動了所有體液（包括尿液、精液、眼淚和血液）的循環。然而，他們記錄在許多紙莎草卷中的觀察，將埃及醫學推到了領先地位，使其遠遠超前於 1000 年後主宰醫學、較負盛名的希臘學派。

2. 古希臘

希臘崛起成為權力與學術的中心後，人們開始對自然世界產生興趣。隨著自然哲學家辨識出物理環境的基本構成元素（風、火、水、土等），他們將注意力轉移到人體形態與其組成上。阿爾克邁翁（Alcmaeon of Croton，生於西元前約 510 年）很可能是率先開始解剖動物以探求人體解剖學知識的其中一人。他是個謎樣的人物，在西元前 5 世紀時，可能曾是畢達哥拉斯（Pythagoras）的學生。關於他的生平幾乎不得而知，但一般認為是他發現了視神經與歐氏管（Eustachian tube，即耳咽管，屬於中耳的一部分）。他進行了許多與這些感覺器官有關的研究，並推斷這些器官與腦部相連（因為他認為腦是思想與靈魂的所在之處）。關於這點是否屬實，在往後的數個世紀中，主張心才是生命核心的人將持續提出質疑。不過，阿爾克邁翁的推論顯然是對的。

有人認為阿爾克邁翁擁有更大的成就，那就是最先解剖人類屍體與最先撰寫解剖學專著（書名為《論自然》〔*On Nature*〕）。甚至也有人認為他超前伊索（Aesop），創作了史上第一本動物寓言；不過，和他同時代的斯巴達詩人阿爾克曼（Alcman），似乎較有可能是第一本動物寓言的作者。阿爾克邁翁所說的「學習從經驗開始」，有時被認為是出自阿爾克曼，但這句話無疑與阿爾克邁翁重視解剖經驗證據的名聲相符。解剖學在歷史上的所有進步，皆可說是建立在親自求證、眼見為憑的原則上；相反地，科學發展的裹足不前，在許多情況下，都是因為仰賴未經質疑的舊時觀點所致。

下圖
《第五元素》
（*Quinta Essentia*，1574年）

在萊昂哈特・瑟尼瑟（Leonhart Thurneisser）的著作《第五元素》中，有一幅描繪四種「體液」的插圖。當時的人認為人體是由這些體液所組成：黏液（Flegmatic）、血液（Sanguin）、黃膽汁（Coleric）與黑膽汁（Melancholy）。圖中還有占星符號和一個半男半女的人物。

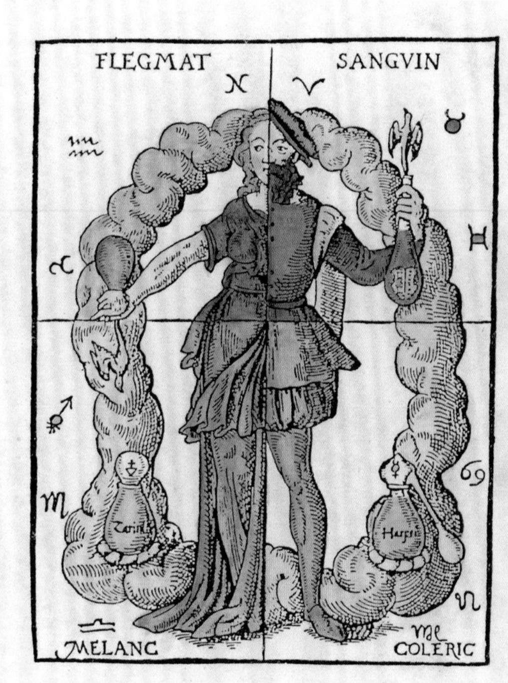

阿爾克邁翁最出名的事蹟是他所犯的一個錯誤。他率先提出體液的概念，主張這些在我們體內流經血管的液體必須達到平衡，才能維持身體健康。humor（體液）一字是源自「樹汁」的希臘語。阿爾克邁翁當然是錯的，但由於體液說與四元素學派相契合，因而盛行了約 2000 年。阿爾克邁翁所認定的體液，範圍比後來的醫學理論所定義的還要廣泛。我們在今日較熟悉的體液是血液、黏液、黃膽汁和黑膽汁。任何一種體液過剩的情況，例如多血質（sanguine，指血液太多）、黏液質（phlegmatic，源自黏液〔phlegm〕一字）、膽汁質（choleric，源自黃膽汁〔choler〕一字）或抑鬱質（melancholic，源自「黑色」的希臘語），都會造成健康與情緒上的變化。根據阿爾克邁翁所言，「體內力量（溼、乾、冷、熱、苦、甜等）的平衡能維持身體健康，但單一力量的獨大會招致疾病」。

不論是《論自然》，還是阿爾克邁翁的任何其他文字作品，都未能留存下來。此外，除了他出生在義大利南部（在當時屬於大希臘〔Greater Greece〕[2]的一部分）外，其他的生活細節亦無人知曉。宛如迷霧般的生平導致他經常在解剖學的歷史中遭到忽略。儘管如此，所幸還有其他作家在著作中提到阿爾克邁翁，以致我們能從中獲得少量關於他的資訊。這些作家顯然相當敬重阿爾克邁翁。他在普魯塔克（Plutarch）的傳記集《希臘羅馬名人傳》（*Parallel Lives*）、約翰尼斯・斯托拜烏斯（Joannes Stobaeus of Macedonia）所編纂的希臘學者文選集、希臘博學家泰奧弗拉斯托斯（Theophrastus of Lesbos）所寫的文章，以及蓋倫的作品中（如同許多其他出現在其著作中的已逝先驅），也應當獲得表彰。

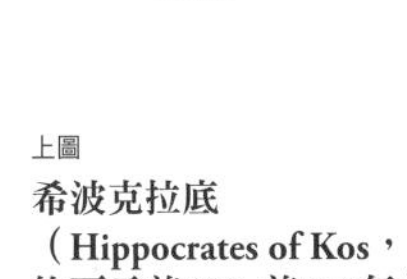

上圖
希波克拉底
（Hippocrates of Kos，約西元前460–前370年）

醫學之父。傳統上醫生們會按照以其名義訂立的《希波克拉底誓詞》（Hippocratic Oath），宣誓不蓄意傷害自己的病人

3.《希波克拉底文集》（*Hippocratic Corpus*）

阿爾克邁翁的《論自然》雖然沒有實體書留存，但在任何假想的解剖學家藏書中，都贏得了一席之地。這位作家（以及與他同時代的帕薩尼亞斯〔Pausanias〕、阿克隆〔Acron〕和腓利斯提翁〔Philistion of Locri〕）為追尋科學而進行了最早的解剖實驗，對希波克拉底（Hippocrates，約西元前 460– 前 370 年）等世世代代的解剖學家皆具有深遠的影響。活動於阿爾克邁翁死後不到一世紀的希波克拉底，被世人譽為「醫學之父」；直到近代，醫生們在執業前，都還是會以這位醫學界先驅的名義，宣誓遵循《希波克拉底誓詞》（Hippocratic Oath）所定義的醫療實務規範（目前已有另一套較現代的倫理守則）。而在解剖學的發展過程中，希波克拉底也有所貢獻。

《希波克拉底誓詞》中最著名的或許就是這句承諾：「我將避免一切有意作惡與傷人之行徑。」但除此之外，當中也包含這段表示保證的話：「我絕對不會施行手術，即便對象是結石患者，也會交由專匠處理。」由此可見，當時已有醫生與外科醫生的區別，且雙方互相尊重。希波克拉底發展出以眼、手、耳診察的體檢系統，且這套系統至今仍受到沿用；而雖然他把手術的職責留給了別人，但也主張解剖學的應用知識是做好醫療工作的必備條件，並將之描述為「醫學論述（medical discourse）的基礎」。

除了他所傳下的醫療倫理守則與病患診斷技巧外，希波克拉底留給所有醫學學科的最大貢獻，或許就是他對醫療脫離宗教的堅持。他的家人在希臘的科斯島（Kos）上擔任神職人員，因此他繼承了行醫的權利。然而，他就和許多的第二代一樣，拒絕跟隨父親的腳步；他不相信病痛是神降下的懲罰，也不認為在神廟中取悅神必須是治療的一部分。舉例來說，癲癇在當時被稱為「神聖的疾病」（sacred disease），但希波克拉底堅信癲癇的成因源自大腦。對他來說，健康來自內在，也來自外在——內在是指阿爾克邁翁所提出的體液平衡，外在則是指人與其所處環境間的健全關係。這樣的看法驚人地先進，且有趣的是，在大約同一時間，位於地球另一邊的中國也出現了類似的破除迷信之作，那就是《黃帝內經》。這部醫學論文集彙集了西元前 5 與前 1 世紀間的醫學著作，為中國現代醫學奠定了基礎。

[2] 西元前 8– 前 6 世紀，古希臘人在義大利半島南部建立的一系列城邦。

相較於阿爾克邁翁，希波克拉底的著作在解剖學家的藏書中有超過 60 本，且涵蓋的專業領域相當廣泛。這些著作合稱為《希波克拉底文集》。當中沒有任何一卷書能被確定是由希波克拉底本人所寫，但這些作品大多和他來自同一時代，也大多反映出希波克拉底學派（Hippocratic school）的哲學。當一個人提到 Hippocratic school 時，他指的不只是思想流派（school），而是還包含希波克拉底實際上在科斯島建立的學校（school）。希波克拉底據說是一位有天賦的老師，且有人認為他和他的學生其實撰寫了一部更龐大的學派叢書，而《希波克拉底文集》只是如今僅存的部分內容。《希波克拉底文集》的歷史價值，有一部分是在於這些作者不只反省了自己的醫療技術，也思考了他們在醫學界的角色與實務。

即便形式縮減，《希波克拉底文集》仍是一部很了不起的參考文集。其中的專著主題包括感染、疾病與流行病；痔瘡與潰瘍；以及骨折、關節損傷與頭部外傷。另外也有幾本關於婦科與泌尿科的書。身體的各種腔穴孔洞與之間的連結相當受到關注——當中有書探討封閉式管道（包括肌腱與血管）與瘻管（腔穴間的異常連結）。雖然在當時尚未有人知道神經的存在，但據信希波克拉底已發現迷走神經；據他所述，有「兩條結實的索」（two stout cords）從腦部穿出，並沿著氣管任一側往下延伸。

下圖
《希波克拉底文集》
（*Hippocratic Corpus*）

希波克拉底作品全集1662年版的扉頁。背景中有一尊作者的雕像，正在監督前方的醫療程序。

在《希波克拉底文集》中，有幾本書（包括《論解剖》〔*On Anatomy*〕）的寫作時間明顯晚於大多數的書；這有可能是後來的編纂者錯把這些書給收錄了進去。另外有幾本則是僅存阿拉伯語、希伯來語、敘利亞語或拉丁語的譯本。而隨著其最早的印刷書（拉丁語版本）在 1525 年問世，這部文集也得以在解剖學家的書架上真的佔有一席之地。在現代語言的版本中，荷蘭語評註是由荷蘭醫生弗朗茲．扎卡里亞斯．埃爾默林斯（Franz Zacharias Ermerins）於 19 世紀中出版，法語譯本與評註則是由雅克．儒安納（Jacques Jouanna）自 1967 年起陸續完成。雖然文集中有部分著作從 1597 年開始出現英語版，但第一部完整的英語譯本一直要到 2012 年才完成。

4. 普紐瑪、脈搏與普拉克薩哥拉斯（Praxagoras）

在希波克拉底的追隨者中，普紐瑪的概念獲得了某些人的認同。普紐瑪是一種看不見的生命力，循環於環繞地球的氣流中。人類透過呼吸攝入普紐瑪後，它會在人體內推動體液，使其流向重要的器官。這是個很難反駁的理論；普紐瑪並不具形體，於是當病人一停止呼吸就死亡時，很容易就被推測為嚴重缺乏普紐瑪所致。

希波克拉底創立於科斯島的醫校發展蓬勃，他的學生有些留在那裡教書，有些則到世界各地傳播他的學說。某些希臘醫生遵循他的教誨，將解剖學知識視為理解醫學之必備條件，並把這門學問當成他們的研究重點。來自希臘卡里斯圖斯的狄奧克勒斯（Diocles of Carystus，約西元前 375– 前 295 年）有可能創造了「解剖學」一詞，並毫無疑問地撰寫了史上第一本動物解剖手冊。然而，除了蓋倫和其他人在著作中提到的書名或引述外，不論是這本手冊或他的其他文字作品，皆未能留存下來。狄奧克勒斯不僅堅信神經是知覺的傳播媒介，也很可能發明了「狄奧克勒斯之匙」（Spoon of Diocles）——這是一種外科器具，用於移除射進人體內的箭矢，有一次還曾被用來取出馬其頓國王腓力二世（Philip II of Macedon，亞歷山大大帝之父）受傷的眼球。

上圖
狄奧克勒斯
（Diocles of Carystus，約西元前375–前295年）

根據歷史學家普林尼（Pliny）所述，狄奧克勒斯的「名聲與所處年代緊接在」希波克拉底之後，是第一個在醫學情境中使用「解剖學」一詞的人。

在科斯島醫校的創辦人希波克拉底逝世不久後，普拉克薩哥拉斯（約生於西元前 340 年）在科斯島出生，並在日後追隨其父親與祖父的腳步，成為了醫生。他的著作均未留存，但再次感謝蓋倫，我們得以對他的論述有一些認識。普拉克薩哥拉斯率先將靜脈與動脈區分開來；根據他的推論，靜脈負責輸送血液，動脈則負責輸送普紐瑪。不難想見蓋倫為何會質疑普拉克薩哥拉斯是否真的進行過解剖，儘管當普拉克薩哥拉斯在檢視死者動脈時，當中確實沒有血液。普拉克薩哥拉斯還認為靜脈源自肝臟，動脈源自心臟，且動脈的脈動是靠自己產生，而不是由心跳所致。

在《希波克拉底文集》中，到處都有關於體液與普紐瑪的敘述；而普拉克薩哥拉斯也認同阿爾克邁翁對體液種類的廣泛定義。舉例來說，他認為癲癇與麻痺都是人在失溫的情況下，動脈中凝結的黏液不斷累積所致。不過，狄奧克勒斯與普拉克薩哥拉斯皆不贊同阿爾克邁翁所主張的「腦是理智的中心」；對他們而言，心才是支配理智的地方。儘管如此，普拉克薩哥拉斯對脈搏的興趣，促使脈搏演變成一種有用的診斷工具。他的學生赫洛菲洛斯甚至撰寫了《論脈搏》（On Pulse）這本專著，在當中修正了普拉克薩哥拉斯的錯誤認知。

5. 赫洛菲洛斯、埃拉西斯特拉圖斯（Erasistratus）與亞歷山卓（Alexandria）

赫洛菲洛斯（約西元前 335– 前 280 年）出生於土耳其沿岸靠近拜占庭（Byzantium）的地區，但後來為了求學而搬到一個充滿活力的城市，那就是位於埃及的亞歷山卓。亞歷山卓是在赫洛菲洛斯在世期間（西元前 331 年）由亞歷山大大帝所興建，並已逐漸崛起為國際性的文化中心，是東西與南北知識匯流合璧之地。就其最純粹的意義來說，亞歷山卓就是一座知識殿堂。其著名的圖書館最終藏書多達約 70 萬卷，而希波克拉底學派的著作也是在這裡，開始被合併彙整為一部文集。

如此規模龐大的資訊吸引了教師與學生到來，也激發了更多的求知慾，特別是在醫學的領域。或許是因為對知識的渴望勝過了對習俗的尊重，以致亞歷山卓成為了這個古文明世界中，唯一一個允許解剖人類屍體的地方。於是赫洛菲洛斯善用了這個機會，進行了史上首次大規模的人體解剖研究計畫。如今，他被視為解剖學的創始人。

赫洛菲洛斯信奉以經驗為依據的醫療作法，也就是靠自己的雙眼取得證據。他所解剖的屍體來自死刑犯；不過在將近 500 年後，與蓋倫同時代的早期基督教作家特土良（Tertullian）在其著述中，宣稱赫洛菲洛斯也曾利用活著的囚犯，進行了 600 場活體解剖。根據推測，這些囚犯並沒有被徵詢是否要簽同意書。

赫洛菲洛斯寫了至少九本專著，主題從助產士到脈搏都有，而脈搏的部分有可能來自他的活體解剖成果。赫洛菲洛斯的著作均未留存，但蓋倫在他的書中，廣泛提及與讚揚赫洛菲洛斯的論述，使有關他的回憶和他的至少某些看法能被保存下來。解剖在蓋倫的有生之年又再度成為禁忌，也因此他相當仰賴赫洛菲洛斯的撰述，因為赫洛菲洛斯有幸能在對的時機與地點從事研究。

赫洛菲洛斯特別熱衷於眼和腦的研究。他創造出「視網膜」一詞，並且和希波克拉底一樣，相信腦才是思維的中心，而不是心臟。赫洛菲洛斯是第一位辨識出運動與感覺神經的解剖學家。他發現小腦與大腦這兩個腦部區域的不同功能，並透過解剖證實靜脈與動脈輸送的都只有血液。

亞歷山卓以作為卓越的醫學中心聞名，有一大部分原因要歸功於赫洛菲洛斯在解剖學上所取得的進展。他的其中一項創舉是利用自己發明的水鐘（water clock）測量脈搏速率，以作為診斷依據。然而，他無法鼓起勇氣反駁盛行的體液

右圖

《埃拉西斯特拉圖斯發現安條克的病因》（Erasistratus Discovering the Cause of Antiochus' Disease，1774年）

法國歷史畫家雅克—路易・大衛（Jacques-Louis David，1748-1825年）想像埃拉西斯特拉圖斯替塞琉古一世（King Seleucus I Nicator）之子診斷的情景。這位希臘醫生發現愛情是導致王子生病的原因。

說與普紐瑪概念，而這兩種理論在接下來的 500 年間仍持續流傳。當時的普遍看法認為血液中混合了黏液、黑膽汁與黃膽汁，因此能藉由抽血與檢查血液的狀況，來為病人診斷。

赫洛菲洛斯與同為醫生的埃拉西斯特拉圖斯（約西元前 305– 前 250 年），經常被認為是亞歷山卓醫校的創辦人。師生在這座城市中舉行的非正式集會，促使他們產生了創立這所正式醫校的想法。他們兩人無疑是亞歷山卓醫校的領航之光，而埃拉西斯特拉圖斯也進一步在愛奧尼亞地區（Ionia）的士麥那（Smyrna）建立了自己的學校。他的醫校持續存在了超過 200 年。

有一則與診斷有關的杜撰故事，其中的主角就是埃拉西斯特拉圖斯（這個故事蓋倫和其他醫生也說過）。相傳他在治療安條克一世（Antiochus I Soter，國王塞琉古一世之子）的神祕病痛時，首次展露了他的醫學天賦。安條克一世得了一種不知其然的怪病而日漸消瘦，直到埃拉西斯特拉圖斯為他診斷後，情況才有了轉變。埃拉西斯特拉圖斯注意到不論何時，只要美麗的新王后斯特拉托妮可（Stratonice）一經過，安條克一世就會體溫升高、脈搏加速和臉色脹紅——他墜入情網了！由於不敢揭露安條克一世的真正病因，於是埃拉西斯特拉圖斯告訴國王，令王子癡迷的是他自己的妻子。當國王試圖說服埃拉西斯特拉圖斯將妻子讓給安條克一世時，埃拉西斯特拉圖斯反問國王，若新王后是王子的傾心對象，他是否也願意將她讓給王子。國王堅稱自己會這麼做，於是當埃拉西斯特拉圖斯說出真相時，國王信守承諾，將斯特拉托妮可連同國土內的數個省份，一併送給了王子。這位王子最終繼承了王位，而埃拉西斯特拉圖斯則因為他成功的診斷，獲得了 100 塔冷通（talent，古希臘貨幣單位）——這在歷史記載中是金額最龐大的一筆醫療費。（傳述這則故事的人經常忽略一件事，那就是埃拉西斯特拉圖斯在當時大約應該只有十歲。）

埃拉西斯特拉圖斯和赫洛菲洛斯一樣，也對血管、腦部與神經系統深感興趣。他觀察到第四個腦室，而赫洛菲洛斯當初只觀察到三個。他還提出人類腦部的大腦腦迴表面積較大，也因此相較於動物，人類的智力較高。此外，令人興奮的是，他只差一步就要發現人體內的循環系統了：蓋倫曾引述埃拉西斯特拉圖斯的觀察，表示「靜脈在通往全身的動脈源頭處形成，然後進入多血的〔右〕心室；動脈〔肺靜脈〕則從靜脈源頭處形成，然後進入多氣的〔左〕心室」。

在赫洛菲洛斯與埃拉西斯特拉圖斯死後，亞歷山卓醫校的哲學有了改變：經驗主義（empiricism）成為了主流。這個學派是由赫洛菲洛斯的學生腓利努斯（Philinus of Kos）所創，主張解剖在醫學中不具用處，並認為單純透過對病患身心狀態的非侵入性觀察，就能做到完善的診療。於是，人體解剖逐漸失去了關注。在西元前 3 和前 2 世紀，亞歷山卓與敘利亞的戰爭耗盡了這座城市的資源，也導致知識分子飽受質疑。醫生不再從事實務研究與實驗，而是紛紛隱退到學術領域，只專注於鑽研前人著作，放棄了可能不會受到歡迎的改革。亞歷山卓身為全球卓越醫學中心的地位一落千丈，在解剖學上也未獲得真正的進展，直到克勞狄烏斯．蓋倫在西元 2 世紀開始探究這門學問後，情勢才有所轉變。

上圖

蓋倫（Galen，西元129–216年）

T描繪現代醫學先驅蓋倫的鐫刻版畫，為德國藝術家保羅．布施（Paul Busch，約1682–1756年）之作。蓋倫在治療角鬥士時，透過他們的傷口觀察與學習人體構造。他將這些傷口描述為「人體視窗」。

6.蓋倫

蓋倫（西元 129–216 年）出生於希臘古城帕加馬（Pergamon），也就是現今的土耳其城鎮貝加蒙（Bergama）。帕加馬是一個很重要的地點，因為在此坐落著供奉希臘療癒之神阿斯克勒庇俄斯（Asclepius）的神廟（asclepeion）。該地也是學術與文化中心，其圖書館收藏了大量豐富的手稿，只有亞歷山卓圖書館可與之比擬。重要人物若來到帕加馬，不是為了學習，就是為了治病。

言論、知識與醫學是蓋倫兒時的遊樂場。他的父親打算將他培育成政治家，因此他從小就開始接觸當時各種不同的哲學流派。然而，當他 16 歲時，阿斯克勒庇俄斯出現在他父親的夢中，命令他要教育其子，使他習得醫療之道。於是，蓋倫前往帕加馬的阿斯克勒庇俄斯神廟，以初級治療助手的身分在那裡工作。他的其中一位導師是信奉經驗主義的藥師埃斯克里翁（Aescrion）。蓋倫後來回憶起這位藥師時，對他治療狂犬咬傷的方法深表佩服：為了製作藥方，必須要在某一特定的日相與月相期間捕捉螯蝦，將它活活烘烤後磨成粉末。根據推測，這麼做是為了要攝取其外骨骼中高含量的鈣與磷酸鹽。

蓋倫完成他在帕加馬的訓練後，動身前往地中海地區，以資深醫生（journeyman physician）[3] 的身分四處遊歷。他參訪了位於士麥那、賽普勒斯島（Cyprus）、克里特島（Crete）、希臘本土以及土耳其南部的醫校與醫學中心（可能也包含埃拉西斯特拉圖斯興建於士麥那的學校），最後移居到亞歷山卓。在那裡，他沉浸於閱讀當地圖書館所能提供的全部藏書，包括阿爾克邁翁、希波克拉底、赫洛菲洛斯與其他人的著作。

他在 28 歲時回到帕加馬，開始擔任角鬥士（gladiator）[4] 的醫生。這些角鬥士的贊助人是富裕顯赫的亞細亞大祭司（High Priest of Asia），而蓋倫的角色就類似隨隊醫生，負責替角鬥士縫補嚴重外傷。這些傷勢經常導致許多角鬥士無法再戰鬥。蓋倫後來提到他的僱主曾為應徵這份工作的人，設計了一道艱難的考驗：他殺死了一隻猿猴，並將其所有的重要器官移除，然後要求職者就像在無法按圖索驥的情況下完成拼圖一般，設法重組這隻可憐的動物。

儘管在法律上解剖人類屍體不被許可，不過蓋倫因職務之便，還是有很多機會能透過開放性傷口觀察人體內部，這些傷口因而被他稱為「人體視窗」。他在這個職位待了四年，期間只有五位角鬥士負傷而死，在前任醫生任職期間則有 60 位。因為有了這個工作經驗，加上蓋倫想必因此提升了不少自信，於是他鼓足勇氣，搬到西方世界的中心，羅馬。在那裡，他不僅建立起良醫的聲譽，也成為了有口皆碑的表演家。他在定期舉行的動物解剖秀中，公開解剖了魚、蛇、鴕鳥，以及（至少一次）他向羅馬的馬克西穆斯競技場（Circus Maximus）所購買的大象。

蓋倫顯著的醫療天賦在羅馬並未受到普遍歡迎。已奠定地位的當地醫生因

[3] 指已完成學徒（apprentice）階段的醫生，必須到各地尋找生計，同時累積經驗與精進技術，最後才能成為自立門戶的師傅（master）。在中世紀的歐洲，許多技藝與行業皆採取這樣的學徒制度。

這位初來乍道者而備感威脅；甚至有人警告蓋倫，這些醫生過去曾毒死一位競爭對手和他的隨從。蓋倫因而離開了羅馬一段時間，但在西元 169 年時，又被皇帝馬可．奧理略（Marcus Aurelius）本人傳喚回來。羅馬軍隊從北方的戰爭歸來後，將天花也帶了回來，導致一場流行病開始肆虐——歷史學家有時亦稱之為「蓋倫瘟疫」（Galen's Plague）。於是蓋倫奉命進入宮廷待任御醫，等皇帝與共治皇帝（co-emperor）路奇烏斯．維魯斯（Lucius Verus）從戰場回來後，要隨侍在他們身邊。蓋倫並不想去，而幸好最後馬可．奧理略接到了傳神諭者的信息，表示療癒之神阿斯克勒庇俄斯（再次眷顧了蓋倫的事業）並不贊成這個決定。事實證明這一切都是最好的安排：路奇烏斯．維魯斯在同一年較晚時因天花而喪命，而到了西元 180 年，這場持續多年的流行病也奪走了馬可．奧理略的性命。

蓋倫並沒有成為御醫，而是繼續待在羅馬，服侍馬可．奧理略的兒子與王位繼承人康莫德斯（Commodus）。這份工作肯定給了他充裕的閒暇時間，讓他能善加利用，在這段期間寫出了許多醫學著作。他在康莫德斯成為皇帝後也繼續服侍他，但無法從一場成功的刺殺行動中（一位角鬥摔角手將康莫德斯溺斃於浴池中），挽救其性命。在經歷了一整年內戰與爭權奪位的動亂後，蓋倫展現驚人的政治生存技巧，成為了最終勝者新皇帝塞提米烏斯．塞維魯斯（Septimius Severus）與其子卡拉卡拉（Caracalla）的醫生。蓋倫最後很可能退隱到西西里，而他的遺體也可能仍埋藏於當地；他的墓位於西西里島的巴勒摩（Palermo），在 10 世紀時都還存在。

蓋倫無疑是位資賦優異的內科兼外科醫生，在世時已馳名遐邇。他能獲得成功，是因為他樂於從他人的著作與自己的實驗中學習；而作為回饋的是，他為後世留下了大量的文字創作，內容涵蓋廣泛的醫學與哲學主題。據估計，他一個人就包辦了所有現存古希臘文本的將近一半。和《希波克拉底文集》不同的是，蓋倫的著作集完全是由他本人所寫。此外，即使是在他在世期間，就已有人冒用他的名義出書。因此，為了解決這個問題，他撰寫了《論本人之著作》（*De libris propriis*），在當中列出那些真正出自他筆下的作品，除了附上每一著作的簡介與背景外，也提供了許多有關其生平的細節。這本書不僅可作為他個人作品的目錄，同時也可作為一本參考書，從中認識他所讚揚或批評的其他多位解剖學家。

蓋倫有數本與解剖學有關的著作。《論解剖程序》（*De anatomicis administrationibus*）與《論人體不同部位的功能》（*De usu partium corporis humani*）是他在解剖領域最著名的通論性著作。從他的專著《論精液》（*De semine*）、《論胎位》（*De foetuum formatione*）以及《論子宮解剖》（*De uteri dissectione*），可以看出他就如同較早期的解剖學家，對生殖系統很感興趣。可惜的是，《論子宮解剖》是根據他對犬科動物的身體構造所做的研究而寫，但犬科動物不論是形態或其他方面都有別於人類。

蓋倫也將注意力轉向循環系統。在其著作《動脈是否天生含有血液》（*An in arteriis natura sanguis contineatur*）中，他以肯定的答案作為總結，表示動脈內確實是血液，而不是氧氣（當時盛行的說法）。他是第一位探討靜脈血（暗紅色）與動脈血（鮮紅色）有何不同的解剖學家，並進而推斷人體內有兩種不同的循環系統。他認為靜脈運送的是源自腎臟的血液（這點和希波克拉底的想法相同），動脈則

[4] 古羅馬競技場上的鬥士，大多為奴隸，在王室貴族的贊助下接受訓練與進行搏鬥比賽，以取悅皇帝與地方領主。

將不同的血液帶出與帶回心臟；而這個主張一直要到超過 1000 年後，才遭到反駁。除此之外，他也提出了一個正確的看法，即人體內有神經構成的第三個系統，負責傳輸以腦部為中心的感覺與思維。

在其最重要與最準確的研究中，有一部分與脊椎有關。他透過活體豬的實驗，證實了從不同部位切斷脊髓會產生哪些影響。這些實驗帶給了他非常實用的知識，幫助他了解人類脊椎以及神經受損對肌肉的影響。說到肌肉，他也是第一個辨別主動肌與拮抗肌的人（主動肌是做出動作的肌肉，拮抗肌則是抑制動作的肌肉）。

或許是擔心自己顯得太前衛，蓋倫還是無法捨棄盛行的體液與普紐瑪學說，而是進一步將普紐瑪區分為「精神力普紐瑪」（psychic pneuma）與「生命力普紐瑪」（vital pneuma）；前者遍布於神經系統中，後者則流動於心臟動脈內。雖然早期解剖學家的看法很容易令人感到荒唐好笑，但他們都是這個領域的開拓先驅。蓋倫根據所獲資訊進行實驗的科學作法，使他比任何一位前人都更能深入理解解剖學；而事實證明，在他去世後的 1000 年間，也沒有任何一位後人能追趕上他的腳步。

7. 西羅馬帝國的衰落

《論本人之著作》提供了一個很好的起點，使我們能由此開始綜觀蓋倫在解剖學上的貢獻。除了自傳元素外，這本書也包含對當時醫學事件與實務的精闢觀察，並論及蓋倫之前的時代所流行的哲學思想與解剖學假設。蓋倫記錄了所有

右圖

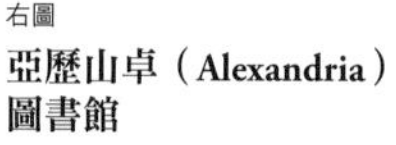

亞歷山卓（Alexandria）圖書館

這幅時代錯置的木刻版畫是佩特拉卡．馬斯特（Petrarca Master）的作品。畫裡，托勒密大帝（Ptolemy the Great，即托勒密二世，西元前309-前246年）絕望地站在這座他付出心血創立、卻陷入火海的圖書館中。如今我們已知這座圖書館一直到約西元390年前（也就是在托勒密去世很久後），都還持續存在。

相關的歷史資訊，使舊時的思想與遺失作品得以保存；然而，就如同蓋倫所提及的其他學者撰述，在任何解剖學家的藏書中，也看不到蓋倫本人的原版著作。

兩場慘烈的大火與世界秩序的劇烈變動，導致蓋倫有多達三分之二的著作失傳。第一場大火發生在他在世期間，當時他就住在附近。羅馬的和平神廟（Temple of Peace）和許多象徵和平的紀念碑一樣，都是在戰爭後利用其收益所建——這裡指的是羅馬皇帝維斯帕先（Vespasian）在西元 70 年發動的耶路撒冷（Jerusalem）圍城戰。在《論本人之著作》中，蓋倫描述了在 192 年吞噬和平神廟的大火。十年後，他的贊助人塞提米烏斯．塞維魯斯重建了這座神廟，但他的數本著作已在那場火災中付之一炬。

來自北歐的西哥德人（Visigoths）在 410 年發動羅馬之劫（Sack of Rome）。和平神廟雖然在這期間撐過了嚴重的損壞，但最終還是淪為一片廢墟。在 30 年前，塞薩洛尼卡敕令（Edict of Thessalonica）確立基督教為羅馬帝國國教時，這座神廟很可能曾被關閉。異教徒成為了宗教迫害的目標，就如同早期基督教徒的遭遇。當時，羅馬帝國在行政上已劃分為東西兩部，在西部的羅馬與東部的君士坦丁堡（Constantinople）均設有都城。

東羅馬帝國發展興盛，而神聖羅馬帝國（Holy Roman Empire）直到 16 世紀為止都持續存在。然而在此同時，西羅馬帝國卻一蹶不振。皇帝狄奧多西（Theodosius，頒布塞薩洛尼卡敕令的人）在一連串耗損國力的戰爭中打贏了歌德人（Goths），但戰役加上內鬨，導致羅馬法律與秩序的效力在西歐大幅衰減。在缺乏任何中央集權機構的情況下，西羅馬帝國分裂為地方軍閥割據的小國。

羅馬帝國衰落的早期犧牲者之一是亞歷山卓圖書館，也就是蓋倫與其醫界前輩研讀學習的場所。亞歷山卓最初對羅馬而言具有重要意義，因為它是學術中心，同時也是穀物產地。然而，隨著其他的圖書館在地中海周圍建立，加上羅馬帝國的其他地區開放給農業使用，其重要性逐漸降低。過去，學者們受雇在此教學與從事研究；如今，這所圖書館卻因為資金不足而萎縮，以致幾乎形同於倉庫，存放了數十萬卷布滿灰塵的書籍。

亞歷山卓圖書館最終並非毀於單獨一場災難性大火中。尤利烏斯．凱撒（Julius Caesar）曾在西元前 48 年，不小心放火燒了部分建築，但這座圖書館還是倖存了下來，並在那之後重建。隨著其原本的建築空間變得不夠用，塞拉皮雍神廟（Serapeum）被增選為部分藏書的第二個家。然而，管理疏忽與地位下滑逐漸對這兩個藏書處造成了傷害。在西元約 275 年，也就是當羅馬與帕米拉（Palmyra）為爭奪亞歷山卓控制權而交戰時，塞拉皮雍神廟的主要藏書建築很可能遭到了破壞。雖然它在當時撐了過去，但作為一間異教徒的神廟，卻無法抵抗羅馬帝國的基督教化，而在 391 年時被勒令拆除，其藏書也遭到摧毀。亞歷山卓圖書館內尚存的蓋倫文稿，終於在當時全數喪失。

8. 向東遷移

隨著這些重大事件的發生，西歐逐漸衰落並進入了所謂的「黑暗時代」（Dark

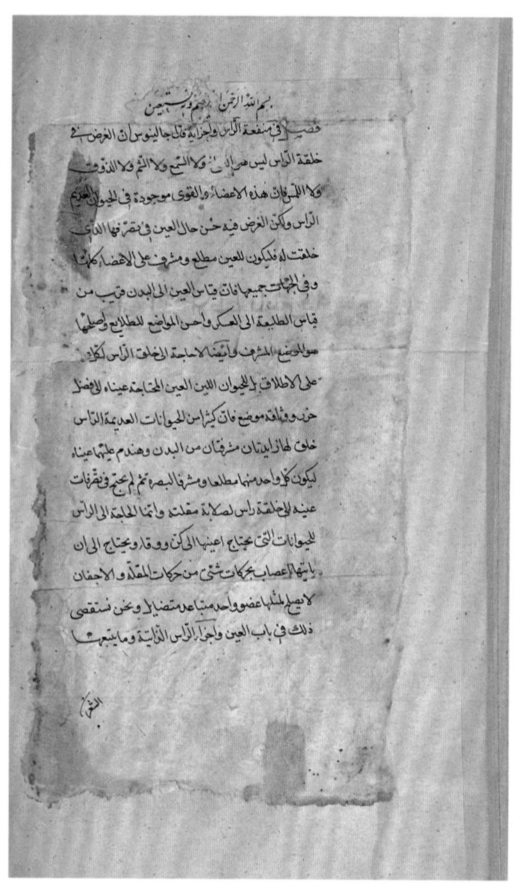

左上圖

《希波克拉底文集》

希波拉底作品集中的其中一頁，由侯奈因・伊本・伊斯哈格（809–873年）翻譯成阿拉伯語。在伊斯哈格的引介下，古希臘的醫學知識傳入了中東。

右上圖

《拉齊在他位於巴格達的實驗室裡》（*Rhazes in His Laboratory in Baghdad*）

英國藝術家厄尼斯特・博爾德（Ernest Board，1877–1934年）為美國藥商亨利・惠康（Henry Wellcome）繪製了一系列科學歷史場景圖，而這是其中的一幅。

Ages）。少了羅馬文明帶來的安定，藝術與科學陷入衰退，而學術活動的重心則向東遷移至君士坦丁堡。蓋倫的重要性仍未減弱，並在東羅馬帝國形成一股影響伊斯蘭思想的力量。在他死後不久，以及在接續的世紀中，他的尚存著作有許多都被翻譯成阿拉伯語、波斯語和敘利亞語。當科學在西方世界退縮到古文的哲學研究時，探索解剖學的求知火炬在中東正持續燃燒。

就此而言，其中一位特別重要的人物是侯奈因・伊本・伊斯哈格（Hunain ibn Ishāq，809–873 年），一名充滿熱忱、為尋找古籍而周遊中東的譯者。身為醫生的他很清楚蓋倫的名聲，並將其超過 100 本著作翻譯成阿拉伯語，其中有幾本書和解剖學有關，包括《給初學者的骨骼之書》（*De Ossibus*）、《論解剖程序》（*De Anatomicis Administrationibus*），以及探討聲音、胸肺、眼睛與其他部位的專著。其後，伊斯哈格也出版了自己的系列著作《論眼十卷書》（Ten Treatises of the Eye），當中包含了史上第一幅眼部解剖示意圖。

9. 拉齊

阿布・巴克爾・穆罕默德・伊本・札克里亞・拉齊（Abū Bakr Muhammad ibn

Zakariyā al-Rāzī，以其拉丁化名「拉齊」〔Rhazes〕為人熟知）在醫學歷史上，是一位名低於實的英雄。拉齊在與伊斯哈格相隔數十年後崛起，因此想必曾得益於伊斯哈格的翻譯。他也是希波克拉底與蓋倫的追隨者，致力於實用的實驗研究，並藉此獲得自己的發現。拉齊（約 864-935 年）居住於現今的德黑蘭（Tehran）一帶。他是智識超群的博學家，撰寫了超過 200 篇文章，主題從文法到天文學都有。除了有關煉金術與哲學的著作外，也有許多探討醫學與解剖的論述，在被翻譯成拉丁語後，隨著歐洲開始從黑暗時代的蟄伏中甦醒，而對西方思維產生了重大的影響。

身為巴格達（Baghdad）的首席醫生，拉齊不僅是一位著名的教師，也是一名盡心盡力照顧社會所有層面的治療師。在他的眾多著作中，《獻給無法獲得醫療之人》（*Man la yahduruhu al-tabib*）應該是全世界第一本居家醫療手冊，為的是幫助那些因貧窮或路途遙遠而無法親自諮詢醫生的人。剝削窮人的江湖郎中和賣蛇油的不肖商人，則遭到他砲火猛烈的批評。另一部共 23 卷的著作《美德人生》（*al-Hawi*）是總括性的教誨集，由其學生在他死後，根據他的筆記彙編而成。

他對醫學的貢獻相當廣泛。他創作了第一本專門探討孩童病痛的著作，因而被譽為「小兒科之父」。他也撰寫了有關天花的可靠論述，並和伊斯哈格一樣，對人類的眼睛深感著迷；第一個注意到瞳孔對強光有何反應的人就是他。殘酷的是，拉齊本人卻為視力衰退所苦；據說他拒絕為此動手術，是因為他的醫生答不出他的眼部解剖學測驗問題。蓋倫的學說在拉齊的引介下，又向東傳播得更遠；拉齊曾為一名中國學生朗讀蓋倫的著作，而這名學生則將其內容逐字翻譯成中文。拉齊自己的著作則被翻譯成拉丁語，傳入了中世紀的歐洲；其中一個版本的《美德人生》，更是由「現代解剖學之父」安德烈．維薩里（Andreas Vesalius）編輯與撰寫註釋。

拉齊自認他的其中一本重要著作是離經叛道、令人遺憾的必要之惡。他在《對蓋倫的疑惑》（Al-Shukūk alā Jalīnūs）序言中，大力讚揚蓋倫，表示他的「地位如此可敬，身分如此崇高，功業如此普及，在後人的記憶中將永遠受到尊敬」。但他又繼續寫道，「醫學與哲學的訓練不容許我們盲目屈服或順從顯赫的領導者，或是不去細究〔他們的觀點〕。沒有一位哲學家會希望他的讀者和學生這麼做」。

拉齊的批評並非都和解剖學有關。對於蓋倫主張希臘語是最好的語言，他當然持反對意見。他也認為蓋倫對自己所觀察的疾病，經驗沒有他來得豐富。由於來自不同的傳統背景，拉齊對蓋倫擁護體液說之舉給予了嚴厲的批判。他指出單純靠喝熱水或冷水，就足以擾亂假定的體液平衡，並暗示人體其實是對溫度做出反應，而不是對任何假想的膽汁或黏液。他也對亞里斯多德的風火水土理論（也就是蓋倫體液說的根源）提出了質疑；身為一名煉金術師，他發現光靠那四種元素，並無法解釋許多物質特性，例如硫磺感（sulphurousness）或鹽度。

在某種意義上，他所提出的就是化學元素的存在。雖然這和我們在今日的理解相同，但一直要到 17 世紀羅伯特．波以耳（Robert Boyle）再度挑戰亞里斯多德時，這樣的看法才被接受。在拉齊的時代，旁人認為他是傲慢愚蠢之人，竟敢質疑蓋倫；但在今日，世人將他譽為中世紀最偉大的醫生，而這多少也為他洗刷了汙名。

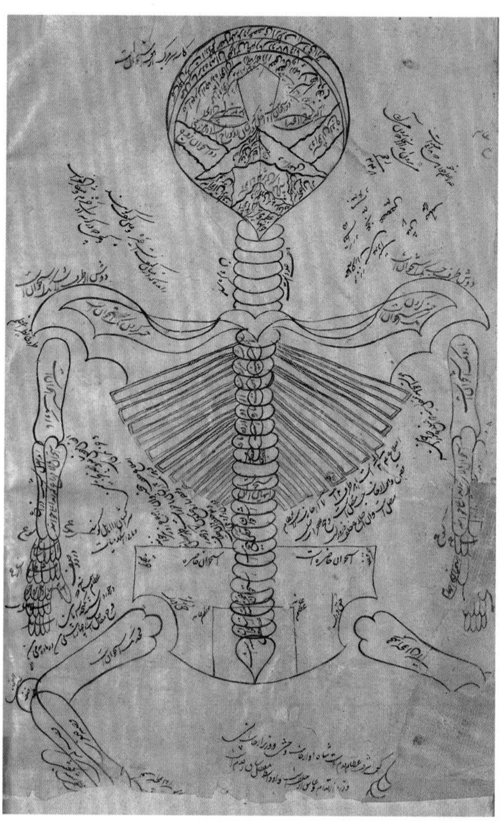

上圖

阿維森納
（Avicenna，980–1037年）

這幅馬蒂亞・普雷蒂（Mattia Preti，1613–99年）的畫作名為《植物學家》（*The Botanist*），有可能是依據想像所畫的阿維森納肖像。阿維森納被視為中世紀最偉大的醫生。

中上圖

《醫典》
（*The Canon of Medicine*）

在阿維森納的名著《醫典》發行於1632年的版本中，以泥金裝飾的其中一頁內頁。

右上圖

《醫典》

一幅非寫實的人類骨骼示意圖，出自阿維森納於1025年完成的共五卷鉅著《醫典》。

10. 阿維森納

在西元第二個千年出現的首部醫學大作，是由拉齊的同鄉伊本・西那（Ibn Sīnā）所著，其拉丁化名為「阿維森納」（980–1037 年）。他的共五卷大作《醫典》（Al-Qanun fi't-Tibb）完成於 1025 年，內容結合了希臘、羅馬、中國與亞細亞的醫學傳統。一直到 18 世紀，這部著作在歐洲與伊斯蘭世界都是具權威性的醫學參考書。

《醫典》的成功在很大程度上要歸功於蓋倫，原因之一是阿維森納也信奉體液說。他認為體液以不同組合構成了不同的人體部位。舉例來說，骨頭有較高比例的黑膽汁，而腦部則是以黏液居多。他更進一步擴充這個概念，認為每種體液都帶有暖度或涼度、軟度或硬度，以及乾度或濕度。此外，他提出人體內有四種精神（spirit），用來連結不潔的身體與純淨的靈魂：野蠻精神（brutal spirit）位於心臟，是其他所有部位的根源；感官精神（sensual spirit）位於腦部；自然精神（natural spirit）位於肝臟；生殖精神（procreative spirit）位於睪丸與卵巢。在心腦之爭中，阿維森納則同意亞里斯多德的看法，認為心是理智的中心。

《醫典》第三卷是從頭到腳皆囊括在內的綜合人體解剖學。其內容較著重於疾病如何影響各個部位，而非直接探討這些部位本身的生理機能。這本書對許多病症的認知都相當現代，包括白內障、中風與動脈狹窄。阿維森納對神經系統

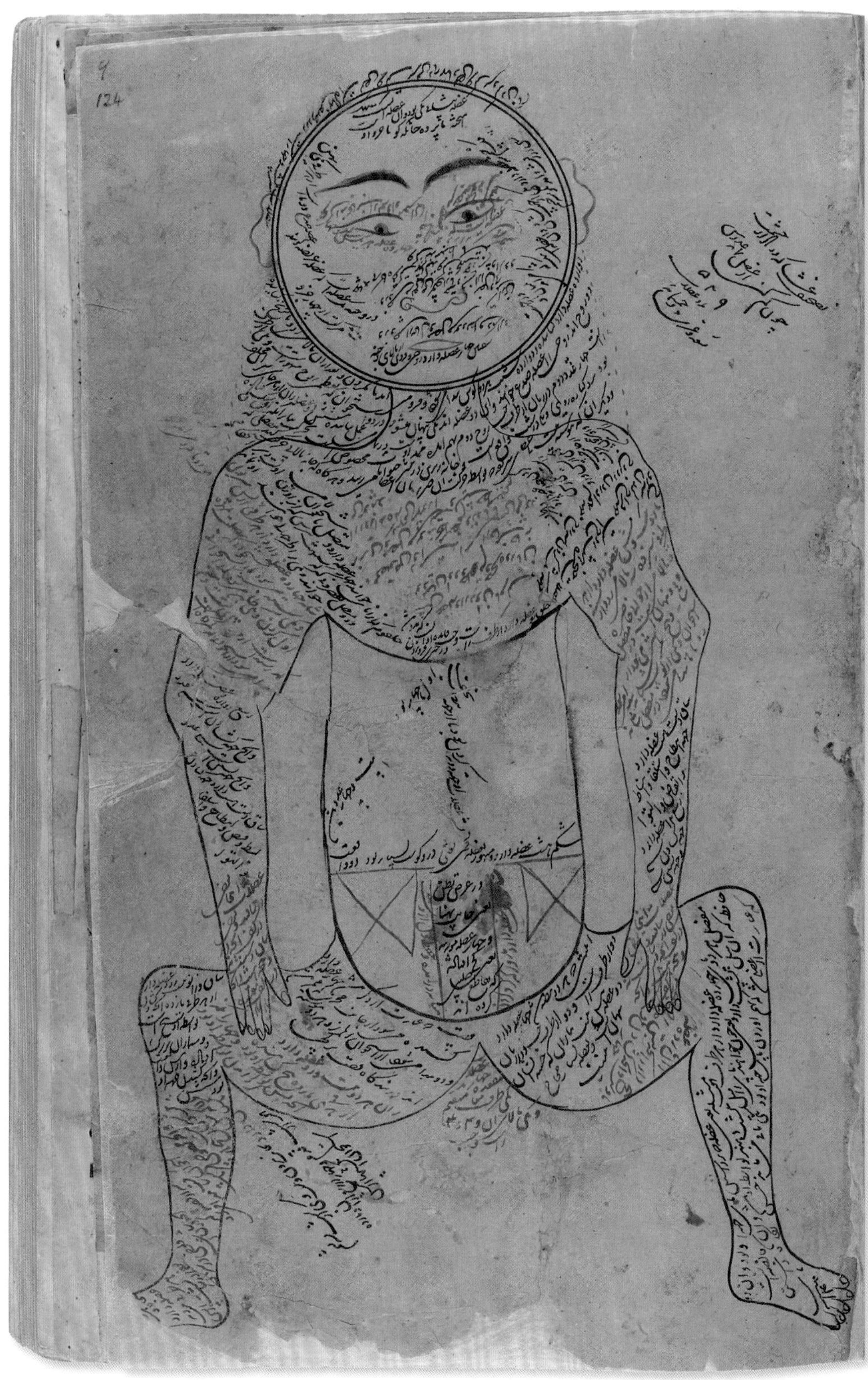

左圖
《醫典》

阿維森納繪製的人體肌肉系統圖。

右圖
《醫典》

阿維森納繪製的神經系統圖。

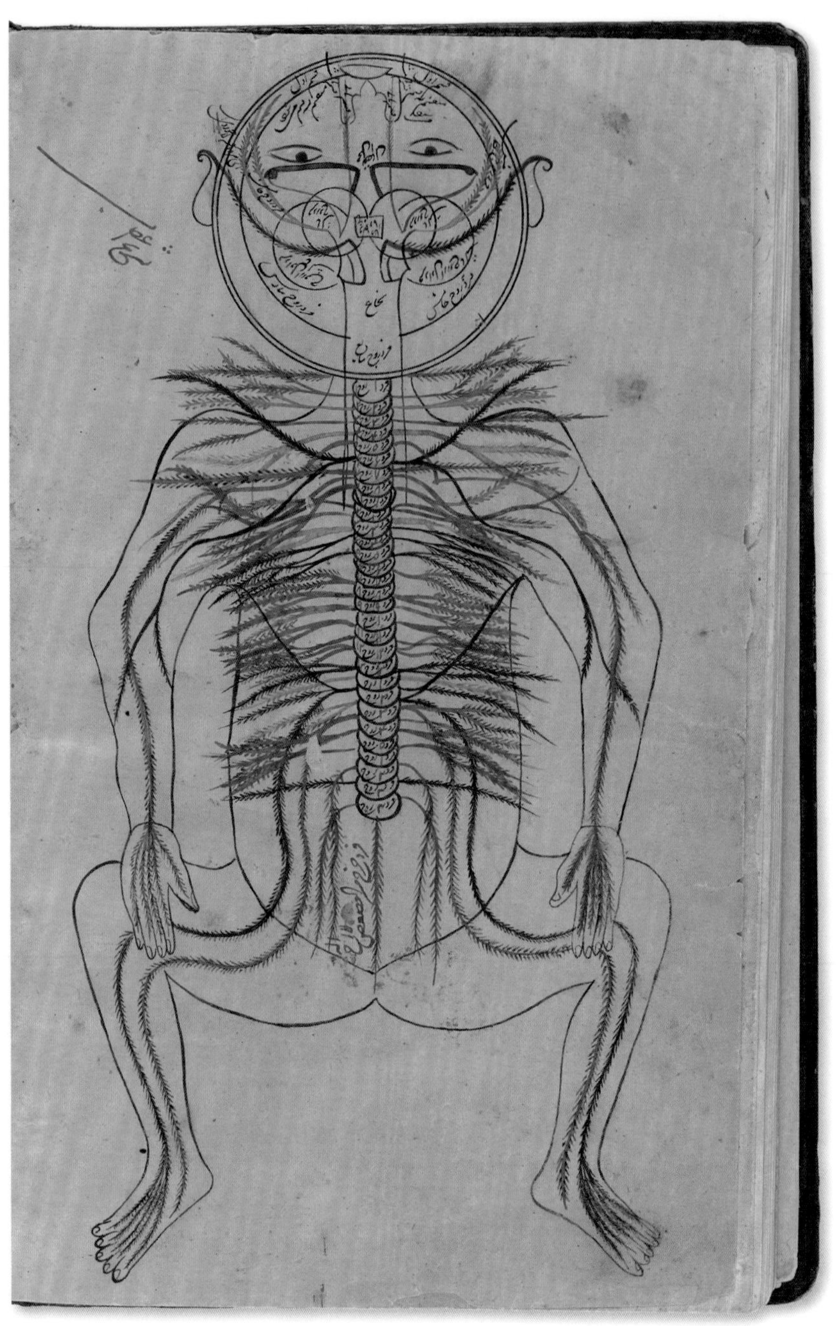

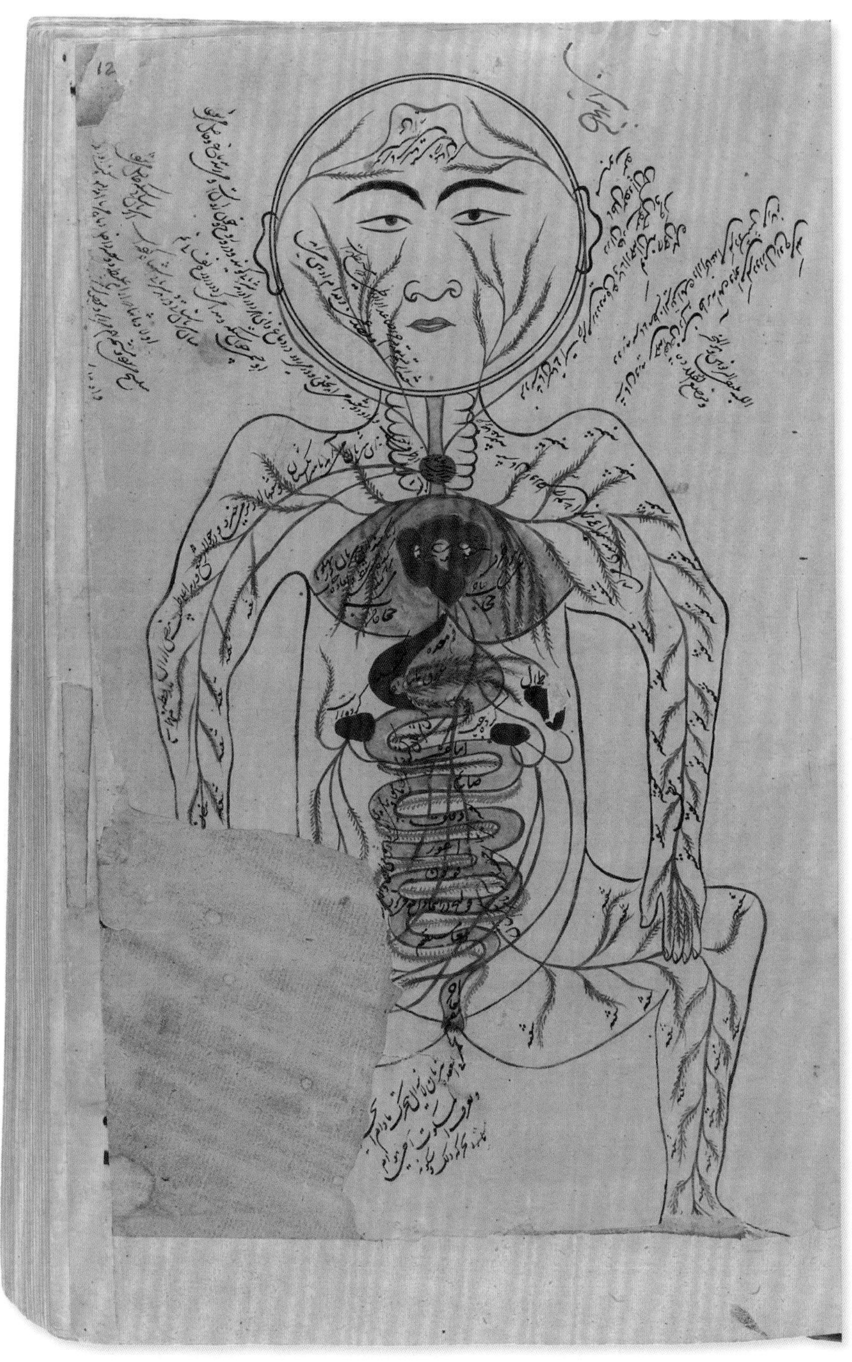

左圖
《醫典》

阿維森納繪製的人體動脈與內臟圖解。

的理解，以及對神經抽動、癲癇、坐骨神經痛、腦膜炎等各式各樣神經疾病的治療，也都十分先進。

11. 伊本・納菲斯（Ibn al-Nafis）

阿維森納就和許多前人一樣，也受制於人類解剖在道德上的反對聲浪。在如此情況下，他選擇追隨蓋倫的腳步，將猿猴視為較接近人類的替代品。阿維森納和拉齊皆處於伊斯蘭黃金時代的學術盛世。當時，學術活動集中在全世界最大的城市，巴格達。哈里發（caliph）[5]哈倫・拉希德（Harun al-Rashid，763–809 年）所建立的圖書館「智慧宮」（House of Wisdom）也坐落於此，並在他的命令下填滿了各種知識領域的譯作。從各方面來看，智慧宮就像是第二個亞歷山卓圖書館。它持續佇立了近 500 年，一直到 1258 年蒙古人攻陷巴格達時，才被摧毀。據說，底格里斯河（River Tigris）當時不僅被血染紅，也因為被扔進河裡的智慧宮藏書而變得墨黑。

這段黃金時代在解剖學領域的最後喝采，要獻給伊本・納菲斯（1213–88 年）的著作。這位知名的醫生大半歲月都在埃及度過，也因此躲過一劫，在巴格達淪陷時，並未親眼目睹城市被夷平、人民遭屠殺的場景。相較於拉齊和阿維森納，納菲斯的環境條件較有利，因為他能以人類屍體進行解剖實驗。而他也藉

[5] 伊斯蘭世界政治與宗教領袖的稱呼。

右圖

伊本・納菲斯（Ibn al Nafis，1213–88年）的「小循環」發現

伊本・納菲斯在13世紀時，提出右心室的血會通過肺，並在進入左心室前在肺中與氧氣結合。

左圖

《阿克巴的醫學》
（*Akbar's Medicine*）

女性身體構造圖，出自穆罕默德·阿克巴（Mohammed Akbar）的波斯語評註在18世紀的印度語譯本。阿克巴的評註是針對布爾漢努丁·克爾瑪尼（Burhan-ud-din Kermani）較早的評註所寫，而克爾瑪尼的評註則是針對一本甚至更早的著作所寫，即納吉布阿丁·薩瑪爾甘迪（Najib ad-Din Samarqandi）在13世紀出版的《病因與症狀之書》（*Book of Causes and Symptoms*）。

右圖

《阿克巴的醫學》

男性身體構造圖，出自針對納吉布阿丁・薩瑪爾甘迪在13世紀出版的《病因與症狀之書》所寫的一本評註。從這張身體構造圖可看出伊斯蘭醫學的黃金時代持續帶來的影響。

對頁圖

《阿克巴的醫學》

左：男性與女性生殖系統的局部構造圖，出自《病因與症狀之書》。
右上：男性骨骼的後視圖。除了他的評註外，穆罕默德・阿克巴（有時亦被稱為「穆基姆・阿爾扎尼」〔Muqim Arzani〕）也寫了許多關於妊娠與幼兒疾病以及醫學化合物的原創專著。
右下：內臟圖，包括肝與膽囊（左上），以及胃與腸道（中央）。

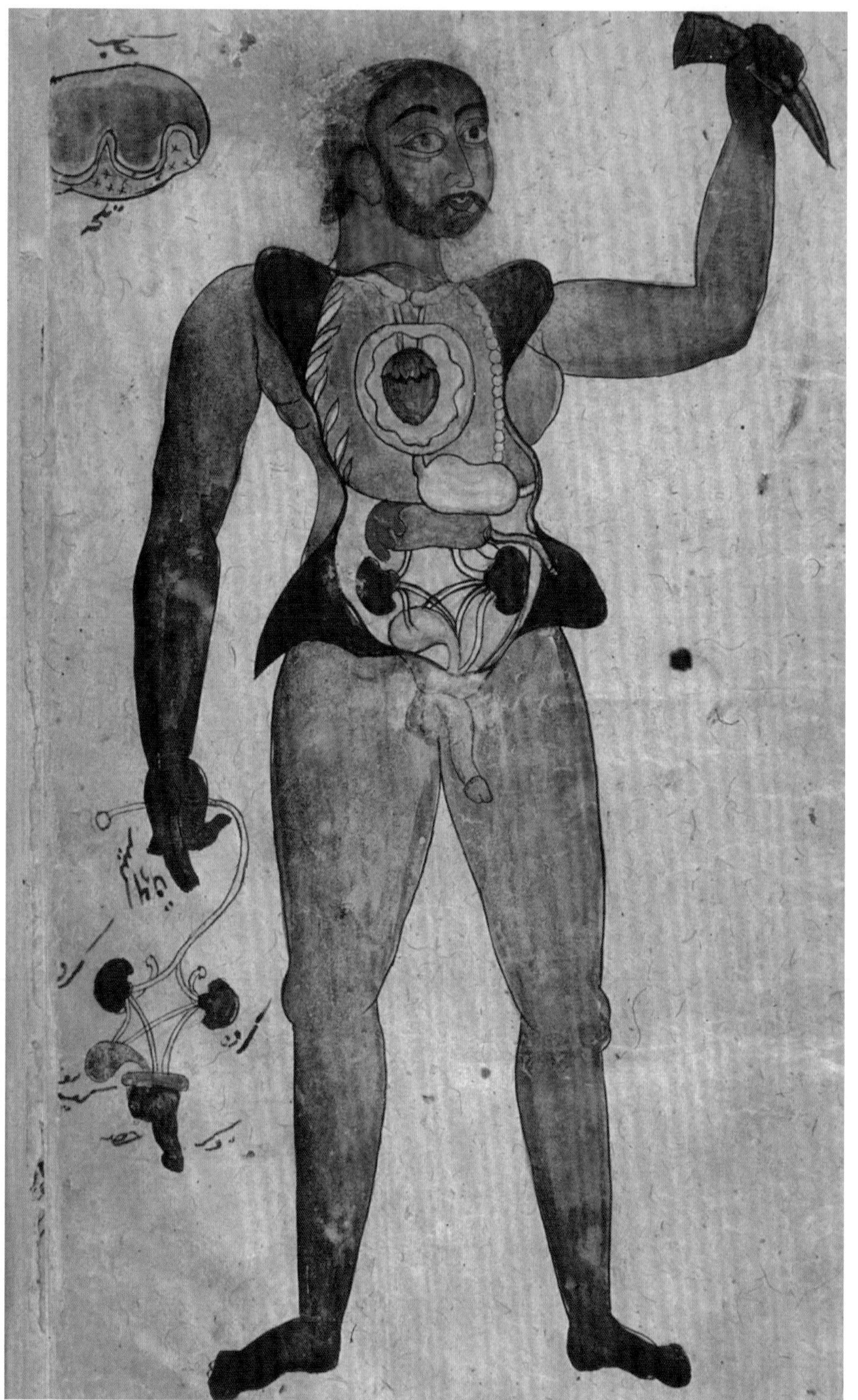

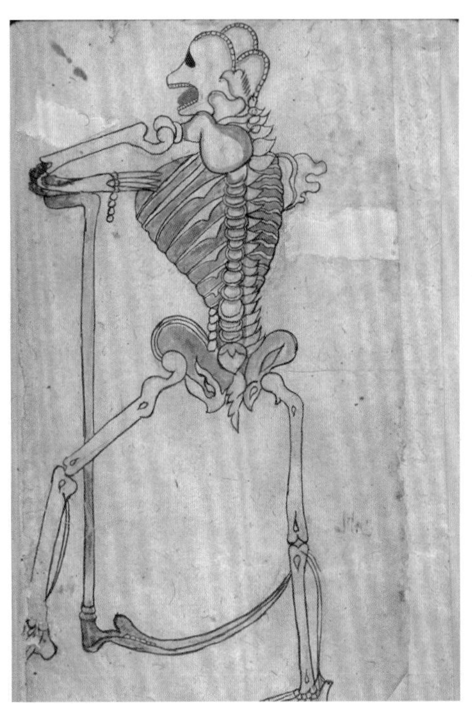

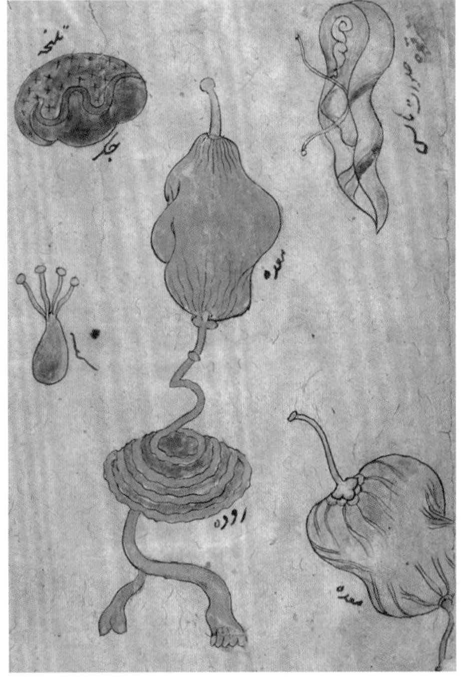

右圖

《阿克巴的醫學》

男性骨骼的前視圖。阿巴克的評註是以納吉布阿丁・薩瑪爾甘迪的著作為依據，但世人對薩瑪爾甘迪所知甚少。他在蒙古軍洗劫阿富汗學術中心赫拉特（Herat）期間，於1222年逝世。

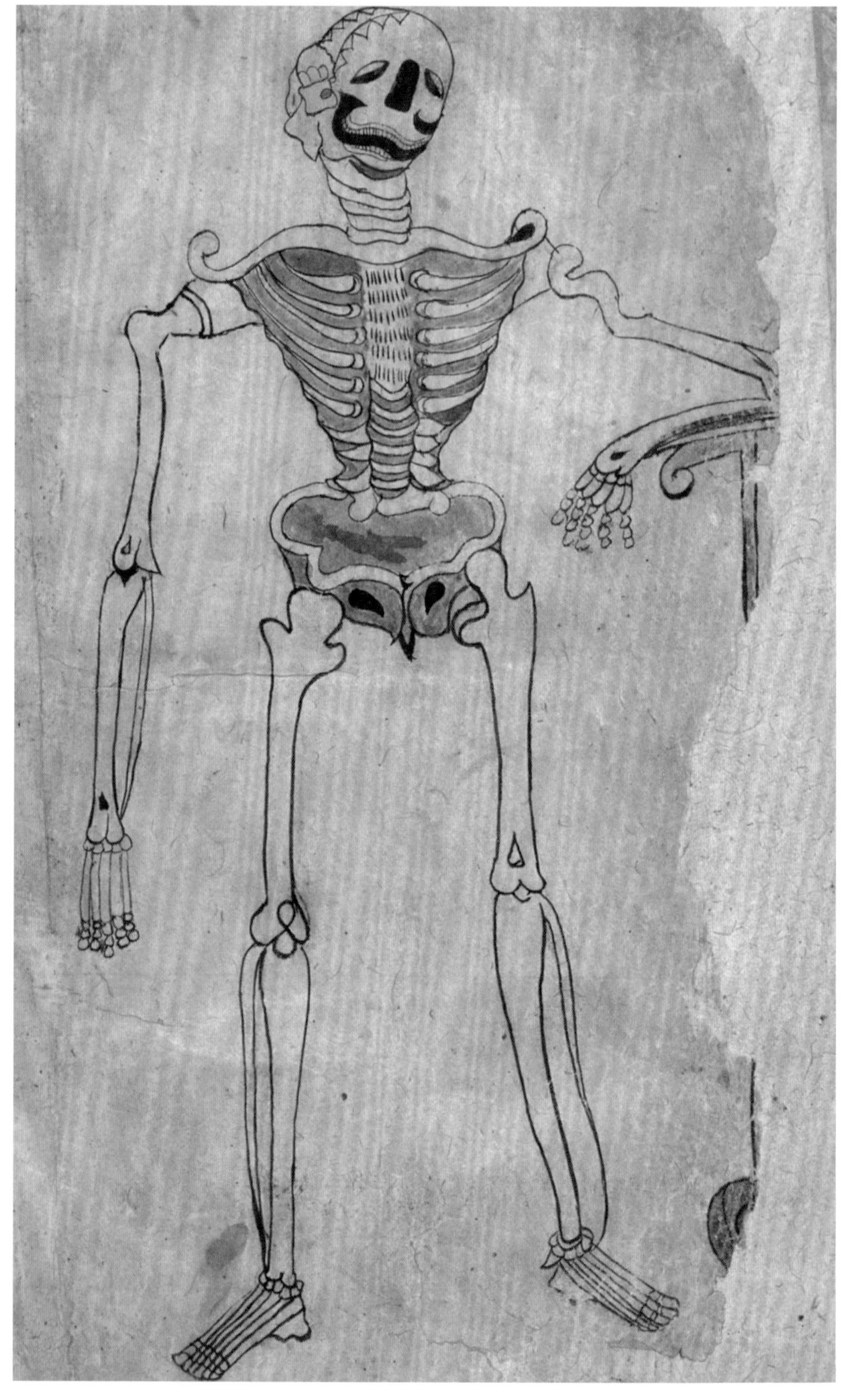

此獲得了一項重大發現，那就是肺循環的存在——比起西方世界的類似「發現」要超前許多。在他死時，原本計畫要撰寫的 300 卷鉅著《綜合醫典》（*Al-Shamil fi al-Tibb*）只完成了 80 卷，其中有部分尚存於世界各地的圖書館中，包括目前仍在埃及、內容完整的兩卷。

不論是對希波克拉底的《論人之本質》（*On the Nature of Man*），或是對阿維森納的多部解剖學著作，納菲斯皆有所評論，而這也是解剖學家特別感興趣的部分。他不僅贊同希波克拉底所信奉的原則，認為任何醫生都必須對解剖學有充分的掌握，同時也以行動呼應，展現自己對這門學問的精闢理解。除了發現肺循環的存在外，他在冠狀動脈與微血管循環系統的認識上，也取得了重大進展。在伊斯蘭黃金時代，其無人能及的成就，就是進一步推動解剖學研究，使其跳脫希臘羅馬正統性的哲學限制。

12. 回歸西歐

西歐的智識發展在 12 與 13 世紀開始復甦。大學紛紛創立，最早是在義大利的波隆那（建於1088年，並於1158年獲頒設立章程），接著是在法國的巴黎（1150年）。到了 1300 年，英格蘭的牛津與劍橋，以及法國、義大利與西班牙的許多城市，也都已建校。「大學」一詞最初就是為了波隆那的那所教育機構而創。

希臘與羅馬的研究參考文獻匱乏，以致大學開始放眼於歐洲之外，進而推動一股翻譯風潮，將伊斯蘭的書籍，以及早期翻譯成阿拉伯語的希臘羅馬著作，陸續翻譯或回譯成拉丁語。由於當時有許多原著不是被人淡忘，就是下落不明，因此這些舊觀念的新翻譯，逐漸構成了一套嶄新科學詞彙的核心。

隨著伊斯蘭征服西班牙與西西里，某些阿拉伯語的原創著作也傳入了西歐。舉例來說，西班牙中部的托雷多（Toledo）在穆斯林的佔領下成為了學術中心。1085 年，這座城市被阿方索六世（Alfonso VI of Leon and Castile）收復以傳播基督教後，也依舊是一個展現多元文化的文稿寶庫。在 12 世紀中，一個名叫傑拉德（Gerard of Cremona）的人就曾到托雷多進行語言朝聖之旅，目的是要學習阿拉伯語，以閱讀當地珍藏的托勒密（Ptolemy）鉅著，《天文學大成》（*Almagest*）。

《天文學大成》是探討數學與天文學的第一手科學文本，儘管在學者間享有極高聲譽，但由於尚未被翻譯成拉丁語，因此大多數人其實從未讀過。也因為如此，傑拉德被引介到托雷多的圖書館尋找這部名著，並投注其餘生在這座城市裡，滿懷熱忱地翻譯他能讀到的所有科學著作。他的譯作讓基督教世界注意到拉齊的研究。此外，他（或另一位與他同名、活動於一世紀後的譯者）也翻譯了阿維森納的《醫典》。

下圖
尿液檢查

由阿爾多布蘭迪諾（Aldobrandino of Siena，約死於1299年）所繪。其著作《身體的規範》（Le Régime du Corps）在1256年出版。病人尿液的顏色、排泄量、組成物質與成分含量被視為有用的診斷輔助指標。

托雷多吸引了一群譯者前來，不只是為了收藏於此的原始資料，也因為這座城市的伊斯蘭教、猶太教與基督教社群關係相當緊密。基督教譯者經常和阿拉伯語或希伯來語的母語人士一起工作。他們聚集在托雷多大教堂（Toledo Cathedral）內，幾近狂熱地從事翻譯，藉以將知識傳遞給拉丁語讀者。托雷多翻譯院（Toledo School of Translators）對科學、哲學與宗教思想的傳播影響甚鉅，直到網路發明前，都沒有任何事物能及；光是傑拉德一人就翻譯了 87 本書。而或許是和伊本・納菲斯活動的時間有關，從托雷多翻譯院創立和黃金時代結束，一直到 14 世紀為止，他都未受到譯者關注，之後也依舊遭到多數人忽略。直到 20 世紀初，他的肺循環研究才重新被發現。

13. 腓特烈二世（Frederick II）

翻譯活動並非只發生在托雷多。腓特烈二世（1194–1250 年）是個學術興趣廣泛的非凡人物，會說六種語言，包括拉丁語、希臘語和阿拉伯語。他曾命令譯者搜遍已知世界的各個角落，以尋找文本。另外，他也曾在巴勒摩的宮廷裡，推行用西西里語從事著述，從而奠定了現代義大利語的基礎。在他感興趣的眾多

下圖

腓特烈二世（Frederick II of Sicily，1194–1250年）

在吉亞科莫・康蒂（Giacomo Conti，1813–88年）的畫作中，托雷多翻譯學院的哲學家邁克爾・斯科特斯（Michael Scotus）將他翻譯亞里斯多德作品的譯著，帶到巴勒摩王宮中呈獻給國王。

科學中，解剖學似乎特別能啟發他的想像力。與他同一時代的歷史記載描述了他對囚犯做過的某些殘忍實驗。有一次，他把一名囚犯密封在木桶裡，想看看他死的時候，靈魂會不會從桶孔逃出去。在另一個實驗裡，他餵兩名囚犯吃相同的食物後，送一人去睡覺，另一人去打獵；接著他移除了兩人的內臟，以比較怠惰與活動對消化系統的影響。

上圖
蒙迪諾・德・盧齊（Mondino de Luzzi，1270–1326年）

蒙迪諾因為將解剖學重新引進歐洲而受人尊崇。據說，他也進行了第一場現代公開解剖。

腓特烈二世在 1224 年創立西西里大學，當時他已獲得義大利、德國與神聖羅馬帝國的皇帝稱號。在 1231 年，也就是在他多了耶路撒冷國王（King of Jerusalem）的頭銜後，他下令將解剖學列為每個醫學生的必修課程，並規定每五年必須解剖一具人類屍體，以供他們學習所需。

這項命令對解剖學的影響有多遠大，再怎麼強調也不為過。在過去，解剖學家必須跟據狗、豬與猴的解剖，去推敲人類的生理構造，以致這門科學滯礙不前。腓特烈二世於 1250 年辭世前，因富有求知好學的精神，而被當時的人譽為「時代奇蹟」（Wonder of the Age）。弗雷德里希・尼采（Friedrich Nietzsche）在 19 世紀，也因為腓特烈二世對西西里的有效集權管理，而形容他是「第一個歐洲人」（the first European）。歷史並未記錄他被埋葬於巴勒摩大教堂時，是否有人看見他的靈魂從斑岩石棺中脫逃，但數年來一直有傳聞指出他其實沒死，只是陷入了沉睡。

儘管反對人體解剖的阻力持續存在，但多虧了腓特烈，在接下來的 130 年間，人體解剖在歐洲的許多地方都陸續合法化。在歷史記載上，最早的合法解剖是為了判斷死因而進行的驗屍。而已知最早的現代人體解剖實驗，則發生在 1286 年義大利的克雷莫納（Cremona）。巴黎與波隆那大學崛起成為了主要的解剖研究中心，而 1315 年 1 月發生在波隆那大學的一起事件，更為這門科學的現代發展揭開了序幕。

蒙迪諾・德・盧齊（Mondino de Luzzi，1270–1326 年）曾就讀波隆那大學，而當時已是外科講師的他，進行了第一場人類屍體（很可能是女性）的公開解剖。隔年他寫了一本解剖實作手冊，名為《人體解剖學》（*Anathomia corporis humani*）。這本書雖然一直到 1478 年活字印刷發明後才出版，但在那之後的 100 年仍持續發行，並且被某些人譽為第一本現代解剖學著作。

不過事實上，這本書並沒有那麼現代。雖然蒙迪諾具有實務經驗，但書中有許多看法，仍反映了蓋倫與阿維森納的絕大多數概念。儘管如此，這本書可說是第一本完全以解剖科學為主題的著作，也因此在解剖學家的書房裡是第一本現代解剖學專著，內容結合了前人的知識與蒙迪諾所屬年代的實際操作。

中世紀的解剖學
MEDIEVAL ANATOMY
1301–1500

首先要提到的著作是最早的解剖學印刷（而非手抄）書籍之一。這本書至少出了 40 版，且在其作者死後的 300 年間，一直是解剖學校指定閱讀的參考書。書中沒有提到任何教條、哲學主張或較普遍的醫學原則，而是單純為解剖學家解釋何謂解剖。

1. 蒙迪諾・德・盧齊

《人體解剖學》是由蒙迪諾・德・盧齊（1270–1326 年）於 1316 年撰寫完成，並於 1475 年出版。印刷機的問世除了使書籍複製變得省時省力外，還帶來了一大好處，那就是在書中插入圖畫變得很方便——這裡指的不是色彩豐富、著重美感與點綴樸實文本的圖案裝飾，而是用來輔助與強調文字內容的圖片。雖然《人體解剖學》的早期版本中只有蒙迪諾的文字論述，不過在短短 15 年內就加入了插圖。在印刷術發明前，圖片必須要靠抄寫員費力地以手工臨摹，而且這些抄寫員還不見得了解自己在畫的內容是什麼。蒙迪諾的插圖敘述的不只是人體結構，還包括他的解剖程序。他將身體劃分成三個區域，並按照崇高等級排列：腹部包含最低等的「自然器官」（natural member），例如胃與肝；胸部包含「精神器官」（spiritual member），例如心與肺；頭顱則包含最高等的「動物器官」（animal member），例如眼、耳與腦。他的解剖程序（和他的著作）是從下體開始，透過一道穿越胃臟的垂直切口，以及一道位於肚臍正上方的水平切口，描述其內部構造——有一幅插圖非常生動地呈現了這個畫面，從中可看見切口兩側的皮膚被剝開以露出內臟。

《人體解剖學》
（*Anathomia corporis humani*，**1475年**）

下：在蒙迪諾死後出版的教科書《人體解剖學》中，從扉頁圖畫可以看到這位解剖學大師正在指導一位漫不經心的執刀者（sector）。
對頁：懷孕女性的身體構造圖，出自蒙迪諾的經典著作《人體解剖學》。

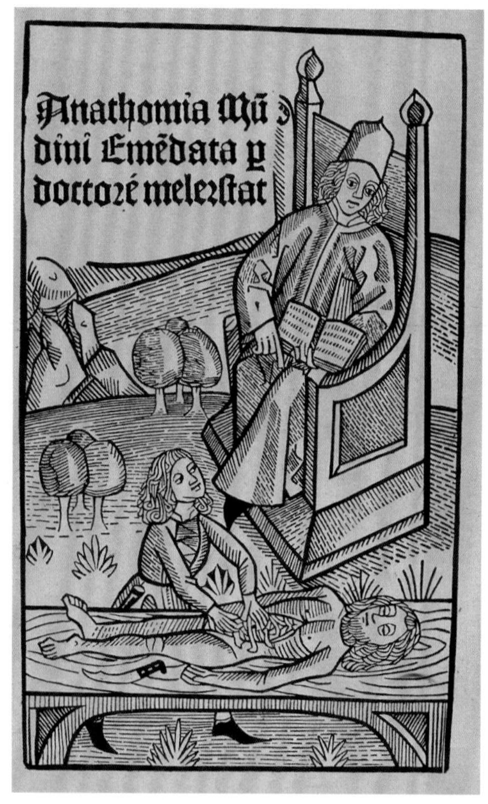

這本書接著探討了依序會遇到的器官——首先是腸子，接著是胃……以此類推。他的描述在某些情況下非常準確。舉例來說，他不僅提到腔靜脈在循環系統中負責將脫氧的血液送回心臟，對肺動脈與靜脈的敘述也很正確。儘管如此，他贊成亞里斯多德的看法，認為心臟有三個心室：左心室、右心室，以及隱藏在中膈（心室間的隔膜）內的中間心室。他堅信右心室所抽取的是肝臟製造的血液，而左心室則充滿了來自肺臟的霧氣。另外，他也宣稱人體內有一種用來維持生命的精氣（相當於普紐瑪），是由中間的心室負責製造。不過，他並未提到血液進出心臟會經過的左右心房。

更糟糕的是，他對子宮的看法呼應了過去的一個理論，但這個理論在他出生前就已在波隆那遭到質疑。在中世紀初，人們相信子宮有七個能用來形成胎兒的腔室或細胞，其中右邊三個製造男孩，左邊三個製造女孩，中間的那一個則用來孕育陰陽人。這無疑是一個靠解剖就能輕鬆反駁的錯誤觀念，然而蒙迪諾卻重蹈前人覆轍，毀損了他自稱曾解剖兩具女性屍體的可性度。雖然有些歷史學家主張蒙迪諾是靠自己進行解剖，但在這類公開展示中，解剖學家本人通常不會動手，而是負責在講台上敘述解剖程序。解剖學家通常會大聲宣讀書中的解剖步

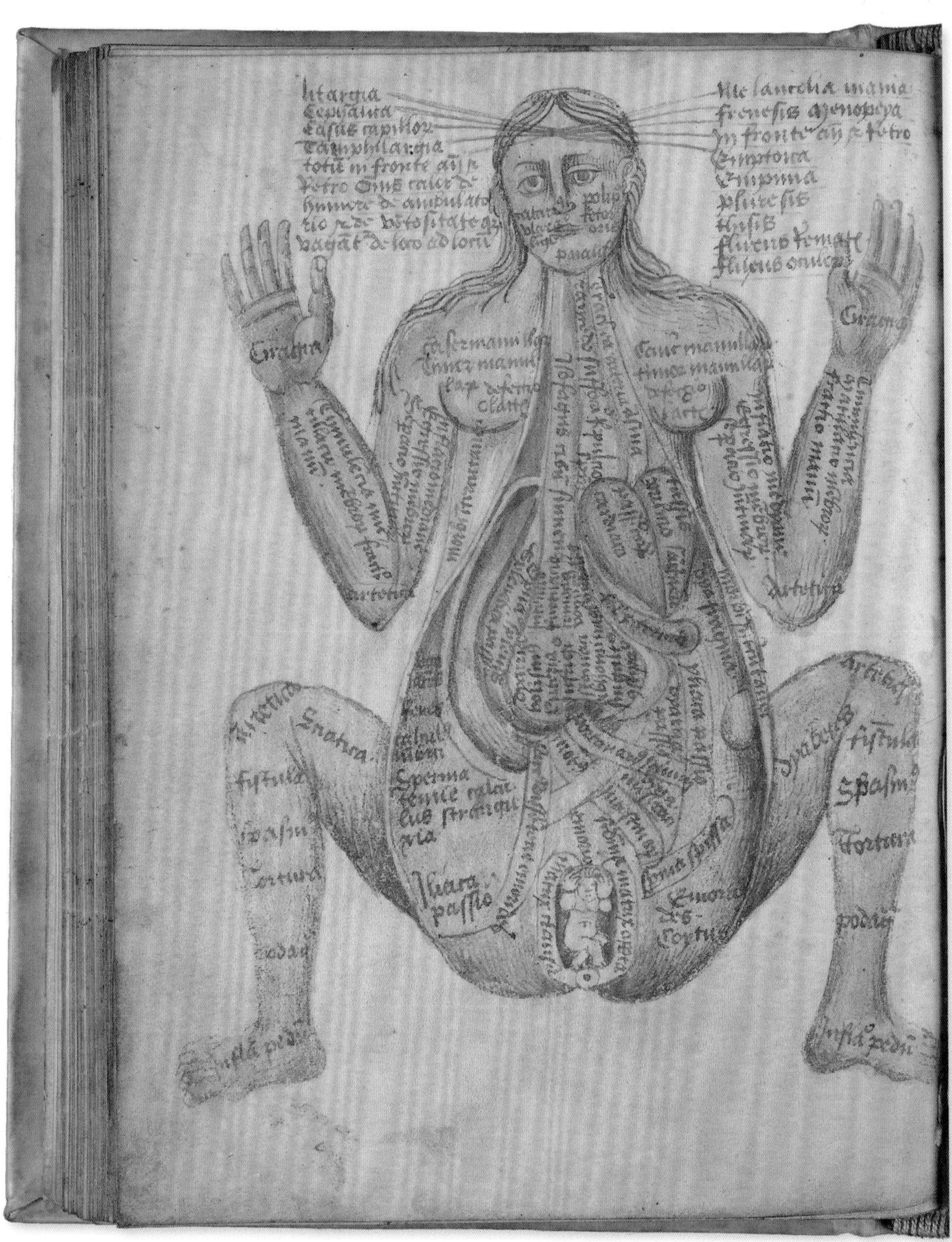

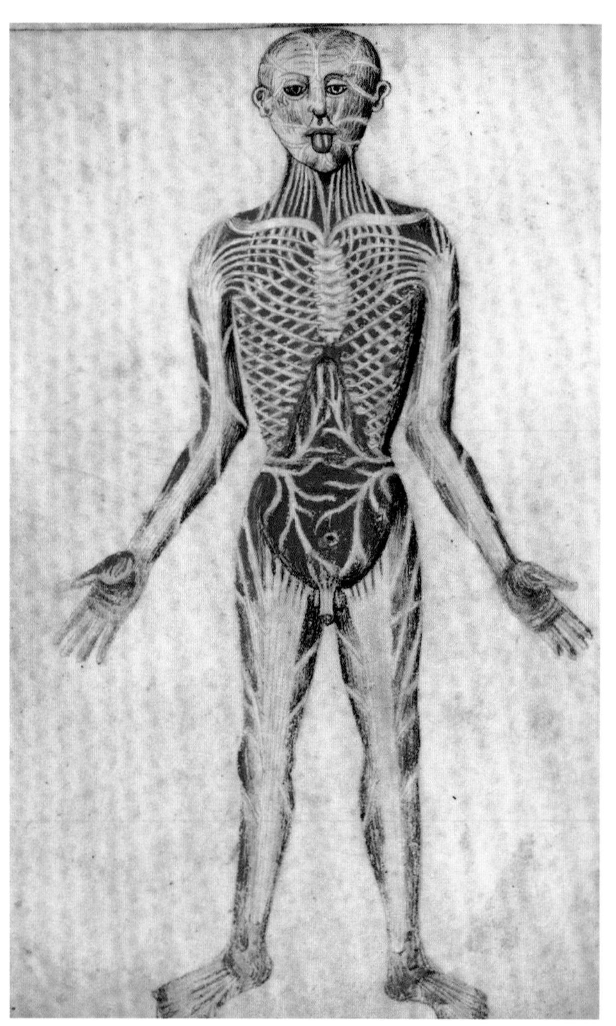

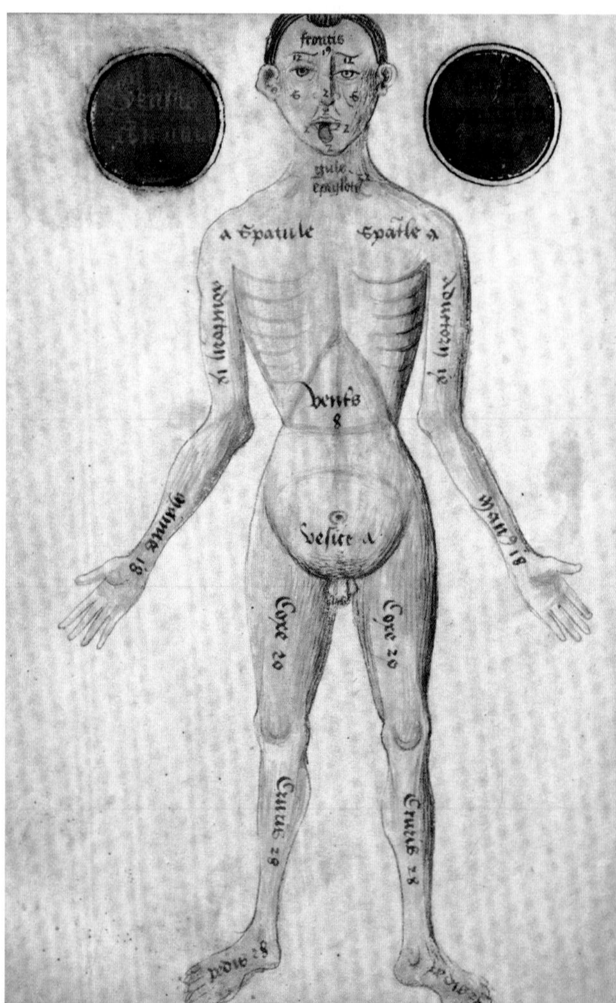
frontis
a Spatule
Spatle a
Coxe 20
Coxe 20

驟，就像是在向困惑的觀眾說明一齣戲的場景。參與這場演出的人有三位：朗讀者（lector）站在高台上以拉丁文敘述書中的解剖知識；執刀者（sector）進行實際的切割與切除動作；指示者（ostensor）則拿著尖尖的棍子，彷彿一位指著黑板的老師，引導觀眾注意執刀者所揭露的身體部位，以及朗讀者正在談論的部分。這個情景令人聯想到站在講道壇上佈道的牧師；朗讀者的話語就如同聖經般至高無上。對觀眾來說，朗讀者所訴說的才是真理，而不是他們或執刀者眼前所見。確實，在《人體解剖學》1493 年的版本中，可以看到一幅描繪公開解剖展示的插畫，裡面的觀眾目光似乎完全沒落在屍體上。

儘管內容有失準確，但蒙迪諾的《人體解剖學》確實是一部劃時代的出版物。這本書將解剖學視為一門科學，而不是一種哲學詮釋。雖然當中重複了希波克拉底與蓋倫的某些謬論，但也修正了某些其他的錯誤，因此能被視為第一本現代解剖學著作，在任何一位現代解剖學家的書房裡，都是必備書籍。

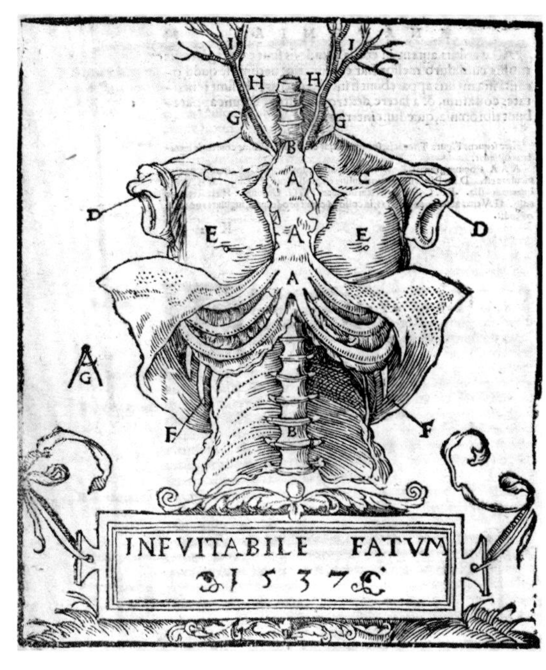

《人體解剖學》（1475年）

對頁：男性身體構造中的血管（左）與肌肉（右），出自蒙迪諾的著作《人體解剖學》。圖中的圓圈代表的是被認為存在於腦部的四個腦室。

上：一具被剖開的男性軀幹。這幅插圖展示的不只有人體構造，還包括蒙迪諾的解剖程序。

2. 吉多・達維傑瓦諾（Guido da Vigevano）

雖然《人體解剖學》後來的版本附有插圖，但最先將插圖應用在解剖學上的人，其實是蒙迪諾的學生吉多・達維傑瓦諾（1280–1349 年）。吉多是個有趣迷人的人物，和李奧納多・達文西一樣是博學多才之士，只是一般公認他略遜一籌。他具有醫生、發明家與外交官的身分，雖然是義大利人，卻為法王腓力六世（Philippe VI）撰寫了有關軍備資源與解剖學的著作。在波隆那完成學業後，他陸續在故鄉帕維亞（Pavia）和倫巴底（Lombardy）行醫，之後被神聖羅馬帝國的皇帝亨利七世（Henry VII）任命為御醫。

中世紀的北義大利是圭爾夫派（Guelphs）[6] 與吉伯林派（Ghibellines）[7] 的戰場；這兩個派系分別支持教宗與神聖羅馬皇帝。亨利七世在統治期間，持續與那不勒斯國王羅伯特（Robert of Naples）發生政治與軍事衝突。羅伯特是圭爾夫派的領袖，獲得教宗克雷芒五世（Clement V）的支持。亨利七世在 1313 年圭爾夫陣營的城市西恩納（Siena）遭圍攻時辭世，隨後克雷芒五世針對帕維亞等吉伯林陣營的城鎮，頒布了禁止教務令（interdict）。禁止教務令是指天主教教會撤銷個人與全體居民的精神利益，例如拒絕赦免他們的罪，以及禁止他們在用來埋葬教徒的神聖之地下葬。禁止教務也可能會帶來較暫時的影響，例如貿易受損與無法獲得政治庇護。

吉多・達維傑瓦諾因身為亨利七世的親信而成為目標，於是逃到了法國。擁有行醫證照的他被任命為法國王后讓娜（Jeanne of Burgundy）的私人醫生，並在之後也為其丈夫腓力六世效力。腓力六世之所以能繼承法國王位，是因為法國更改法律，剝奪了女性王室後裔的王位繼承權，導致原本較有資格繼位的英格蘭國王愛德華三世（Edward III of England）失去法理依據。儘管如此，腓力六世與愛德華

[6] 指德國的韋爾夫家族（The Welfs），擁護教宗並支持地方獨立自主。圭爾夫是韋爾夫的義大利語稱呼。

[7] 指德國的霍亨斯陶芬家族（The Hohenstaufens），擁護皇帝在義大利的統治權。吉伯林是魏布林根城堡（Waiblingen）的義大利語稱呼，隸屬於霍亨斯陶芬家族。

右圖

《獻給法王的軍事百科》（*Texaurus regis Francie*，1335年）

吉多・達維傑瓦諾（Guido de Vigevano）的飄浮裝置提案，目的是讓騎士能騎著馬渡河。

對頁圖

《獻給腓力七世的解剖學》（*Anathomia Philippi Septimi*，1345年）

解剖的第一道切口，出自吉多・達維傑瓦諾獻給法王腓力七世（實為六世）的著作。

三世仍計畫要一同參與聖戰。為了給予支持，吉多在 1335 年撰寫了《獻給法王的軍事百科》（*Texaurus regis Francie*）。這是一本為攻城戰設計的軍備武器目錄，所列項目包括用來攻擊城牆的裝甲車、臨時便橋、風力貨車與塔架。然而，愛德華三世與腓力六世之間的關係日益緊張，不僅導致聖戰從未發生，反而還引發了英法百年戰爭（Hundred Years War）。

吉多的另兩本書對腓力六世來說可能更實用。他編纂了名為《健康手冊》（*Regimen sanitatis*）的醫療指南，讓法王能帶著參加聖戰。這本書特別關注地中海東部氣候帶來的健康威脅，以及聖戰領袖可能會面臨的風險——裡面甚至有一個章節專門探討刺殺用毒藥的解毒劑。吉多親身試過至少一種；他注意到毛蟲在吃了致命的附子草後安然無事，於是試吃了一些這種植物的根，然後喝下用毛蟲煮成的泥狀解藥。結果他活了下來，不但完成了《健康手冊》，也為解剖學家的書房貢獻了另一本著作，《獻給腓力七世的解剖學》（*Anathomia Philippi Septimi*）。（吉多把 12 世紀與路易六世〔Louis VI〕共治的腓力王子算了進去，因此稱腓力六世為腓力七世。）

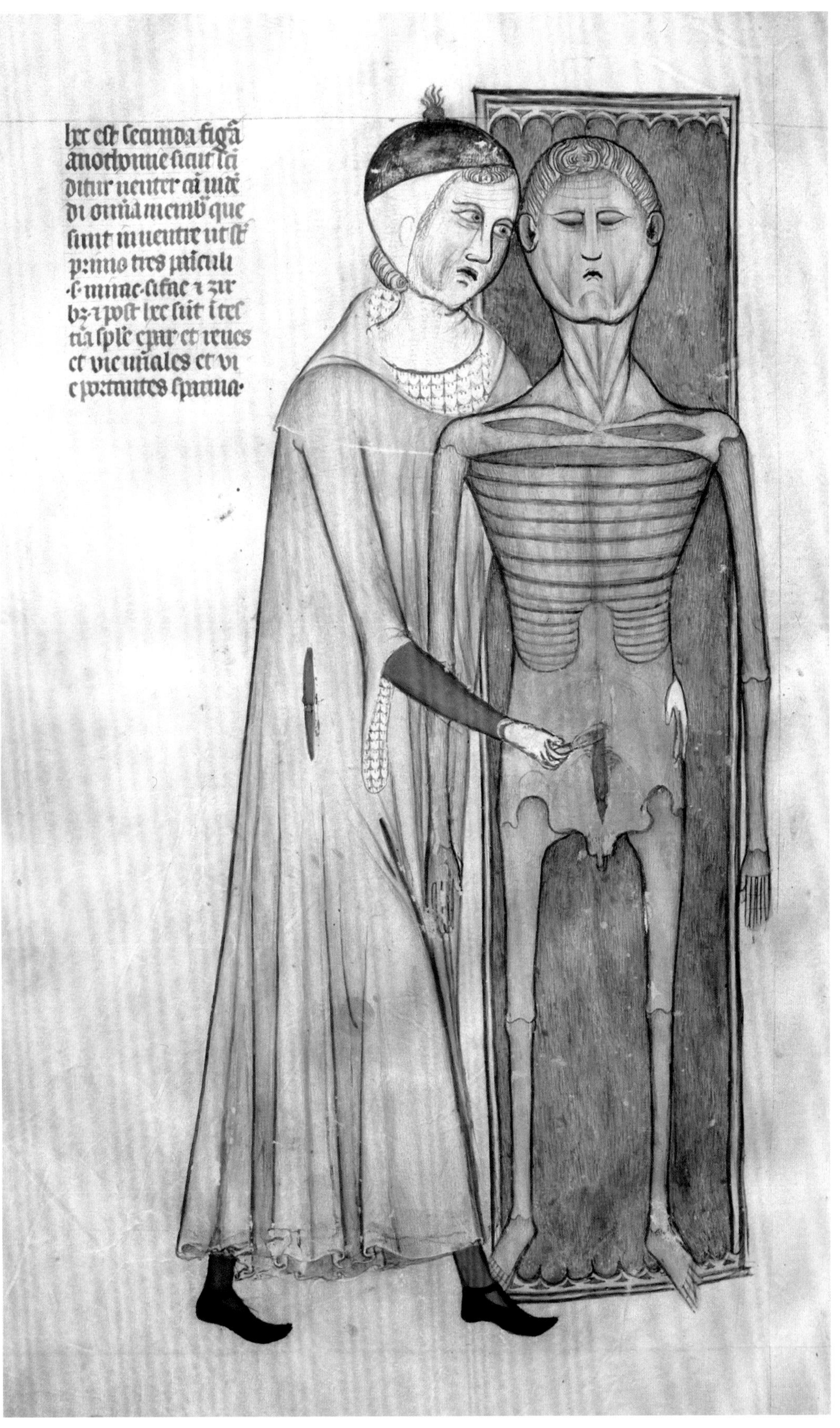

右圖

《獻給腓力七世的解剖學》（1345年）

一位解剖學家用槌子和解剖刀鑽開一具屍首的頭顱。此一過程稱為「顱骨穿孔術」（trephination）。

對頁圖

《獻給腓力七世的解剖學》（1345年）

左上：這幅女性身體構造圖表現出蓋倫對子宮的看法，即子宮有七個腔室，其中三個用來孕育男嬰，三個用來孕育女嬰，一個用來孕育陰陽人。

右上：男性的胸部與腹部內臟構造圖。

左下：男性的消化系統構造圖。

右下：一位解剖學家用他的左手，將一具肉已移除的屍體的肋骨往後拉，使他能從脖子往下，在屍體右側劃出一道切口。

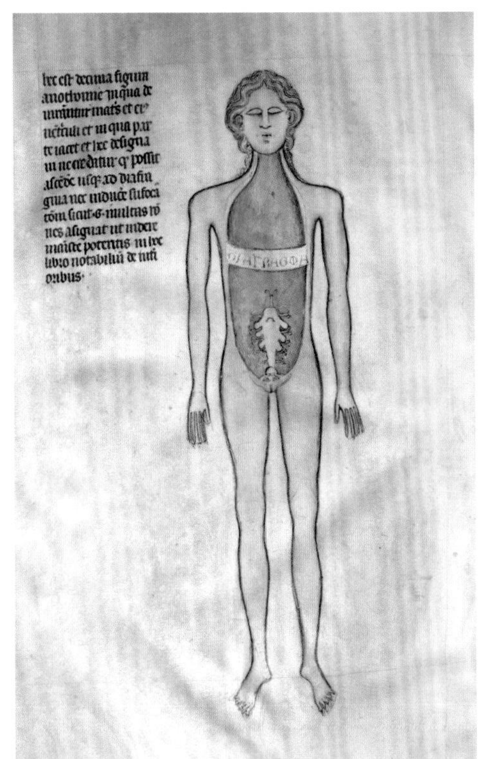

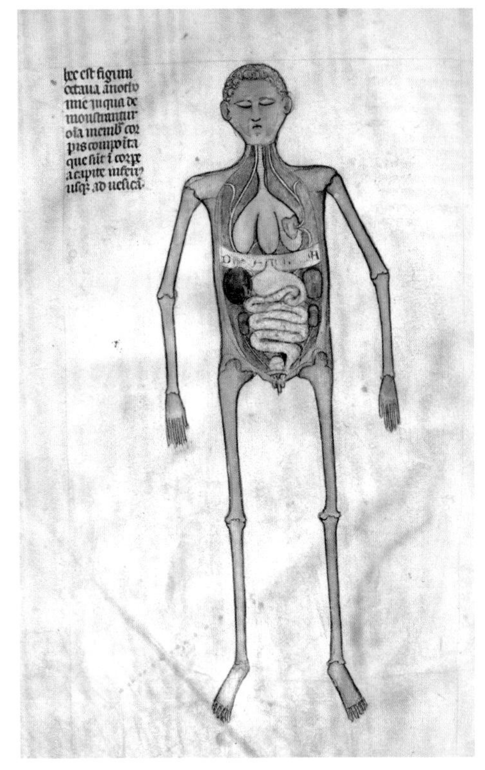

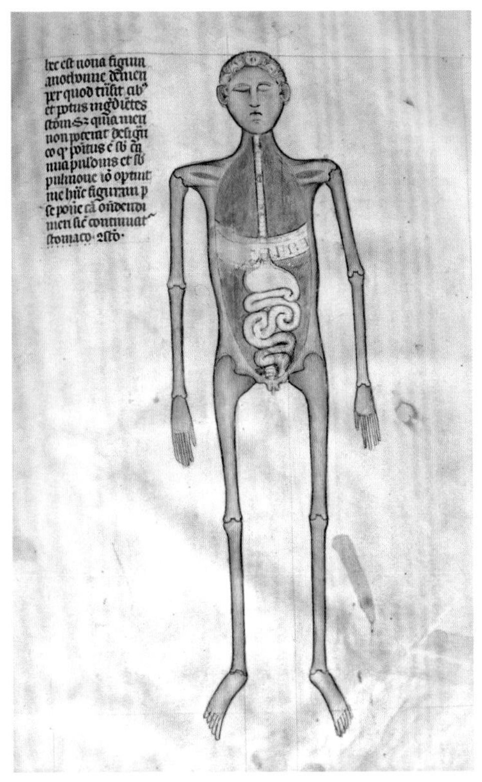

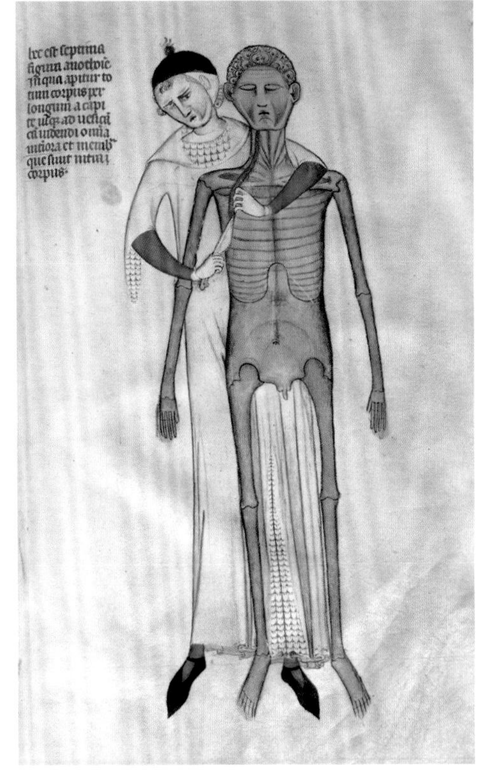

對頁圖

《人體解剖學》

（*Tashrīh-i badan-i insān*，約1400年）

曼蘇爾・伊本・伊利亞斯（Mansur ibn Ilyas）的創新之舉是在解剖示意圖中，以新穎的方式運用色彩。左上：蹲姿是中東人體解剖圖的典型特徵，此處的圖所描繪的是男性身體的肌肉與神經系統。

右上：展現出肋骨、脊椎以及手腳骨頭的人類骨骼圖。

左下：靜脈系統，器官以不同的墨水顏色突顯。

右下：神經系統的更多細節，成對的神經以不同的顏色呈現。

由於在吉多的時代，解剖在法國仍不合法，因此他在波隆那向蒙迪諾學習的經驗肯定彌足珍貴，羨煞了法國的解剖學家。比起他的導師，吉多寫於 1345 年的著作可能有更多人讀過（因為蒙迪諾的著作一直到 1475 年才發行初版）。吉多遵循蒙迪諾的作法，依崇高等級劃分身體部位，因而犯了許多相同的錯誤，但也改正了一些觀念，例如修正了對脾臟形狀的描述。他可能曾在蒙迪諾的公開解剖展示中，偶爾擔任執刀者的角色。而他在《獻給腓力七世的解剖學》中，也宣稱自己進行過多次解剖。

吉多的插畫照亮了他和蒙迪諾的文字，不過顯然和達文西的畫作不是同一個等級。儘管擁有眾多成就，但吉多並沒有藝術天分。他在描繪一位被斬首的囚犯顱頂遭移除時，完全沒有表現出立體感，簡直就像是一個小孩在畫早餐蛋杯裡的水煮蛋。儘管如此，他清楚畫出了顱頂（畫在頭顱側邊而非上方）和兩條像是雞蛋裂痕的顱縫（顱頂骨板間的交界線）。另一幅插畫則突顯出清楚明瞭的示意圖對傳達訊息有多重要，即便他的訊息本身有誤——吉多所畫的被解剖女性只展現出他想讓觀者看到的部分：具有七個腔室的子宮，也就是蒙迪諾在波隆那傳授給學生的錯誤觀念。

3. 曼蘇爾・伊本・伊利亞斯（Mansur ibn Ilyas）

歐洲對解剖知識的重新發現，有時掩蓋了伊斯蘭世界持續進行的研究。當巴格達被蒙古軍隊攻陷時，其他的學術中心殘存了下來，包括位於亞塞拜然（Azerbaijan）東部的大不里士（Tabriz）。這座城市坐落於絲路之上，不僅得利於這條貿易路線所帶來的財富，也受惠於從東到西行經此地的旅人所進行的學術交流——馬可・波羅（Marco Polo）也是其中一人。而大不里士特別著名之處，就是其集體科學智慧。另一座城市設拉子（Shiraz）也未遭受蒙古人摧殘，而且還兩次倖免於難，先後被成吉思汗和帖木兒統治。設拉子後來逐漸發展成聞名的藝術與哲學中心。

曼蘇爾・伊本・伊利亞斯在 14 世紀中出生於設拉子，其家族富裕且學識成就高，成員包括醫生、學者與詩人。他也承襲了愛探究的精神，不僅到各地遊歷，也數度造訪大不里士，以增廣自己的教育與見識。他以從醫為志業，並在解剖學家的藏書中貢獻了一本重要著作。

他的《人體解剖學》（*Tashrī -i badan-i insān*）除了附有插圖外，在某種程度上可說是衍生自他人論述的產物；書中有許多地方提到拉齊和阿維森納，甚至引據更古老的權威人士，包括希波克拉底與亞里斯多德。此外，大多數的學者都認為他的插圖多半是抄襲自一位更早期的作家。儘管如此，曼蘇爾是最早將色彩應用在器官與血管示意圖上的人。當時的伊斯蘭教義並不贊成使用色彩，因此曼蘇爾的作法備受爭議。不過無可否認的是，色彩的應用能讓視覺資訊變得更清楚。

為了平息爭議，曼蘇爾想到了一個聰明的辦法，那就是將他的書獻給帖木兒的其中一個孫子。曼蘇爾對胎兒的發育特別感興趣，除了書中一幅描繪孕婦的插圖明顯是他的原創外，他也花了一整個章節來探討這個主題。在子宮裡最先形

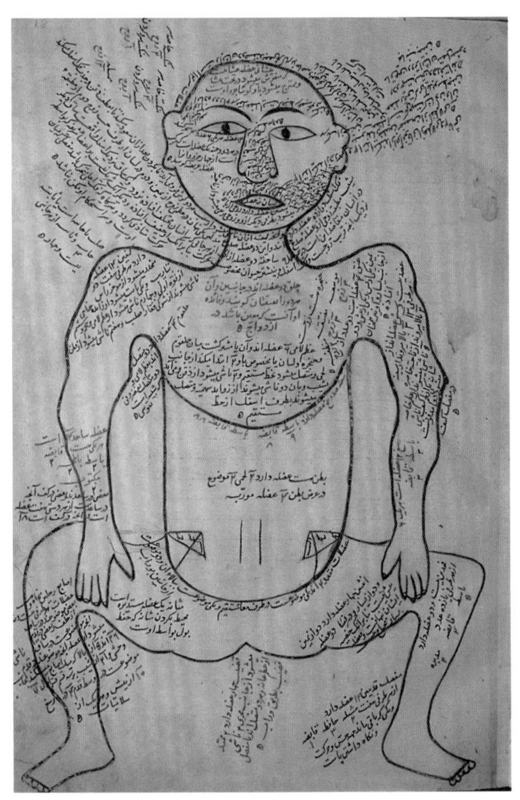

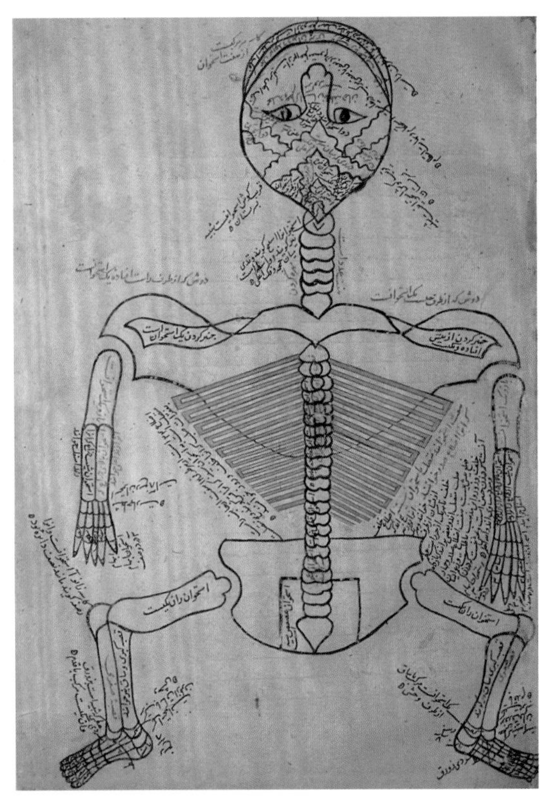

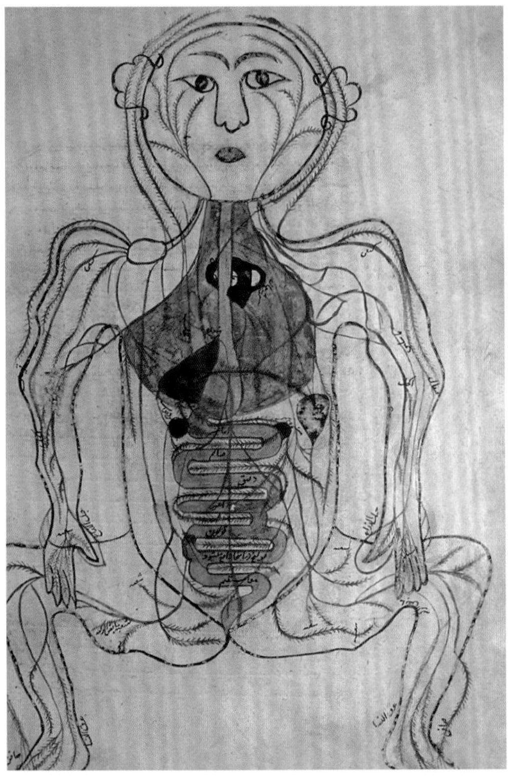

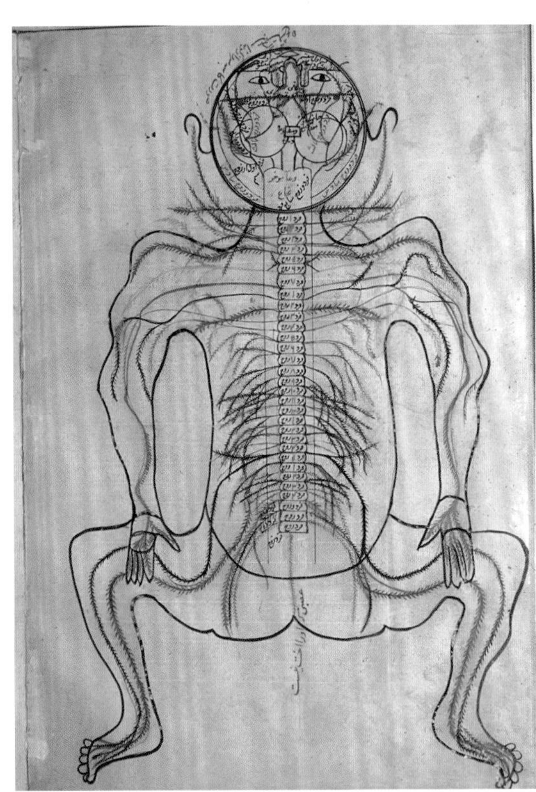

右圖

《花剌子模沙阿百科全書》（*Zakhirah-i Khwarazm Shahi*，1484年）

贊恩・朱爾加尼（Zaynal-Jurjani）的原創著作。這個版本的出版時間可追溯到1136年，開頭是以泥金裝飾的跨頁引言。

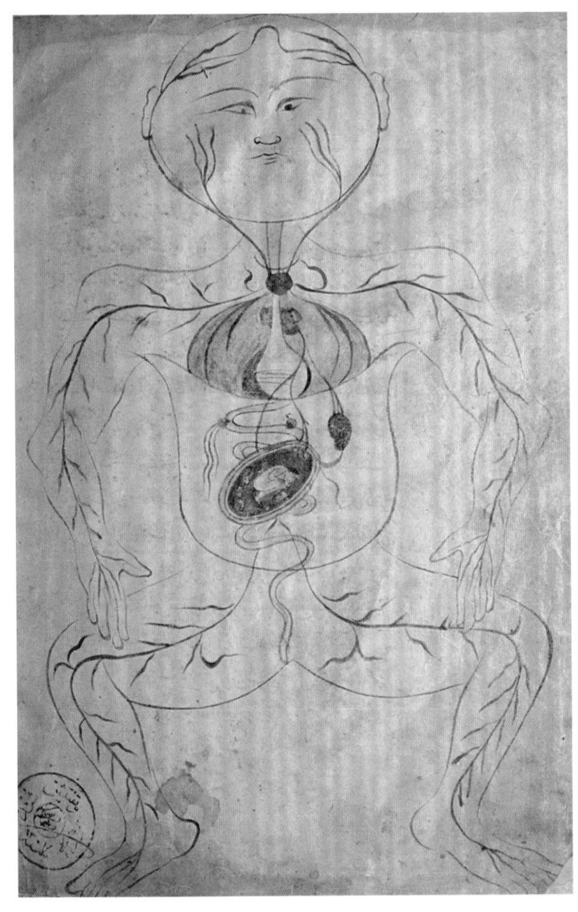

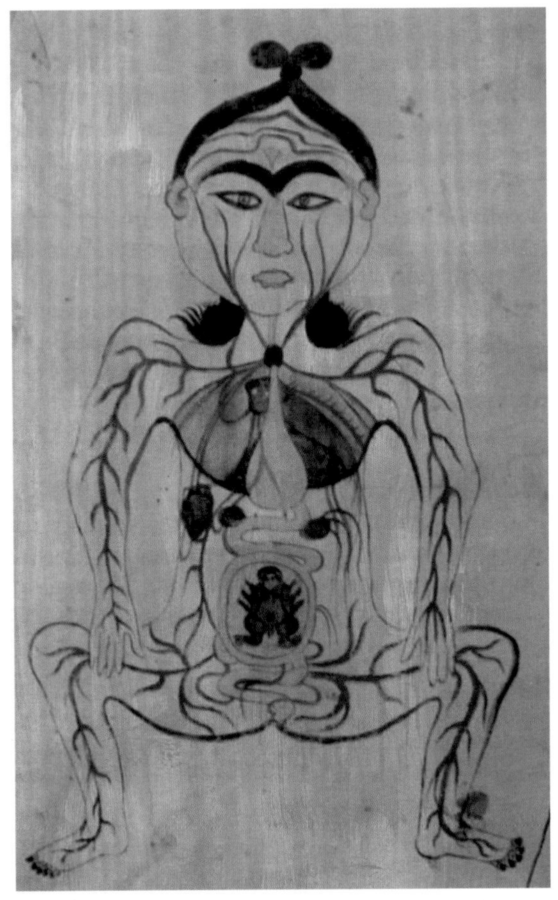

上圖
《人體解剖學》（約1400年）

左：展現出重要器官的男性身體構造圖。
右：包含子宮的女性身體構造圖。

成的是腦還是心，這個問題顯然與何者主宰身體的爭論有關。曼蘇爾推斷最早形成的一定是心，因為心具有普紐瑪和熱度，能用來製造與維護其他器官。腦則是感覺的活動中心，少了心製造的身體，腦的作用便顯得多餘。雖然這樣的論點拐彎抹角又薄弱，但曼蘇爾是對的——心是受孕後第一個形成的器官。

曼蘇爾的某些插圖遭人懷疑不是原創，原因是這些圖與贊恩．朱爾加尼（Zayn al-Jurjani）的畫作極為相似。朱爾加尼是一位多產的醫學作家，活動時間比曼蘇爾早了 300 年。朱爾加尼（1040–1136 年）投注一生研究哲學、神學、藥理學與醫學，並在七十多歲時，被任命為波斯花剌子模沙阿[8]（Shah of Khwarazm）的御醫。他在宮廷中撰寫了名為《花剌子模沙阿百科全書》（*Zakhirah-i Khwarazm Shahi*）的醫學百科，用來獻給他的主人。針對甲狀腺腫大、心悸與凸眼之間的關聯，他獲得了一些早期的發現，而這些觀察一直要到 19 世紀初，才透過迦勒．帕里（Caleb Parry）的研究重新被發現。朱爾加尼的《花剌子模沙阿百科全書》雖然是一部醫學通論，但書中有一個專門探討解剖學的章節，其絕大部分（但並非全部）的內容是衍生自阿維森納的論述。當中的插圖風格獨特，運用了青蛙蹲姿勢的人體樣

8 源自波斯語，意思是古代伊朗高原諸民族的君王頭銜。

板，並在上面描繪與標示出經過篩選的解剖細節，以說明插圖要傳達的重點。

曼蘇爾的許多插圖都採取相同的形式。有人認為這是源自一個歷史更久遠的傳統，那就是所謂的「五系列圖」（Five Pictures Series）。卡爾．蘇德霍夫（Karl Sudhoff）是 21 世紀初的德國醫學史學家。他發現在許多 12 與 13 世紀的手稿中，都納入了一組共五張的標準解剖視圖。這些畫工粗糙的視圖分別用於說明骨骼、神經、肌肉、靜脈與動脈系統，有時還會出現第六張懷孕女性的示意圖。最古老的五系列圖是在某間巴伐利亞修道院裡的一份文稿中被發現，其年代可追溯到 1158 年。這些系列插圖通常會採用相同的青蛙蹲姿勢來描繪人體，而這種畫法似乎源自波斯，一直到進入了 18 世紀，都還持續對後來出自印度次大陸（Indian subcontinent）[9] 的解剖圖產生影響；在那裡，經過修改的五系列圖被用來闡述阿育吠陀醫學的原理。這個傳統的由來無人確知，但根據當中所包含的解剖細節與錯誤，五系列圖有可能是早期的人為了解釋蓋倫的學說而畫。繪圖者本身並未執行

[9] 南亞的一個地理區域，位於印度板塊上，從喜馬拉雅山脈向南深入印度洋。

右圖

波隆那大學的解剖劇場

這座廳堂完全是以雲杉建造而成，耗時101年才完工（1636–1737年）。牆上排列著偉大解剖學家（包括希波克拉底與蓋倫）的雕像。這裡的解剖活動最初是在燭光下進行。

過任何解剖，而是只憑蓋倫的描述作畫。曼蘇爾與朱爾加尼所採用的青蛙蹲姿人體示意圖，不僅是一道向後通往蓋倫、向前通往亞洲醫學的隱形連結，也是一個重要的提醒，告訴我們歐洲中心論無法呈現出解剖學歷史的全貌。

4. 供給與需求

在 15 世紀的歐洲，人體解剖的合法化（最早發生在波隆那，之後逐漸在北義的其他醫校推行）衍生出預料之外的問題。解剖是在遭處決囚犯的屍體上進行，但當時死刑判決在義大利相當罕見，以致屍體根本不夠用，更別說是在一年中的適當時機出現。在一個沒有冰箱的世界，冬天是研究解剖學的最佳時機，因為屍體被經驗不足的新手耗時費力地解剖後，在寒冷的月份裡會腐爛得比較慢。蓋倫學派的解剖程序有很大部分就是取決於不同器官的敗壞速度。

在欠缺死刑犯的情況下，學生（必須出席解剖活動以作為訓練的一部分）被迫要設法自己取得屍體。盜屍無疑是一種解套之道；歷史上也有相關記錄，描述四名波隆那學生因代替老師去挖掘屍體而遭到起訴。不過對較守法的學生來說，還有另一種作法：據說有迫切需求的師生會去接近剛喪親的人，提議替他們負擔喪葬費，以及邀請身分地位較高的人來哀悼，以作為事後在課堂中使用喪者遺體的交換條件。

隨著 15 世紀解剖學的持續進展，研究人數也愈來愈多，導致屍體短缺的問題日益加劇。研究人數上升不僅是因為公開解剖的機會變多（在屍體充足的情況下），也因為人們對古代藝術（優美、結構比例正確的希臘與羅馬人體雕像）重新燃起了興趣。藝術家努力想了解人體構造，這樣才能在自己的作品中，準確地重現人體動作與姿態。這是不同學科之間的美好交匯：最具藝術性的藝術運動（義大利文藝復興）有一部分仰賴的是最具科學性的早期中世紀研究（解剖學）。

5. 亞歷山德羅・阿基利尼（Alessandro Achillini）

義大利在 15 世紀的剩餘時間裡，繼續主宰解剖學的世界，其中尤以波隆那的發展最為興盛。個別研究者對蓋倫的模型進行了意義重大的小改良，不過這些人的貢獻未經區分，而是被廣泛地視為一體。

亞歷山德羅・阿基利尼（1463–1512 年）在蒙迪諾的《人體解剖學》初版發行沒多久後，就來到波隆那念書。之後，他待在這座城市的大學裡教書，並獲得了幾個有關骨骼的發現，包括位於中耳的兩塊聽小骨：鍾骨與砧骨。阿基利尼也是最早辨識出七塊跗骨的人（跗骨是位於腳趾和腿之間的複雜足部構造）。他在波隆那任教長達 28 年，而且從他的著述可以看出他有大量的解剖經驗。他不僅辨認出穹窿與垂體漏斗這兩個腦部區域，也發現了將唾液從下頜腺運輸到口腔的導管。

阿基利尼在他的《解剖學筆記》（*Annotationes anatomicae*）中展現了他的豐富經驗：他比較蓋倫、阿維森納與自己的解剖研究，並將觀察到的相似與相異處記錄下來——這是早期對蓋倫不容置疑的崇高地位所提出的一個挑戰，具有重大意義。書中也包含一些常見解剖手術的注意事項，例如去勢和為了方便解剖而（在人死後）移除肋廓的手術須知。

據說阿基利尼個性謙虛，既不自負也沒有野心；一位作家曾描述他「毫無阿諛奉承與背信棄義的才能」。他是一位很受歡迎的老師，學生們敢開他玩笑，但同時又很尊敬他。他就和許多學者一樣十分堅持己見，不過在和其他教職員與學生辯論立場時，也能樂在其中。他獻身工作，一直維持單身，在他有生之年也未出版過任何著作。他的《人體解剖學》（De humani corporis anatomia）被放入一部合集中，在 1516 年於威尼斯發行。而他的《解剖學筆記》則在 1520 年由他的弟弟喬凡尼・菲洛特奧（Giovanni Filoteo）在波隆那出版。

6. 安東尼奧・貝尼維尼（Antonio Benivieni）

安東尼奧・貝尼維尼（1443–1502 年）與阿基利尼生活年代相近，曾在比薩（Pisa）與西恩納的大學研讀醫學。他出身於佛羅倫斯的一個富裕家庭，因此未靠行醫賺取收入。就這點而言，他算是「紳士科學家」（gentleman scientist）的一個早期範例——即熱愛從事研究的業餘科學家。一直到 19 世紀末為止，在所有的科學領域中，許多進步都是靠這些紳士科學家的投入，才得以實現。

然而，貝尼維尼並不是一個半吊子；他的弟弟吉羅拉莫（Girolamo）後來在著述中提到他「從事了約 32 年的醫療工作」。他是一位非常成功的醫生，因診斷準確、治療仔細與外科技術精湛而受人敬重。由於他本身的社會地位較高，因此服務的對象都是佛羅倫斯共和國裡最有權勢的家族，包括「偉大的羅倫佐」（Lorenzo the Magnificent）——佛羅倫斯共和國的統治者羅倫佐・德・麥迪奇（Lorenzo de' Medici）。羅倫佐是許多佛羅倫斯公共機構的贊助者，而貝尼維尼和他似乎是很好的朋友。羅倫佐相當信任貝尼維尼，因而願意讓他治療自己的女兒。貝尼維尼同時也擔任其他貴族世家與機構的醫生，包括在這座城市裡由羅倫佐贊助的數間女修道院。貝尼維尼有三本著作都獻給了他的贊助者：《讚美天國》（*In Praise of the Heavens*）、《論健康養生之道》（*On a Healthy Regimen*）與《論疾病》（*On Disease*）。

羅倫佐是一位熱忱的藝術贊助者，更是推動義大利文藝復興運動的關鍵人物。也因為如此，貝尼維尼的解剖學研究備受矚目。事實上，他能受到如此關注，也意味著解剖學的時代即將到來。截至 15 世紀，儘管仍有人信奉蓋倫的體液說，但解剖學已毫無疑問是一門自然學科，而不是神的奧秘智慧或漠然的哲學理論。人體內真實存在著器官與血管，一旦因損傷或疾病而機能失常，就有可能導致生病或死亡。對充滿好奇的人來說，驗屍正逐漸成為一種確認死因的新方法。解剖學不再是脫離世俗的科學，而是成為了實用的工具。而安東尼奧・貝尼維尼也因為他的成就，在今日被譽為「病理學之父」。隨著整體解剖學知識的擴展，貝尼維尼對異常身體結構的樣貌及其對生活的影響，變得愈來愈感興趣。

到了 15 世紀末，不論是在醫院或有錢人家中，聘請解剖外科醫生來進行驗屍，都是相當常見的作法。需要屍體以進行研究的解剖學家，自然也非常樂意提供協助。在貝尼維尼的鉅著《論疾病的隱藏原因》（*De abditis morborum causis*）中，有關於異常身體結構學（或稱畸形學）的大量討論。他描述了胃癌、腸穿孔、腹膜膿瘍、結腸異常腫大，以及他對膽囊結石的發現。書中也包含他針對寄生蟲與子宮內梅毒轉移的開創性研究。而他在驗屍程序上所提供的指導方針，有些至今仍受沿用。由此可見，這是一本具有劃時代意義的著作。

如同阿基利尼，貝尼維尼在有生之年也從未出書。他將自己的鉅著——完整書名為《論疾病與康復的某些隱藏與驚人原因》（*De abditis nonnullis ac mirandis morborum et sanationum causis*）——獻給了羅倫佐。但一直要到吉羅拉莫在整理已逝哥哥的遺物時發現其手稿後，這本書才在 1507 年出版。這本以拉丁語寫成的書再版了多次；在原版遺失已久後，其中一個 16 世紀的版本在 19 世紀被翻譯成義大利語。當時負責翻譯的卡羅·伯奇（Carlo Burci）在考察資料時，重新發現了這本書的原稿，當中包含一些在後來的版本中遺失的章節——這些內容收錄在後來出版的一本醫學歷史書中。伯奇的譯作很可能是這本開創性著作留存於世的最完整記錄，因為他所找到的原稿後來又再次遺失。

上圖
亞歷山德羅·阿基利尼（Alessandro Achillini，1463–1512年）

阿基利尼的肖像，由波隆那畫派（Bolognese School of painting）的阿米克·阿斯佩提尼（Amico Aspertini）所繪。阿基利尼是波隆那大學在職最久的醫學教授。

印刷術的到來就和網路的發明一樣，使資訊能以過去未能想像的方式快速交換。出版物在 15 世紀末與 16 世紀初激增的情形，不只發生在義大利或中東。數位重要的德國作家在同一時期也推出了新作，這顯示出解剖學的知識與探究精神已傳播到北歐。

次頁圖
《醫學文選》（Fasciculus medicinae，1491年）

左：由約翰尼斯·德·凱查姆（Johannes de Ketham）所編纂的解剖學文稿選集內頁。這張內頁展現了各種不同的戰傷、造成這些傷害的武器，以及相應的治療方法。
右：顯示內部器官與外部細節的女性身體構造圖。

7. 約翰尼斯·德·凱查姆（Johannes de Ketham）

約翰尼斯·德·凱查姆（活躍於 1460–91 年）享有一定程度的名氣，是因為他與《醫學文選》（*Fasciculus medicinae*）有關。這是一部匿名醫學論文選集，在 1491 年於威尼斯出版。凱查姆雖然是在威尼斯執業的德國醫生，但他並不是這部文選集的論文作者之一，甚至也不是編輯。他只是擁有兩份文稿中的其中一份，而這些論文就出自於這兩份文稿。

儘管如此，《醫學文選》一直以來都印有他的名字。這本書值得關注，是因為它是第一本含有插圖的解剖學印刷書——蒙迪諾的《人體解剖學》只有後來的版本才附有圖片。《醫學文選》包含十頁整頁的木刻版畫：其中五頁是全身人體解剖圖，一頁是病人尿液顏色分析圖表，四頁是一般場景圖。場景圖位於扉頁，分別描繪博學之人與他的書籍、醫生們的商議會、在床上接受治療的病人，以及一場由朗讀者、執刀者與指示者進行的公開解剖。

這些圖畫有一些很生動的細節，例如演講者身後破掉的窗戶，以及擺在地上的水桶（據推測是用來盛裝被丟棄的器官）。在另一幅畫中，臥床的病人不

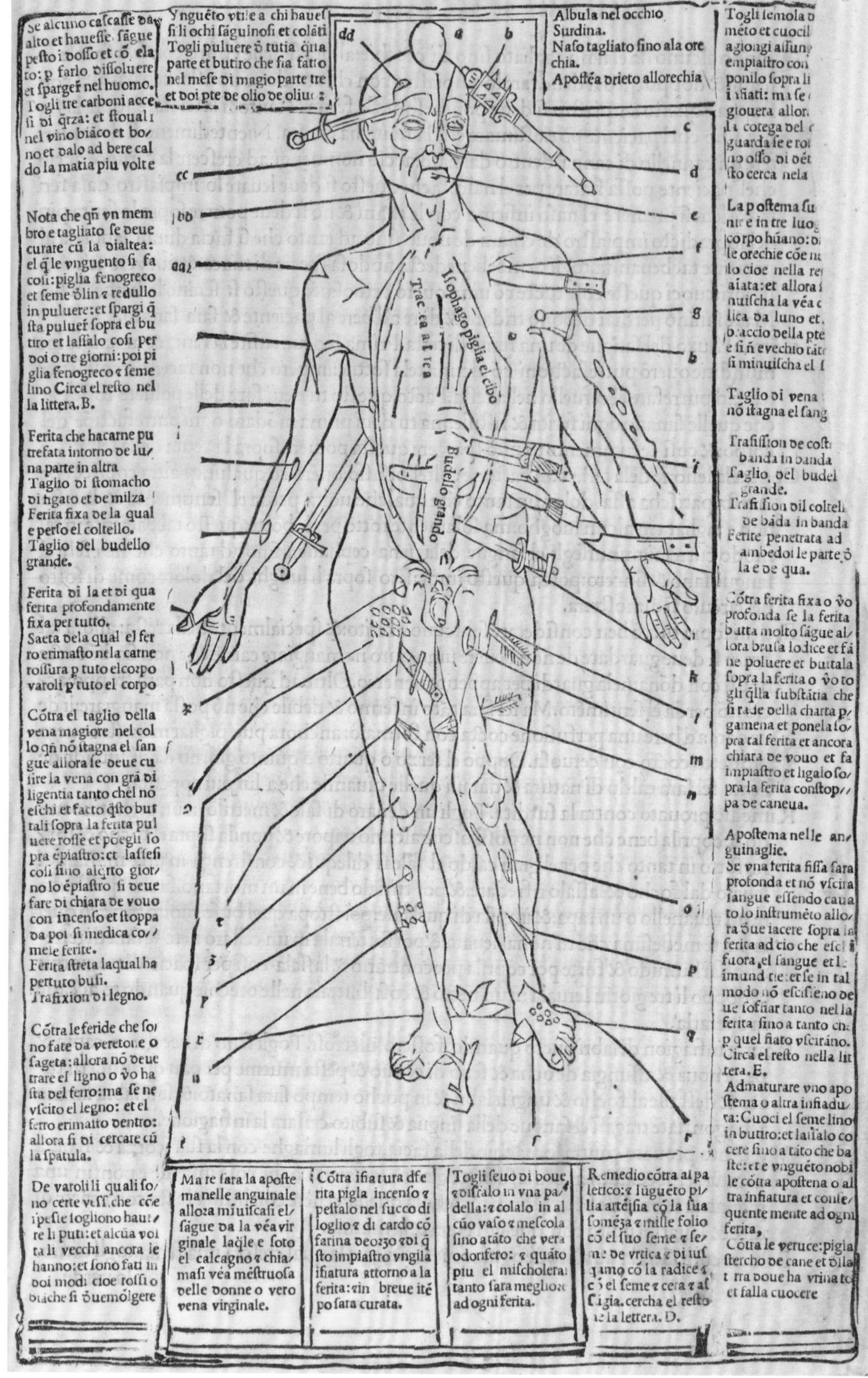

Se alcuno cascasse da alto et hauesse sãgue pesto i dosso et cõ ela to: p farlo dissoluere et sparger nel huomo. Togli tre carboni acce si di qrza: et stouali nel vino biãco et bo no et dalo ad bere cal do la matia piu volte

Yguẽto vtile a chi haues si li ochi sãgulnosi et colãti Togli puluere d tutia qua parte et butiro che sia fatto nel mese di magio parte tre et doi pte de olio de oliue:

Albula nel occhio
Surdina.
Naso tagliato fino ala ore chia.
Apostẽa drieto allorechia

Togli semola d mẽto et cuocil agiongi assung empiastro con ponilo sopra li i sfiati: ma se gioueta allora la cotega del guarda se e ro no osso di dẽt sto cerca nela

Nota che qñ vn mem bro e tagliato se deue curare cũ la dialtea: el q̃le vnguento si fa cosi: piglia fenogreco et seme dlin ꝛ redullo in puluere: et spargi q̃ sta puluer sopra el bu tiro et lassalo cosi per doi o tre giorni: poi pi glia fenogreco ꝛ seme lino Circa el resto nel la littera. B.

La postema su nir e in tre luog corpo hũano: d le orechie cõe n lo cioe nella re aiata: et allora nuischa la vẽa lica da luno et braccio della pte e si ñ evechio tãt si minuischa el

Ferita che hacarne pu trefata intorno de lu na parte in altra
Taglio di stomacho di figato et de milza
Ferita fixa de la qual e perso el coltello.
Taglio del budello grande.

Isophago piglia el cibo
Trac ea ar tea
Budello grando

Taglio di vena nõ stagna el sang

Trafission de cost banda in banda
Taglio del budel grande.
Trafission dil coltell de bãda in banda
Ferite penetrata ad ambedoi le parte d la e de qua.

Ferita di la et di qua ferita profondamente fixa per tutto.
Saeta dela qual el fer ro erimasto nela carne
roissura p tuto elcorpo
varoli p tuto el corpo

Cõtra ferita fixa o vo profonda se la ferita butta molto sãgue al lora brusa lodice et fã ne poluere et buttala sopra la ferita o vo to gli q̃lla substãtia che si rade della charta p gamena et ponela so pra tal ferita et ancora chiara de vouo et fa impiastro et ligalo so pra la ferita constop pa de caneua.

Cõtra el taglio della vena magiore nel col lo qñ nõ stagna el san gue allora se deue cu sire la vena con grã di ligentia tanto chel nõ eschi et facto q̃sto but tali sopra la ferita pul uere rosse et põegli so pra ẽpiastro: et lassesi cosi fino alq̃rto gior no lo ẽpiastro si deue fare di chiara de vouo con incenso et stoppa da poi si medica co me le ferite.
Ferita streta laqual ha pertuto busi.
Trafixion di legno.

Apostema nelle an guinaglie.
Se vna ferita fissa sara profonda et nõ vscira sangue essendo caua to lo instrumẽto allo ra due iacere sopra la ferita ad cio che esc fuora el sangue et l imund tie: et se in tal modo nõ escisieno de ue soffiar tanto nel la ferita fino a tanto che p quel fiato vsciráno. Circa el resto nella lit tera. E.

Cõtra le feride che so no fate da veretone o sageta: allora nõ deue trare el ligno o vo ha sta del ferro: ma se ne vscito el legno: et el ferro erimasto dentro: allora si di cercare cũ la spatula.

Admaturare vno apo stema o altra infiadu ra: Cuoci el seme lino in butiro: et lassalo co cere fino a tãto che ba ste: et e vnguẽto nobi le cõtra apostena o al tra infiatura et conse quente mente ad ogni ferita,
Cõtra le veruce: pigla stercho de cane et dlla tera doue ha vrina to et falla cuocere

De varoli li quali so no certe vess. che cõe ipesse togliono hau re li puti: et alcũa vol ta li vecchi ancora le hanno: et sono fati in doi modi cioe rossi o biãche si duemõlgere

Ma te sara la aposte ma nelle anguinale allora mĩuiscasi el sãgue da la vẽa vir ginale laq̃le e soto el calcagno ꝛ chia masi vẽa mẽstruosa delle donne o vero vena virginale.

Cõtra isiatura dfe rita pigla incenso ꝛ pestalo nel succo di loglio ꝛ di cardo cõ farina deorzo ꝛ di q̃ sto impiastro vngila isiatura attorno a la ferita: ꝛ in breue itẽ po sara curata.

Togli seuo di boue ꝛ diss alo in vna pa della: ꝛ colalo in al cũo vaso ꝛ mescola fino atãto che vera odorifero: ꝛ quãto piu el mischolera tanto sara meglior ad ogni ferita.

Remedio cõtra al pa letico: ꝛ lũguẽto pi lia artẽjsia cõ la sua somẽza ꝛ mille folio cõ el suo seme ꝛ se me de vrtica ꝛ di ius qamo cõ la radice ꝛ cõ el seme ꝛ cera ꝛ as sigia. cercha el resto ne la lettera. D.

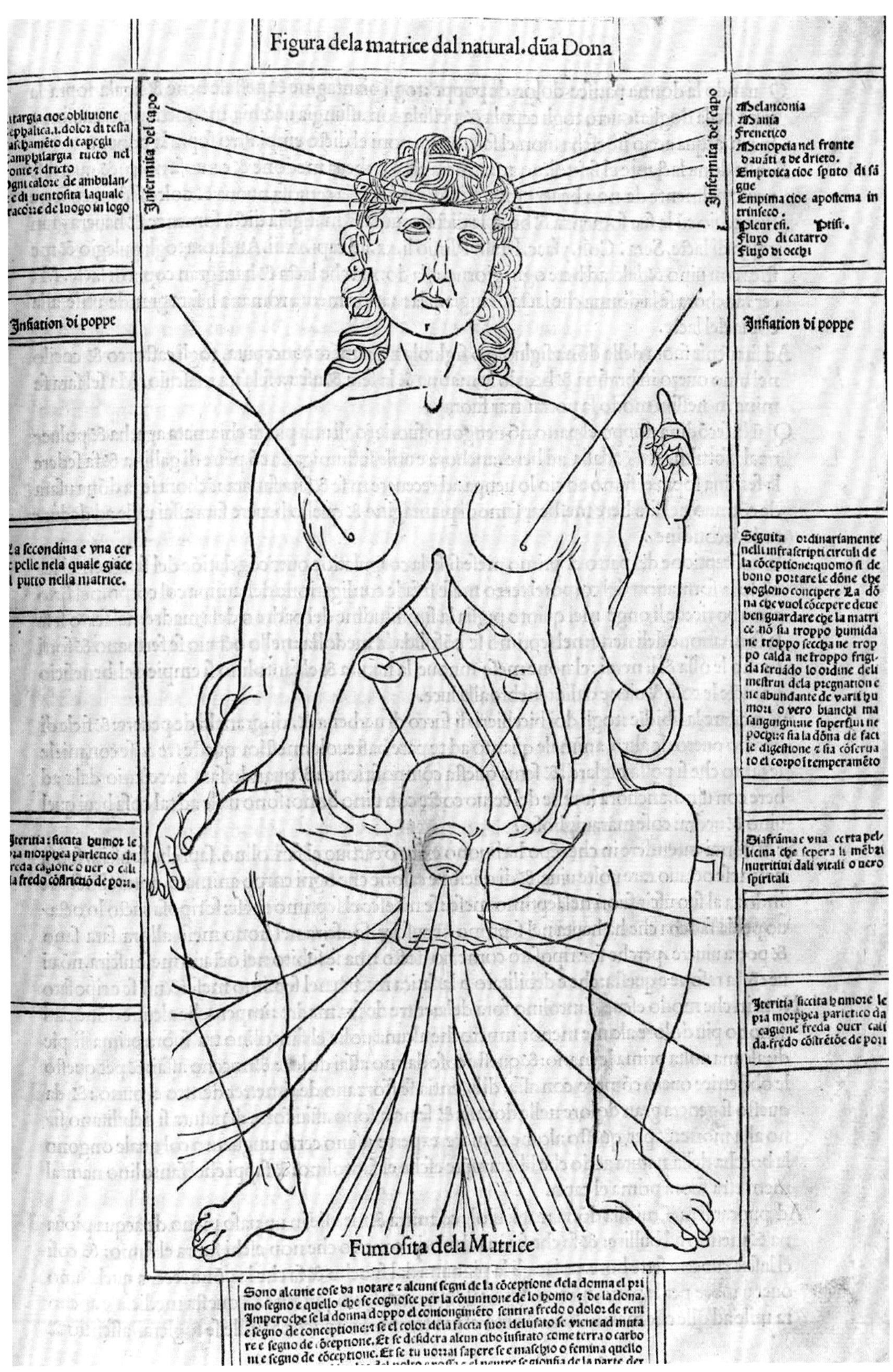

Figura dela matrice dal natural. dūa Dona
Infermita del capo
Infermita del capo
Litargia cioe oblivione
Cephalica. i. dolor di testa
Faschamēto di capegli
Camphilargia ructo nel
fronte e drieto
Ogni calore de ambulan-
ze di uentosita laquale
racōrre de luogo in logo
Melanconia
Mania
Frenetico
Menopeia nel fronte
dauāti e de drieto.
Emptoica cioe sputo di sā
gue
Empima cioe apostema in
trinseco.
Pleuresi. Ptisi.
Fluxo di catarro
Fluxo di occhi
Infiation di poppe
Infiation di poppe
La secondina e vna cer
pelle nela quale giace
l putto nella matrice.
Seguita ordinariamente
nelli infrascripti circuli de
la cōceptione: quomo si de
bono portare le dōne che
vogliono concipere La dō
na che vuol cōcepere deue
ben guardare che la matri
ce nō sia troppo humida
ne troppo seccha ne trop
po calda ne troppo frigi-
da seruādo lo ordine deli
mestrui dela pregnatione
ne abundante de varii hu
mori o vero bianchi ma
sanguigni ne superflui ne
pochi: e sia la dōna de faci
le digestione e sia cōserua
to el corpo i temperamēto
Iteritia: siccita humor le
pia morphea parletico da
freda cagione o uer o cal
da fredo cōstrictiō de pori.
Diaframa e vna certa pel
licina che separa li mēbri
nutritiui dali vitali o uero
spirituali
Iteritia siccita humore le
pia morphea parietico da
cagione freda ouer cali
da fredo cōstrētiōe de pori
Fumosita dela Matrice
Sono alcune cose da notare e alcuni segni de la cōceptione dela donna el pri
mo segno e quello che se cognosce per la cōiunctione de lo homo e de la dona.
Imperoche se la donna doppo el coniongimēto sentira fredo o dolor de reni
e segno de conceptione: e se el color dela faccia suo: delusato se viene ad muta
e segno de conceptione. Et se desidera alcun cibo inusitato come terra o carbo
re e segno de cōceptione. Et se tu uorrai sapere se e maschio o femina quello

右圖

《醫學文選》（1491年）

一堂正在進行的解剖課。從這幅圖畫可以看到演講者、執刀者與指示者。除了執刀者外，大家都不太注意屍體。屍體下方有一個籃子，要用來承裝被丟棄的肉和器官。

對頁圖

《殘酷的報應》（*The Reward of Cruelty*，1751年）

在威廉・霍加斯（*William Hogarth*）的《殘酷四階段》（The Four Stages of Cruelty）系列中，第四幅版畫精心刻畫出凱查姆在《醫學文選》中所描繪的一堂解剖課，並添加了詼諧的細節，例如撿食的狗和一鍋煮滾的骨頭。

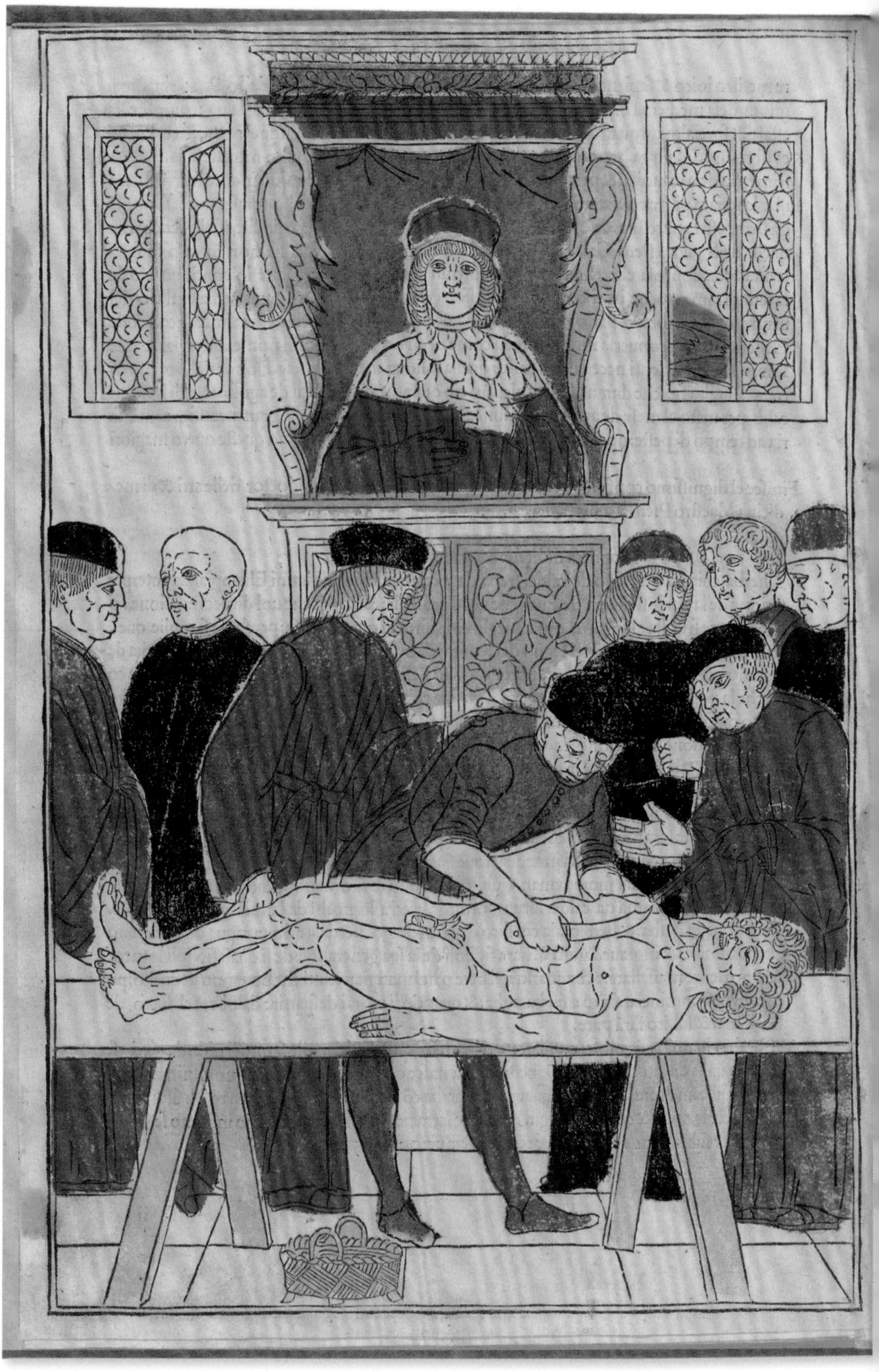

只有醫生在旁替他把脈，還有一隻貓陪伴在側。凱查姆的書陸續出了七個版本，包括 1495 年的義大利語譯作。18 世紀中的讀者似乎都很熟悉這本書；在英國畫家威廉·霍加斯（William Hogarth）的《殘酷四階段》（*The Four Stages of Cruelty*，1751 年）系列版畫中，最後一幅顯然就是以凱查姆的公開解剖場景圖作為依據。

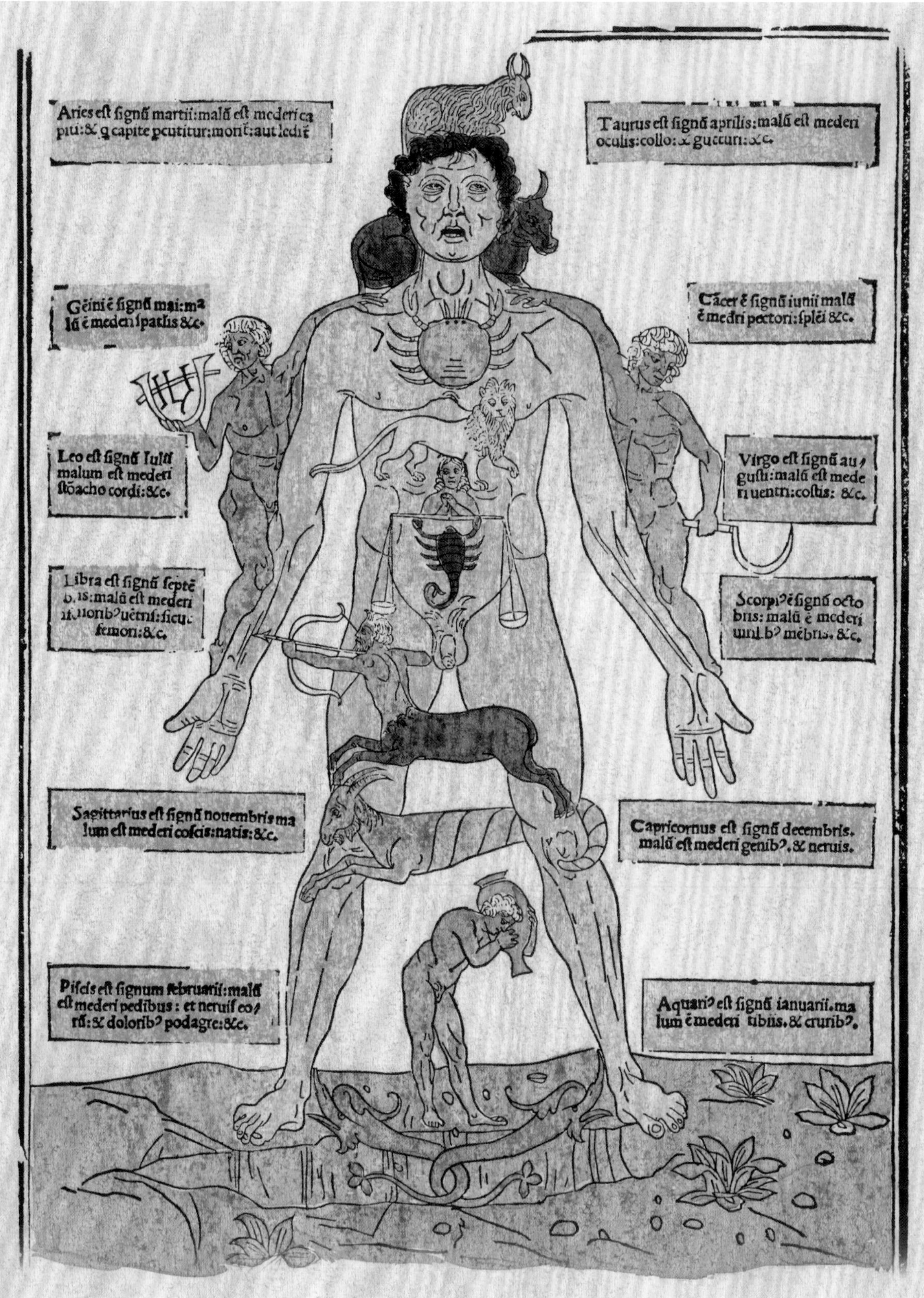
Aries est signũ martii: malũ est mederi ca
piti: & q capite pcutitur: morit: aut ledit
Taurus est signũ aprilis: malũ est mederi
oculis: collo: & gucturi: &c.
Gēini ē signũ mai: ma
lũ ē mederi spatlis &c.
Cācer ē signũ iunii malũ
ē medri pectori: splēi &c.
Leo est signũ Iulii
malum est mederi
stōacho cordi: &c.
Virgo est signũ au
gusti: malũ est mede
ri uentri: costis: &c.
Libra est signũ septē
bris: malũ est mederi
uentri: sicut
femori: &c.
Scorpi⁹ ē signũ octo
bris: malũ ē mederi
b⁹ mēbris. &c.
Sagittarius est signũ nouembris ma
lum est mederi coxis: natis: &c.
Capricornus est signũ decembris.
malũ est mederi genib⁹. & neruis.
Piscis est signum februarii: malũ
est mederi pedibus: et neruis co
rũ: & dolorib⁹ podagre: &c.
Aquari⁹ est signũ ianuarii. ma
lum ē mederi tibiis. & crurib⁹.

8. 希羅尼穆斯・布隆實維克（Hieronymus Brunschwig）

另一名德國人是來自史特拉斯堡（Strasbourg）的希羅尼穆斯・布隆實維克（1450–1512 年）。他在有生之年撰寫與出版了大量著作；在他去世那年出版的《複合蒸餾術》（*Liber de arte distillandi de compositis*），是闡述其思想的最後一部作品。這是一本技術手冊，講述的是如何透過蒸餾、過濾與擴散，製作出單一成分與合成的藥物。事實上，這也是一部詳盡的草藥誌，當中的解剖插圖是擴充內容（為符合時代潮流），描繪了各個需要治療的患部。布隆實維克在書中結合了他的植物學與煉金術知識，以及他身為外科醫生的實務經驗。

他所提出的解剖學觀點對歷史學家來說很重要，因為根據某些傳記作家所述，他是第一個（早於凱查姆）從義大利的資料來源汲取解剖知識的德國人。他在 1497 年出版的《外科手術用書》（*Das Buch der Cirurgia*）中，聲稱自己曾就讀當時最大的三間解剖學校，分別位於波隆那、帕多瓦（Padua）與巴黎；然而，並沒有其他證據能支持他的說法。基本上，他延續了蓋倫的體液說，並認為自己所調製的草藥能用來恢復體液的平衡。此外，他寫道自己曾在 1470 年代的勃艮第戰爭（Burgundian Wars）中服役（另一個未經證實的主張），他的《外科手術用書》（以他的母語德語寫成，而非拉丁語）內容亦大多與戰傷的治療有關，包括槍傷。用德語來說，他就是一名 wundarzt ——外傷醫生。

《外科手術用書》中的插畫是以木版精心刻印的場景圖，而非完全是解剖畫面。如同先前提到的《醫學文選》，這本書的插圖也描繪了彼此商議的醫生們（但多了一個前臂中箭的人）、臥床的病人，以及被刀箭刺穿又被棍棒插入頭部和身體的倒楣人物（旁邊還有幾個淡定和覺得有趣的醫生在研究他）。這些場景圖也包含一些解剖細節，但不如示意圖那麼清楚。儘管如此，布隆實維克的兩本書在 16 世紀的大半時間裡，一直都是具有權威性的著作，而且不限於德語地區。《外科手術用書》於 1517 年被翻譯成荷蘭語，於 1527 年被翻譯成英語，並於 1559 年在古老的奧洛穆茨大學（University of Olomouc）被翻譯成捷克語（證明其地位歷久不衰）。布隆實維克不僅將義大利的思想引進德國，同時也是進一步向外傳播這些觀點的重要橋梁。

對頁圖

《醫學文選》（1491年）

這張圖表顯示出放血點的位置，並將這些放血點與星座連結起來。

下圖

《外科手術用書》（*Das Buch der Cirurgia*，1497年）

描繪一系列手術器械的木刻版畫，出自希羅尼穆斯・布隆實維克（Hieronymus Brunschwig）的著作。這本著作促進了解剖學在歐洲的傳播。

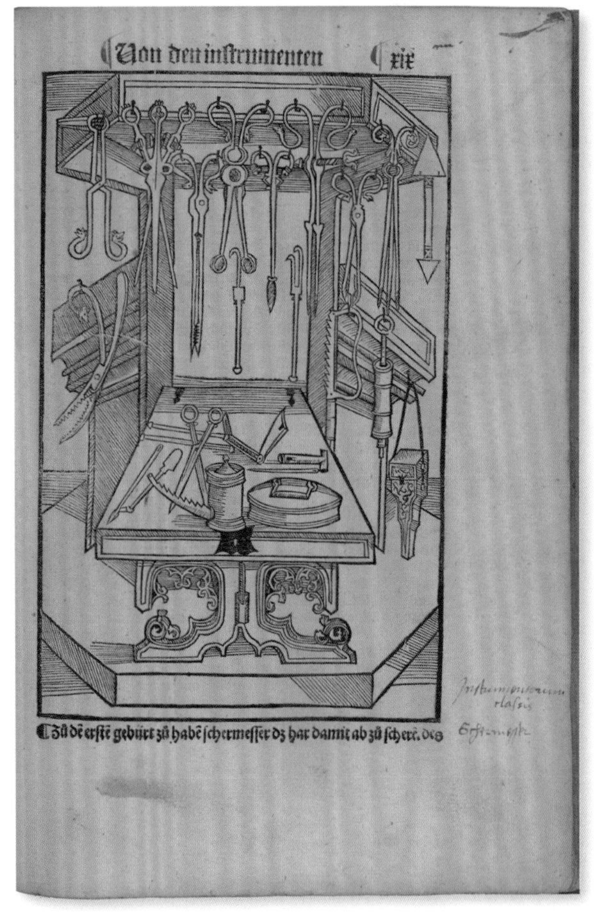

右圖

《瘟疫之書》
（*Das Pestbuch*，1500年）

受黑死病折磨的病人接受治療的情景，出自布隆實維克的《瘟疫之書》。這幅木刻版畫的原出處是布隆實維克的《複合蒸餾術》（*Liber de arte distillandi de compositis*），後來被放入《瘟疫之書》中重複使用。

對頁圖

《外科手術用書》
（1497年）

布隆實維克依據標準的《傷者》示意圖所畫的版本。

次頁圖

《簡單蒸餾術》
（*Liber de arte distillandi de simplicibus*，1500年）

一位藥劑師指著貼有煉金術與赫密斯神祕學（hermetic）符號的藥罐，向人傳授他的學問。這幅木刻版畫出自布隆實維克的《簡單蒸餾術》。

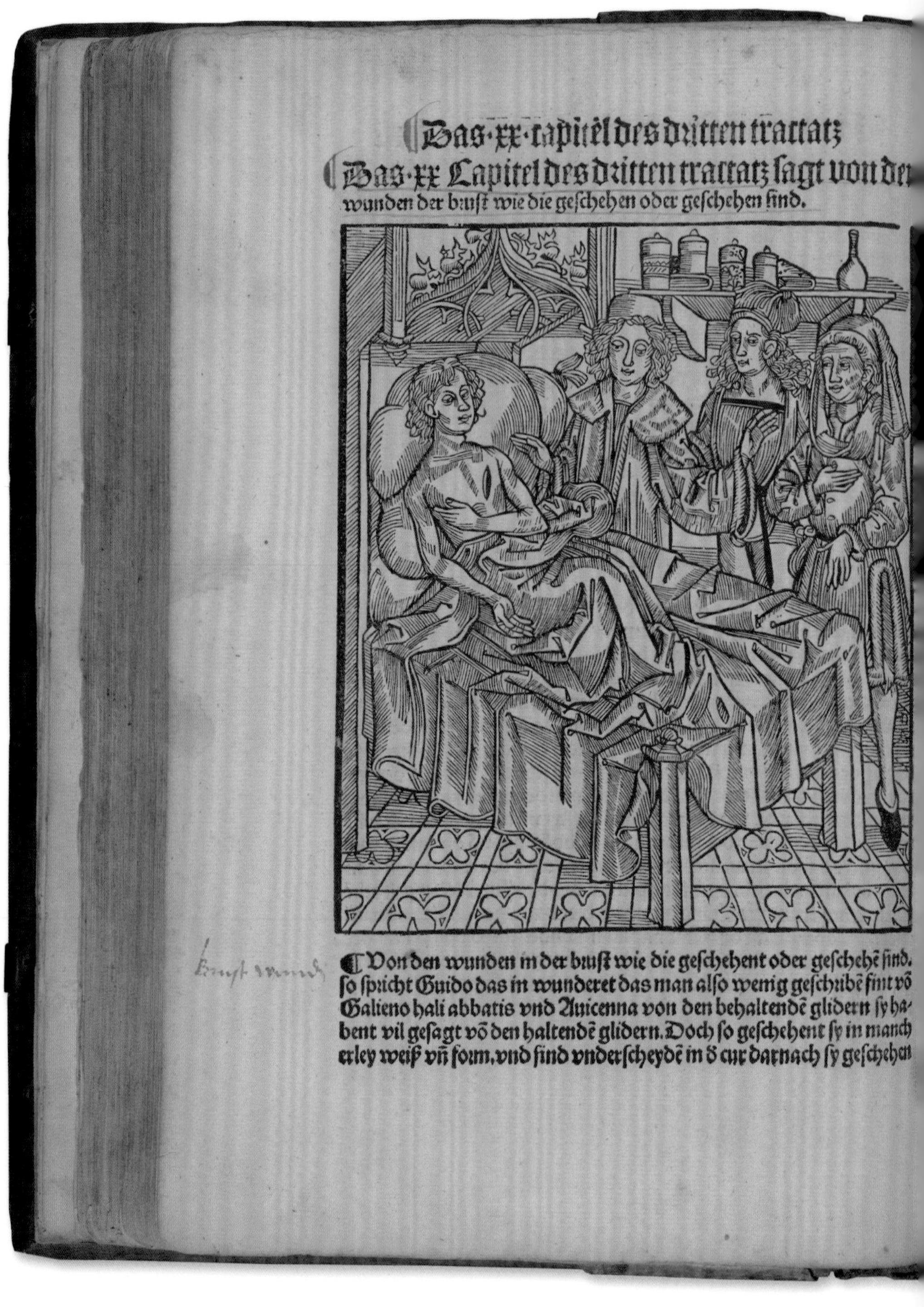

Das·xx·capitel des dritten tractatz

Das·xx Capitel des dritten tractatz sagt von den wunden der brust wie die geschehen oder geschehen sind.

Von den wunden in der brust wie die geschehent oder geschehẽ sind. so spricht Guido das in wunderet das man also wenig geschribẽ fint võ Galieno hali abbatis vnd Auicenna von den behaltendẽ glidern sy habent vil gesagt võ den haltendẽ glidern. Doch so geschehent sy in mancherley weiß vñ form. vnd sind vnderscheydẽ in d cur darnach sy geschehen

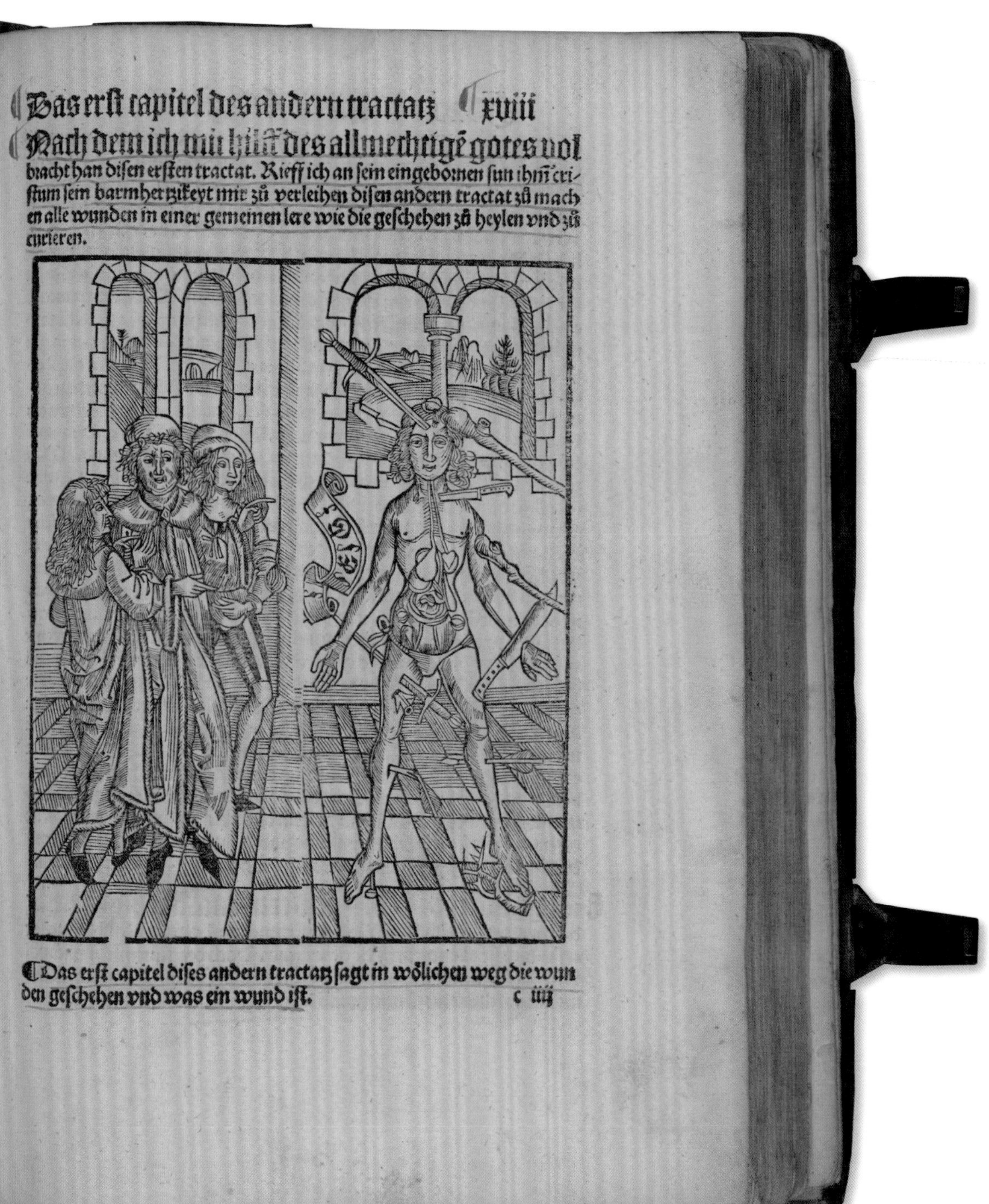

Das erst capitel des andern tractatz xviii

Nach dem ich mit hilff des allmechtigē gotes volbracht han disen ersten tractat. Rieff ich an sein eingebornen sun ihm̄ cristum sein barmhertzikeyt mir zů verleihen disen andern tractat zů machen alle wunden in einer gemeinen lere wie die geschehen zů heylen vnd zů curieren.

Das erst capitel dises andern tractatz sagt in wölichen weg die wunden geschehen vnd was ein wund ist. c iiij

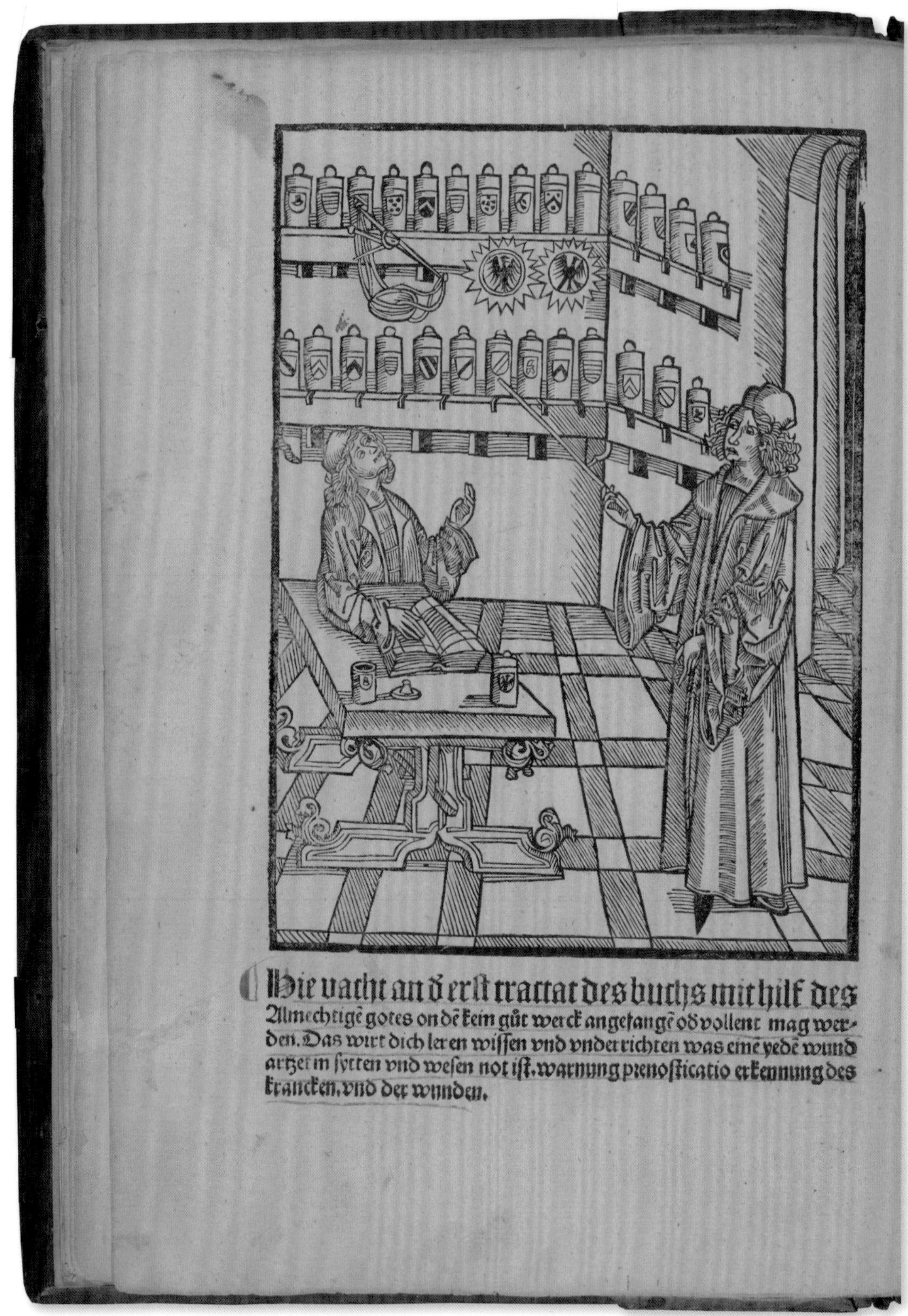

Hie vacht an d̃ erst tractat des buchs mit hilf des
Almechtigẽ gotes on dẽ kein gůt werck angefangẽ od̃ vollent mag wer-
den. Das wirt dich leren wissen vnd vnderrichten was einẽ yedẽ wund
artzet in sytten vnd wesen not ist. warnung prenosticatio erkennung des
krancken. vnd der wunden.

9. 馬格努斯・亨德（Magnus Hundt）

在剛邁入 16 世紀之際，德國發行了一本新的解剖學書籍，完整歸納了在此之前所累積的解剖學知識。當時，馬格努斯・亨德（1449-1519 年）在他的母校萊比錫大學（Universtiy of Leipzig）擔任校長，並於 1501 年出版了他的《人類學：關於人的尊嚴、本質與特性，以及人體的成分、部位與要素》（*Antropologium de hominis dignitate, natura, et proprietatibus de elementis*）。

馬格努斯・亨德同時也是萊比錫大學的神學教授。除了解剖學書籍外，他也撰寫了數本聖經註釋、哲學專著與一本文法書。他的《人類學》包含七幅木刻版畫，且從這些畫作可以看出，儘管亨德與凱查姆生活的年代只隔了十年，但插畫家們已逐漸學會哪些作法可行，哪些作法行不通。亨德的插圖不僅表現出空間感與深度，線條也很簡約大膽。

這些插圖也都有明顯的聚焦重點，包括頭部、手部、軀幹與數個個別器官的特寫。對一個嶄新的世紀而言，這算是一部有適當野心又不好高騖遠的著作。其中有一些較小的插圖是取自約翰・佩里克（Johann Peyligk，1474–1522 年）的較早著作。佩里克是亨德的同事，任教於萊比錫大學的藝術學院。他所寫的《自然哲學概要》（*Compendium philosophiae naturalis*）有可能是最早採用新式示意圖的著作，以呈現出更逼真的解剖細節。而亨德的書就是奠基在這些有別於以往的示意圖上；不過相較於亨德的軀幹器官插圖，佩里克的圖所提供的資訊較少。

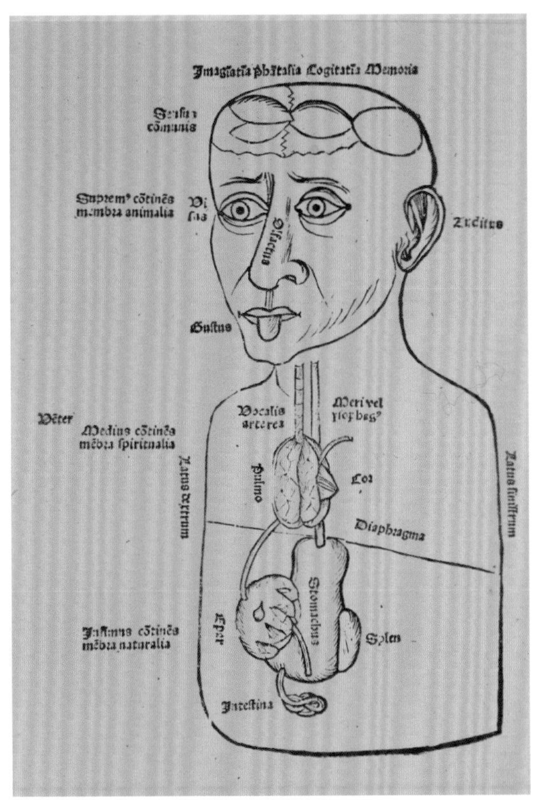

左下圖
《自然哲學概要》（*Compendium philosophiae naturalis*，1499年）

約翰・佩里克（Johann Peyligk）是第一位用圖片說明身體各部位細節的解剖學家，不過他仍保留了許多存在已久的謬誤，例如腦室和具有五瓣肝葉的肝。如圖所示，肝緊緊附著在胃上。

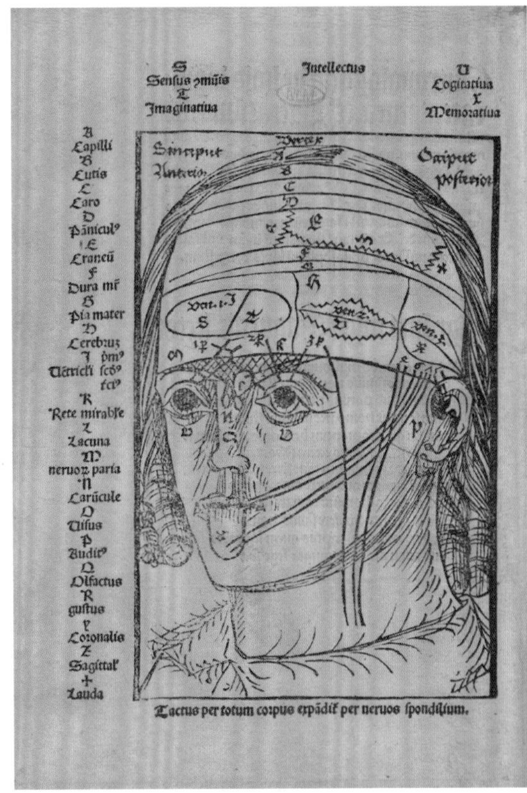

右下圖
《人類學：關於人的尊嚴、本質與特性，以及人體的成分、部位與要素》（*Antropologium de hominis dignitate, natura, et proprietatibus de elementis*，1501年）

馬格努斯・亨德（Magnus Hundt）以佩里克的創新解剖示意圖為基礎加以改良，使示意圖變得更詳細、清楚和具有遠近之別。

右圖

《人類學：關於人的尊嚴、本質與特性，以及人體的成分、部位與要素》（1501年）

左上：男性肌肉構造圖，以線條清楚大膽的木刻版畫呈現。

右上：標示著星座符號的手掌圖，以作為手相卜算所用。這本馬格努斯．亨德的著作有某些版本是以手工上色。

左下：男性軀幹中的內部器官，另外也附上了一些標示，以說明揭露這些器官的解剖順序。

右下：馬格努斯．亨德針對心臟在循環系統中的職責，闡述他所獲得的理解。

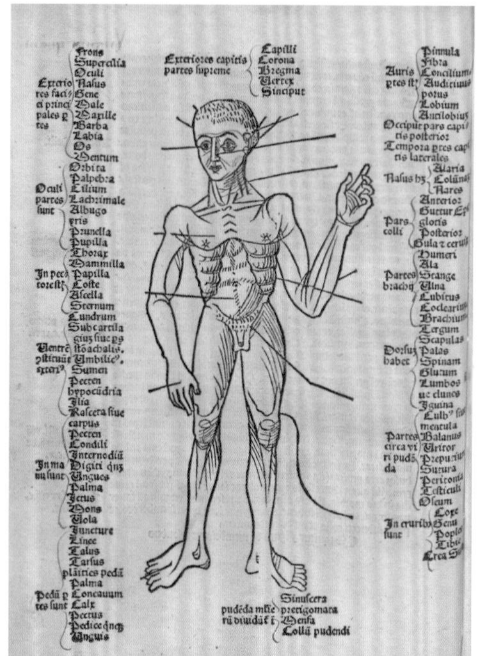

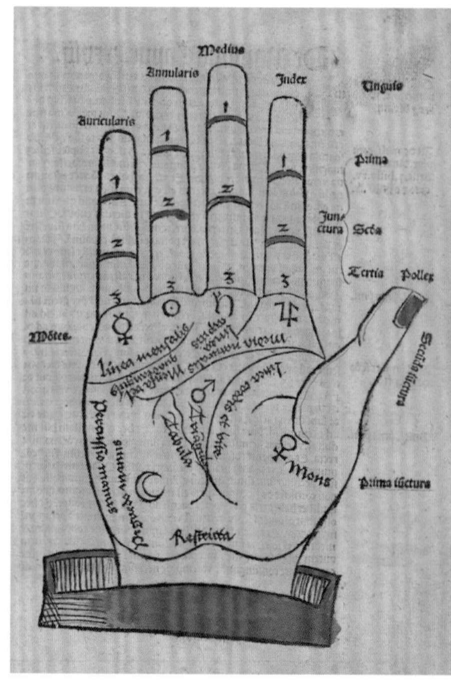

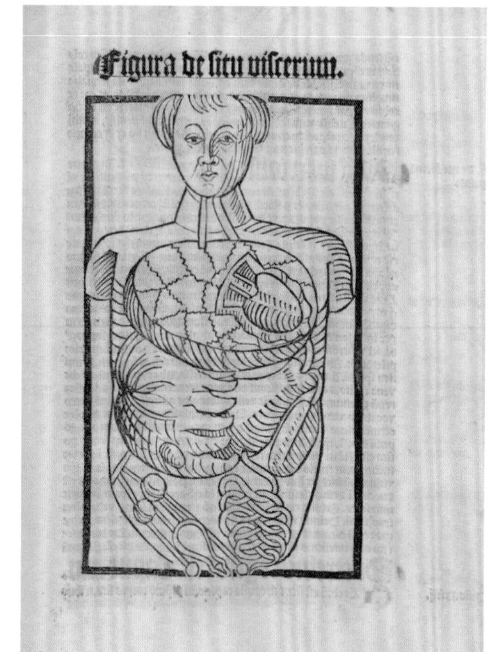

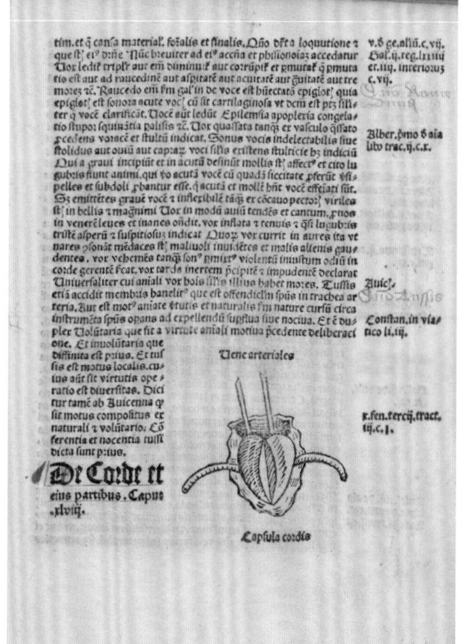

10. 格雷戈爾・萊施（Gregor Reisch）

除了生理學外，亨德也致力從哲學與神學的角度來解釋人體構造。他的《人類學》可作為一份忠實記錄，反映出這些學科在 16 世紀初的發展情形。巧合的是，他也創造了「人類學」一詞，不過當時代表的意思與現代字義不同。緊跟在亨德之後的，是 1503 年格雷戈爾・萊施在史特拉斯堡出版的《哲學珠璣》（*Margarita philosophica*）。萊施（1467–1525 年）是天主教加爾都西會（Carthusian）[10]的修道士，在弗萊堡大學（University of Freiburg）念書與從事教學。亨德嘗試從不同角度分析解剖學，而萊施則試圖以相同的作法設計大學的所有課程（包括解剖學）。《哲學珠璣》是最早的通識百科全書之一，由於相當成功，以致成為某些大學在整個 16 世紀規定使用的教科書，陸續出版了至少 12 個版本，在西班牙的布爾戈斯（Burgos）以及英格蘭的牛津和劍橋也都有發行。

《哲學珠璣》使用了大量的木刻版畫作為插圖。也只有這麼一次，我們認識到插畫家的名字——來自瑞士巴塞爾大學（University of Basel）的阿爾班・格拉夫（Alban Graf）。這位插畫家很值得信賴，因為他堅持要先讀過這本書，才能提供插圖。書中的解剖學章節包含一幅詳細的眼球剖面圖，以及一幅展現人體內部器官位置的示意圖。

身為一名神學家與哲學家，萊施在寫作時大量取材於古典思想名著，不但汲取當中的古人智慧，也套用這些著作的編排形式。他的書讀起來就像是師生間的問答對談。這樣的設計是為了讓讀者從頭讀到尾，而非只翻閱特定的主題。不過書中仍附有目錄和索引，而這樣的作法在當時相當新穎。被召喚到書中答覆提問的權威包括亞里斯多德、柏拉圖、歐幾里得（Euclid）、維吉爾（Virgil）以及（一定會有的）聖經，還包括早期的基督教哲學家貴格利（Gregory）、耶柔米（Jerome）、安波羅修（Ambrose）與奧古斯丁（Augustine）。萊施也找來了較現代的思想家，例如鄧斯・司各脫（Duns Scotus）、約翰・佩克漢姆（John Peckham）和彼得・倫巴德（Peter Lombard）。萊施被視為當時那個時代的偉大學者之一，其平易近人的慧言雋語，不論對 16 世紀的知識傳播，或對解剖學家的藏書，都做出了重大的貢獻。

[10] 為天主教隱修院修會之一，又稱苦修會。因創立於法國加爾都西山中而得名。

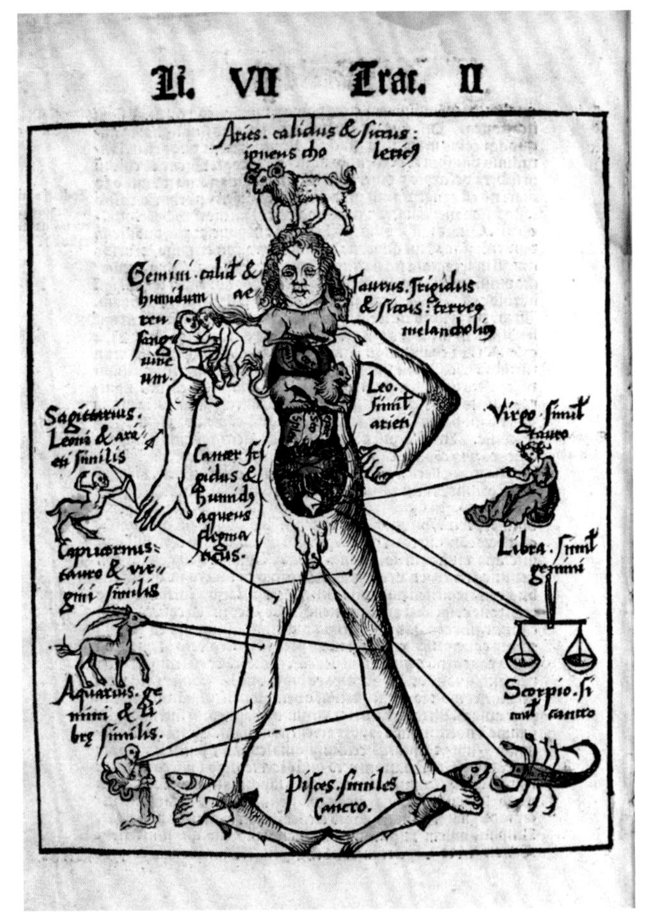

下圖
《哲學珠璣》
（*Margarita philosophica*，1503年）

格雷戈爾・萊施（Gregor Reisch）嘗試以其著作涵蓋所有領域的知識。書中的這幅占星指南圖，從頭到腳列出了對應不同身體構造的星座，包括掌管雙腳的雙魚座，以及影響腦部的牡羊座。

Margarita Philosophica.
PHIA DI VINA
NATVRALIS · RATIONALIS · MORALIS
PHIA TRICEPS
HVMANAR RERVM
LOGICA
RHETORICA
GRAMA
ARITMETICA
MVSICA
GEOMETRIA · ASTRONO
ARI STO·
SENE CA
PHIA NATVRA
PHIA MORA

對頁圖

《哲學珠璣》（1503年）

《哲學珠璣》展現出萊施企圖以一部綜合百科全書廣納各類知識的野心，包括天文學、幾何學、音樂、算術、文法、修辭與邏輯。與萊施合作的插畫家是才華洋溢的阿爾班・格拉夫（Alban Graf），他來自瑞士的巴塞爾（Basel）。

下圖

《哲學珠璣》（1503年）

人類眼睛（左）與腦部（右）的示意圖。後者展現出據信駐留著不同靈魂機能的腦室。

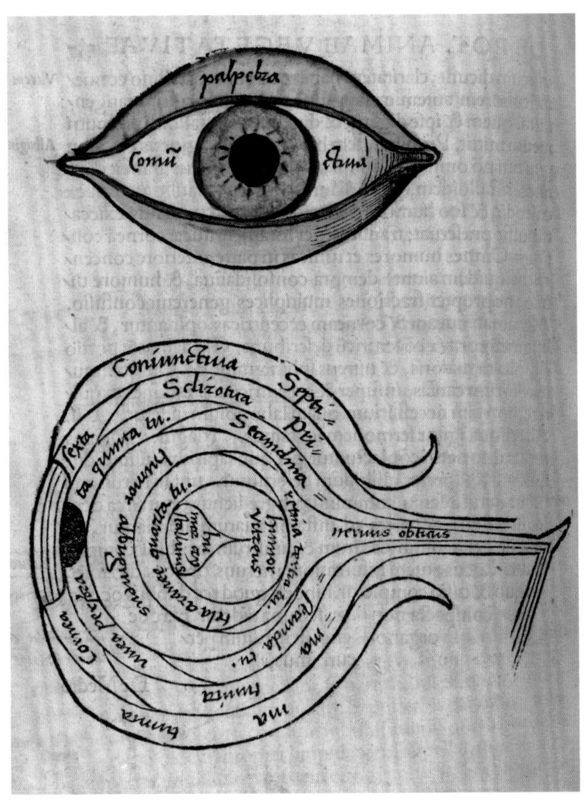

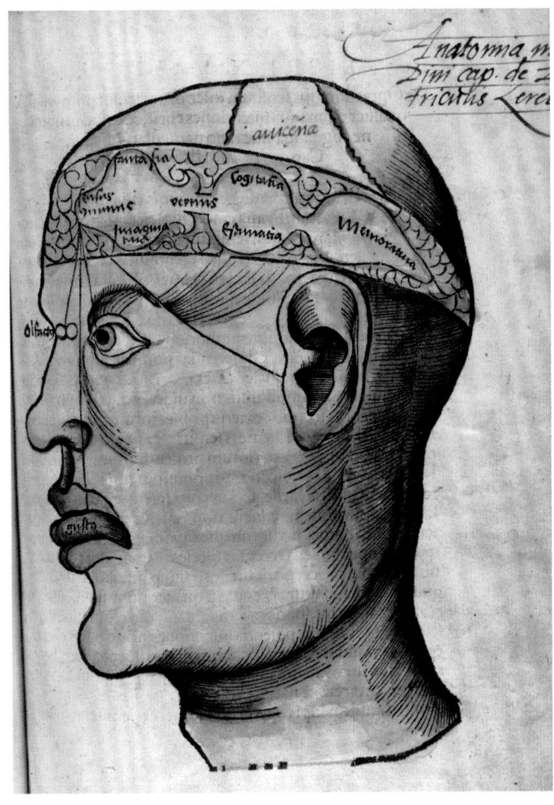

文藝復興時期的解剖學
ANATOMY IN THE RENAISSANCE
1501–1600

16世紀的人體知識令人眼花撩亂。義大利文藝復興運動在創意與智識上都達到了巔峰，以致這段時期產出了兼具藝術與醫學的解剖學大作。

1. 貝倫加利奧（Berengario da Carpi）

雅科波·貝倫加利奧（Jacopo Berengario，約 1460–1530 年）來自義大利卡爾皮（Carpi），曾在波隆那大學學習蒙迪諾派解剖學。貝倫加利奧在蒙迪諾的著作初版發行不久後，於 1489 年拿到大學學位。他的父親是外科醫生，因此在來到波隆那前，他已在父親身邊累積了豐富的經驗。

在取得行醫資格後，貝倫加利奧跟隨蓋倫的腳步，為追求名利而在 1494 年移居羅馬。由於當時梅毒肆虐，加上他只需用汞劑就能治療早期階段的梅毒，因而使他名利雙收。如同蓋倫，他的成功也招人嫉妒，不過憑藉著已建立的聲望，他回到波隆那大學擔任「研究大師」（Maestro nello Studio，類似今日的教授職位）。

貝倫加利奧將注意力轉向醫學前，曾在印刷商阿爾多·馬努齊奧（Aldo

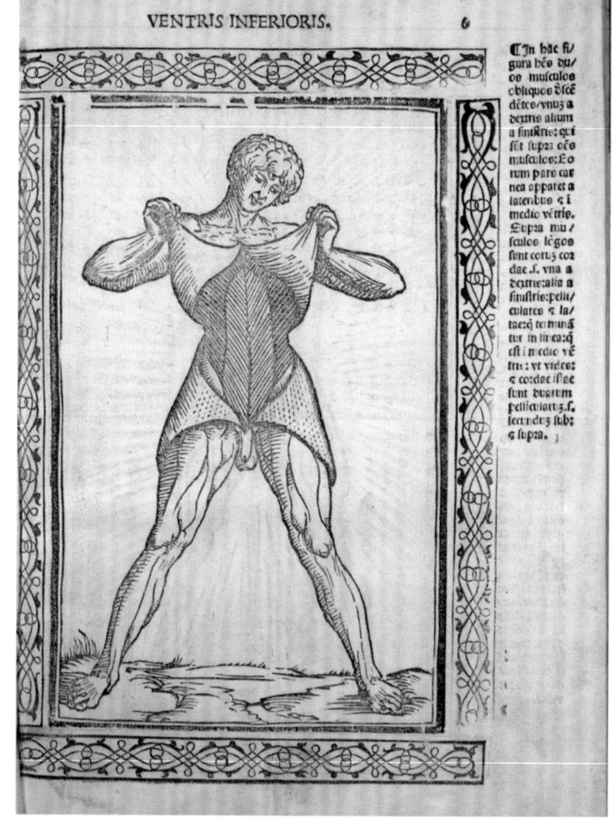

下圖
《人體解剖學概論》（*Isagoge breves*，**1522年**）

左：將皮膚褪去的圖中人物不但展現了他的核心肌群，也顯示出這些肌肉的纖維方向。
右：貝倫加利奧（Berengario）所畫的逼真人物似乎很樂意為讀者脫除他的皮膚。

Manuzio）底下工作了一段時間。這位印刷商同時也是卡爾皮王子（Prince of Carpi）的導師。在對出版業有了認識和產生興趣後，貝倫加利奧在 1514 年為蒙迪諾的《人類解剖學》編纂新版，並在 1521 年再次修訂，加入了自己的評註。隔年他出版了自己最為人所知的著作，《清楚全面的人體解剖學概論》（*Isagoge breves perlucide ac uberime in anatomiam humani corporis*）。

貝倫加利奧聲稱這本《人體解剖學概論》是以他曾進行的數百次解剖作為依據。在書中，他大膽質疑蓋倫學說的真確性，並主張人們應該相信自己的視覺、觸覺與嗅覺，而非盲目地接受文字所傳述的他人智慧。他根據自己的解剖經驗，駁斥人體內存有「迷網」（rete mirabile）的這個說法。許多脊椎動物（包括鳥類、魚類和哺乳類）體內都有迷網，也就是一種緊密的血管網絡，能藉由動脈與靜脈間的熱交流作用，減少熱量的喪失。蓋倫根據他的綿羊解剖研究，推斷迷惘也存在於人體結構中。但事實並非如此。

下圖

《人體解剖學概論》（1522年）

左：貝倫加利奧筆下的人物宛如巨大的雕像，跨立在文藝復興風格的風景圖中，展露出他們腹中的秘密。

右：一名沉睡女性肚子上的切口，揭露了她的生殖器官。

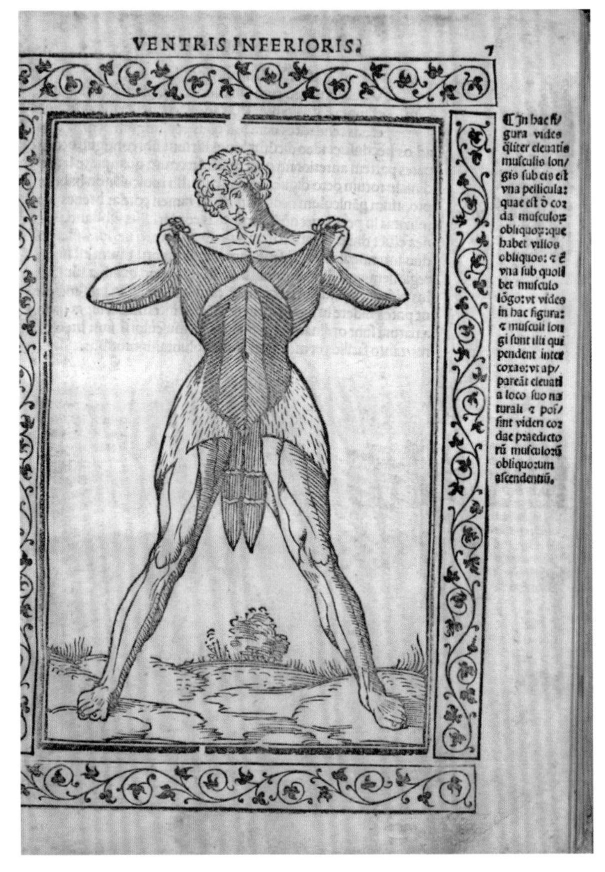

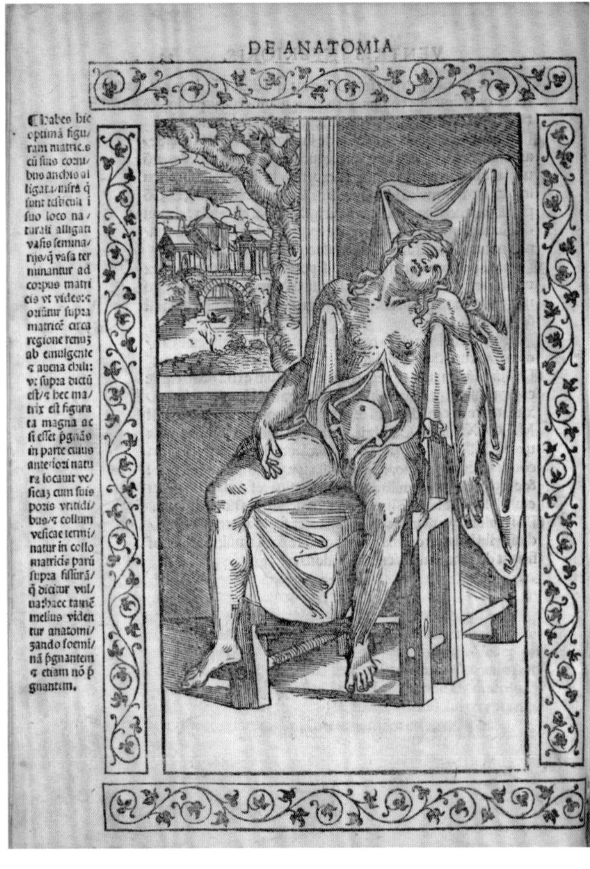

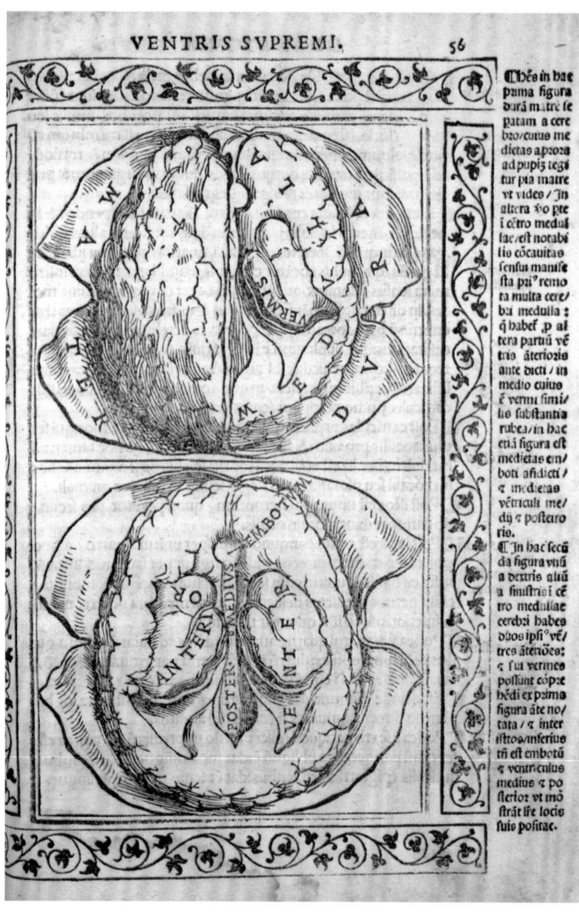

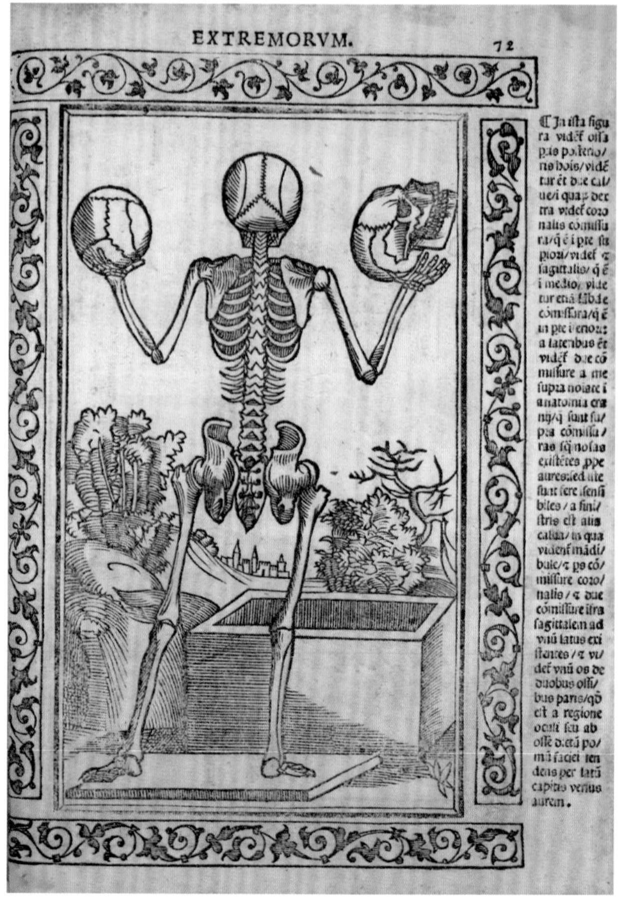

上圖
《人體解剖學概論》（1522年）

左：在頭皮被剝開的狀態下，腦室的揭露分成了兩個階段。
右：人體骨骼的後視圖。圖中人物手中握著另外兩個視角（俯視與側視）的頭顱。

2. 漢斯・馮・格斯多夫（Hans von Gersdorff）

有些人認為貝倫加利奧的《人體解剖學概論》，是第一部以插圖呈現書中內容的解剖學書籍，但真正取得這項成就的可能另有其人。漢斯・馮・格斯多夫就如同布隆實維克，是一位 wundarzt，也就是專門治療戰傷的戰地醫生。他和布隆實維克一樣都來自史特拉斯堡，並在 1517 年，也就是布隆實維克的外科技術手冊出版僅五年後，發行了自己的著作《戰地外科指南》（*Feldbuch der Wundartzney*）。書中包含大量驚悚駭人的木刻版畫，用來說明截肢或顱骨鑽孔的步驟。另外也有附上標示的解剖示意圖，描繪出骨骼、軀幹，以及被羊角鎚和砲彈等各式武器攻擊的傷者。在 1526 年的版本中，扉頁插圖是以紅黑兩色印製；圖中有一名戰地醫生和他的助手，正在圍城戰中治療一名頭部流血的傷者。這些木刻版畫很可能是漢斯・韋克特林（Hans Wechtlin，活躍於 1502–26 年）的作品；他和文藝復興時期的木刻版畫大師杜勒生活在同一個年代。

左圖

《戰地外科指南》
（*Feldbuch der Wundartzney*，1517年）

在漢斯·馮·格斯多夫（Hans von Gersdorff）的戰傷治療手冊中，富有色彩的扉頁描繪出一位在戰線後方的外科醫生，正在治療一名士兵的頭部傷口。

右圖

《戰地外科指南》（1517年）

這幅放血點的示意圖同時也展現了人體的內部器官，包括將腸道拉到一旁後能看到的那些器官。

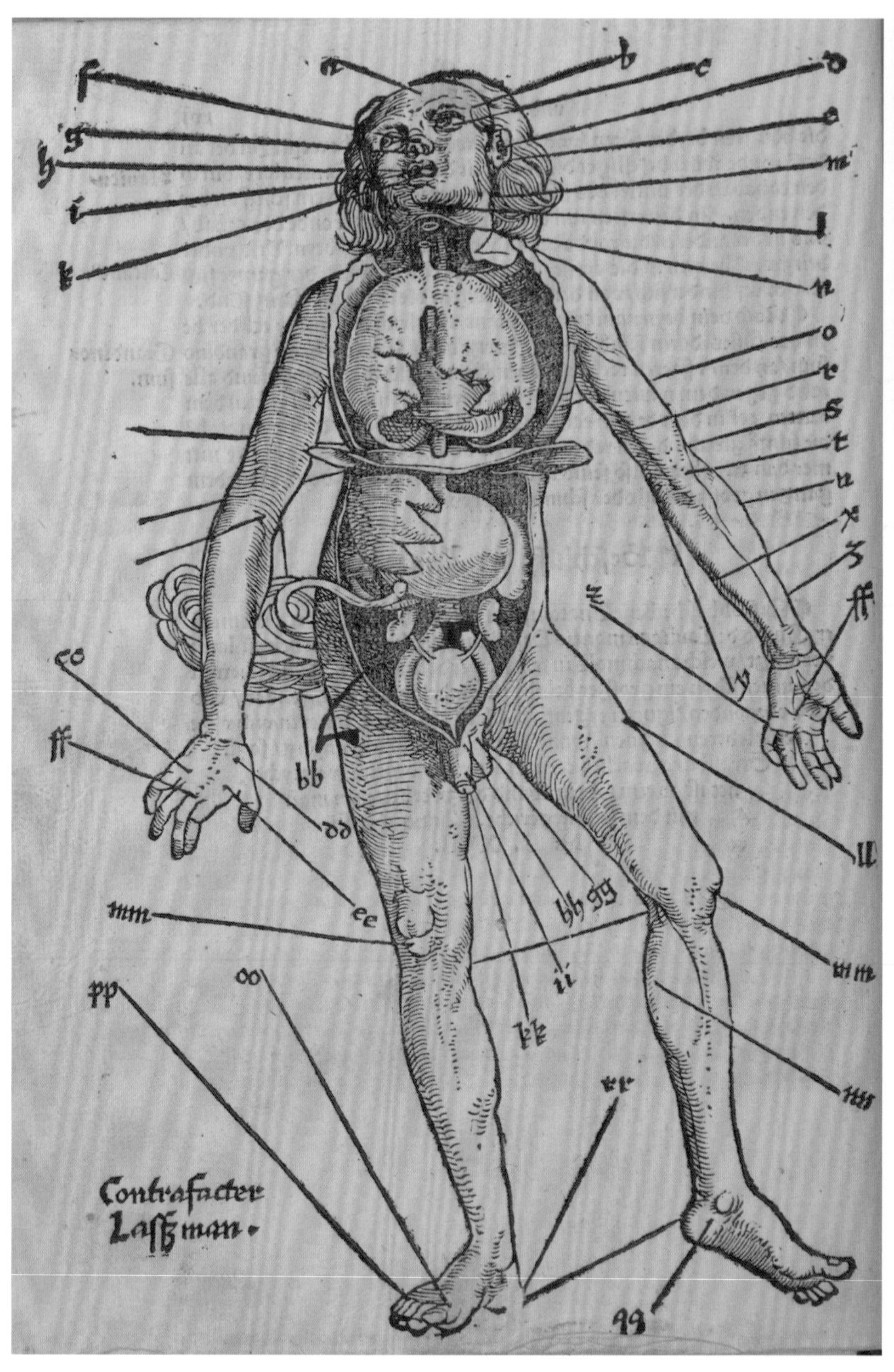

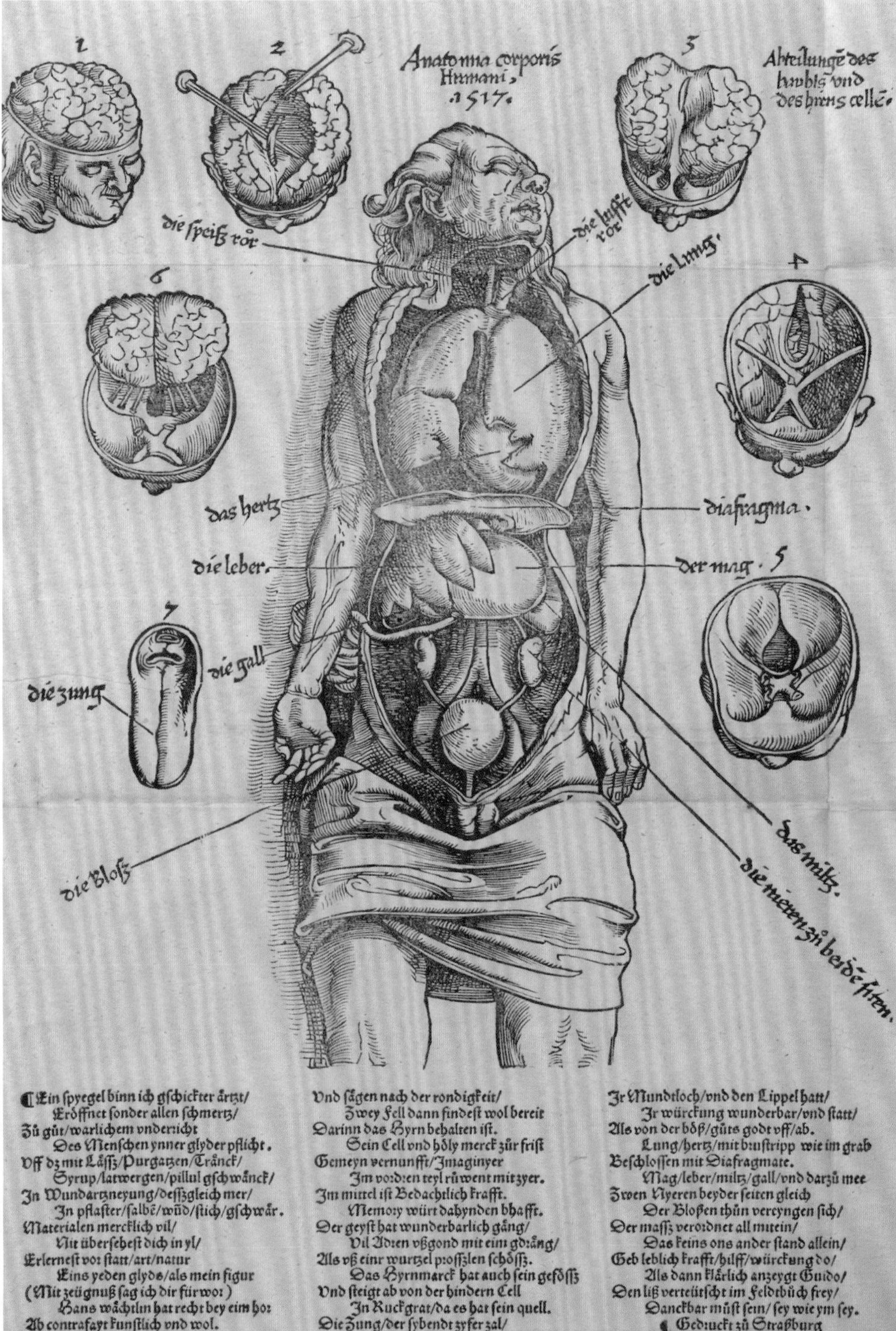

左圖

《戰地外科指南》（1517年）

肺、心、具五瓣肝葉的肝、胃和膀胱皆呈現在這幅示意圖內，旁邊還附上了腦部與舌頭的詳細圖解。

右圖

《戰地外科指南》（1517年）

替漢斯・馮・格斯多夫製作木刻版畫的人，很可能是一位和阿爾布雷希特・杜勒（Albrecht Dürer）以及漢斯・韋克特林（Hans Wechtlin）同時代的雕刻家。

左上：馮・格斯多夫根據標準的《傷者》圖所繪製的版本相當生動。

右上：一幅鉅細靡遺且標示詳盡的男性骨骼圖。

左下：以火盆加熱後的鐵製器具被用來燒灼傷患的大腿傷口，以達到止血和殺菌效果。

右下：這個令人不安的裝置目的是用來移除顱骨骨折所造成的骨頭碎片。

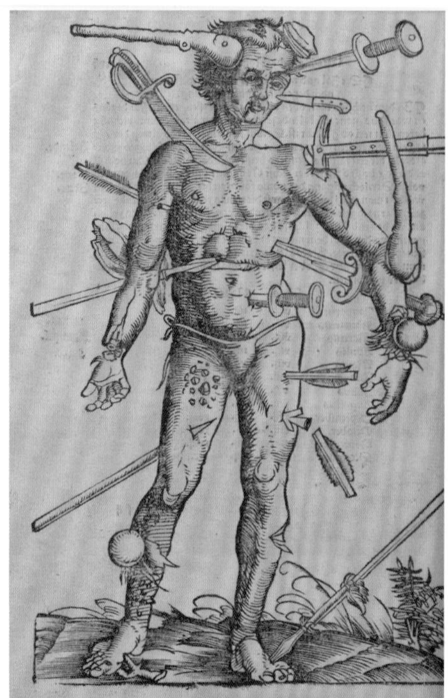

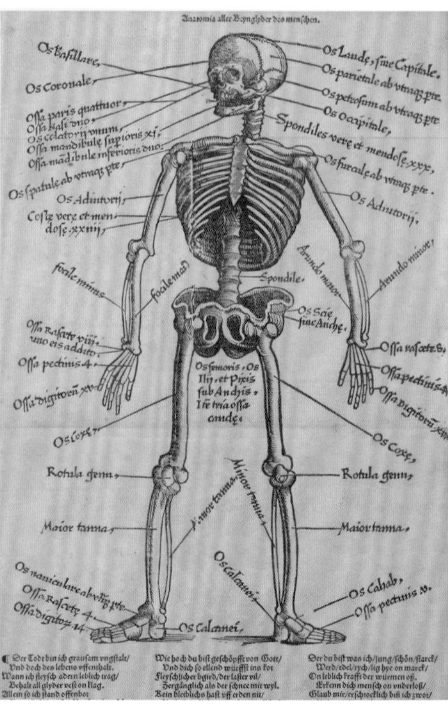

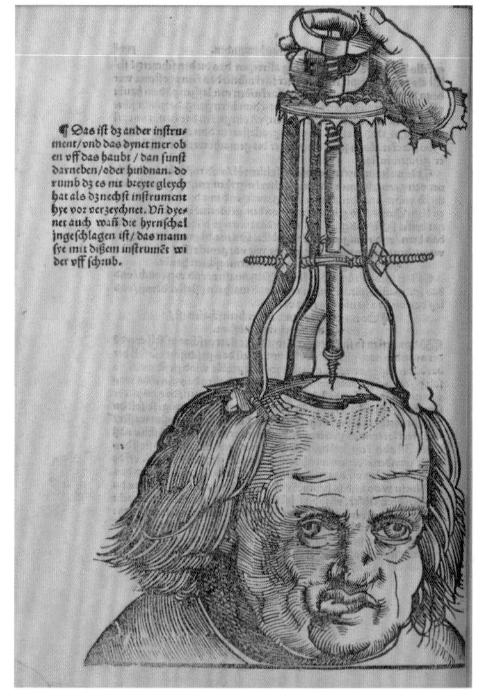

3. 萊昂・巴蒂斯塔・阿伯提（Leon Battista Alberti）與波拉伊奧羅（Pollaiuolo）兄弟

在解剖學家探索人體系統與器官的科學真相時，藝術家正致力於追求畫像的真實性。文藝復興時期的畫家與雕塑家深受解剖學所吸引，因為身體構造對體態有很大的影響。舉例來說，理解手臂肌肉的排列使他們較能描繪出生動的手勢，學習骨骼知識亦使他們較能刻畫出戲劇性場景中的逼真姿態。

藝術家對人像愈來愈感興趣，而且不限於傳統的宗教聖像。如今他們也開始描繪真實人物工作、玩樂、生活和死亡的樣子。由於藝術家較注重外在的呈現，而不是抽象或哲學的真理，因此他們有時會比解剖學家更善於觀察，而且肯定會以不同的視角來看待人體。萊昂・巴蒂斯塔・阿伯提（1404–72 年）是來自義大利熱那亞（Genoan）的博學家，也是達文西的前輩。他強烈要求自己的繪畫課學生在描繪裸體時，一定要先畫出肌肉與骨骼，再加上皮膚。

另外還有一些人更激進，在描繪或雕塑人體時，不論人物是生是死，都不會有皮膚（換句話說，這些人物的皮都被剝掉了）。據說，安東尼奧・德爾・波拉伊奧羅（Antonio del Pollaiuolo，約 1433–98 年）和他的弟弟皮耶羅（Piero，1443–96 年）曾一起替屍體剝皮和進行解剖。他們兩人都是在佛羅倫斯工作的畫家。安東尼奧同時也是一位雕塑家，曾為教宗思道四世（Sixtus IV）和依諾增爵八世（Innocent VIII）設計塚墓。這對兄弟的作品皆顯示出解剖知識對藝術的深刻影響。安東尼奧經常描繪承受壓迫的人，藉以表現某種程度的暴力與殘酷。在他的聖塞巴斯蒂安（Saint Sebastian）畫作中，可以看到這位聖徒被綑綁在樹上、遭亂箭射死的情景。值得注意的是，採取攻擊姿勢的迫害者也出現在畫中。安東尼奧最著名的鐫刻版畫是《裸男之戰》（*The Battle of the Nude Men*）。在這幅練習畫中，他描繪十名裸體戰士以刀劍、匕首、弓箭和斧頭互相攻擊的場面，並細膩刻畫出他們的肌肉線條。

下圖
《聖塞巴斯蒂安的殉難》（The Martyrdom of St Sebastian，1475年）

在以宗教畫作為掩護、表現出侵略性與緊張感的繪畫時期，安東尼奧・德爾・波拉約洛（Antonio del Pollaiuolo）的畫在許多同類作品中極具代表性。

解剖學知識形塑了 15 世紀中以降的藝術。安東尼奧的其中一位學生是名畫《維納斯的誕生》（*The Birth of Venus*）的創作者，亞歷桑德羅・波提切利（Alessandro Botticelli）。三位最偉大的文藝復興藝術家皆在世紀交替之際，創作出自己最傑出的作品，同時深受解剖學所吸引——這一切絕非巧合。

4. 李奧納多・達文西

最偉大的文藝復興藝術家為了研究，在 1489 年購買了他的第一顆顱骨，並在 1507 年進行了他的第一次人體解剖。當時，達文西（1452–1519 年）已年過 50，而他的解剖對象，是一位在他眼前自然安詳死亡的 100 歲老人。達文西在解剖學家馬肯托尼歐・戴

右圖

《裸男之戰》
（*The Battle of the Nude Men*，
約1465年）

安東尼奧的這幅鐫刻版畫展現出他對人體肌肉構造的了解。他藉由親自進行屍體解剖，獲得了這方面的知識。

對頁圖
李奧納多・達文西

子宮內胎兒的研究。達文西的繪畫技術超群絕倫，然而在他死後，他的解剖圖有將近400年的時間遭到隱匿。

勒・托雷（Marcantonio della Torre，1481–1511 年）的指導下，利用解剖刀取得了發現，但他的收穫最初被傳統的解剖學觀念所掩蓋。戴勒・托雷在帕多瓦大學與帕維亞大學授課，有可能曾出版自己的解剖學著作，不過並未留存下來。歷史學家認為他和達文西曾計畫要一起寫書，而達爾文在接下來的短短五年內，就畫出了超過 750 幅解剖畫，且畫工前所未見地細膩。由此可見，他的製圖技術十分精湛。

達文西不僅是《蒙娜麗莎》（*Mona Lisa*）的創作者、直升機的設計師，同時也是一名稱職的解剖學家。他的解剖草圖都相當準確，這表示在屍體腐敗前必須趕緊觀察與記錄的情況下，他還能保持敏銳的洞察力和手部的穩定性。其中有許多草圖都是在 1510–11 年的冬天，和戴勒・托雷一起在帕維亞繪製完成。

眾所周知，達文西的畫作筆記是以鏡像文字書寫而成。從這些筆記內容可明顯看出，最初他對於自己所接收到的解剖學知識（聽他人敘述解剖人體後會觀察到的事物），感到相當困惑，因為這些資訊和他自己的發現及解讀，有很大的落差。舉例來說，心臟真的如戴勒・托雷所堅稱，是「崇高精神」普紐瑪的根源嗎？還是如達爾文所見，是一塊會將血液推送至身體各處的肌肉？

戴勒・托雷在 1511 去世後，他們的合作也就此告終。隨後，達爾文搬遷到米蘭以東的梅爾齊別墅（Villa Melzi）。雖然在移居後，他仍對解剖學充滿好奇，但少了戴勒・托雷協助取得屍體，他也只能解剖鳥類與動物。他透過解剖公牛的心臟，終於能夠確定心臟才是血液系統的中樞，而不是肝臟。為了研究血液的流動，他甚至做了一個主動脈的玻璃模型，並在水中加入禾草種子，藉以更清楚呈現出水在模型中流動的方式。令人扼腕的是，他只差一步就能透過這項研究，證明人體內的血液循環現象。結果一直要到 120 年後，英國解剖學家威廉・哈維才終於取得這項突破性的進展。

達文西針對腦部的研究也有所斬獲。他製作了腦室的蠟模，用來證明體液並不像傳統解剖學所堅稱的那樣存在於腦中。他也是第一個描述「動脈粥狀硬化」的人；這種動脈窄縮現象是由動脈血管壁病灶累積所造成，同時也是他所解剖的百歲人瑞在 1507 年死亡的原因。這名老人生前也罹患了肝硬化，因此最早描述這個疾病的人就是達文西。他也是最早針對脊椎提出正確描述的人，附著於骨骼上的肌肉組織令他體內的工程師魂深感興趣；「但這些肌肉是如何運作的呢？」他在筆記裡向自己提出疑問。達文西的圖有許多都和生物力學的研究有關；相對而言，他鮮少描繪體內器官，例如脾臟、肝臟與腎臟，而這些都是人死後最快腐爛的部位。

到了 1513 年，他已居住在羅馬，並在羅馬聖靈醫院（Spirito Santo hospital）的協助下，重新開始解剖人類屍體。雖然教會並不反對人體解剖，但由於某個抵制解剖的德國製鏡匠向梵蒂岡舉發達文西，於是教宗良十世（Pope Leo X）命令他停止相關研究。法國在 1515 年占領米蘭後，法王法蘭索瓦一世（Francis I）成為了達文西的新贊助人，並將他安頓在羅亞爾河畔（River Loire）的昂布瓦斯城堡（Chateau d'Amboise）。直到辭世前，達文西都維持著活躍的創造力；他曾設計一隻機械獅子，並讓這隻獅子走到國王面前後，用一根棒子觸碰獅子以打開其身上的機關，展露出象徵法國王室紋章（fleurs-de-lys）的百合花。然而，達文西經歷了一連串中風，導致他的右手臂癱瘓，而他的解剖探索也因此劃上了句點。

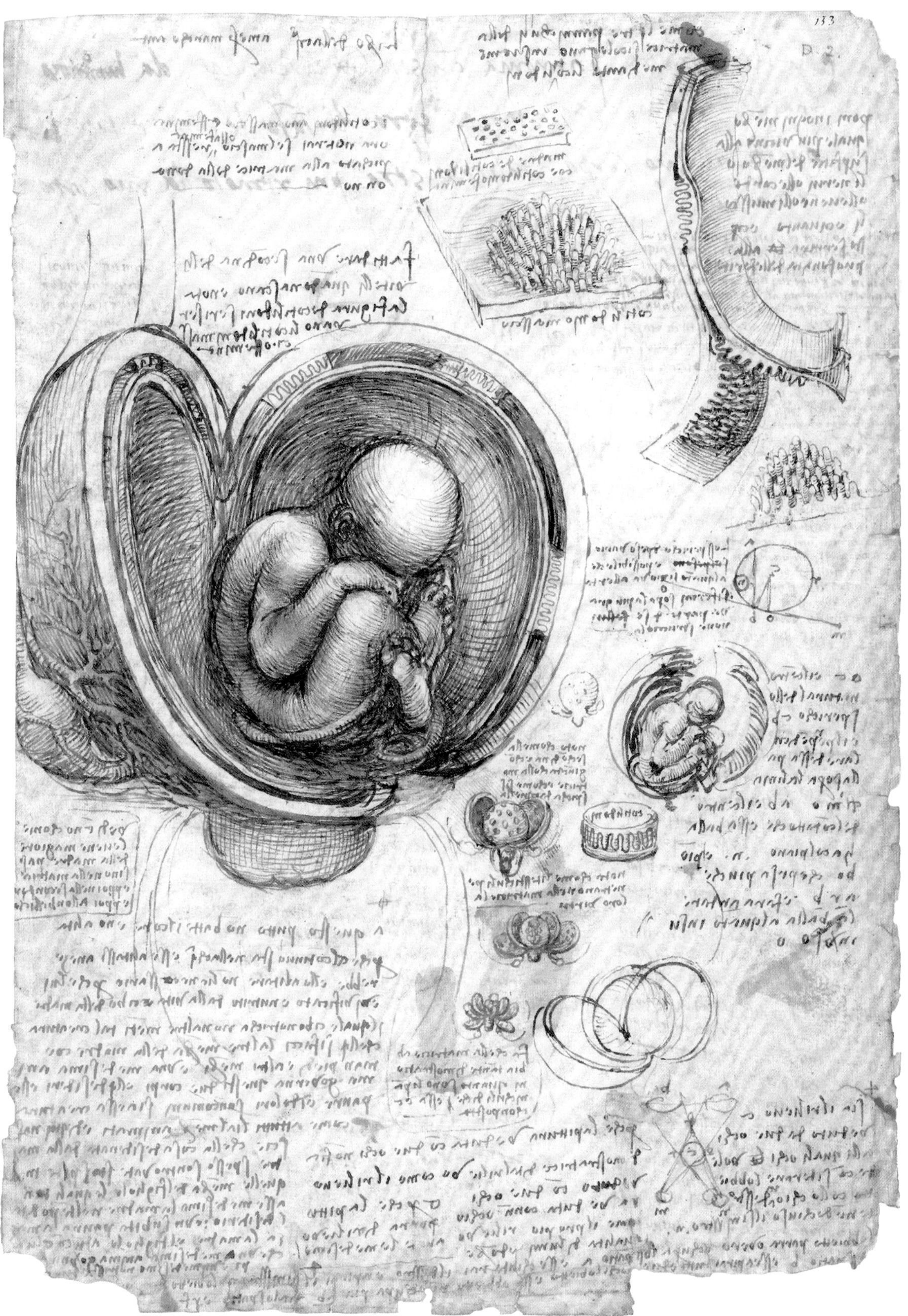

右圖

李奧納多・達文西

女性體內心血管系統中的主要器官。達文西利用光影、洗色和不同色度的粉筆，將繪畫技巧帶入他的解剖圖中。

對頁圖

李奧納多・達文西

左上：從頸部到骨盆之間的脊椎和胸廓骨骼研究。

右上：顱骨的兩種視角。達文西對細節的觀察無人能及。以上方的圖像為例，顴骨上的黑點是顴面孔，顏面神經會從這個地方穿越。

左下：人體側面比例的研究。畫中人臉上的網格顯示出達文西在表現藝術時，採取了科學與數學的方法。在這張被充分利用的畫紙上還有騎馬之人的素描。

右下：腸胃道，在膀胱輸尿管瓣膜（上）和膀胱（下）示意圖的旁邊。在他的筆記中，達文西針對尿流的主流觀點（即膀胱輸尿管瓣膜會因為膀胱充盈所產生的壓力而閉合）提出了質疑。

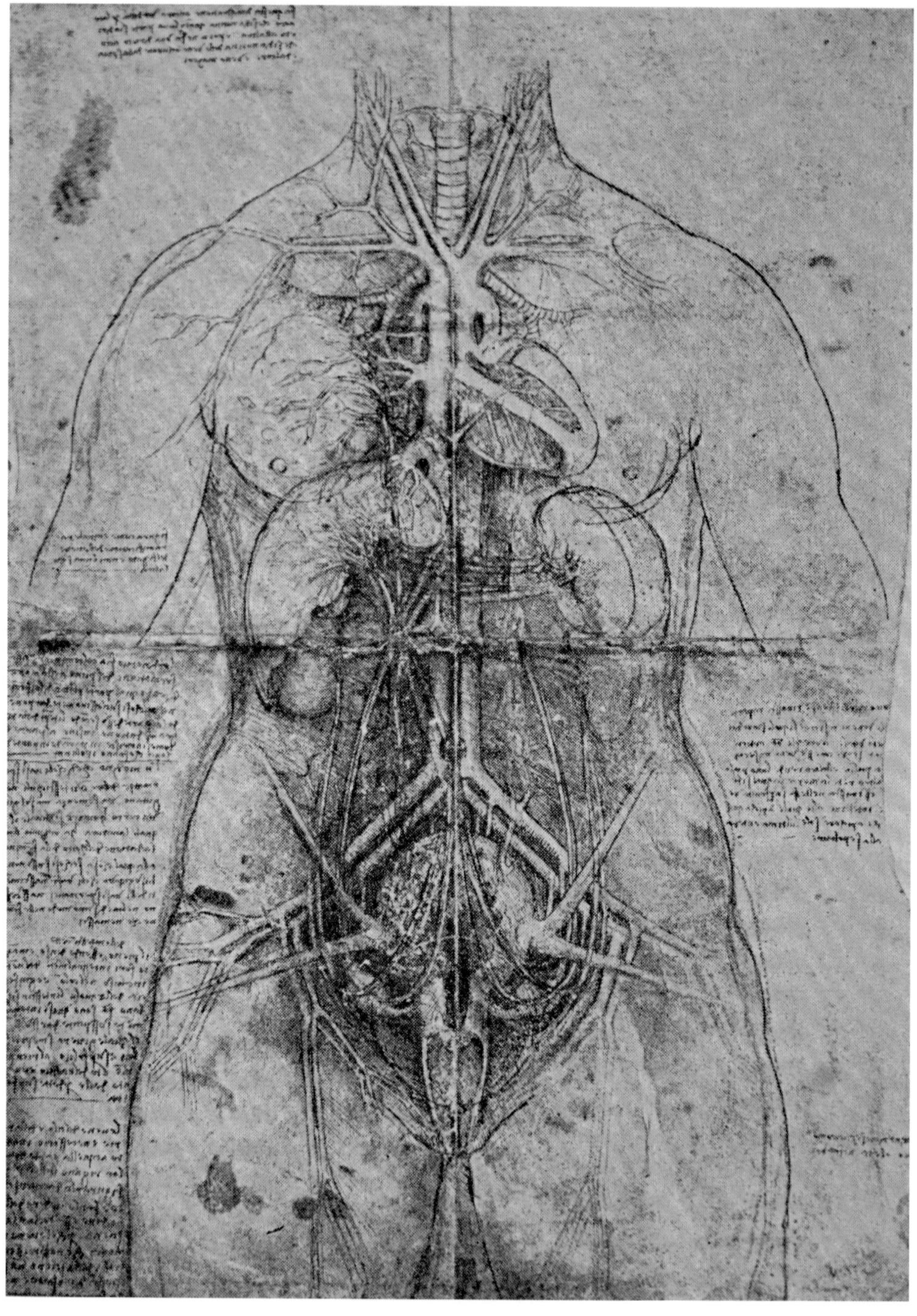

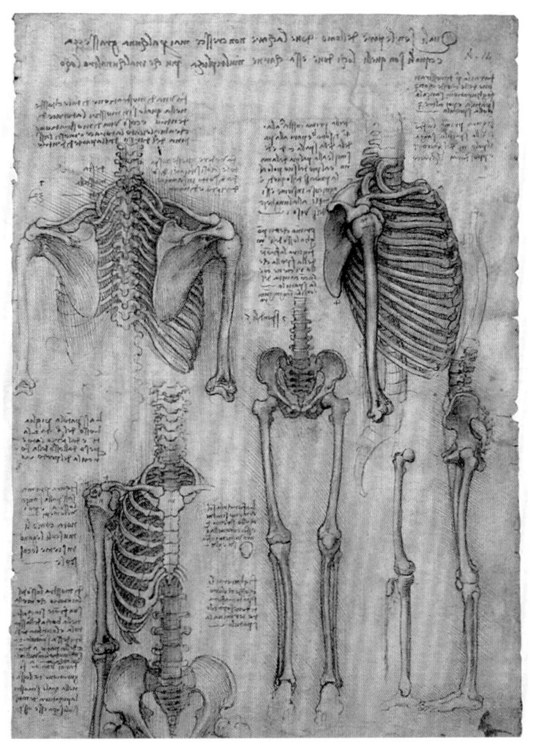

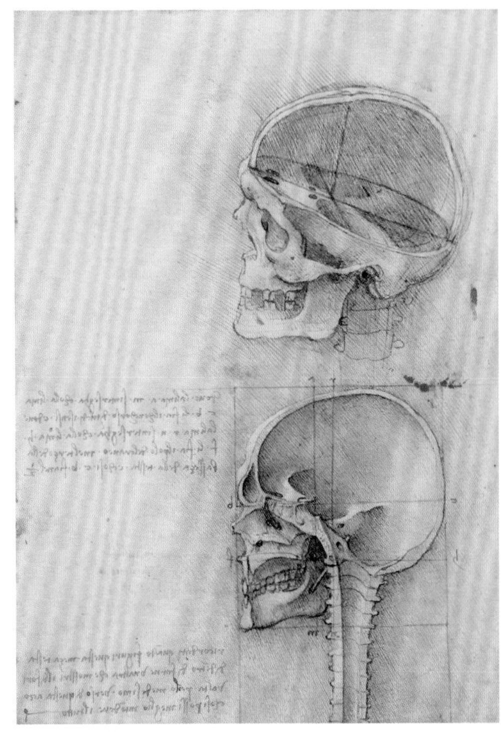

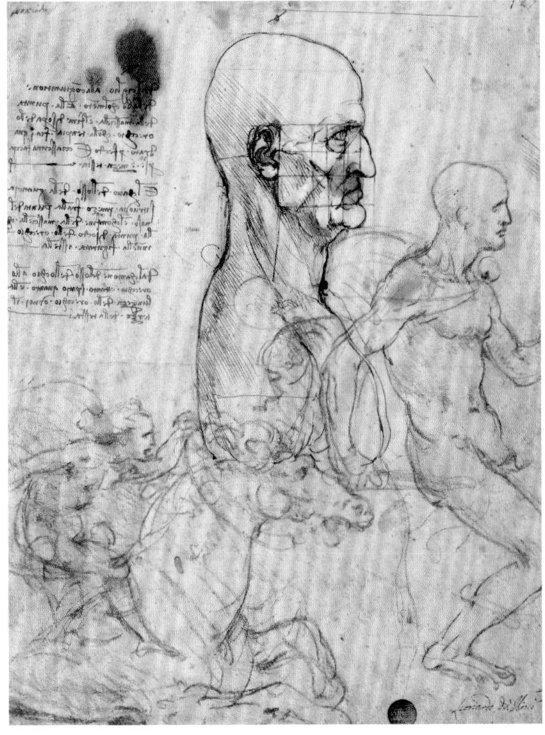

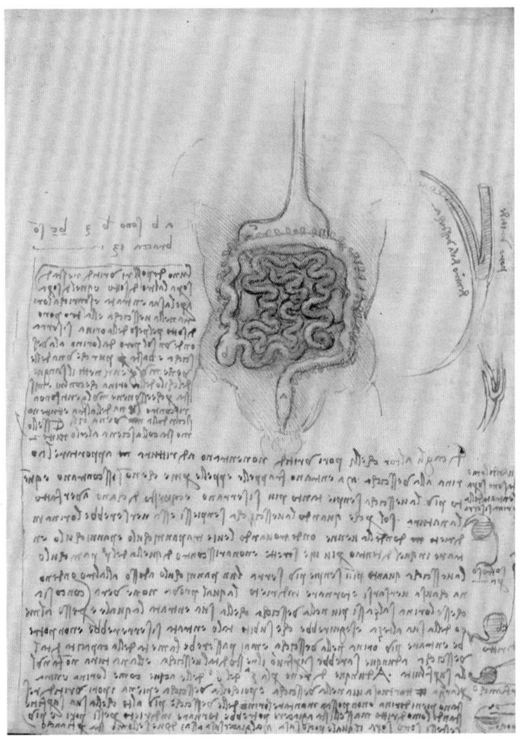

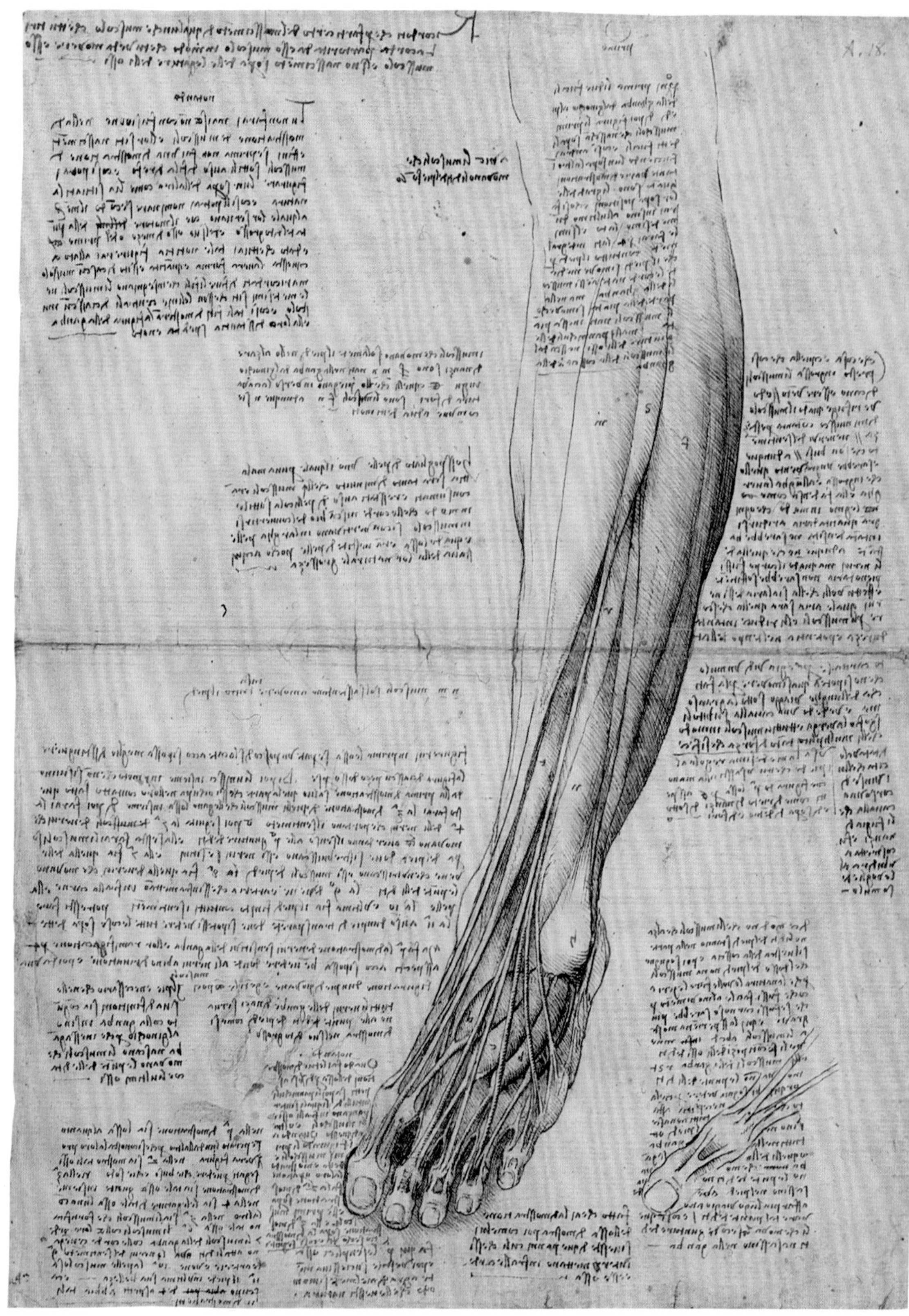
A. 18.

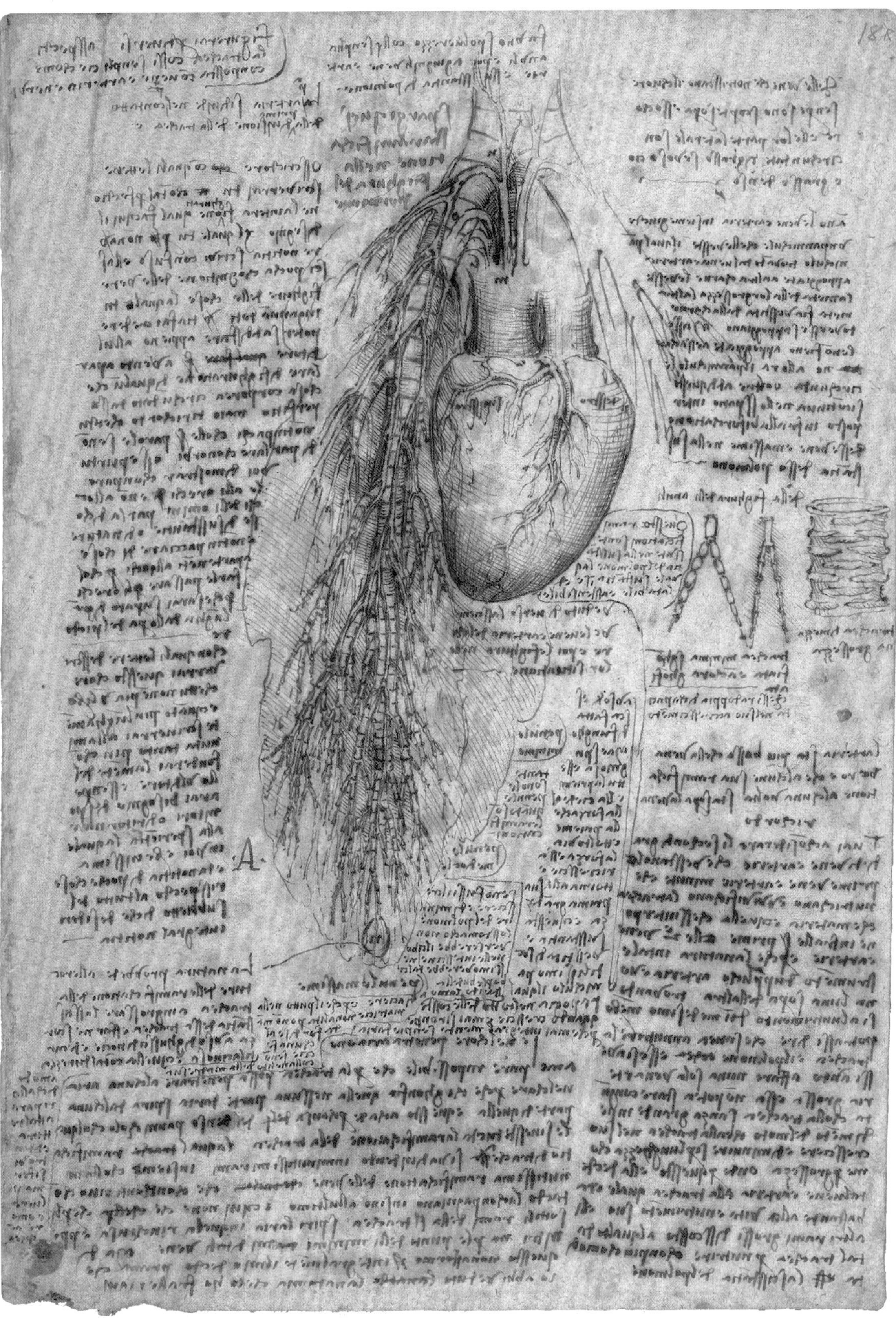

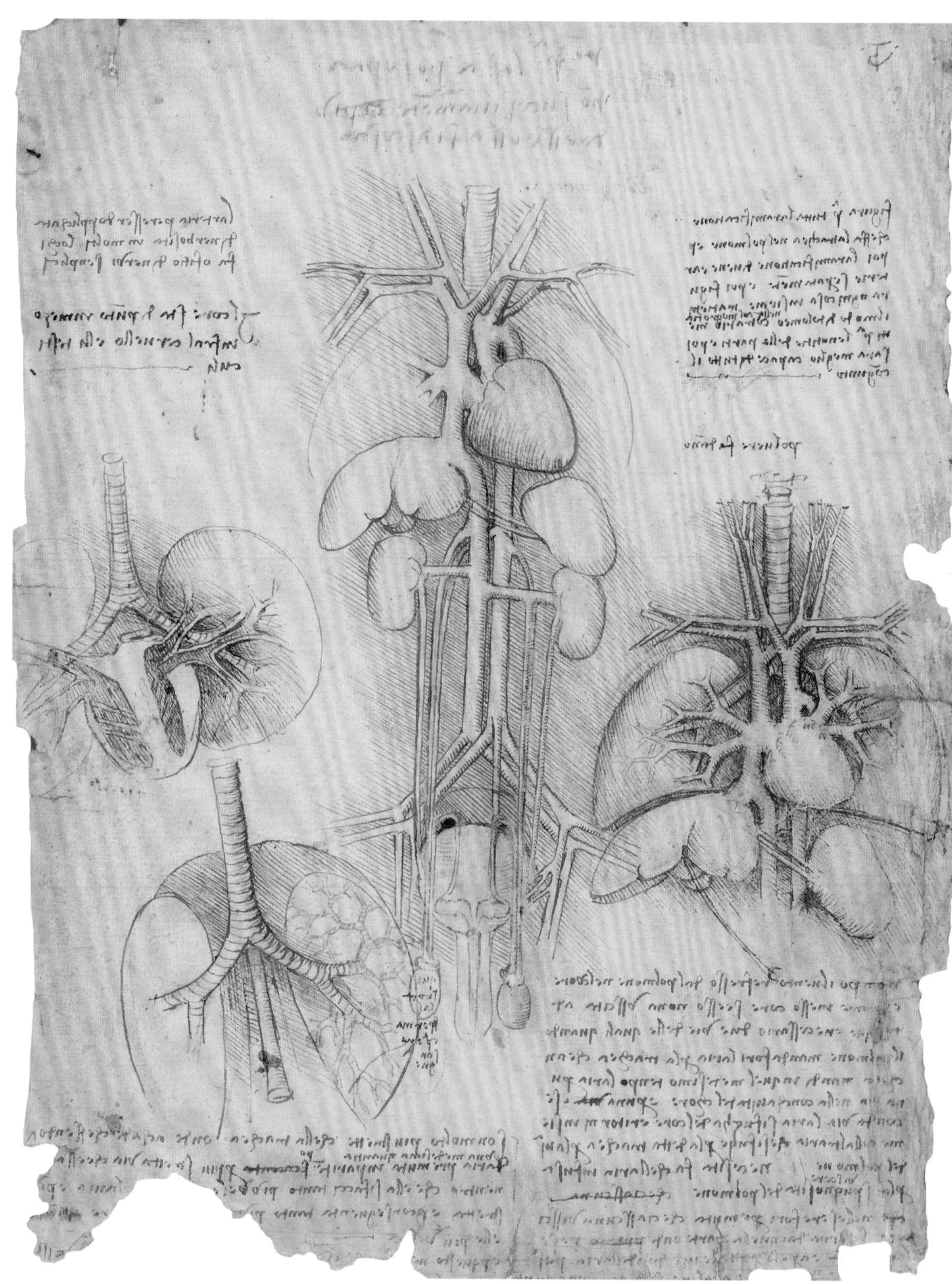

在達文西死於 1519 年的一場中風後，他的解剖畫作傳給了法蘭切斯科·梅爾吉（Francesco Melzi）——梅爾吉是他的學徒，從小在他的舊時住所梅爾齊別墅長大。在梅爾吉死於 1570 年後，他的畫被西班牙國王的雕塑師龐培歐·萊昂尼（Pompeo Leoni）買下。到了 1630 年，這些畫已成為英格蘭阿倫德爾伯爵（Earl of Arundel）托馬斯·霍華德（Thomas Howard）的財產。霍華德在 1690 年前，又將畫捐贈或轉賣給英格蘭的威廉國王與瑪麗王后（William and Mary）。直到今日，這些畫仍是英國皇家典藏（British royal art collection）的一部分。

達文西對解剖學懷抱著無比的熱忱。不過令人好奇的是，他在許多領域都展現出超人的理解力，但是一直到人生後期，才開始顯露出對解剖學的興趣。這或許是因為他意識到自己的生命有限，又或許是因為他只是單純順應文藝復興時期的潮流。他在一生中從未發表自己的研究與觀察，對解剖科學而言實為一大損失。一直要到數個世紀後，才有人重新取得相同的發現。在解剖學家的書房裡，達文西的任何一本著作都是到了近代才由後人集結而成；他的畫作則是在 1900 年才終於出版。

前頁圖

李奧納多·達文西

左：左小腿與左腳的肌肉與肌腱。達文西的研究主要關注於人體力學。在這一頁的大量筆記中，他針對肌肉因充滿普紐瑪而變硬的這項傳統看法，提出了質疑。

右：公牛的心臟與支氣管樹圖，另外也附上了氣管的小圖。在此處的筆記中，達文西提到他認為空氣不可能進入心臟；儘管如此，他仍相信肺的主要功能是冷卻血液。

對頁圖

李奧納多·達文西

心、肺與其他器官的研究。這類成套的素描顯示出達文西不僅有決心要了解人體構造，也有決心要藉由畫作說明人體構造。

5. 阿爾布雷希特·杜勒

凱查姆、布隆實維克、亨德與萊施等人的出版著作，在德國和荷蘭推動了所謂的「北方文藝復興」（Northern Renaissance）。在德國紐倫堡（Nuremburg）生活與工作的阿爾布雷希特·杜勒（1471–1528 年），曾兩度到義大利北部進行藝術朝聖，而那些經歷對他的作品產生了深遠的影響。他參訪了帕多瓦、曼圖阿（Mantua）和威尼斯，並受到安東尼奧·德爾·波拉伊奧羅、喬凡尼·貝里尼（Giovani Bellini）與安德烈亞·曼特尼亞（Andrea Mantegn）等人的陶冶。他仿製了曼特尼亞的作品並予以發行。另外，他也在自己的一本素描簿中，臨摹了達文西的其中一幅手臂畫。由此可見，他一定親眼看過達文西的解剖畫，或許還見過這位偉大的人物本人。

隨著印刷的普及，木刻版畫工藝也受到了矚目。思想新潮的杜勒是版畫師兼藝術家米凱爾·沃格穆特（Michael Wolgemut）的學徒，而沃格穆特的活動據點紐倫堡已崛起成為出版業的中心。杜勒的教父在當時是德國最成功的印刷商，父親則是一名鐵匠。從父親身上，杜勒同時承襲了商業頭腦與雕刻興趣。在他的一生中，賣鐫刻與木刻版畫所賺到的錢，比賣繪畫作品的收入還要多上許多。

我們無法確知杜勒是否曾出席或進行解剖活動；解剖雖然是藝術家必要的訓練，但木刻師不一定要學習這項技術。不過無庸置疑的是，杜勒確實對解剖有濃厚的興趣。他的兩幅《亞當與夏娃》（*Adam and Eve*，一幅是 1504 年的鐫刻版畫，另一幅是 1507 年的顏料畫）皆展現出他對解剖學的精闢理解，以及他在這兩幅畫之間進行的義大利之旅所帶來的深刻影響。第一幅畫的繁複細節表現出他身為雕刻家的高超技藝；他對這幅畫相當自豪，以致他在上面不只署名，還附上了自己的住家地址，讓欣賞這幅畫的人能上門購買。第二幅畫則省去了所有不相關的細節，只專注在人物本身；而這也是首次出現在德國的實物尺寸裸體畫像。

儘管杜勒的《亞當與夏娃》畫像完美呈現人體結構比例，但他對解剖學家的藏書並沒有太多貢獻。他的《人體比例四書》（*Vier Bücher von Menschlicher Proportion*）

右圖與對頁圖

《亞當與夏娃》
（*Adam and Eve*，
1504年、1507年）

杜勒的兩幅《亞當與夏娃》完成時間只間隔三年，但能從中看出他在這段期間的義大利之旅，對其創作所帶來的影響。

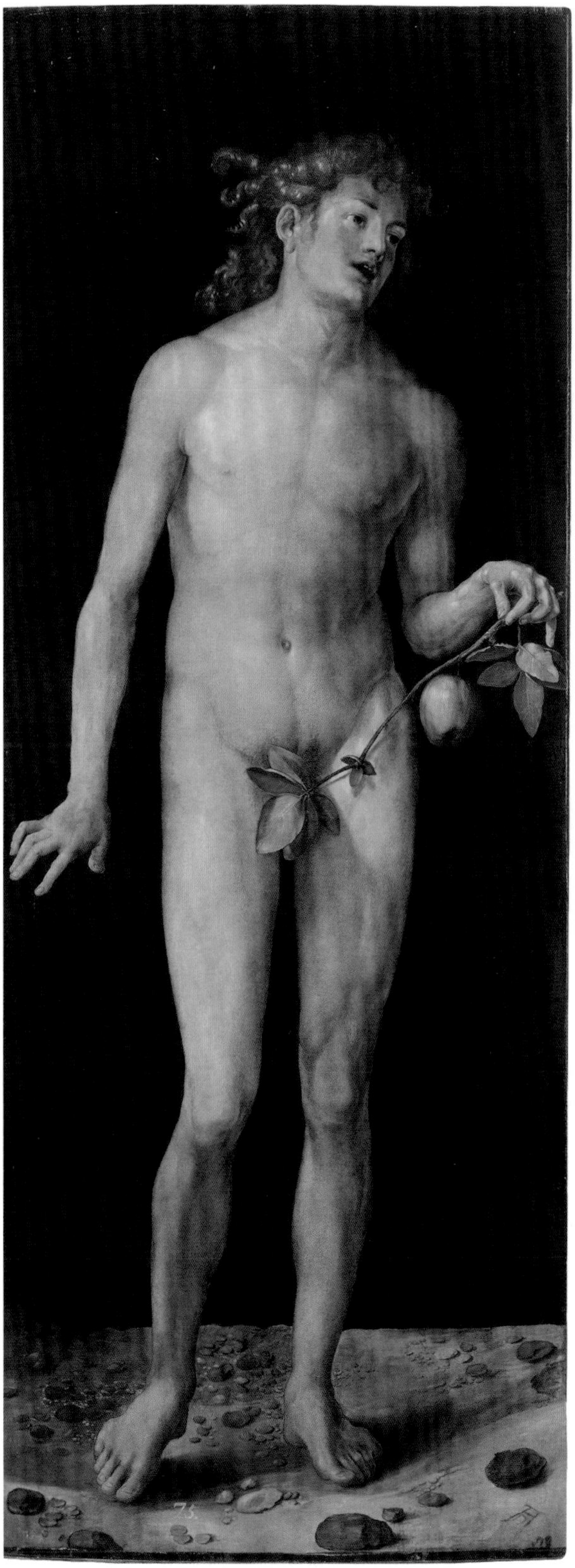

右圖

《人體比例四書》
（*Four Books on Human Proportion*，1528年）

從杜勒的《人體比例四書》內頁，可看出他希望能刻劃出人體構造的所有不完美處，而非僅僅描繪出一個理想化的人體模型。
左上：一名微胖的男性。
右上：一名男童。
左下：非一般常見的男性姿勢，藉以展現肌群。
右下：一名倚著拐杖的較年長女性。

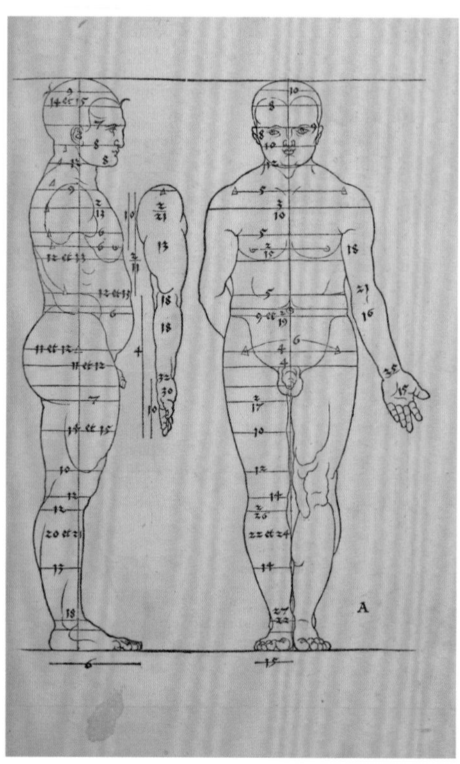

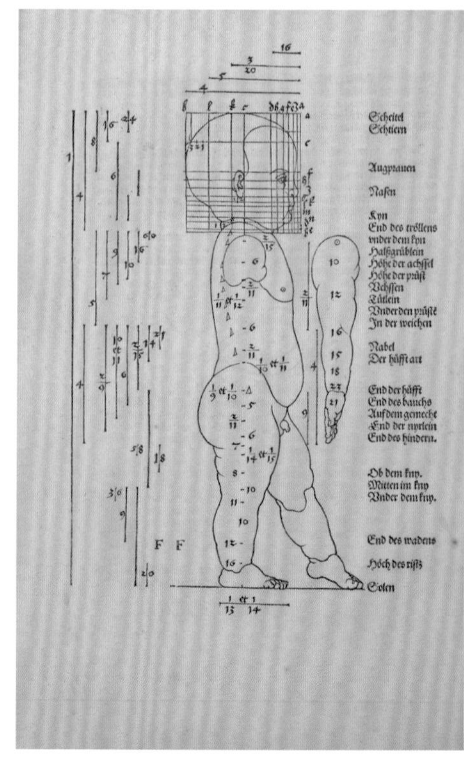

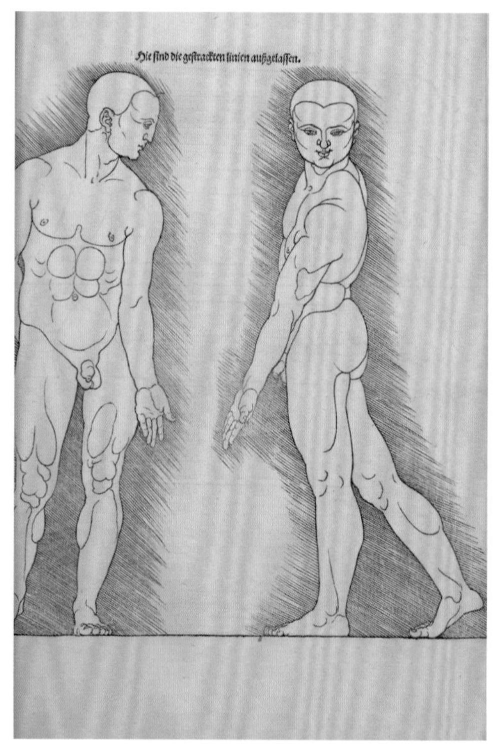

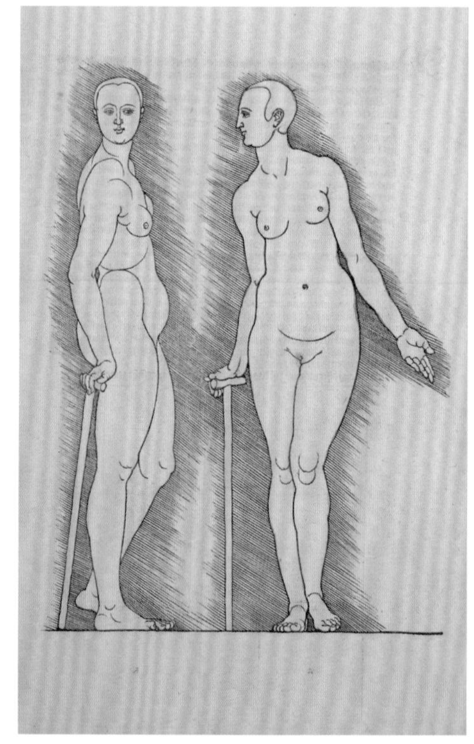

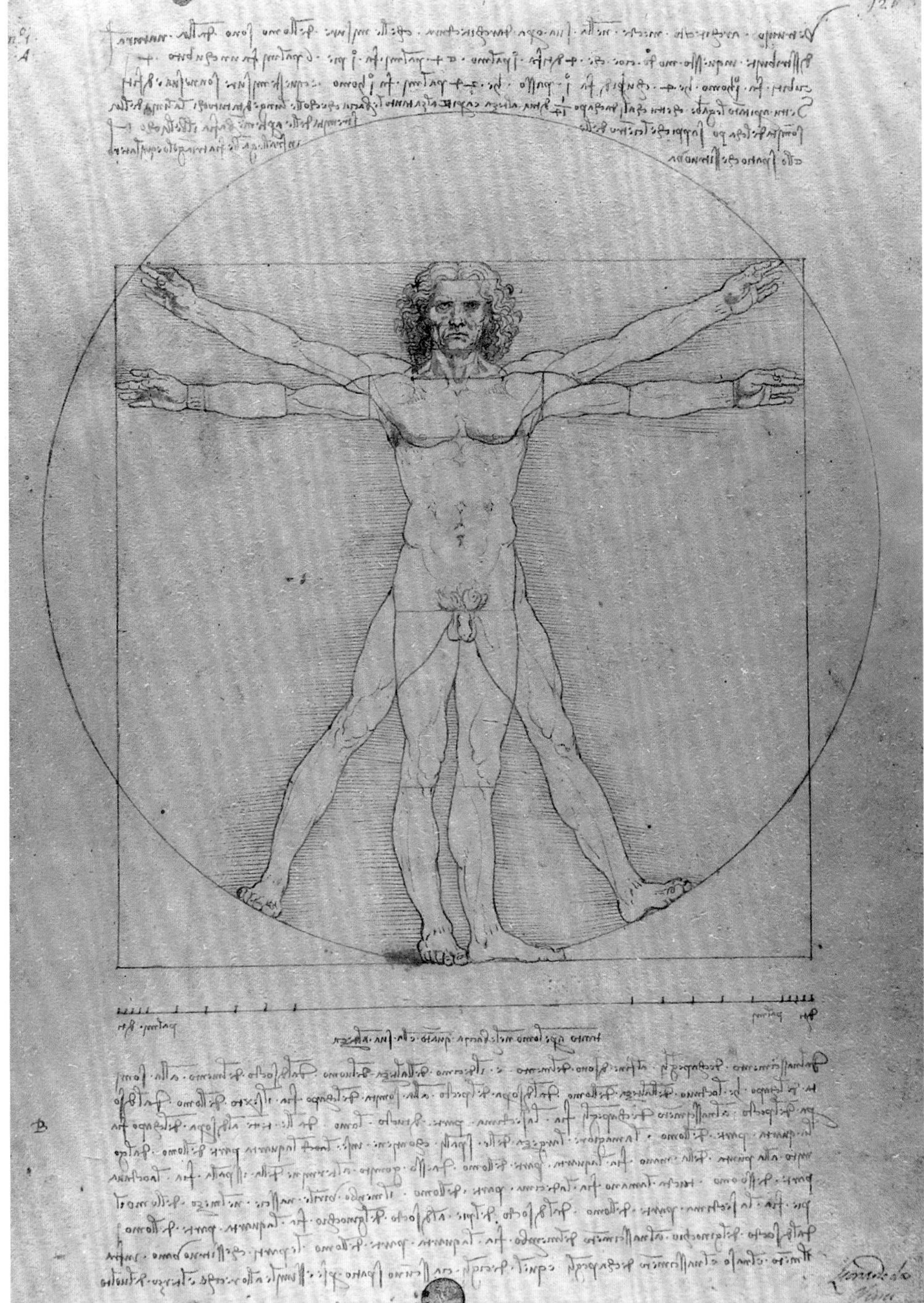

左圖

李奧納多・達文西

《維特魯威人》（*Vitruvian man*，1490年）。達文西所畫的理想體態，依據的是古羅馬建築師維特魯威（Vitruvius）在西元前1世紀所訂立的標準。

在 1528 年出版，距離他辭世的時間只隔了六個月。他從 1512 年就開始撰寫，直到 1528 年才完成，沒多久後便與世長辭。其中前六卷書的原稿留存了下來，扉頁上有杜勒的註記：「這部書寫於 1523 年的紐倫堡，為杜勒本人所寫的首部著作，並在經過本人修改後，於 1528 年印製成書。阿爾布雷希特．杜勒。」

這是一部為藝術家而非解剖學家所寫的解剖書。除此之外，當中有關人體的激進觀點，也背離了理想身形的公認標準。當時世人所接受的標準，是由古羅馬建築師維特魯威（Vitruvius）訂立於西元前 1 世紀。維特魯威的鉅著《建築十書》（*De architectura*）旨在描述各種建築的完美比例，不過他在書中卻偏離主題，為人體理想比例制定了標準，並主張世上所有的理想比例皆由此衍生。

> 肚臍天生位於人體中央。若一個人面朝上仰臥，雙手雙腳向外展開，以他的肚臍為中心，就能畫出一個圓，且這個圓會碰到他的手指與腳趾末端。為理想人體比例畫下定義的不只是這個圓，還有另一個作為界線的正方形。若測量腳底到頭頂的距離，以及雙臂完全展開的距離，我們會發現兩者等長。因此，包圍住人體且彼此構成直角的線會形成一個正方形。

當《建築十書》的副本在 1414 年重新出現在瑞士聖加侖（St Gallen）修道院的圖書館時，維特魯威早已為世人所淡忘。這部著作滿足了文藝復興時期對古典世界的探究慾，而萊昂．巴蒂斯塔．阿伯提（Leon Battista Alberti）在 1450 年出版的《建築論》（*De re aedificatoria*），也大量引用了當中的內容。藝術家皆渴望畫出維特魯威所描述的完美人體，其中要以達文西在 1490 年的畫作最為著名。

《維特魯威人》（*Vitruvian man*）在理論上呈現了理想的人體比例，但在現實生活中，沒有一個人的體形是完美的。杜勒的創新之處在於他承認人體的不完美，並透過一系列圖畫，呈現出數種不同的身形比例。每一幅畫都呈現出身體部位對照全身的大小比例。杜勒贊同維特魯威的看法，也明顯受到阿伯提與達文西的影響，但他對平凡、真實身形的研究卻違背了傳統。根據他的註記，這些畫是依據「200 到 300 名活生生的人」（而不是早已死去的理想）所作。另外，他也寫道：「我認為完美的形態與美感蘊含在所有人的總和裡。」如果可以，也許他還會在後面補上一句：「而不是體現在任何一人身上。」這是一種提倡平等的主張。

在杜勒的《人體比例四書》中，前兩卷書包含他所畫的 13 幅身形範例圖。第三卷書說明能如何進一步修改比例，以變化出更多種寫實的身形。他所使用的技巧包括利用凹面或凸面鏡數學模擬法改變體形。第四卷書則探討人的動作是如何受到身體結構的控制，並以此解釋一個姿勢在圖畫中須符合哪些要素，才能看起來合理。在這卷書中也包含一篇文章，探討了令杜勒苦思不解的問題：美是由什麼所構成——是理想還是現實？《人體比例四書》雖然不是一部解剖教科書，卻清楚說明了解剖學在 16 世紀具有更廣泛的吸引力；它是脫離「完美」趨向現實的其中一步，也是對自然狀態的忠實模擬。

6. 米開朗基羅

佛羅倫斯（Florence）是文藝復興運動的中心，也是米開朗基羅（1475–1564 年）的活動據點。米開朗基羅從小在佛羅倫斯的人文薰陶下長大，自幼便展現驚人的才華。他在 14 歲時成為藝術家多明尼克．吉爾蘭戴歐（Domenico Ghirlandaio）的學徒。當時，吉爾蘭戴歐的團隊負責為西斯汀禮拜堂（Sistine Chapel）進行裝潢。在他自己的作品中，吉爾蘭戴歐描繪的都是日常生活的情景；即使是他的宗教畫，也因為當中納入了一般人與贊助者而變得人性化。他對米開朗基羅的才華感到相當驚豔，因此在米開朗基羅才 14 歲時，就開始付酬勞給他，並將他視為自己最出色的前兩名學徒之一，而引薦給羅倫佐．德．麥迪奇——人稱「偉大的羅倫佐」，同時也是文藝復興藝術活動的重要贊助者。

相較於杜勒，有大量證據顯示米開朗基羅曾進行解剖。他在年輕時至少出席過一次公開解剖展示，並為之深深著迷，甚至向佛羅倫斯的聖靈修道院，請求允許他解剖修道院醫院中待埋葬的屍體。而為了回報，米開朗基羅在 1492 年雕刻了一尊近 1.5 公尺高、結構準確的耶穌裸體十字苦像，作為謝禮。當時的他才不過 17 歲。

根據與他同時代的人所述，米開朗基羅對人體結構的透徹理解無人能及；在他的大量創作中，對體態的生動描繪牢牢抓住了觀者的目光。畫中人物的表情與動作能被辨認出來，也令人感到熟悉；他們並不只是擺出常見姿勢的模仿品，而是傳遞情感與展現肌肉肌腱張力的真實人物。

米開朗基羅所刻畫的人物都很出名，例如西斯汀禮拜堂穹頂畫《創造亞當》（*The Creation of Adam*，1512 年）中的上帝與亞當，以及雕塑作品《大衛像》（*David*，1504 年）——聖經中殺了巨人歌利亞（Goliath）的英雄；在這座雕像強壯的雙手手背上，甚至可以看到突出的血管。米開朗基羅是繪畫大師，更是天才雕刻家。他的其中一件早期作品是《半人馬之戰》（*Battle of the Centaurs*，1492 年）。這幅淺浮雕畫所描繪的肉搏戰，雖然令人聯想到安東尼奧．德爾．波拉伊奧羅的《裸男之戰》，但卻是結合了三維視覺化與純熟雕刻技術的傑作。

相較於大衛的男子氣概與上帝創造亞當的爆炸性時刻，米開朗基羅在早期描繪聖母瑪利亞的兩座雕像，則完全展露出溫柔的母性光輝。他的《聖殤》（*Pietà*，1499 年）如今保存於梵蒂岡（Vatican）的聖彼得大教堂（St Peter' s Basilica），描繪的是聖母瑪利亞懷抱著死去的耶穌基督時，悲痛萬分的情景；她無力的身軀低垂，全身肌肉沒有一絲緊繃。他的《聖母與聖子》（*Madonna and Child*，1504 年）則是第一件離開義大利的作品，由比利時布魯日（Bruges）的兩位義大利富裕布商買下。這座雕像打破了同類作品的傳統，精準刻畫出母親的自豪與沉著，而非聖母的神聖與純潔。歐洲到處充滿標準的聖母聖子像：瑪利亞身穿藍衣，頭部圍繞光環，向外凝視著觀者，右手的兩根手指象徵和平，左手臂環抱著異常成熟的嬰兒耶穌。相形之下，布魯日聖母顯得平和安寧，右手臂完全放鬆，左手臂穩固

對頁圖
《大衛像》
（*David*，1504年）

米開朗基羅為刻畫聖經中殺死巨人歌利亞（Goliath）的年輕男子，在1504年製作出《大衛像》。在飽受霸權威脅的義大利城邦佛羅倫斯（Florence），大衛以無畏的目光直直注視著羅馬，喚起人們捍衛其公民權利的意志。在今日，這座雕像成為了青春活力的象徵。

地抱著幼兒耶穌，但並未予以束縛；耶穌則看起來像是準備好要踏入這個世界，展開他的使命，瑪利亞則功成身退。杜勒在以資深木雕師（woodcutter journeyman）的身分遊歷義大利時，曾親眼看過米開朗基羅的《聖母與聖子》雕像。

在他的人生後期，米開朗基羅受命為西斯汀禮拜堂繪製壁畫《最後的審判》（*The Last Judgement*，1541 年）。世界末日到來，所有人皆交由上帝裁定該上天堂或下地獄——審判日的浩大場景，給了米開朗基羅無窮的發揮空間，使他能描繪人在死後重生時的各種姿態與情感。畫中央正在進行審判的耶穌，不是留有鬍鬚、被釘在十字架上的受難者，而是一名面貌清秀、身強體健的青年。在耶穌的左腳旁有一名男子，一手拿著解剖刀，另一手拿著自己的皮膚。這個人物是聖巴爾多祿茂（St Bartholomew），在傳教時活生生地被剝皮虐待至死。不過，他手裡的人皮上畫的卻是米開朗基羅的臉。如果有人懷疑米開朗基羅對解剖學的熱忱，這幅畫應該能說明一切。

米開朗基羅在其一生中經常重回解剖領域，並在年邁時展開與解剖學家雷爾多．科倫坡（Realdo Colombo，1516–59 年）的合作計畫。科倫坡曾在帕多瓦大學與比薩大學接受訓練，當米開朗基羅在羅馬為聖彼得大教堂設計壁畫時，科倫坡是他在當地的醫生。米開朗基羅原本要為科倫坡的解剖論述繪製插畫，但這項計畫從未實現，原因可能是米開朗基羅年事已高，也可能是科倫坡年僅 44 歲就去世。這兩人之間可望不可及的合作著實令人扼腕。如今在現代解剖學的歷史中，被視為最重要的一本著作——維薩里的《論人體構造》（*De humani horporis fabrica*）——出版於 1543 年，只比科倫坡抵達羅馬的時間早五年。若他與米開朗基羅有機會落實計畫，會不會創造出更偉大的成就呢？

下圖
《聖殤》
（*Madonna della Pietà*，1498–9年）

米開朗基羅的《聖殤》融合了自然主義與文藝復興時期的理想主義，是他唯一一件有署名的作品。這座雕像具體表現出悲痛中的寂靜。

7. 雷爾多．科倫坡

科倫坡的解剖論述最後是在他死後，才由他的兒子於 1559 年出版。這部《論解剖十五卷》（De re anatomica libri XV）揭示了他的解剖實務。他相當熱衷於實踐解剖學（practical anatomy），包括動物的活體解剖；他認為這是能靠自己發現身體如何運作的唯一方法。在其著作扉頁有一幅生動的公開解剖場景圖，圖中所有的出席者（包括一位藝術家）都密切關注著解剖過程，只有一名老人埋首書中。透過這張圖，科倫坡向蓋倫以及任何未加懷疑就重蹈其覆轍的人表示不滿。他的敵意多半是針對蓋倫對人體結構的假設，其中有一大部分是以動物的身體構造作為依據。儘管就目前所知，科倫坡也一樣只進行過動物活體解剖，不過他接觸人類屍體的經驗，確實比蓋倫要多上許多。

《論解剖十五卷》探討主題的方式很新穎。科倫坡未將每一器官視為個體，也未將神經與血液供給分開討論，而是在描述各個器官時，將供

上圖
《創造亞當》（The Creation of Adam，約1508–12年）

神賦予人生命的情景，繪於梵蒂岡西斯汀禮拜堂（Sistine Chapel）的穹頂。西斯汀禮拜堂是以教宗思道四世（Pope Sixtus IV）的聖號來命名。教宗思道四世聘請了一群當時最優秀的藝術家，為這座禮拜堂繪製壁畫。

給該器官的血管也一併納入，畢竟這些血管是構成器官功能的一部分。這是一個很先進的觀點，也因為如此，科倫坡得以發現肺循環，在達文西發現心臟推動血液之後與威廉·哈維發現血液循環之前，邁出了重要的一步。《論解剖十五卷》中的每一卷書分別探討不同器官，包括骨骼、肌肉、韌帶與軟骨、腺體，以及皮膚。第 14 卷書專門討論活體解剖的價值；第 15 卷書的內容則較輕鬆愉快，當中包含一份科倫坡根據個人經驗所列出的「解剖罕見事物」清單。

科倫坡的功勞在於為胎盤命名和正確地辨識其功能。儘管他不是第一個發現陰蒂的人，但卻是最早認出它是性器官的人。這個消息令某些文藝復興時期的男性相當震驚，因為他們擔心要是女性擁有性器官——一個貨真價實的附器（appendage）——就表示以人體結構而言，她們可能與男性地位相等，（更糟的是）也可能有機會成為「陰陽人」，導致男性的存在變得多餘。

8. 安德烈·維薩里

科倫坡的《論解剖十五卷》經常遭人忽略，因為在他抵達羅馬之前，市面上才剛出現一本引發關注的書，那就是安德烈·維薩里的《論人體構造七卷》（*De humani corporis fabrica libri septem*）。這本著作在今日雖被視為史上最具影響力的解剖出版書，但當時在其發行年代卻不乏詆毀者，而科倫坡就是其中一人。

右圖

《論人體構造》
（*De humani corporis fabrica*，**1543年**）

在維薩里的代表作中，卷首插畫描繪了一間坐落於圓柱大廳內的木造解剖劇場。人群中有一具人體骨骼在監督一名女性的腹部解剖過程，旁邊則有狗和猴子在等待廢棄的內臟殘渣。

這兩人彼此認識，且維薩里在 1541 年到瑞士巴塞爾（Basel）監督其著作的印製情況時，科倫坡還曾在帕多瓦大學替他代班。維薩里將《論人體構造七卷》中的許多發現，都歸功於他的「摯友」科倫坡。然而，科倫坡卻在帕多瓦大學向維薩里的學生指出他的教學錯誤，損害了他的名譽。科倫坡所提出的主要批評在於，維薩里雖然對蓋倫有所不滿，但卻犯下了相同的錯誤，以動物的身體結構作為研究依據。舉例來說，維薩里在課堂上講解人類骨骼時，用動物的骨頭輔助說明，間接支持了蓋倫的作法。他所犯的其中一個錯誤，是根據牛的眼睛推測人眼的細部結構。雖然維薩里和科倫坡都為了推動科學的發展，而提倡動物活體解剖，但實際上利用動物活體解剖進行研究的人，只有科倫坡。於是他們的關係就此決裂。到了 1555 年，維薩里已稱呼他的前同事為「不學無術之徒」，並聲稱科倫坡所知道的一切都是他教的。而這並不是他們之間最早或最後的一場學術之爭。

維薩里（1514–64 年）出生於比利時的布魯塞爾（Brussels），本名為安德里斯・馮・維索（Andries van Wesel，荷蘭語），但他的拉丁化名較為人熟知。他出身於醫學世家：曾祖父從帕維亞大學畢業後，任教於魯汶天主教大學（University of Leuven），也就是維薩里所就讀的學校；祖父是神聖羅馬帝國皇帝馬克西米利安一世（Maximilian I）的私人醫生；父親則是馬克西米利安一世的藥劑師。有一段時期，維薩里待在巴黎學習蓋倫的學說，並曾在聖嬰公墓（Cemetery of the Innocents）挖掘屍骨作為研究所用，以求對人體結構有更深入的理解。他在魯汶天主教大學取得博士學位時，是以蓋倫的早期批評者拉齊作為研究主題。

《論人體構造》的明確目標是要超越蓋倫在解剖學上的成就。即使是在這部著作出版前，維薩里對蓋倫的矛盾態度就已引發爭議。數個世紀以來，世人一直認為蓋倫的學說準確無誤，而他以動物器官與血管作為觀察依據的作法也早已被淡忘。而維薩里就是在重新發現這項事實後，才促使他寫出《論人體構造》。

他對當時受普遍認可的蓋倫學說提出質疑時，面臨了許多阻力，也遭人指責為無禮不敬。於是，他不得不稍微收斂自己的批評，承認蓋倫的看法正確，只是不適用於人體。維薩里對骨骼的觀察特別入微：他是第一個正確描述胸骨、骨、蝶骨與顳骨的人。他的書駁斥了超過 300 個蓋倫所犯的錯誤，其中有一個很容易提出反證，那就是人類的下頜骨和其他動物一樣分成兩部分。維薩里也糾正了「男人的肋骨比女人的少」這個看法；蓋倫會這麼認為，是因為聖經描述上帝從亞當身上取下了一根肋骨，用來創造夏娃。而這件事也對解剖學與基督教教會之間的關係，間接產生了不良影響，因為對教會而言，這個故事是基督教世界起源說的核心，同時也是教會認為男人比女人優越的依據。

維薩里也證實人體內就和貝倫加利奧所說的一樣，並不存在著迷網。他不認同蓋倫所說的血液源自肝臟、並透過微小孔隙從左心室流到右心室；維薩里透過解剖獲得的第一手觀察，有許多都和蓋倫的學說抵觸，而這只是其中的一個例子。維薩里針對腦部結構提供了至今最準確的描述。他也提出了關於消化系統與血管的新增細節，但就血管而言，他仍未能反駁蓋倫的理論，即靜脈與動脈是兩個獨立的血液系統。

維薩里犯下的一個天大錯誤，就是重複了蓋倫對女性生殖器官的錯誤觀點（這位希臘醫生是以他解剖的狗作為依據）。但值得嘉許的是，維薩里在 1555

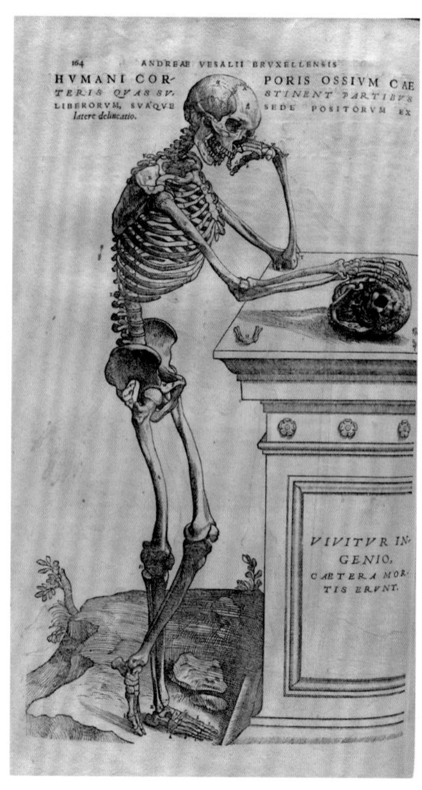

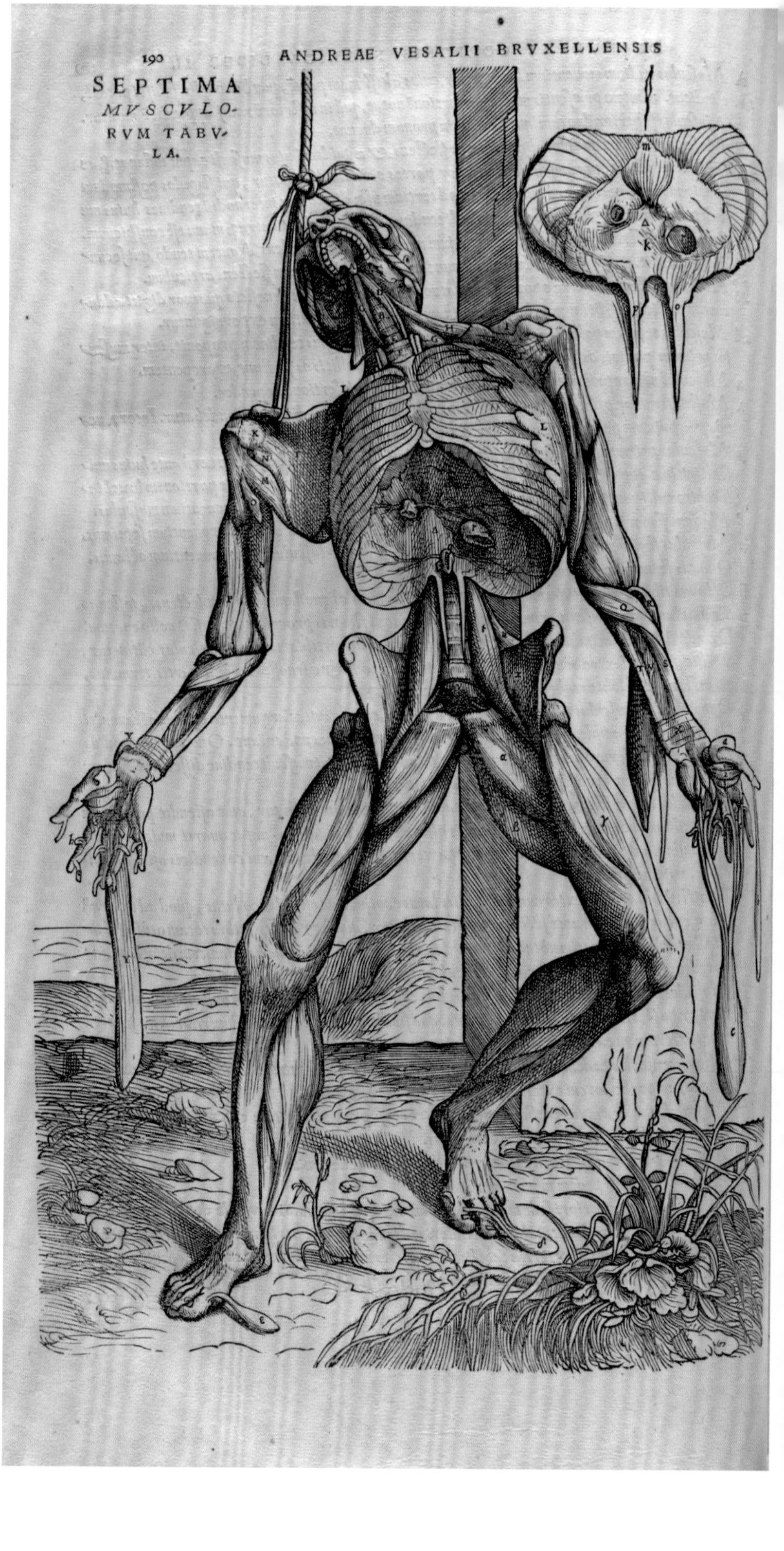

《論人體構造》（1543年）

維薩里的插圖是由揚・史蒂芬・范・卡爾卡（Jan Stephan van Calcar）繪製。他是一名在義大利工作的荷蘭人。

上：一具雙腿交叉、沉思著未來的人體骨骼。他抓著的顱骨坐落於一座墓碑上，上面刻著拉丁文：「唯天才永垂不朽，其餘人等皆為凡人。」

右：一具被剝了皮的人體，以一條從牆壁延伸出去、穿越其眼窩的繩子吊掛著，藉以展現四肢肌肉和肋骨後的空腔。

對頁圖：一具無皮人體的前視圖展現出頸部、肩膀、四肢和腹部的肌肉，背景是義大利的景緻。

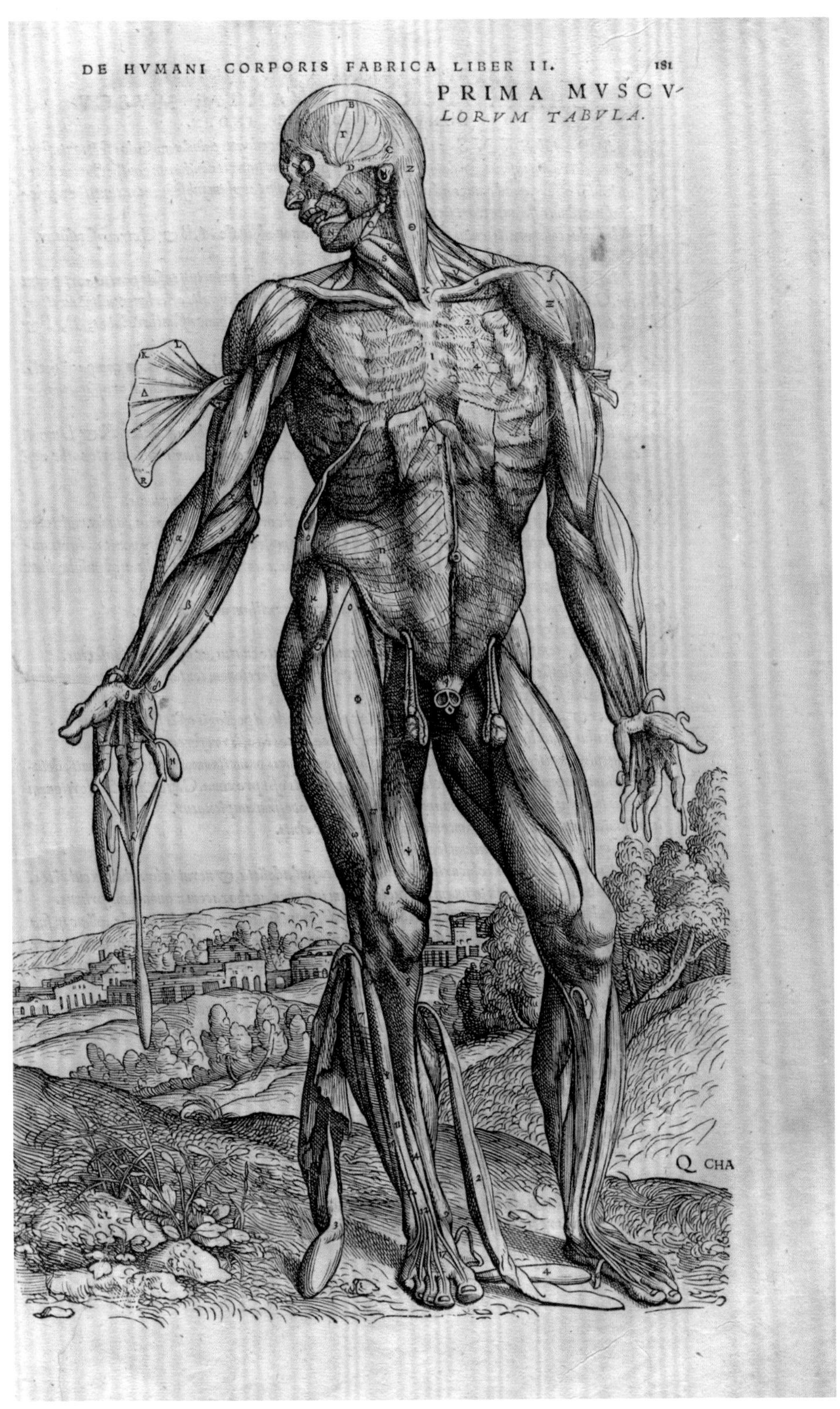
DE HVMANI CORPORIS FABRICA LIBER II.
181
PRIMA MVSCV-
LORVM TABVLA.
Q CHA

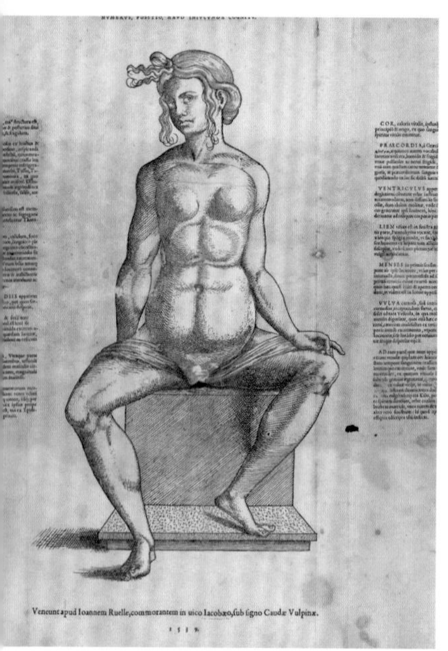

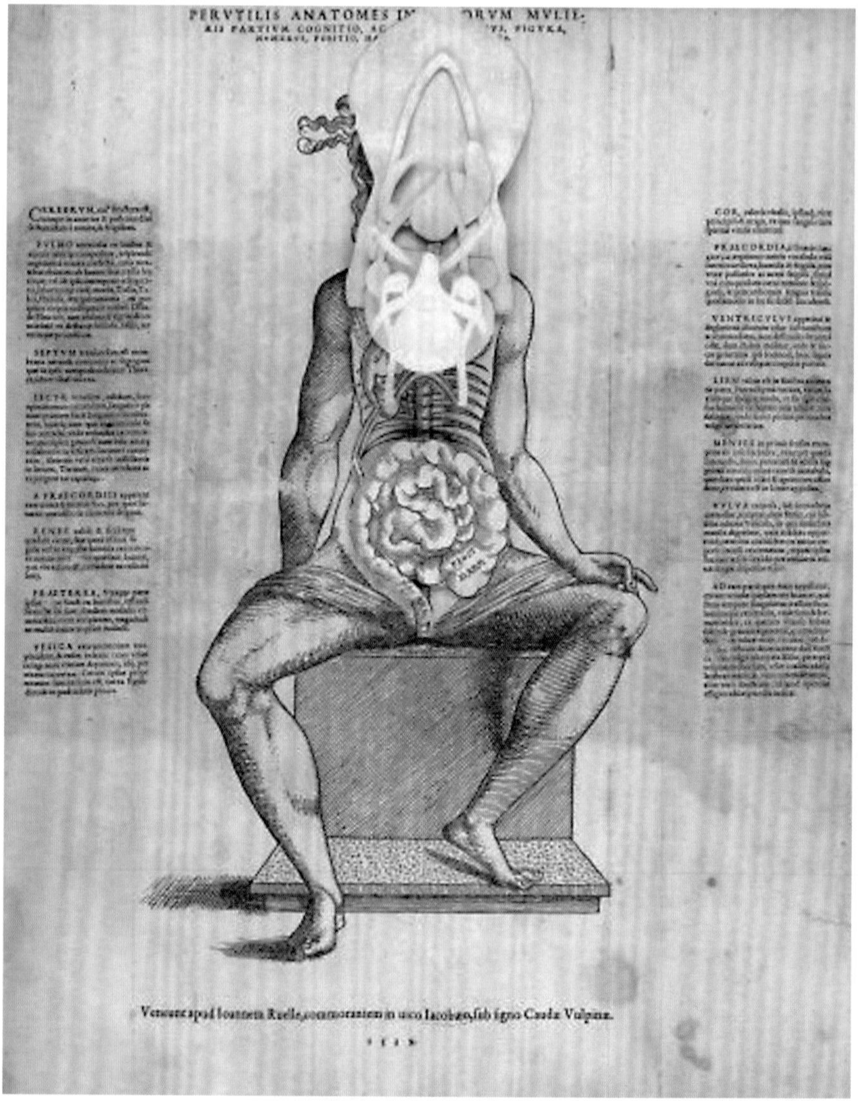

揭示女性身體構造的逃逸圖（fugitive sheet）（1538年）

海因里希・沃格特（Heinrich Vogtherr）首創以模具壓製亞麻布的方式製作逃逸圖，藉由揭露不同層的身體構造，重現解剖的過程。此處的圖例有四層構造：身體外部（上）、器官與消化系統（右）、生殖系統，以及骨骼。

年的《論人體構造》第二版中，修正了這個錯誤，將原本的胎盤和胎膜圖片，換成了較準確的版本。維薩里終其一生都對解剖學充滿好奇；臨終前，他正在準備《論人體構造》的第三版，結果不幸在希臘的扎金索斯島（Zakynthos）遭遇船難，享年 49 歲。

《論人體構造》七卷書中的插圖充滿了豐富寫實的細節，幾乎能肯定是取材自真實生活，並且是由出席解剖展示的藝術家原封不動地記錄下來。這些插圖都是非常細緻的木刻版畫，反映出文藝復興運動為人像畫與印刷技術帶來的所有進步。其原始畫作有可能是出自揚・史蒂芬・范・卡爾卡（Jan Stephan van Calcar）之筆；他是梵蒂岡藝術大師提香（Titian）的學生。插圖中的人體宛如古典希臘雕塑般刻畫細膩、姿勢優美，手擺放在肩膀或大腿處，看起來就像是優美的雕像，而不像是用來闡述主題的圖解。換句話說，它們兼具了美感與教育性。

最棒的是，這些插圖還附有「翻蓋」設計，使讀者能模擬解剖過程，將某個器官掀開，看看底下有什麼構造。這並不是第一次有人使用這樣的機關。海因里希・沃格特（Heinrich Vogtherr，1490–1556 年）是一位藝術家，在史特拉斯堡擁有自己的印刷廠。1538 年，他在自己製作的解剖書中，設計了「逃逸圖」（fugitive sheet，用來表示附有翻蓋的解剖圖，因為只要將翻蓋掀開，讓原本的圖片「逃走」，就能露出藏在底下的資訊）。雖然沃格特的書本設計很創新，但他提供的解剖學資訊就不是這麼一回事了。在一幅插畫中，他加入了名為 lacmamil 的器官；那是一對連接到乳頭的輸送管，作用是將血液轉化為乳汁。然而，這樣的器官實際上並不存在。法國醫生讓・魯埃爾（Jean Ruel，1474–1537 年）則在 1539 年出版了一系列解剖逃逸圖，讓觀者能一層層掀開男性與女性的身體構造。魯埃爾的另一個著名之處，在於他將古希臘與羅馬的所有獸醫知識，彙編成《獸醫學》（*Hippiatrika* 或 *Veterinariae medicinae*，1530 年）。所有的藏書家應該都會對這本書感興趣，因為當中包含了早期的目錄頁與詞彙表。

下圖
揭示男性身體構造的逃逸圖（1539年）

逃逸圖通常會成對，而這類逃逸圖被稱為「亞當與夏娃人體圖」，針對的是非專業人士的觀眾。這名男性形象是來自巴黎的讓・魯埃爾（Jean Ruel）。

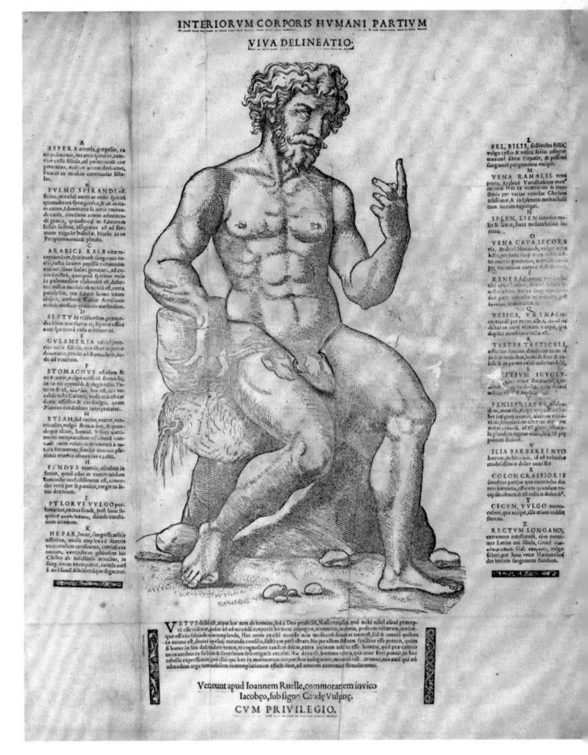

就各種意義而言，維薩里的《論人體構造》向讀者呈現了解剖學的藝術與科學。這部著作打破了藩籬，做出有別於以往的重大突破，不只是因為它揭露了蓋倫學說的缺陷，也因為當中的內容純粹圍繞著解剖科學。即使是在許多方面思想新潮的蒙迪諾與貝倫加利奧，都不得不在他們的論述中納入蓋倫學說的要義，但維薩里關注的只有科學真相。

《論人體構造》一推出便成為最熱銷的著作。其刪節版《論人體構造精要》（*De humani corporis fabrica librorum epitome*）大約在同一時間出版，目標鎖定學生市場，結果賣得更好；裡面有一頁可剪下來利用的細部構造圖，能讓學生用來製作自己的逃逸圖。前兩版的《論人體構造》有超過 700 部留存下來，其中有一部相當獨特，不僅以手工上色，書封的顏色還是帝王專用的紫色。維薩里將這個特殊的版本獻給了神聖羅馬帝國皇帝查理五世（Charles V）。在這部著作出版沒多久後，查理五世便任用維薩里為御醫（在查理五世的父親馬克西米利安一世在位時，維薩里的祖父也擔任過相同的職務）。另外還有一部目前收藏於美國布朗大學（Brown University），其封面曾為了 1867 年的巴黎世界博覽會（Paris International Exposition），而以人皮重新裝訂（作法貼切主題，但令人毛骨悚然）。負責裝訂的人是裝幀師喬瑟・薛維（Josse Schavye），和維薩里一樣來自布魯塞爾。沒有任何記錄顯示這部書或人皮的原主人是誰。

維薩里的書大受歡迎，促使翻蓋的使用變得普遍。在其著作發行僅一年後，史特拉斯堡的雅各布・弗洛里希（Jacob Frölich）出版了一組共兩幅的逃逸圖，名為《人體內部構造描繪》（*Anathomia oder abconterfettung eynes Mans leib, wie er inwendig gestaltet ist*）。這兩幅圖分別為附有六張翻蓋的男性身體構造，以及附有九張翻蓋的女性身體構造。圖的周圍除了有三欄德語敘述外，還有許多較小的圖片，用來呈現個別器官的更多細節。

9. 夏爾・艾斯蒂爾（Charles Estienne）

維薩里是仿冒行為的受害者：比利時佛拉蒙區（Flemish）的藝術家托馬斯・朗布里（Thomas Lambrit）抄襲了維薩里的插畫，而在英國倫敦工作的法國出版商吉爾斯・高德（Gyles Godet）又複製了朗布里的仿畫。維薩里的同學夏爾・艾斯蒂爾也數度遭指控剽竊他人作品，包括在他在世與去世期間。

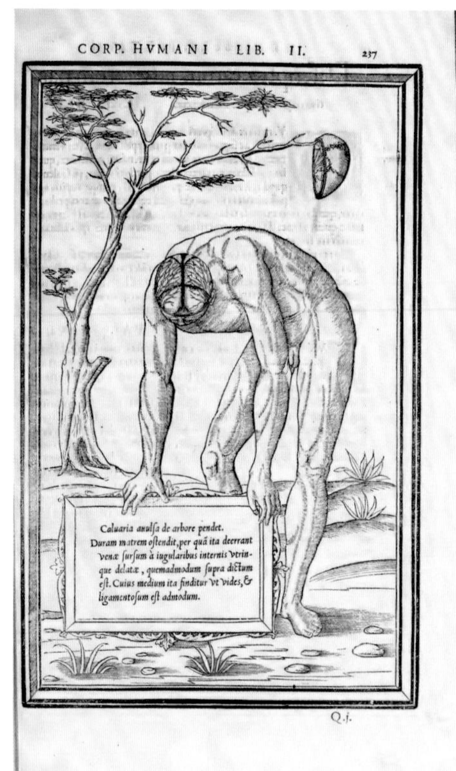

《論人體解剖》
（*De dissectione partium corporis humani*，1545年）

右：在夏爾・艾斯蒂爾（Charles Estienne）的解剖書內頁中，一名男性將其顱蓋掛在樹上，並將身體向前彎，以展示頭顱內容物。
最右：身處於宮殿般宏偉環境中的一名懷孕女性，顯露出她的生殖系統。
對頁圖：艾斯蒂爾因遭指控剽竊維薩里的插畫（包括這幅詳細的骨骼示意圖），導致其著作出版時間延遲。

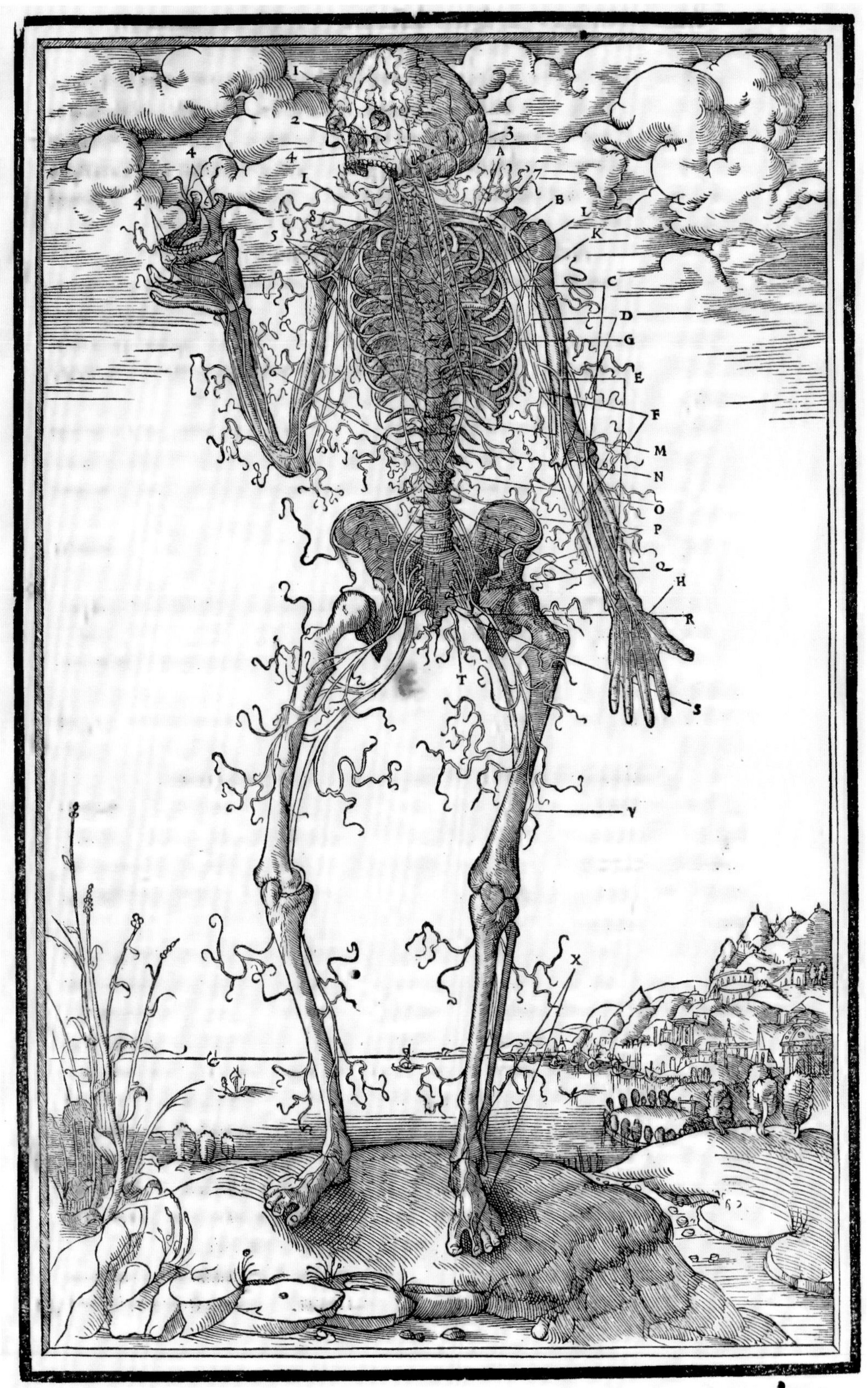
I
2
3
4
A
7
4
I
B
L
4
5
K
C
D
G
E
F
M
N
O
P
Q
H
R
T
S
V
X

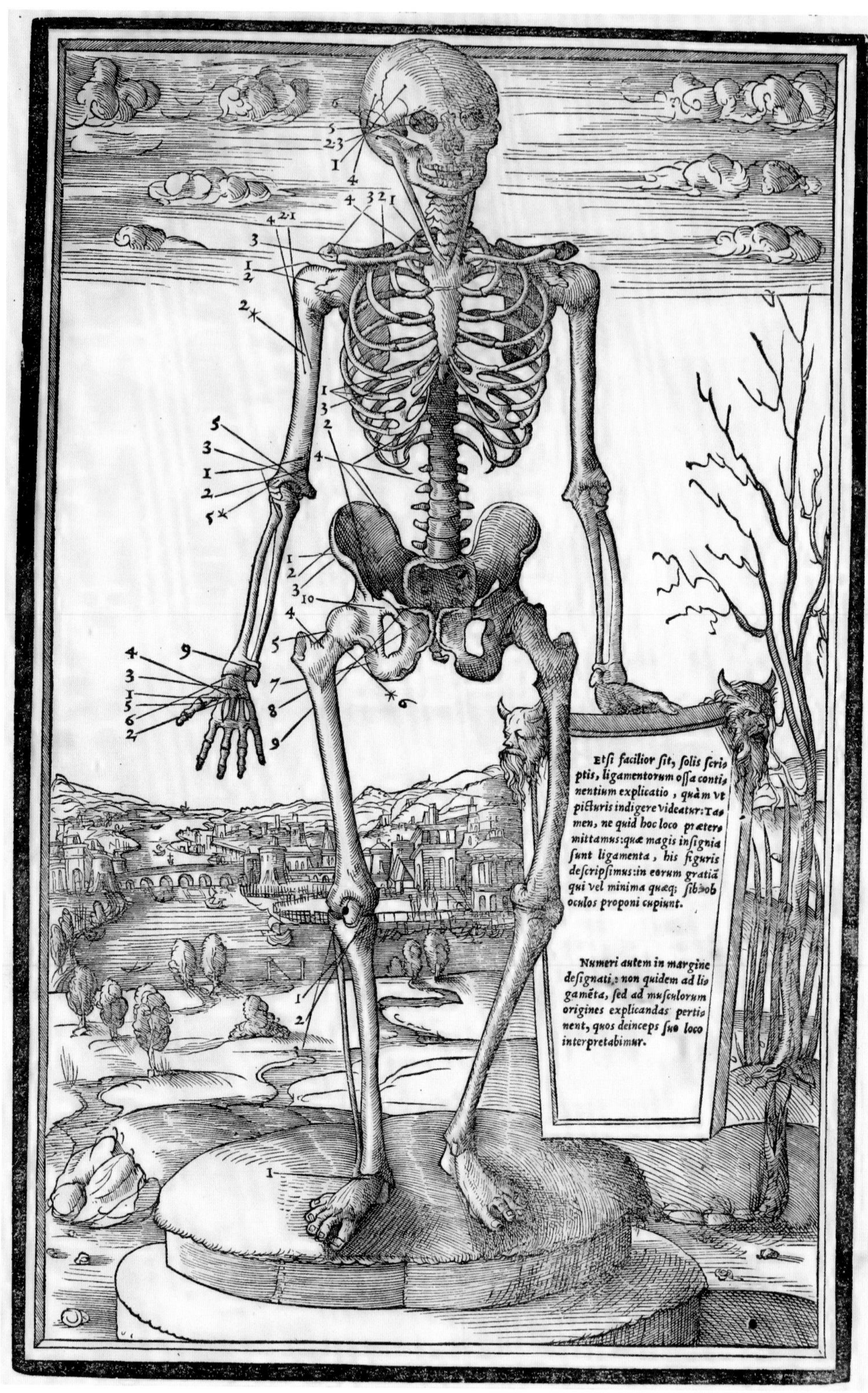
Etſi facilior ſit, ſolis ſcri-
ptis, ligamentorum oſſa conti-
nentium explicatio, quàm vt
picturis indigere videatur: Ta-
men, ne quid hoc loco præter-
mittamus: quæ magis inſignia
ſunt ligamenta, his figuris
deſcripſimus: in eorum gratiã
qui vel minima quæq; ſibi ob
oculos proponi cupiunt.
Numeri autem in margine
deſignati, non quidem ad li-
gamẽta, ſed ad muſculorum
origines explicandas perti-
nent, quos deinceps ſuo loco
interpretabimur.

對頁圖
《論人體解剖》（1545年）

人體骨骼構造圖，附有手臂與腿關節的詳細說明。

艾斯蒂爾（1504–64年）和維薩里是在巴黎念書時的同學。他們的導師雅克．杜布瓦（Jacques Dubois）完全只透過動物解剖進行教學，並以貝倫加利奧的論述作為依據。因此，這兩位天賦異稟的學生都認為有必要提供更準確的解剖學知識。艾斯蒂爾較快付諸行動，創作了文圖並茂的《論人體解剖三卷》（*De dissectione partium corporis humani libri tres*），並準備在1539年出版，比維薩里早了四年。

然而，這部著作的印製被迫中斷，原因是艾斯蒂爾的另一位同學對他提出訴訟。艾蒂安．德．里維埃（Étienne de Rivière）曾拜託艾斯蒂爾將他的法語著作翻譯成拉丁語，如今則指控艾斯蒂爾剽竊。艾斯蒂爾最後答應要感謝艾蒂安提供書中解剖過程的細節與插畫，事情才有所解決。《論人體解剖三卷》的出版因這起爭議而延宕至1545年，也因此維薩里占盡了鋒頭。

若《論人體解剖三卷》按照原計畫在1539年發行，艾斯蒂爾想必會搶走維薩里的些許光芒。這部著作不僅包含一些前衛的觀察，當中的腦部模型圖也只略遜於維薩里的圖。然而，艾斯蒂爾竊取的恐怕不只有德．里維埃的論述。其著作的插圖品質與風格都很混雜；有些姿勢明顯較情色的人體圖，似乎是抄襲雅各布．卡拉葛利歐（Jacopo Caraglio）在1527年鐫刻的15幅春宮套圖，《眾神之愛》（*The Loves of the Gods*）。在他的插圖中，最露骨的部分在印製前已從木刻印版上切除，並嵌入該身體部位的內部結構；因此，讀者可能會看到內嵌版與周圍情色圖之間的接合線。我們並不清楚艾斯蒂爾為何選擇以這種方式修圖，但或許是因為那場剽竊訴訟加上維薩里的成功，限縮了他的版畫印製預算。總而言之，這些插圖無疑減損了書中論述的價值。

10. 康拉德．格斯納（Conrad Gessner）

值得注意的是，隨著人類解剖學終於開始擺脫動物解剖所造成的推論錯誤，動物學的著作也紛紛問世。至少從西元前3000年開始，就有人在從事動物醫療。目前已知最古老的獸醫書籍是一份埃及紙莎草卷，寫於西元前約1900年。然而，如同讓．魯埃爾的《獸醫學》所示，大部分的已知資訊自那時起，都已被撰寫成書。緊接在維薩里的著作後出版的第一部現代獸醫書籍，是由蘇黎世首席（治療人類的）醫生康拉德．格斯納（1516–1565年）所寫；這部《動物志》（*Historia animalium*）是他在1551年與1558年間出版的叢書，也是第一部將自然棲地內的動物寫實描繪出來的著作。

《動物志》與亞里斯多德較早的一本著作同名，但採用較科學的方法描述世界自然史。這部叢書不僅具有豐富的插圖，在文藝復興時期的同類型著作中，也是截至當時最成功的一部。中世紀的動物寓言集長久以來一直是很受歡迎的娛樂來源，儘管這類書籍經常對真實與幻想的動物有荒誕不實的描繪。身為科學家的格斯納也在書中加入了奇幻異獸，但同時表明那些是虛構的動物；這樣的作法有時令他的出版商感到很失望，因為他們為了替他的書增添娛樂性，甚至不擇手段地在當中加入一些更聳動、更奇幻的動物。《動物志》雖然不是解剖專書，但當中包含彩色圖片與各種動物的相關註記——包括其特性、棲地、在藝術作品中出現的次數，以及在醫藥與飲食上的應用。

格斯納的首席插畫師是盧卡斯．尚（Lucas Schan），一位來自史特拉斯堡的鳥

上圖
《動物志》
（*Historiae animalium*，1551年）

上：在康拉德．格斯納（Conrad Gessner）的動物寓言集中，從這隻駱駝的腿部肌肉組織可看出他對解剖學有所認識。
下：格斯納認同當時普遍的看法，即豪豬能像射箭般朝任何的掠食者射出牠的刺。

類學家。許多藝術家都有所貢獻，而格斯納為了自己的著作，甚至不惜「借用」他人的作品。書中納入了杜勒著名的犀牛版畫，但不論是格斯納或杜勒，都不曾親眼見過這種動物。儘管如此，格斯納遊歷甚廣，一生中不論行經何處，都會將當地的野生動物記錄下來；換句話說，他的作法體現了文藝復興時期著重觀察的科學新風格。由於書中的插圖大受歡迎，因此他出版了第二本書，《動物圖志》（*Icones animalium*）。相較於其他的動物學著作，《動物志》有一個罕見的不同點，那就是它被天主教教會列為禁書——原因並不是這本書包含任何自然史的異端邪說，而是格斯納是一名新教徒。

11. 胡安．瓦爾韋德．德．阿穆斯科（Juan Valverde de Amusco）

維薩里的《論人體構造》不僅在解剖學領域造成轟動，在出版業也備受矚目。仿冒與模仿的人紛紛湧現，想要藉著這本書的成功分一杯羹。這些投機取巧之徒令維薩里相當惱怒。其他作家則完全是因為維薩里對這門科學的貢獻，而將他視為效法對象。他的著作獲得熱烈迴響後，吸引其他醫生也投入寫作。其中有

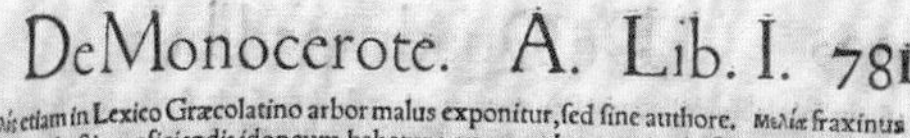

些人更憑藉著他所建立的穩固基礎，而得以順利出書。

胡安・瓦爾韋德・德・阿穆斯科（1525–約 1589 年）是這個競技場上極少見的西班牙人。他出版了數本解剖學著作，包括 1552 年在巴黎出版的《身心健康指南手冊》（*De animi et corporis sanitate tuenda libellus*），以及1556年在羅馬出版的《人體組成之歷史》（*Historia de la composicion del cuerpo humano*）。他的著作並未在其家鄉卡斯提亞（Castile）印製，一部分原因是巴黎與羅馬這些城市的製圖技術較好，另一部分原因則是他自己曾在國外念書——在帕多瓦大學師從維薩里最嚴厲的批評者之一，雷爾多・科倫坡。

或許是因為瓦爾韋德是科倫坡的學生，以致維薩里對他的研究特別有敵意。維薩里提出了幾個理由：不只是因為從他的研究可明顯看出科倫坡有恩於他；不只是因為他的《人體組成之歷史》是以維薩里的名著作為依據；不只是因為他竟敢針對維薩里的某些論述做出修正；還因為他厚顏無恥地從維薩里書中盜用大量插圖。在《人體組成之歷史》的 42 幅插圖中，38 幅是取自《論人體構造》，只有四幅是全新的創作。

上圖
《動物志》（1551年）

左：格斯納的著作除了是第一個動物學的現代研究外，當中也包含虛構的奇幻野獸，例如獨角獸。
右：一隻幻想出來的大海蛇（上）正在攻擊一艘船，以及一隻脂肪與皮被剝除的鯨魚（下），牠的器官和油脂都被裝進木桶內。

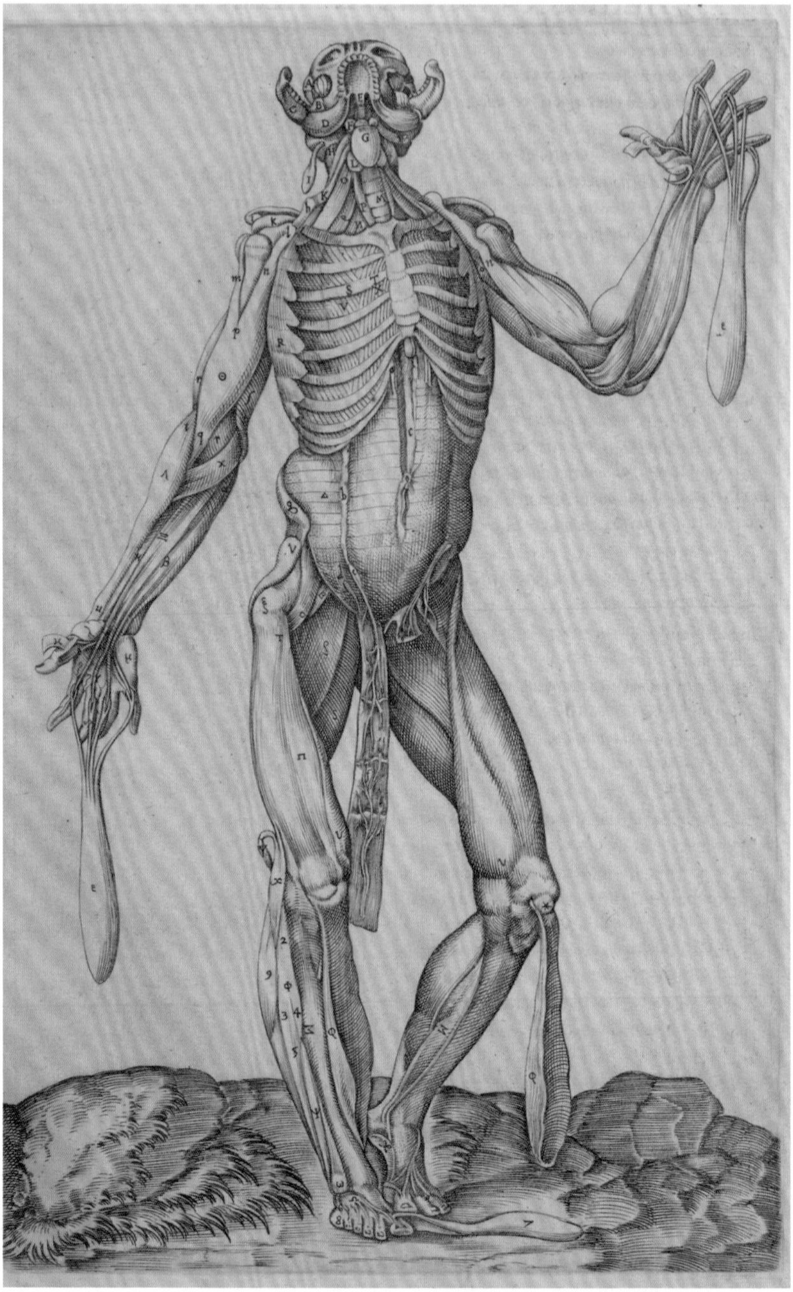

《人體組成之歷史》
（*Historia de la composicion del cuerpo humano*，1556年）

上：胡安・瓦爾韋德（Juan Valverde）的解剖書扉頁大幅抄襲維薩里的著作。
右：瓦爾韋德從維薩里的《論人體構造》盜用的其中一幅插畫。畫中人物的頭部向後傾斜，視角相當特別。
對頁圖：其中一幅瓦爾韋德的原創插畫，被稱為「肌肉人」（Muscle Man）。在這幅畫中，一名男性一手抓著自己的皮膚，另一手則握著用來替自己剝皮的剖鯨刀。

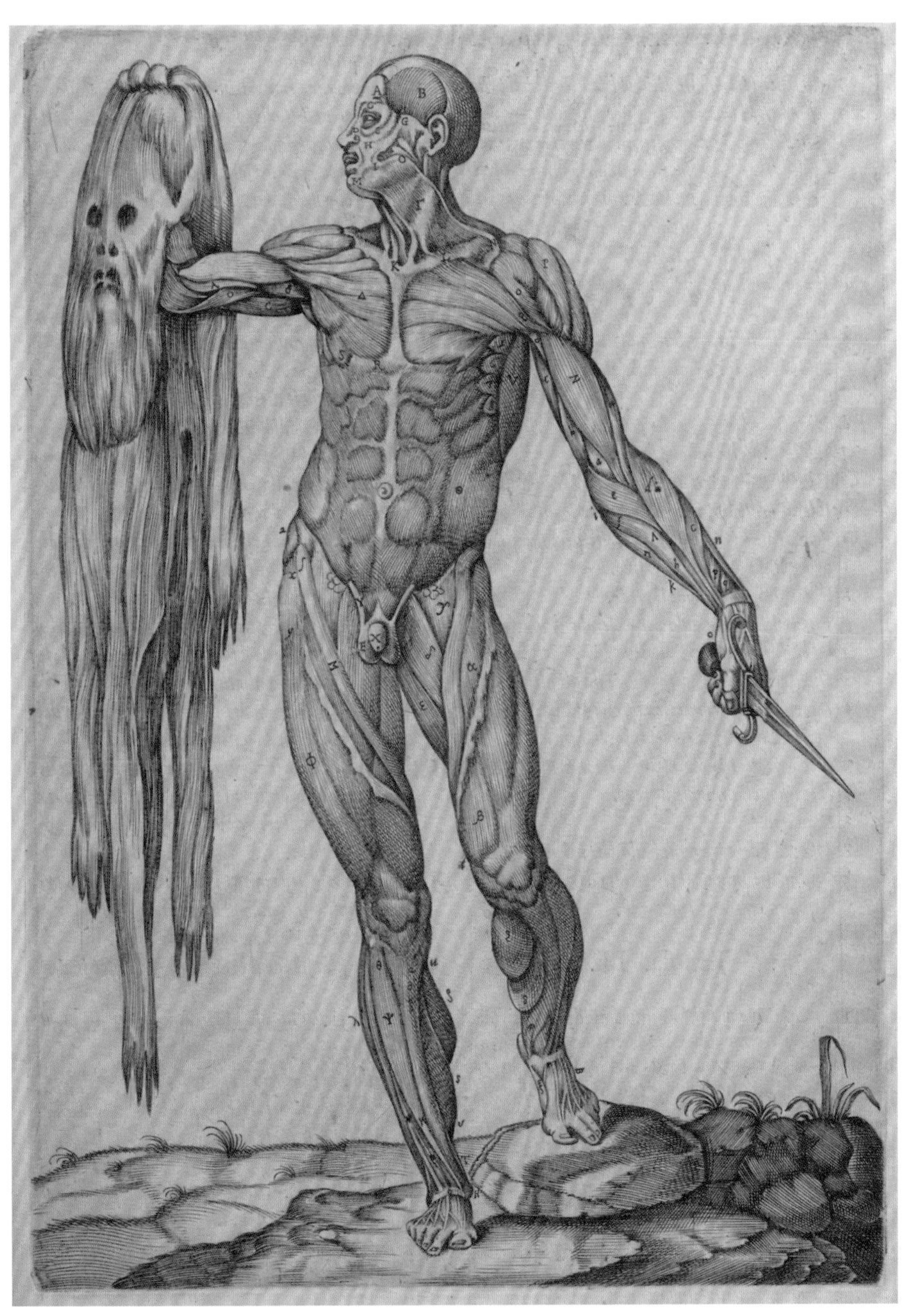

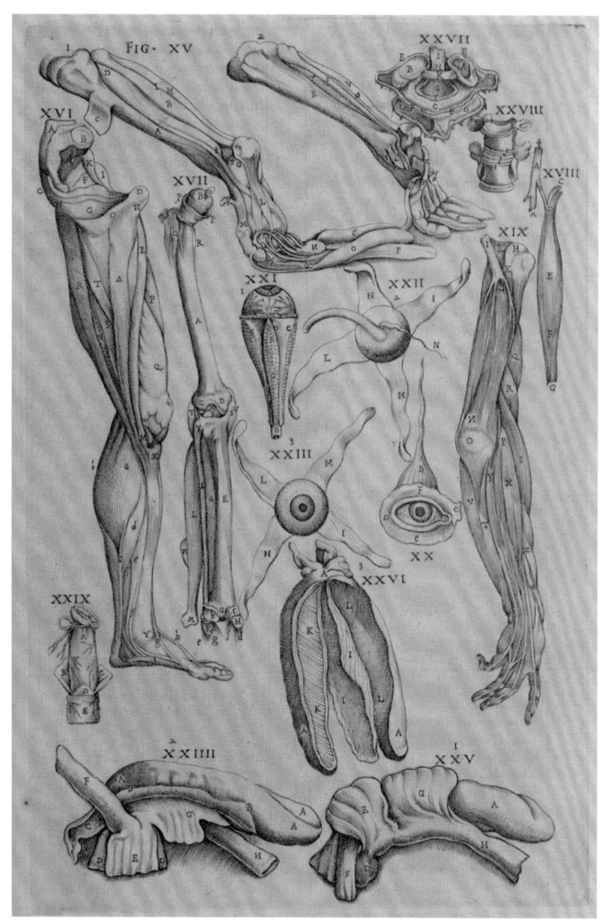

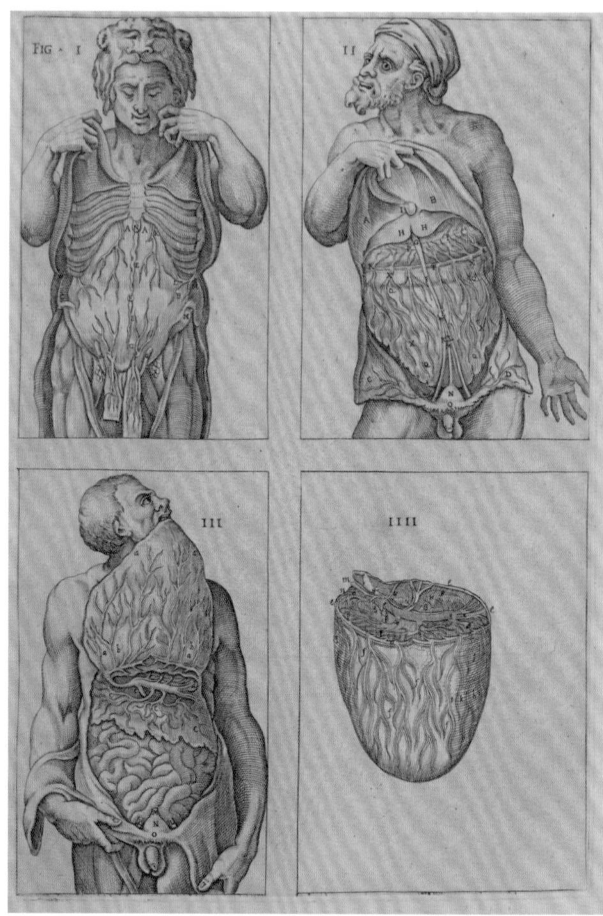

上圖
《人體組成之歷史》（1556年）

左：個別身體部位的詳盡示意圖使瓦爾韋德的著作與眾不同。另外，他也補強了維薩里對眼部構造的理解。
右：消化系統的四層解剖階段，在這些身體主人的協助下揭露。

值得讚許的是，瓦爾韋德至少表明了他的圖片來源。不過，那四幅新圖倒是透露了一些線索，讓我們稍微得知科倫坡向米開朗基羅提出的合作計畫，原本可能會擦出什麼火花。這些原創插圖的畫家很可能是西班牙藝術家加斯帕爾．貝塞拉（Gaspar Becerra）——米開朗基羅的學生；而雕版家則是法國人尼古拉．彼奇澤（Nicolas Beatrizet）——在 1540 年與 1560 年間曾接受米開朗基羅的指導。在這些新圖中，有一幅《肌肉人》（Muscle Man）描繪的是一名皮膚被剝除、露出肌肉群的男性。他一手拿著自己的皮，另一手拿著去皮刀，看起來就像是米開朗基羅在為西斯汀禮拜堂所繪的《最後的審判》中，化身為聖巴爾多祿茂的自己。由此可見，在瓦爾韋德的書中，除了科倫坡外，也可以看到許多米開朗基羅所帶來的影響。

瓦爾韋德身為解剖學家的資格無庸置疑。儘管維薩里批評他缺乏解剖經驗，但這種事似乎不太可能發生在科倫坡的任何一位學生身上。瓦爾韋德對臉部的構造特別感興趣，並針對維薩里論述中有關眼、鼻與喉部肌肉的部分，提出了修

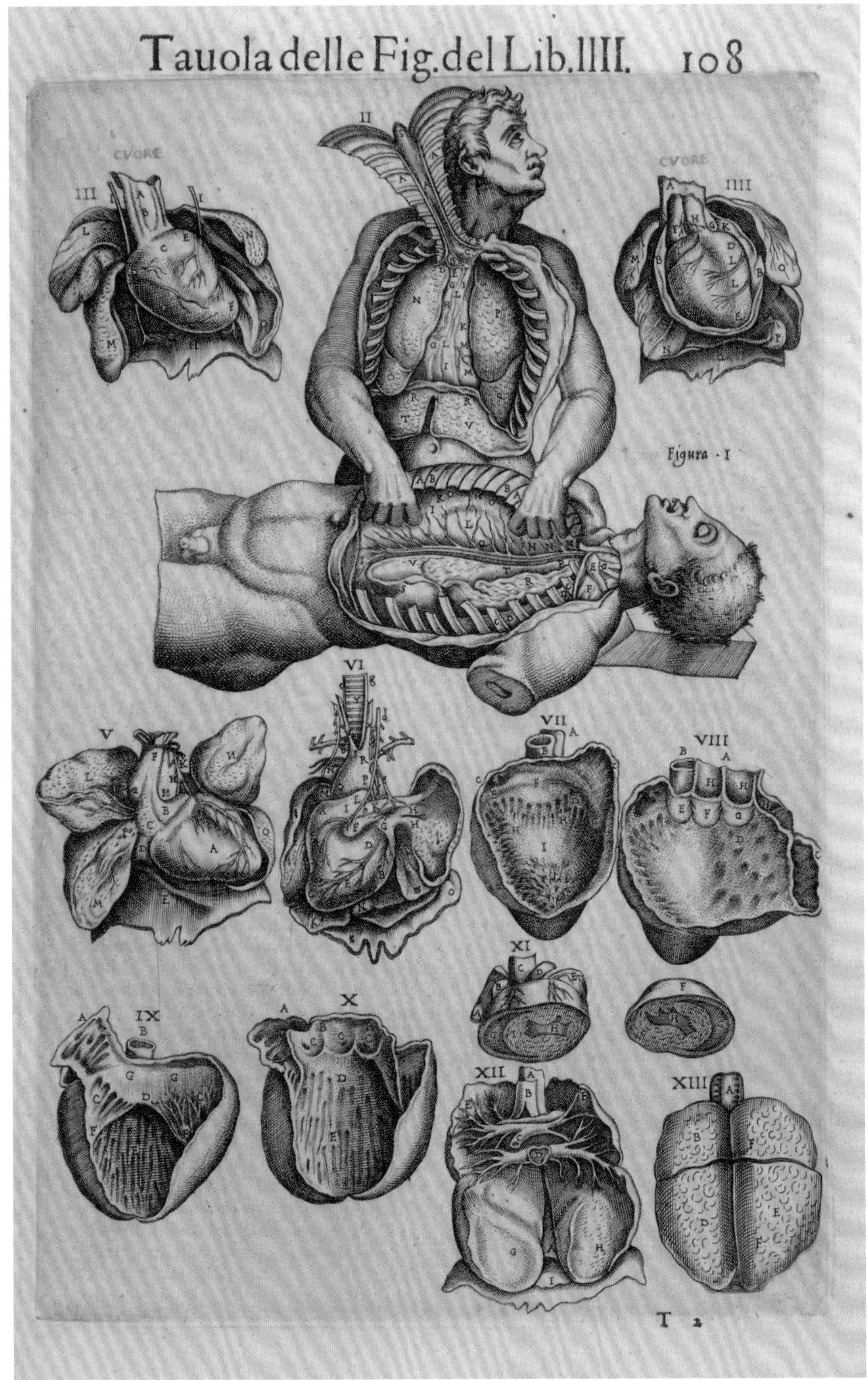

左圖

《人體組成之歷史》（1556年）

瓦爾韋德重複利用了出自維薩里《論人體構造》中的這幅插畫。畫中有一個身體被切開的人正在解剖另一個人，圍繞其四周的是心與肺的細部圖。

正。瓦爾韋德對牙齒構造的描述更是詳盡。他聲稱自己寫書的其中一個原因，就是為了改善維薩里在討論其主題時雜亂無章的論述架構。《人體組成之歷史》不僅是模仿維薩里較成功的一部著作，在16世紀期間也受到廣泛閱讀。

上圖
加布里瓦・法洛皮奧（Gabriele Falloppio，1523–62年）

這幅法洛皮奧的鐫刻版畫是以他較早期的肖像為依據，在他去世100年後製作的作品。

12. 加布里瓦・法洛皮奧（Gabriele Falloppio）

如果瓦爾韋德是科倫坡的信徒，那麼加布里瓦・法洛皮奧（1523–62年）就是他的後繼者。如同維薩里和科倫坡，法洛皮奧也曾擔任帕多瓦大學解剖學系的系主任，在度過了短暫卻輝煌的職業生涯後，於39歲英年早逝。如今，他因為以他命名的「法洛皮奧管」（Fallopian tube，也就是連接卵巢與子宮的輸卵管）而為世人銘記。他在描述輸卵管時，修正了流傳已久的蓋倫學說——即男性與女性的生殖器官完全相同，只是左右相反。法洛皮奧的主要興趣之一是研究生殖與性器官的構造；他曾進行一項早期的臨床試驗，目的在研究保險套是否能用來預防梅毒。根據他的記述，1100名士兵使用量身訂製且泡過草藥劑的亞麻布套後，沒有任何一人染上梅毒。（他並未提到這些布套是否具有避孕的效用；一直要到一個世紀後，才有人首次提議以羊腸衣製成保護套，用來預防受孕和感染性病。）

法洛皮奧是一名技術高超、細心謹慎的外科醫生。據知他曾解剖屍體，也曾以死刑犯進行活體解剖。他透過詳細的觀察，發現了許多耳朵的組成部分，包括由他命名的鼓膜、耳蝸與內耳迷路。另外，他也發現了「法洛皮奧道」（Fallopian canal，連接顏面神經與腦部的顏面神經管）、「法洛皮奧肌」（Fallopian muscle，位於腹直肌最下緣的錐肌），以及「法洛皮奧瓣」（Fallopian valve，分隔大腸與小腸的迴盲瓣）。在帕多瓦大學，供應草藥的植物園是由法洛皮奧負責照料，也因此在今日，植物學家以他命名旋花科中的蔓蓼屬（*Fallopia*），藉以紀念他這號人物。（法洛皮奧的名字裡有兩個p，但是從他的拉丁化名衍生而來的詞彙，就只有一個p。）

法洛皮奧也是公認的傑出教師，探討數個主題的授課筆記在他死後出版。他在世時只出版了一本著作，那就是《摩德納[11]醫生加布里瓦・法洛皮奧的解剖觀察》（*Anatomical Observations of the Modena Physician Gabriele Falloppio*）。在寫書期間，他同時也在對抗折磨人的肺結核，但最終還是因此喪命。這本沒有插圖的書出版於1561年（只比他去世的時間早一年），而他在書中不只描述了自己的發現，也以恭敬的態度修正了維薩里的一些錯誤論述。他的書輾轉傳到了維薩里手上，而維薩里克服自己出於本能對批評的抗拒後，在不知道法洛皮奧已去世的情況下，寫了一封信向他表示欽佩。然而，維薩里當時也走到了人生盡頭。這封信後來在1564年5月出版，也就是維薩里去世一個月後。

13. 巴托羅梅奧・歐斯塔奇（Bartolomeo Eustachi）

法洛皮奧就和在他之後的所有解剖學家一樣，都要感謝維薩里所奠定的基礎。不過，由於他具有卓越的解剖技術，又改善了維薩里的論述，因此將他視

[11] Modena，義大利北部的城市，也是法洛皮奧的出生地。

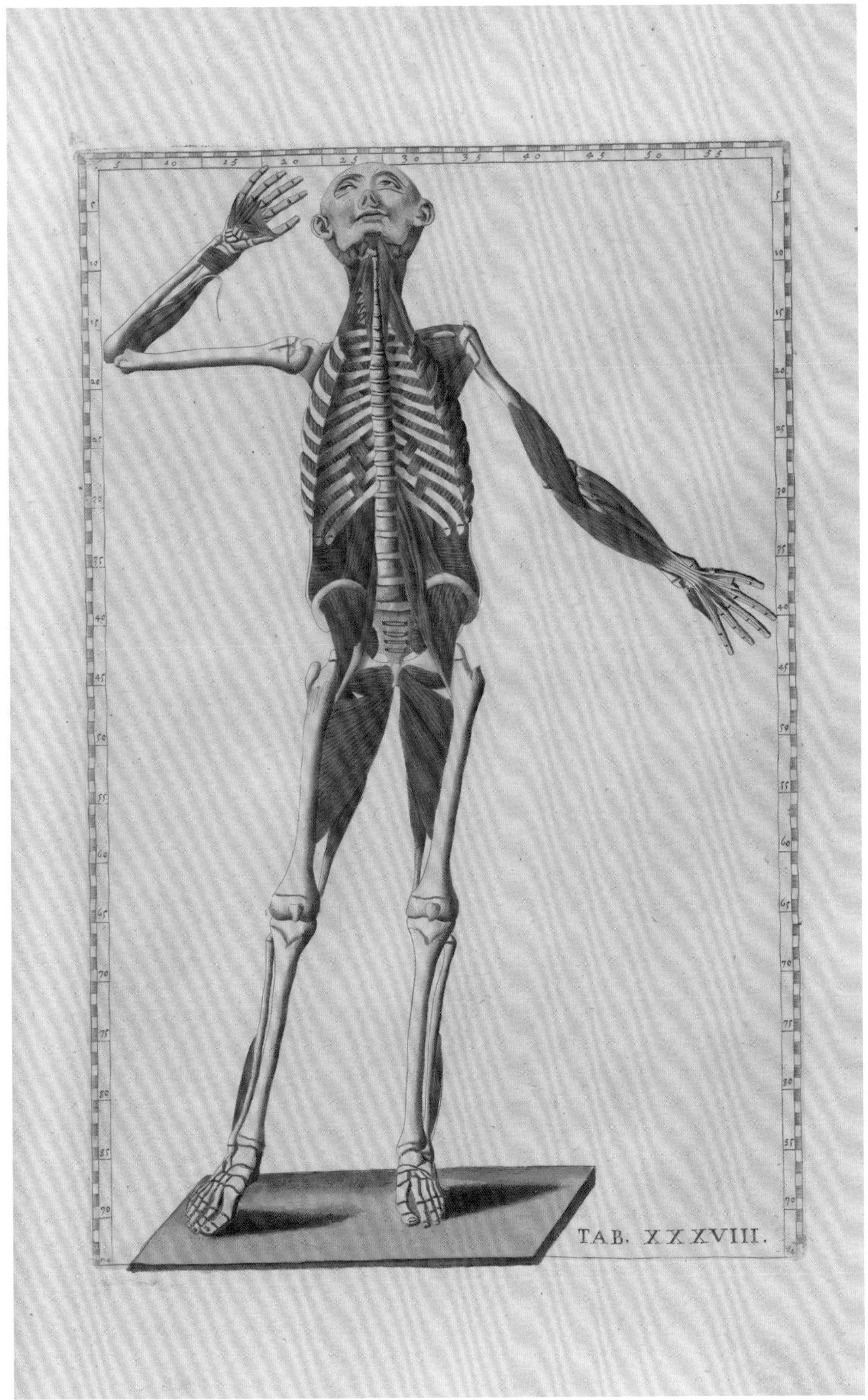

左圖

《巴托羅梅奧・歐斯塔奇的解剖圖鑑》
（*Tabulae anatomicae*，1714年）

部分皮膚被剝除的一具人體骨骼，出自巴托羅梅奧・歐斯塔奇（Bartolomeo Eustachi）死後才出版的著作。

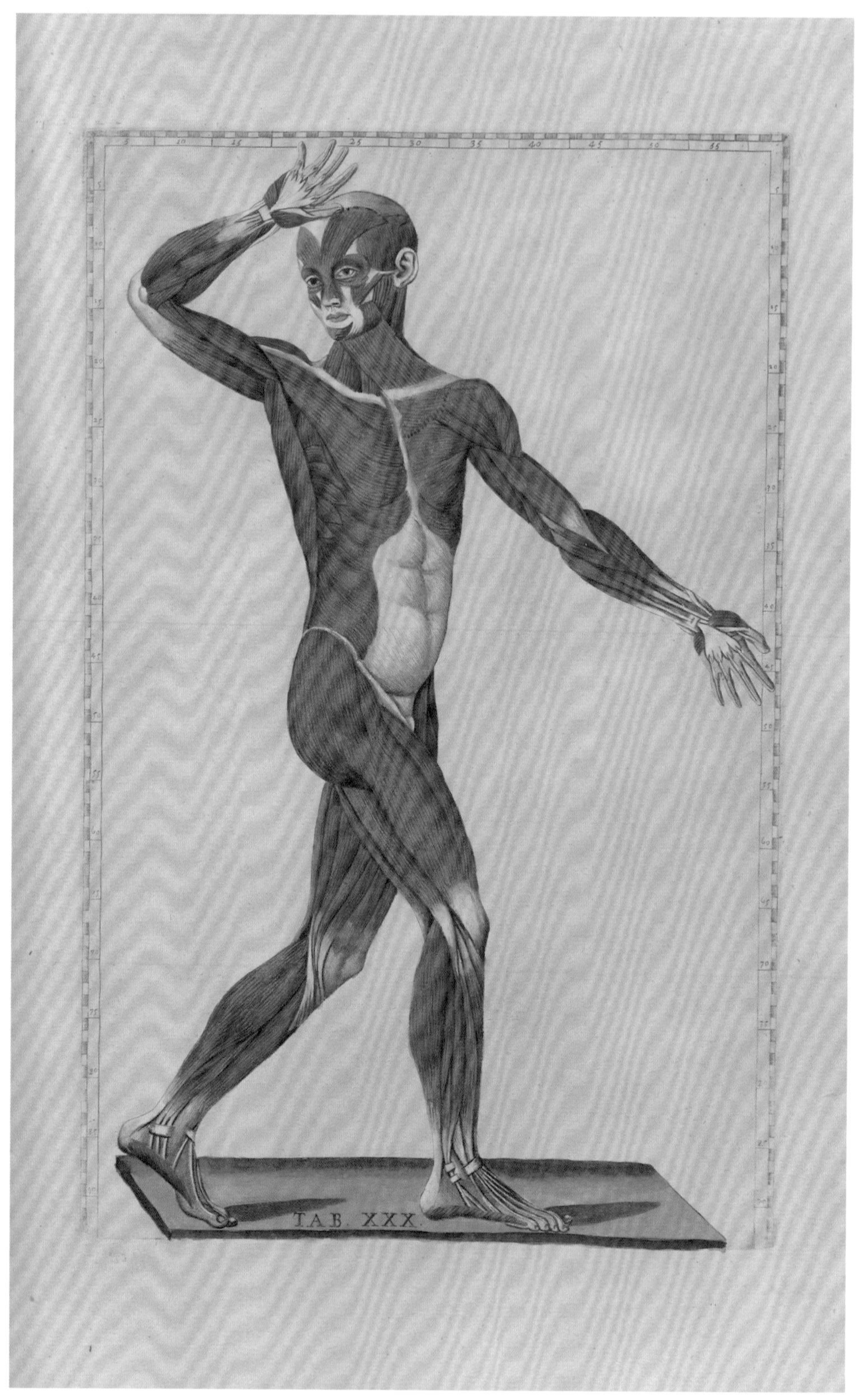
TAB. XXX

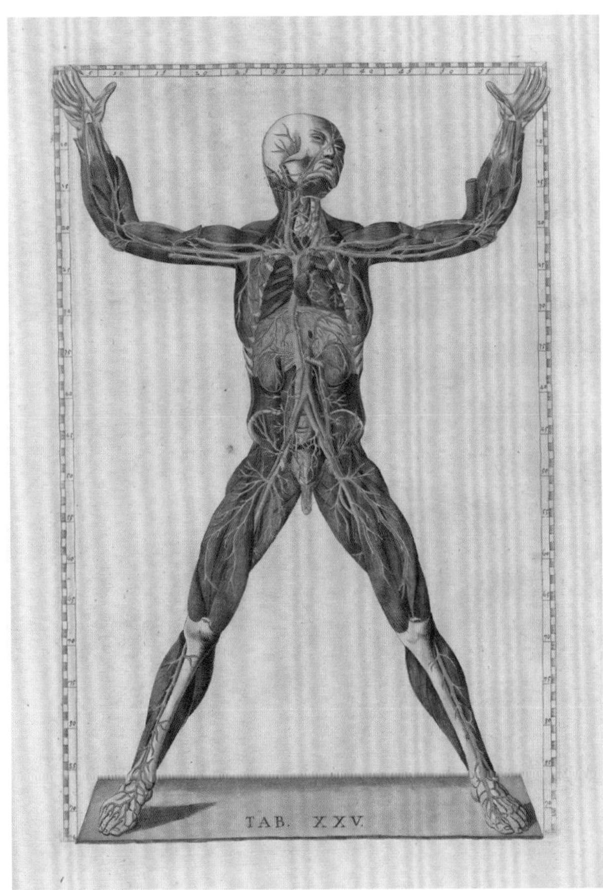

TABULÆ
ANATOMICÆ
CLARISSIMI VIRI
BARTHOLOMÆI
EUSTACHII
QUAS E TENEBRIS TANDEM VINDICATAS
ET
CLEMENTIS XI.
PONTIFICIS MAXIMI
Munificentia dono acceptas,
PRÆFATIONE, NOTISQUE ILLUSTRAVIT
ac ipso suæ Bibliothecæ dedicationis die publici juris fecit
JOH. MARIA LANCISIUS,
INTIMUS CUBICULARIUS, ET ARCHIATER PONTIFICIUS.
Accedunt Epistolæ Celeberrimi Joannis Baptistæ Morgagni, atque aliorum præstantissimorum Authorum; præterea Vitæ Compendium ejusdem Clarissimi Viri BARTHOLOMÆI EUSTACHII; Accurata, & pulcherrima Veneta editio summo studio elaborata, atque diligentissimæ ære incisa.

VENETIIS M.DCC.LXIX.
TYPIS BARTHOLOMÆI LOCATELLI
SUPERIORUM PERMISSU AC PRIVILEGIO.

為 16 世紀最優秀的解剖學家，似乎也不為過。事實上，當時有些人可能也擁有同樣高超的技術，但不知為何未受重視；巴托羅梅奧．歐斯塔奇（1500–74 年）就是其中一人。他是一名傑出的解剖學家，和維薩里生活在同一時代。他在帕多瓦接受訓練，並在羅馬教書。截至 1552 年，他已創作了 47 幅版畫，當中集結了他所有的解剖知識。然而，由於當時維薩里仍占優勢，以致歐斯塔奇找不到出版商，最後在他的有生之年，只以單張印刷的形式發行了八幅版畫。這些版畫在將近 200 年後，由義大利解剖學家喬凡尼．馬利亞．蘭奇西（Giovanni Maria Lancisi）於梵蒂岡圖書館（Vatican library）重新發現，進而揭露了這位小心謹慎的解剖學家在其研究領域所取得的重大進展。這些版畫最後在教宗克雷芒十一世（Pope Clement XI）出資下，彙編成《巴托羅梅奧．歐斯塔奇的解剖圖鑑》（*Tabulae anatomicae Bartholomaei Eustachii*），並於 1714 年出版。

歐斯塔奇對神經系統的知識在他的時代無人能及，而他對耳部構造的探究也為法洛皮奧的發現補充了更多資訊；儘管古希臘的阿爾克邁翁最早觀察到位於中耳的歐氏管（Eustachian tube，即耳咽管），但卻為了紀念歐斯塔奇而以他命名。歐斯塔奇的版畫雖然不像維薩里的插圖那麼有美感，但通常涵蓋更多資訊。舉例

《巴托羅梅奧．歐斯塔奇的解剖圖鑑》（1714年）

對頁圖：男性身體構造中的肌肉。
左上：男性身體構造中的神經系統。
右上：歐斯塔奇在扉頁向提供金援的教宗克雷芒十一世（Pope Clement XI）致謝。歐斯塔奇的解剖圖一直到他去世很久後，才在教宗克雷芒十一世的資助下出版。

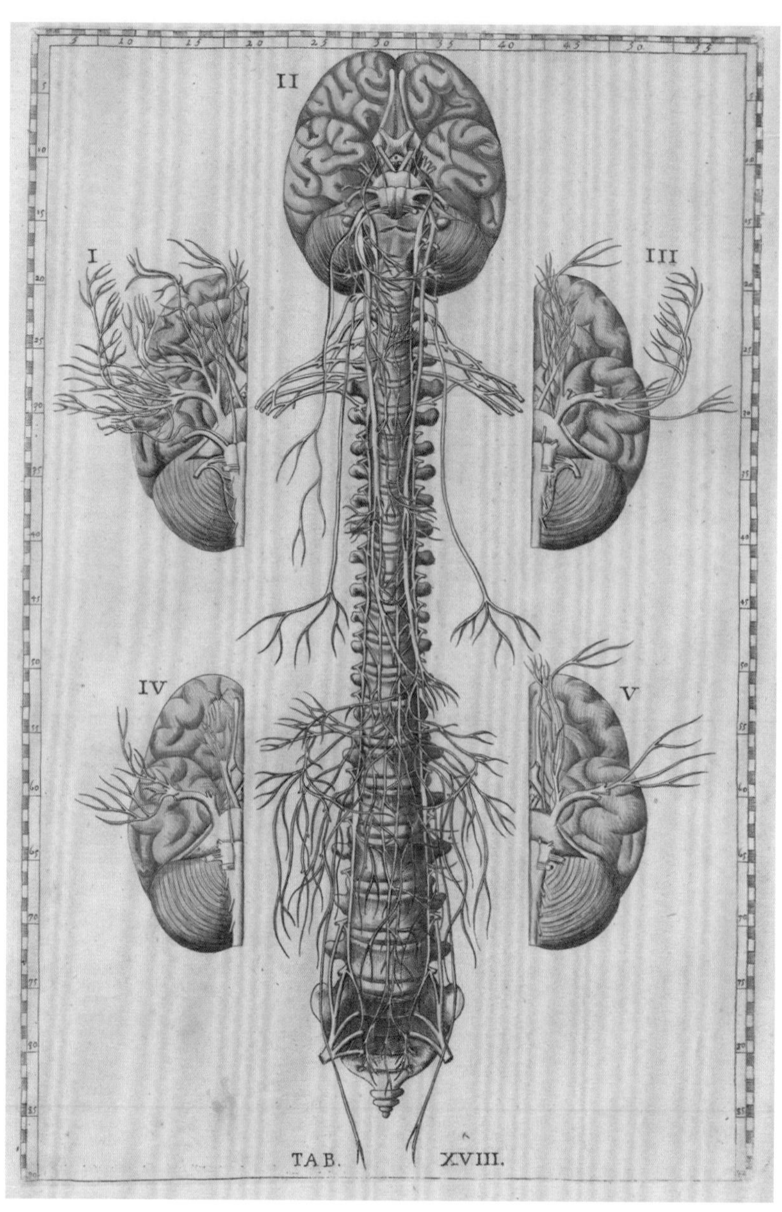

上圖
《巴托羅梅奧・歐斯塔奇的解剖圖鑑》（1714年）

腦部與脊椎的解剖圖顯示出歐斯塔奇對神經系統有先進的了解。

來說，歐斯塔奇是從後方的視角觀察神經系統，因此圖中人物會以一種怪異的姿勢站立，藉以讓觀者更清楚地看到整個神經系統。另外，可以看到《解剖圖鑑》扉頁有公開解剖展示的場景圖，裡面還有一群狗正等著要啃食被丟棄的器官。

某位傳記作家用「脾氣暴躁」來描述歐斯塔奇，這或許是因為他在晚年對自己曾錯失的機會忿忿不平。有些人認為歐斯塔奇若在有生之年出版著作，就會和維薩里一起成為現代解剖學的創始人。然而，歐斯塔奇並未和維薩里一樣摒棄蓋倫的錯誤論述，而是選擇信奉蓋倫的學說，這點無疑為他的見解帶來了致命的缺陷。

14. 安布魯瓦茲·帕雷（Ambroise Paré）

在 16 世紀接近尾聲時出版的一部法語著作，突顯出解剖學在本質上是一門實踐科學。安布魯瓦茲·帕雷是一位專門治療戰傷的外科醫生，曾擔任四任法國國王的御醫。儘管他未能治癒第一位法王亨利二世（Henry II）在 1559 年長茅比武賽中所受的頭部外傷（一片長茅碎片從他的眼睛貫穿到腦部），但卻能續任御醫，這足以證明他的能力與聲譽卓著。

他的第一本著作《火繩槍與其他槍枝的槍傷治療法》（*La méthod de traicter les playes faites par les arquebuses et aultres bastons à feu*）在 1545 年於巴黎出版。自此之後，他出版了大量書籍，而他的作品集《安布魯瓦茲全集》（*Les oeuvres d'Ambroise*）在 1575 年經彙整與重印後，被翻譯成荷語、德語和英語。歐洲在 16 世紀末與 17 世紀初戰火頻傳；光是在帕雷人生中的最後十年，就經歷了英國與西班牙、荷蘭與葡萄牙、俄羅斯與瑞典之間的開戰，以及葡萄牙與波蘭的王位繼承之戰、愛爾蘭境內的叛亂、科隆選侯國（Electorate of Cologne）的內部控制權之爭。由此可見，當時每個歐洲人都很需要有一本戰傷治療手冊。

帕雷的首要之務是緩解病人的痛苦，為此他發明了數種嶄新的外科技術。舉例來說，截肢時用烙鐵燒灼血管止血，以及用滾燙的接骨木油澆淋槍傷傷口，在過去一直是治療戰傷的常規處置作法。病人經常會在過程中死亡，但不是死於截肢手術，而是死於治療所帶來的疼痛與驚嚇。帕雷的創舉包括最早實驗以結紮線取代燒灼，以及最早改用較溫和的治療方式代替沸油療法，將玫瑰油、蛋黃與松節油混合後塗敷病人傷口。松節油具殺菌作用，因此用這種油膏治療的傷口，癒合狀況相當良好。帕雷也設計了數種手術器械，包括止血鉗的前身——一種被稱為「鳥嘴夾」的原始止血工具。

他對神經學很感興趣，並針對幻肢痛（截肢者對已不存在的肢體仍感覺到疼痛）的現象進行研究，從而推論出感覺疼痛的地方在大腦，而不是殘肢。他的好奇心也驅使他開始探究有關糞石（其英語 bezoar 源自波斯語的 pad-zahr，意思是「解毒劑」）的迷信看法。糞石是指未消化的食物、毛髮或植物在各種體腔內結成的硬塊，由於被認為具有解毒的療效，因此經手術從病人體內移除後，又被拿去服用。牛糞石至今仍是一種中國草藥。

為了測試這種看法是否正確，帕雷想到了一個方法。一位法國宮廷的御廚被抓到偷竊，並因此被判處死刑。於是帕雷說服他先服毒再吞下糞石，結果數小時後，這名囚犯痛苦地死去，證明了帕雷的懷疑是對的，糞石並非一般人所相信的那樣是萬靈解毒藥。（話雖如此，現代醫學已發現糞石能中和砷的毒性。）不過在 1603 年，一名商人因販賣無效糞石而被告時，英國法院提出了「買方自負」（caveat emptor）的法律概念，判決原告敗訴。

帕雷也針對死於暴力或創傷對器官造成的影響進行研究，而其相關著作更被視為法醫病理學的濫觴。他的專著《法庭紀實》（*Reports in Court*）提供了法律報告的寫作架構，以用來記錄訴訟案件中的醫療證據。

文藝復興是解剖學在藝術與科學發展上的巔峰時期。不過在 16 世紀結束前，解剖學仍未從奠基於哲學的蓋倫學說，完全轉變為實證導向的科學；在那之後的一百年，蓋倫醫學理論中的要素（例如體液）在某些地區還是持續受到認可。儘管如此，文藝復興可說是蓋倫學說邁向終點的開始。

解剖學上的兩個里程碑為 16 世紀劃下了句點。首先是最初為解剖研究所設立的解剖劇場，在 16 世紀的最後十年內興建完成。培訓出許多 16 世紀偉大解剖學家的帕多瓦大學首當其衝，在 1594 年建立史上第一間解剖劇場。萊登大學（University of Leiden）則在 1596 年跟進。在那之後的數十年內，還有更多的解剖劇場陸續設立。波隆那大學（1315 年，蒙迪諾曾在這所大學內進行第一場現代人體解剖）在 1613 年建立自己的解剖劇場，但這間劇場的所在建築物很可能早在 1563 年，就已被當成解剖場地。

文藝復興時期最後一本值得解剖學家收藏的著作，出現在 16 世紀的最後幾年。在海因里希·沃格特與康拉德·格斯納的著作為獸醫學奠定基礎後，第一本詳盡的非人類物種解剖書在 1598 年出版。卡洛·魯伊尼（Carlo Ruini）的《馬的構造》（*Anatomia del cavallo*）在他去世兩個月後發行，是獸醫學文獻中的重要著作。書中充滿戲劇張力的插畫大多模仿自維薩里的插畫風格，而且幾乎可說是大範圍地剽竊。魯伊尼很喜歡馬，而且擁有一個很大的馬廄，平時以騎馬為樂。不過，雖然他來自波隆那，但卻從未接受醫療或繪畫訓練，以致其書中常出現錯誤。儘管如此，就各方面而言，《馬的構造》可說是那個年代的象徵性產物，因為當時不論戰爭或貿易都是在馬背上進行，解剖學也比過去普遍，加上人類解剖學已不再以動物解剖作為假設依據。也因此，從這些魯伊尼未曾意料到的層面來看，解剖學在他的著作中已趨成熟。

右圖

萊登大學的解剖劇場（1596年）

這幅在萊登解剖劇場開張不久後製作的線雕圖（line engraving），顯示出其次要功用是作為解剖展示品的博物館。這些展示品包括人類與動物的骨骼，有的垂掛在天花板，有的陳列於劇場內部。

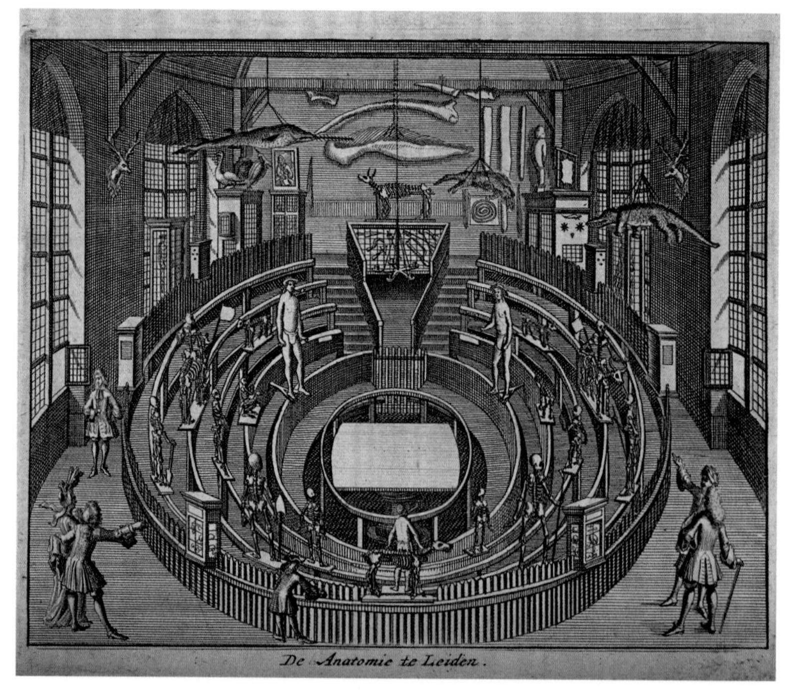

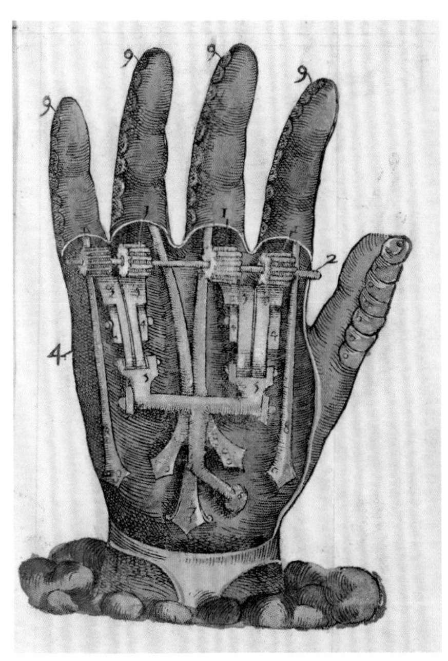

左圖

《火繩槍與其他槍枝的槍傷治療法》
（*The Method of Curing Wounds Caused by Arquebus and Firearms*，1545年）

上：以手工上色的背部、肩膀與頸部肌肉插圖。
下：由帕雷設計的一系列手術器具，作為治療頭傷所用。

上圖

義手（1564年）

安布魯瓦茲・帕雷（Ambroise Paré）設計了數種義肢，包括手部、四肢、鼻子和眼睛。

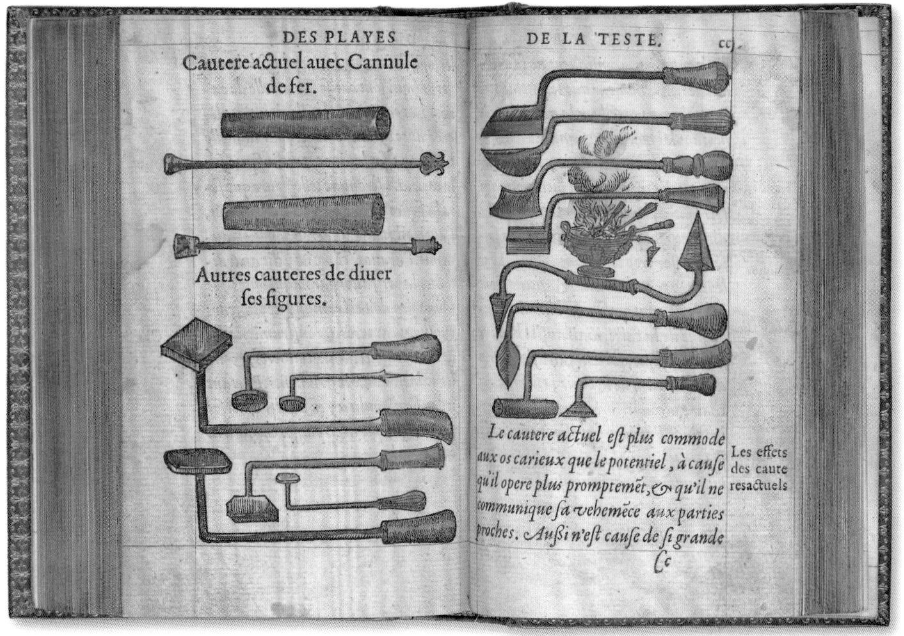

DES PLAYES

Cautere actuel auec Cannule de fer.

Autres cauteres de diuer ses figures.

DE LA TESTE. cc

Le cautere actuel est plus commode aux os carieux que le potentiel, à cause qu'il opere plus promptemẽt, & qu'il ne communique sa vehemẽce aux parties proches. Aussi n'est cause de si grande

Les effets des caute res actuels

Cc

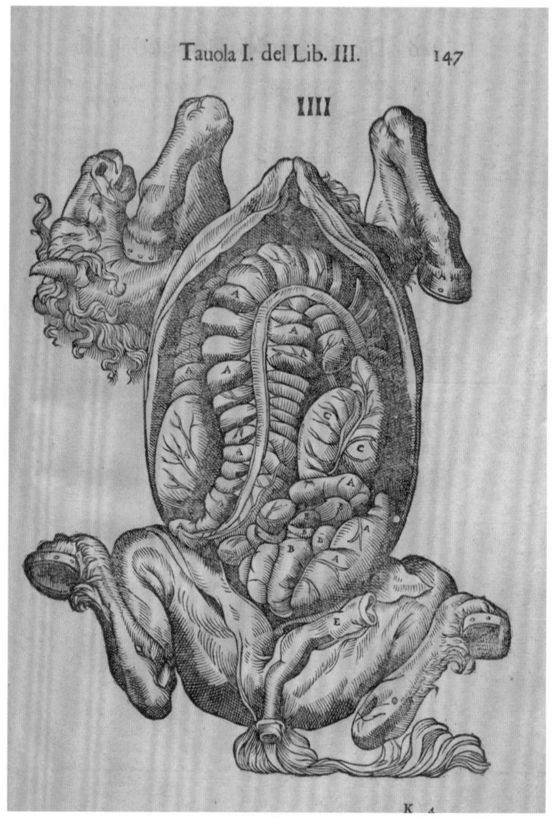

《馬的構造》
（*Anatomia del cavallo*，1598年）

卡洛・魯伊尼（Carlo Ruini）的書是第一本研究非人類物種的解剖學著作。
左上：協助拉開馬皮的手揭露了馬的腹腔器官。
右上：公馬的身體構造。
對頁左：消化系統。
對頁右：神經系統。

Tauola II. del Lib. IIII. 189
VII
N

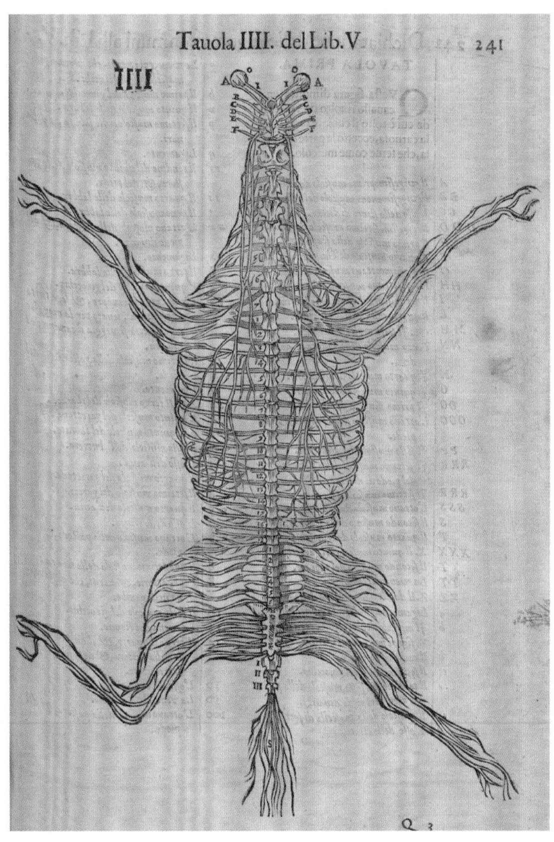
Tauola IIII. del Lib. V 241
IIII

顯微鏡時代
THE AGE OF THE MICROSCOPE
1601–1700

若16世紀見證了現代解剖科學的大爆炸，那麼17世紀迎來的就是解剖學宇宙的迅速擴張。世人普遍信奉的古老學說歷經了文藝復興的洪濤席捲，以致一門嶄新科學的建立勢在必行。隨著解剖學的發展，一般的解剖學家更能投入專門領域研究；於是到了17世紀，可以看到數本探討單一器官的著作問世。儘管如此，不論是藝術家或外科醫生，對品質優良的一般解剖學書籍仍有需求。

1. 約翰・雷默林（Johann Remmelin）

在解剖學家所收藏的17世紀著作中，約翰・雷默林是較早做出貢獻的一人。他的一系列逃逸圖《微觀世界之鏡》（*Catoptrum microcosmicum*）在1613年於德國的奧格斯堡（Augsburg）出版，而在1619年的版本中更附上了圖片說明。這組套圖不僅在17世紀陸續出了數個版本，也從拉丁語翻譯成法語、德語、荷語和英語。這些譯本的語言選擇顯示當時解剖學研究已向歐洲北部傳播。帕多瓦仍舊是解剖學發展的中心，但更北部的地區才是17世紀創新思想的發源地，尤其是英格蘭。

雷默林（1583–1632年）來自德國南部的烏爾姆（Ulm），並在瑞士的巴塞爾研讀醫學。他從1605年開始為自己的書設計圖片與翻蓋，當時他還是個學生。較早期的翻蓋式解剖書想必給了他許多靈感；他自己的書規模更大，在皮膚與骨骼間設計了數層翻蓋。在他的八塊雕刻銅版中，有五塊是用來印製多層身體構造，而這些身體構造會以小張紙片的形式，在圖片中被揭露；每張小紙片想必都是從印刷好的版畫上剪裁下來，再用手工黏貼到正確的位置上。比起大學的解剖課程，雷默林對其著作的版面設計可能還更積極投入，因為等到《微觀世界之鏡》出版時，書中所反映的某些觀念早已過時。

《男性與女性人體微觀結構或解剖構造之研究》
（*A Survey of the Microcosme or the Anatomie of the Bodies of Man and Woman*，**1675年**）

下：約翰・雷默林（Johann Remmelin）的《微觀世界之鏡》（*Catoptrum microcosmicum*）英語版扉頁，上面印有一行字，敘述他的店「位於地圖集招牌處」（at the sign of the Atlas）。
對頁：雷默林著作英語版中的一張逃逸圖；在圖中的一根柱腳上，有印刷商喬瑟夫・莫克森（Joseph Moxon）將這本書獻給山繆・皮普斯（Samuel Pepys）的題辭。

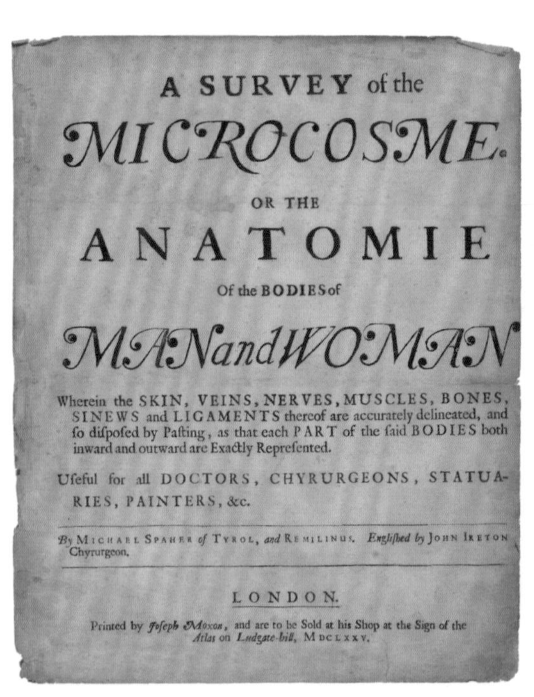
A SURVEY of the
MICROCOSME.
OR THE
ANATOMIE
Of the BODIES of
MAN and WOMAN
Wherein the SKIN, VEINS, NERVES, MUSCLES, BONES, SINEWS and LIGAMENTS thereof are accurately delineated, and so disposed by Pasting, as that each PART of the said BODIES both inward and outward are Exactly Represented.
Useful for all DOCTORS, CHYRURGEONS, STATUARIES, PAINTERS, &c.
By MICHAEL SPAHER of TYROL, and REMILINUS. Englished by JOHN IRETON Chyrurgeon.
LONDON.
Printed by Joseph Moxon, and are to be Sold at his Shop at the Sign of the Atlas on Ludgate-hill, MDCLXXV.

儘管如此，若屏除錯誤不說，這本書在印刷藝術上表現相當出色，不論是對解剖科系的學生或感興趣的門外漢而言，都是一本很有用的圖像參考書。書中對男性軀幹與女性生殖系統的著墨特別細膩。值得注意的是，在初版中，女性生殖系統慎重地以一張描繪魔鬼頭部的翻蓋蓋住，而在後續的版本，這些部位則改以一塊較樸素的布遮蔽。這些版畫的雕刻師是奧格斯堡的盧卡斯・基利安（Lucas Kilian）；他的繼父是多明尼庫斯・庫斯托斯（Dominicus Custos），曾在神聖羅馬帝國皇帝魯道夫二世（Rudolph II）位於布拉格的宮廷內工作，而他的雕刻技巧就是從他繼父那裡習得的。基利安最為人著稱的是他為杜勒肖像所製作的雕版，而這幅肖像的原畫家則是約翰・羅頓哈默（Johann Rottenhammer）。

雷默林後來成為家鄉烏爾姆的官方解剖學家。其著作英譯本以《微觀結構研究》（*A Survey of the Microcosme*）作為書名，在1675年出版——完整書名為《男性與女性人體微觀結構或解剖構造之研究，包含準確描繪之皮膚、血管、神經、肌肉、骨骼、肌腱與韌帶圖，並經過黏貼處理，使所述之人體各個內在與外在部位能

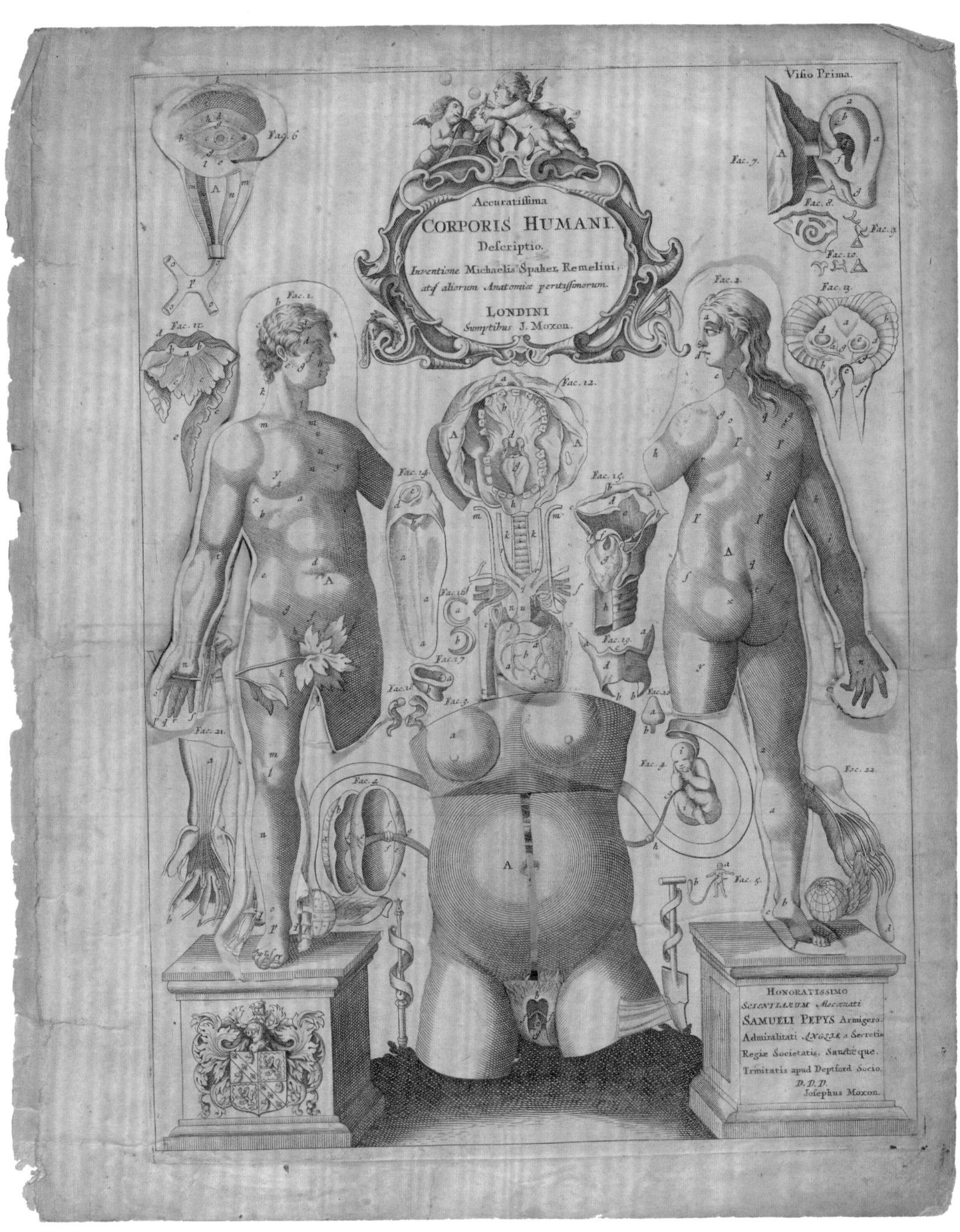
Accuratissima
CORPORIS HUMANI
Descriptio.
Inventione Michaelis Spaher, Remelini,
atq; aliorum Anatomiæ peritissimorum.
LONDINI
Sumptibus J. Moxon.
Visio Prima.
HONORATISSIMO
SCIENTIARUM Mecænati
SAMUELI PEPYS Armigero.
Admiralitati ANGLIÆ a Secretis
Regiæ Societatis, Sanctæque.
Trinitatis apud Deptford Socio.
D.D.D.
Josephus Moxon.

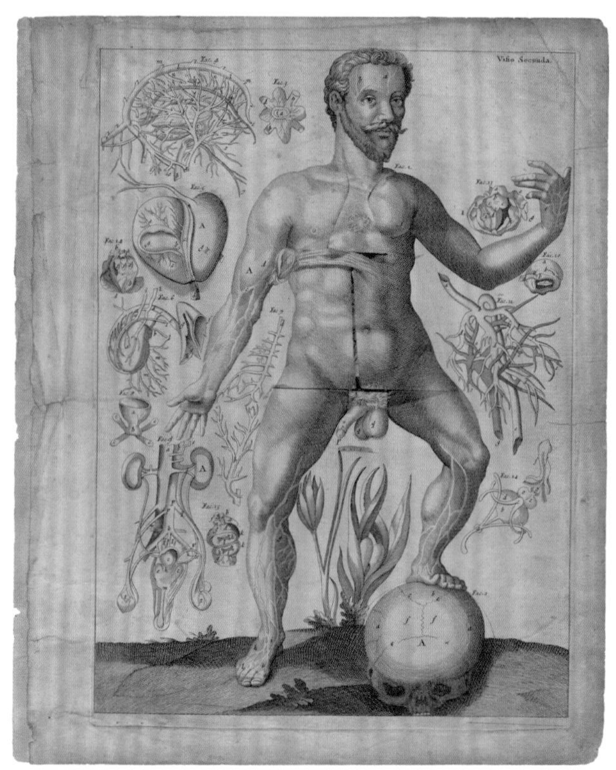

上圖
《男性與女性人體微觀結構或解剖構造之研究》（1675年）

兩張逃逸圖，分別為踩著顱骨頂部與底部、擺出姿勢的男性與女性。他們的周圍有許多細部解剖圖，由奧格斯堡的盧卡斯・基利安（Lucas Kilian）最初所鐫刻的雕版印製而成。

精準呈現；對所有的內外科醫生、雕塑家與藝術家等皆有所幫助》（*A Survey of the Microcosme or the Anatomie of the Bodies of Man and Woman wherein the Skin, Veins, Nerves, Muscles, Bones, Sinews and Ligaments Thereof are Accurately Delineated, and so Disposed by Pasting, as that Each Part of the Said Bodies Both Inward and Outward are Exactly Represented. Useful for all Doctors, Chyrurgeons, Statuaries, Painters, Etc*）。

英譯本的印刷商是喬瑟夫・莫克森（Joseph Moxon），他的印刷技術是跟父親詹姆斯（James）學來的。老莫克森曾在荷蘭印製英語新教聖經，當時英國國王是天主教徒。小莫克森則曾在英格蘭的共和時期印製清教徒經文以及地圖和地球儀——他的印刷店就位於「地圖集招牌處」。他是個務實的人，曾出版數本實作指南，包括如何砌磚、如何從事金工與木工以及如何印刷，並在1647年出版了《地圖與版畫的構圖、描繪、薄塗（或上色）指南》（*A Book of Drawing, Limning, Washing or Colouring of Mapps and Prints*）。他也是一名熱忱的數學家，曾出版紙製數學工具，並印製了史上第一本英語數學詞典。1678年，他成為了第一個當選英國皇家學會（Royal Society，享有盛名的英國科學機構）院士的商人。

在山繆・皮普斯（Samuel Pepys）擔任海軍部首席秘書期間，莫克森將自己印製的雷默林著作英譯本獻給了皮普斯。這兩個人是在莫克森擔任英王查理二世的皇家水文學家（Royal Hydrographer）時相識，而莫克森肯定曾聽皮普斯說過自己在現場觀察解剖的第一手經驗。1663 年，皮普斯到倫敦的理髮外科醫師大廳，參加一場公開解剖與腎臟講座。講座結束後，還有招待外科醫生的奢華晚宴。但在那之後，皮普斯按捺不住好奇心，又回到空無一人的大廳，想要更近距離地觀察屍體。在他著名的日記裡，他如此描述：「那是一名健壯水手的屍體，他因犯下搶劫罪而被處以絞刑。我徒手摸了這具屍體，摸起來冷冰冰的，而且看了令人非常不舒服。」或許莫克森獻書給皮普斯的舉動，背後帶有對其嫌惡態度的淡淡嘲諷之意。

2. 讓・庫桑（Jehan Cousin）

值得注意的是，莫克森在雷默林著作的英譯本書名中，把「雕塑家與藝術家等人」也列為他希望這本書能幫助到的對象。藝術與解剖學的共生關係確立於 16 世紀，並在進入 17 世紀後持續存在。儘管藝術家仍以外科解剖學著作為主要依據，但藝術方面的書籍已開始形成獨立的出版類別。在杜勒的《人體比例四書》後，接著發行的是《肖像畫技法書》（*Livre de pourtraiture*）。這本書最初在 1595 年出版，並在接下來的一世紀內再版了數次。

其作者是讓・庫桑（Jehan 或 Jean Cousin，約 1522–95 年）。他是老庫森（Jean Cousin，約 1490–1560 年）之子，和杜勒生活在同一時代，兩人經常被拿來做比較。老庫森是備受尊崇的畫家、雕塑家與雕刻家，而他的兒子也傳承了他的好技藝，以致他們的作品經常難以區分。老庫森在 1560 年出版了《透視構圖技法書》（*Livre de perspective*），當時他知道自己的兒子正在撰寫另一本相關著作。

經過 35 年的漫長等待，讓・庫森沒能看見自己的著作出版，就去世了；然而如今，他的《肖像畫技法書》被視為藝術類書籍中的經典之作。他運用父親傳授給他的幾何技巧（老庫森也曾從事彩繪玻璃的創作），呈現出從三個不同方向觀察到的各種人體比例。這本書展現出他身為藝術家的卓越才能，以及他對人體的深入理解。

庫森所描繪的人體構造僅限於肌肉組織，但《肖像畫技法書》的完整書名對其目標讀者的定義，比雷默林的著作還要鉅細靡遺：《出類拔萃的肖像畫技法書，出自畫家暨幾何學家讓・庫森之筆。內含數種容易運用的策略，以及所有個別身體部位與全身的圖解——包括多位男性、女性與孩童的身體結構，也包括從前面、側面與後面觀察到的比例、尺寸與面積，以及用來概括上述人體描繪的某些規則。對畫家、雕塑家、建築師、金匠、刺繡師、木匠及所有熱愛繪畫與雕塑的人皆非常有用且不可或缺。》（*Livre de pourtraiture de maistre Jean Cousin peintre et geometrien tres-excellent. Contenant par une facile instruction, plusieurs plans et figures de toutes les parties separees du corps humain: ensemble les figures entieres, tant d'ho[m]mes, que de femmes, et de petits enfans: veues de front, de profil, et de dos, avec les proportions, mesures, et dima[n]sions d'icelles, et certaines regles pour racourcir par art toutes lesdites figures: fort utile et necessaire aux peintres, statuaires, architectes, orfeures, brodeurs, menusiers, et generalement à tous ceux qui ayment l'art de peinture et de sculpture*）。簡而言之，這是一本由藝術家為藝術家所寫的著作。

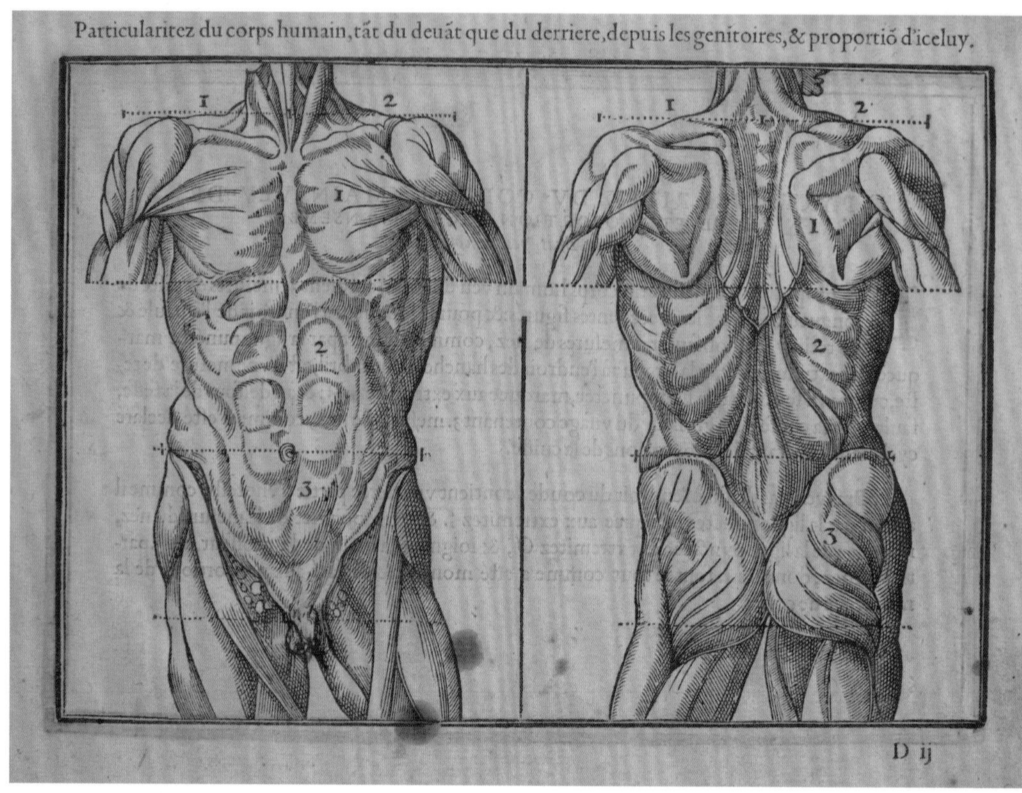

Particularitez du corps humain, tāt du deuāt que du derriere, depuis les genitoires, & proportiō d'iceluy.
D ij

上圖
《肖像畫技法書》（*Livre de pourtraiture*，1595年）

讓・庫桑（Jehan Cousin）為藝術家所創作的學習書；在此看到的是書中的軀幹肌肉描繪圖。這本書和他的父親老庫森（Jean Cousin）所寫的《透視構圖技法書》（*Livre de perspective*，1560年）是系列作。

對頁圖
《解剖學與外科手術》（*Anatomices et chirurgiae*，1624年）

西羅尼姆斯・法布里修斯（Girolamo Fabrici）死後由他人彙編而成的作品全集；在此看到的是書中的扉頁，上面列出了他針對胎兒形成、言語能力、動物叫聲與靜脈所寫的短文名稱，並附上了胎兒、舌頭與解剖手術的插圖。

3. 西羅尼姆斯・法布里修斯（Girolamo Fabrici）

對解剖學家而言，帕多瓦在 17 世紀仍是學術中心。繼維薩里、科倫坡與法洛皮奧之後，法洛皮奧的學生西羅尼姆斯・法布里修斯（1533–1619 年）也成為了帕多瓦大學的解剖學教授，並為該校設計了全世界第一間解剖劇場。法布里修斯有三位學生在 17 世紀對解剖學科做出了重大貢獻，其中兩位更繼承了他的教授職位。

法布里修斯不僅是教導有方的老師，也是多產的醫學作家，共發表了約 20 部著作。他在早期關注的其中一個主題是胎兒發展，在 1600 年之前，他已完成了《論蛋與雞的形成》（*De formatione ovi et pulli*）與《論胎兒的形成》（*De formato foetu*）這兩本胚胎學著作——前者顯然是在探討「先有雞還是先有蛋」這個古老的問題。後來他也對聲音產生興趣，並在 1603 年先後出版了《論動物的發聲能力》（*De brutorum loquela*）以及《論發聲能力與其手段》（*De locutione et eius instrumentis*）。

十年後，法布里修斯又以《三個面向的解剖專著》（*Tractatus anatomicus triplex*）擴展了他的研究範疇。這本書探討的主題是眼、耳與喉。在他辭世前，他也著有肌肉、骨骼、腫瘤、皮膚、呼吸與肺、消化系統（從咽喉、胃到腸道）以及行走機制的相關論述。雖然法布里修斯從未出版全面性的單一解剖著作，但這些個別的專著加在一起，就等於他一生的研究成果。他的研究雖然以動物解剖作為主要

HIERONYMI FABRICII
ab
AQVAPENDENTE,
ANATOMICES ET
CHIRVRGIÆ IN FLO-
RENTISSIMO GYMNASIO
Patauino Professoris olim publici
primarij supraordi-
narij,
TRACTATVS QVATVOR,

QVORVM
I. *DE FORMATO Fœtu.*
II. *DE LOCVTIONE & eius instrumentis.*
III. *DE LOQVELA Brutorum.*
IV. *DE VENARVM ostiolis*, loquitur.

Duplici Indice donati, Figuris que æneis ornati.

FRANCOFVRTI, Impensis Iacobi de Zetter,
Typis Hartm. Palthenij.

ANNO SALVTIS
M. DC. XXIV.

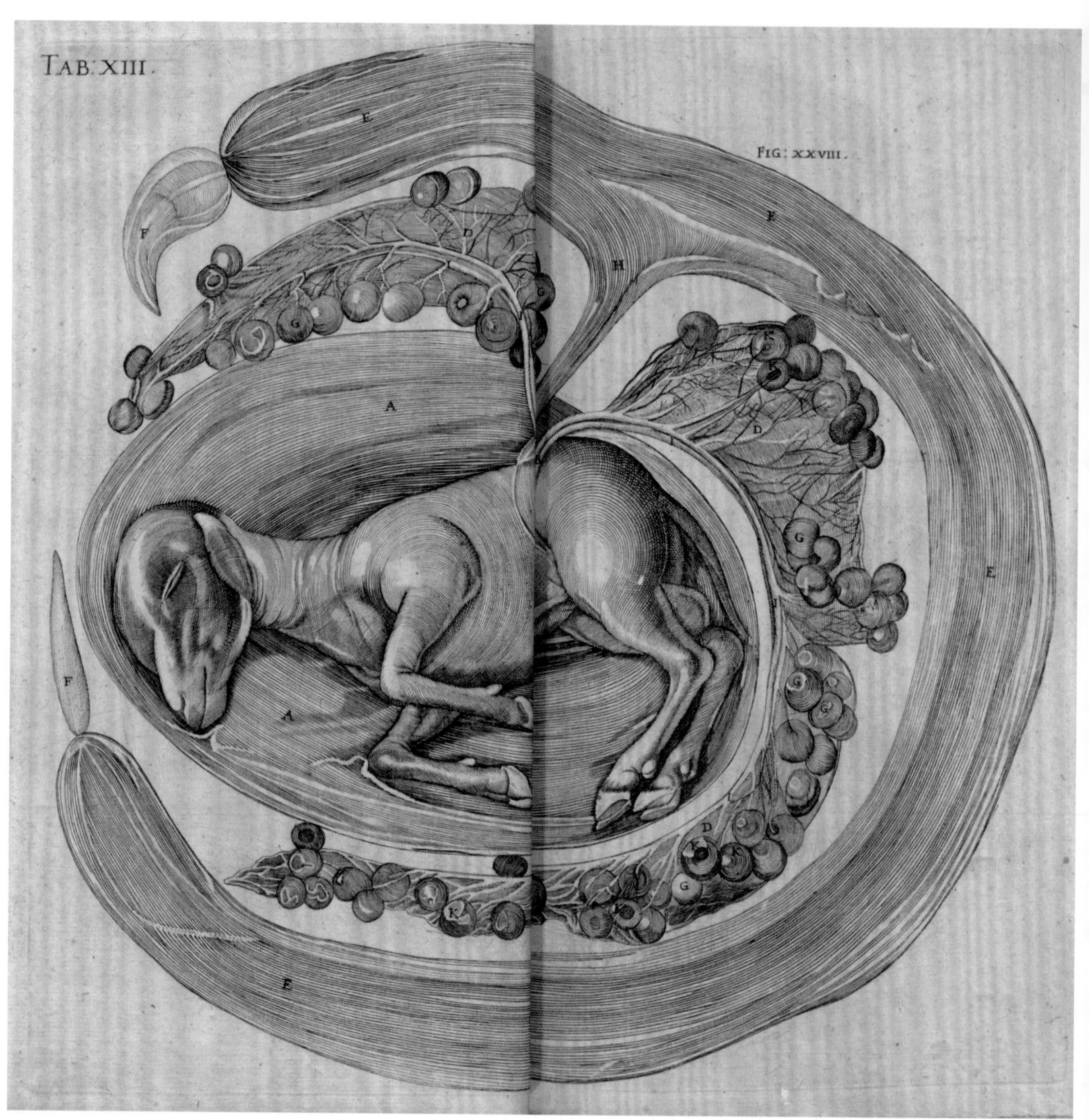
TAB: XIII.
FIG: XXVIII.
E
F
D
G
A
H
K
E
F
A
D
G
K
E
E

西羅尼姆斯·法布里修斯

對頁：子宮內的綿羊胎兒。
左下：人類的發聲器官。
下：大腿靜脈。

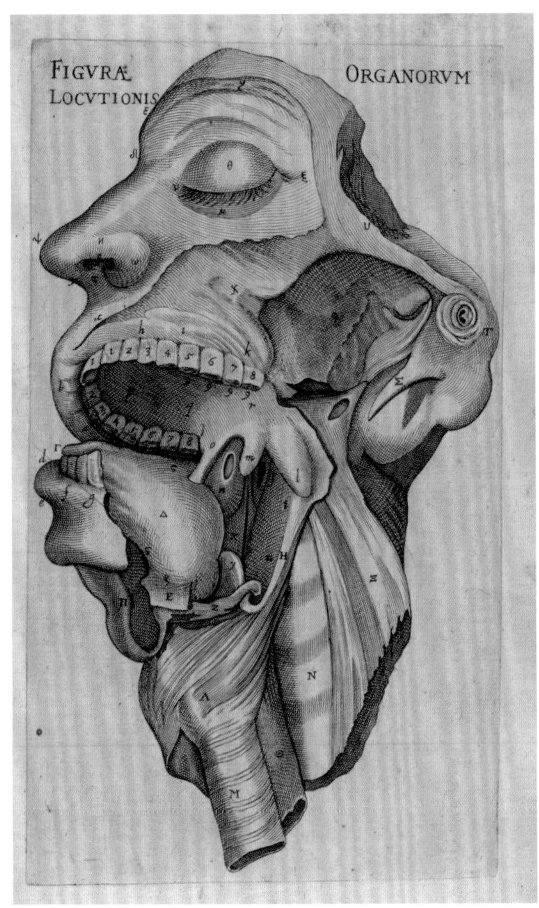

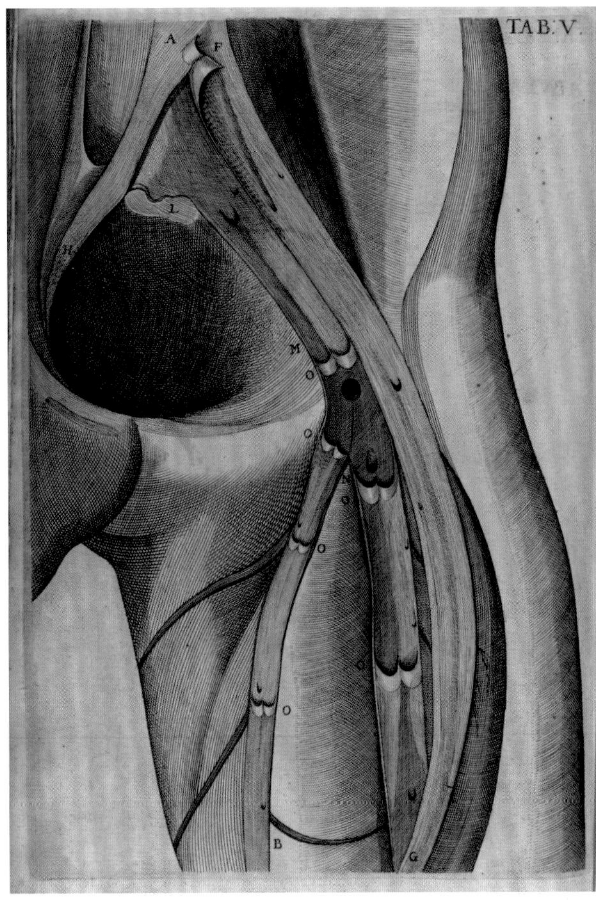

右：子宮內的人類胎兒。
對頁：雞在蛋內的發育過程。

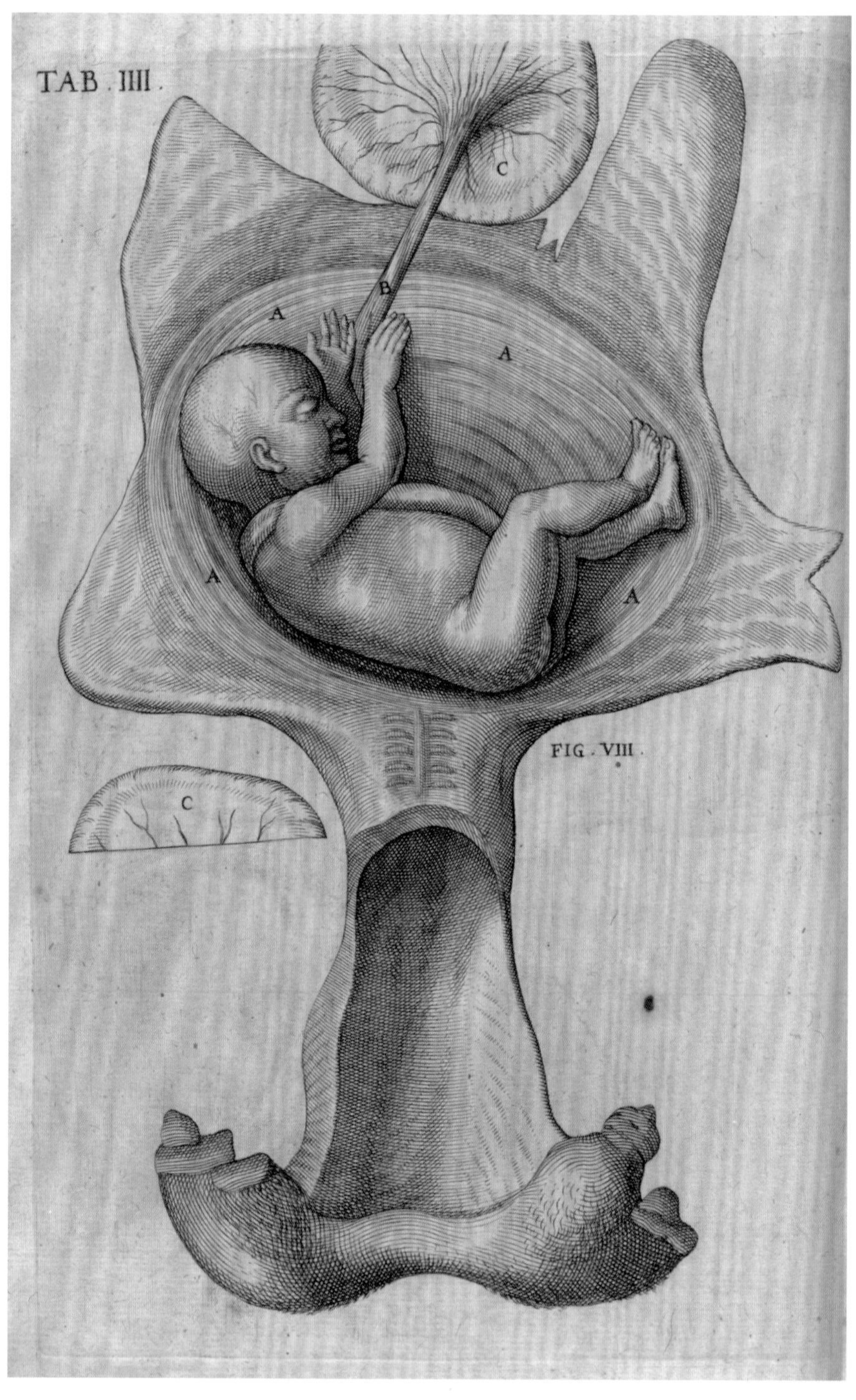

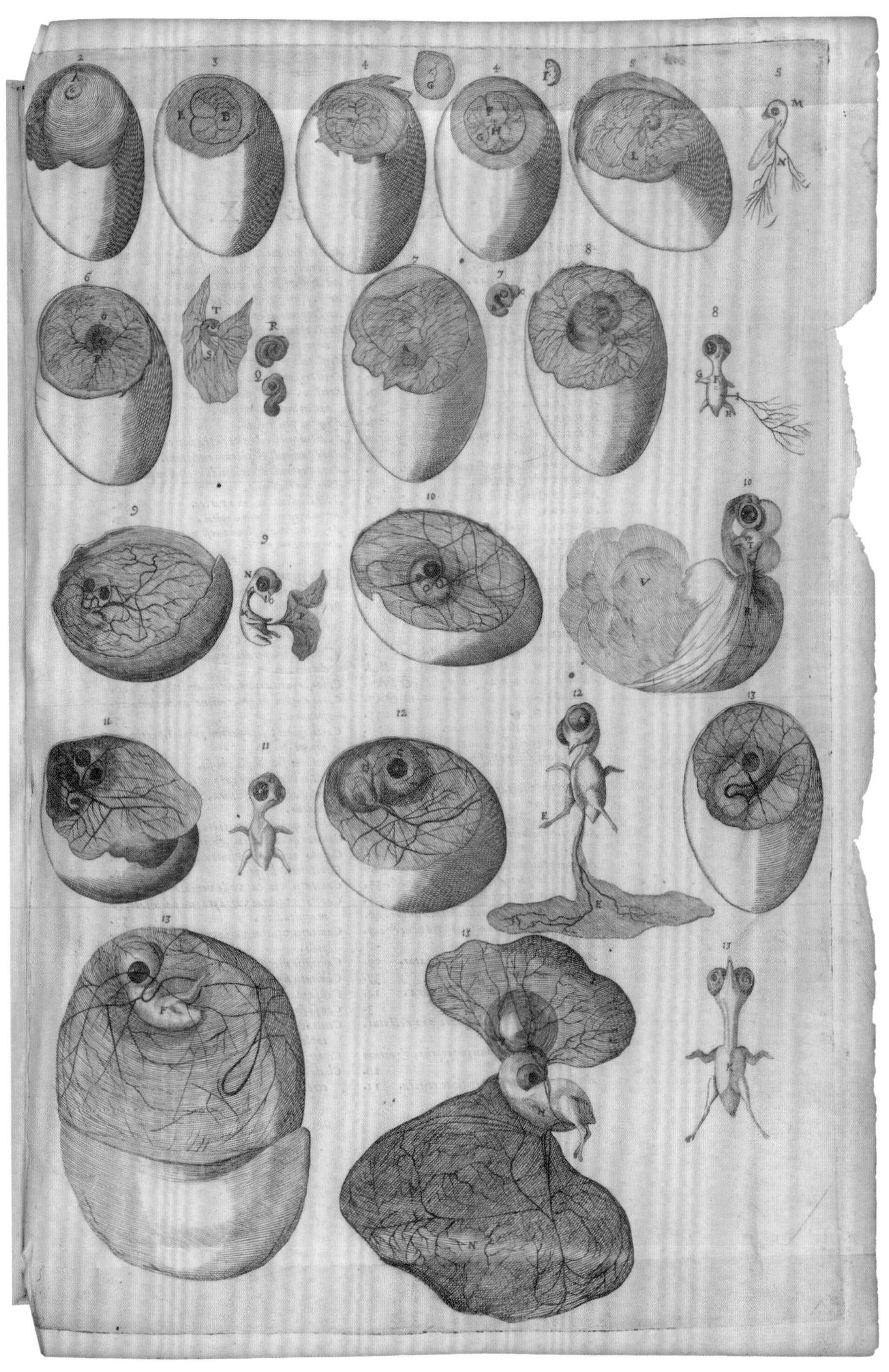

上圖
帕多瓦大學的解剖劇場（1595年）

由法布里休斯所創立，為全世界最古老的解剖劇場，能容納500名學生。在創立近300年後，這間解剖劇場在1872年舉行了最後一堂解剖課。

對頁圖
《解剖圖表》（*Tabulae anatomicae*，1627年）

一名男嬰的身體構造。這是朱利奧・卡塞里（Giulio Casseri）繪製的插圖。

依據，但他並未提出任何未經證實的人體相關假設。他不僅是位技術高超、經驗豐富的外科醫生，也為氣管切開手術設計出一套程序，做法就類似於現今醫院所採取的方式。

4. 朱利奧・卡塞里（Giulio Casseri）與亞德里安・范・登・斯皮格爾（Adriaan van den Spiegel）

法布里修斯是令人敬畏的解剖學家與老師。他的好奇心深具感染力，而他所留下的最大成就，就是將這份探究精神傳給了他的學生。朱利奧・卡塞里與亞德里安・范・登・斯皮格爾一起在他底下學習，後來卡塞里接替他成為了醫學系主任，而斯皮格爾則在卡塞里之後繼任。卡塞里與斯皮格爾各自的代表作不僅出版時間相隔不到一年，甚至還共用一樣的插圖。

卡塞里（1552–1616 年）年輕時曾擔任法布里修斯的家僕，並從那時開始受到法布里修斯的啟蒙。法布里修斯發現卡塞里對他的研究展現出興趣，於是主動在私下教導他。1601 年，卡塞里出版了《發聲與聽覺器官的解剖史》（*De vocis auditusque organis historia anatomica*），比他的老師研究發聲的著作整整早了兩年——或許就是因為這個緣故，才導致法布里修斯開始研究同一主題。如同法布里修斯，卡塞里將動物與人類的發聲機制都納入了考量。至此，解剖學家已認知到動物與人類之間有所差異，這意味著比較解剖學的發展時機已趨成熟。在這方面，法布里修斯與卡塞里可說是洞燭機先。

卡塞里負責為法布里修斯準備解剖用的屍體，並在法布里修斯無暇教課時，接下他的教學工作，展現出他具有勝任解剖學家的才能與本領。由於卡塞里有年紀輕的優勢，加上無須負擔職責，因此比身為教授的法布里修斯還要更受學生歡迎。這令法布里修斯相當惱怒，於是他很快便禁止卡塞里在私下教導學生。當

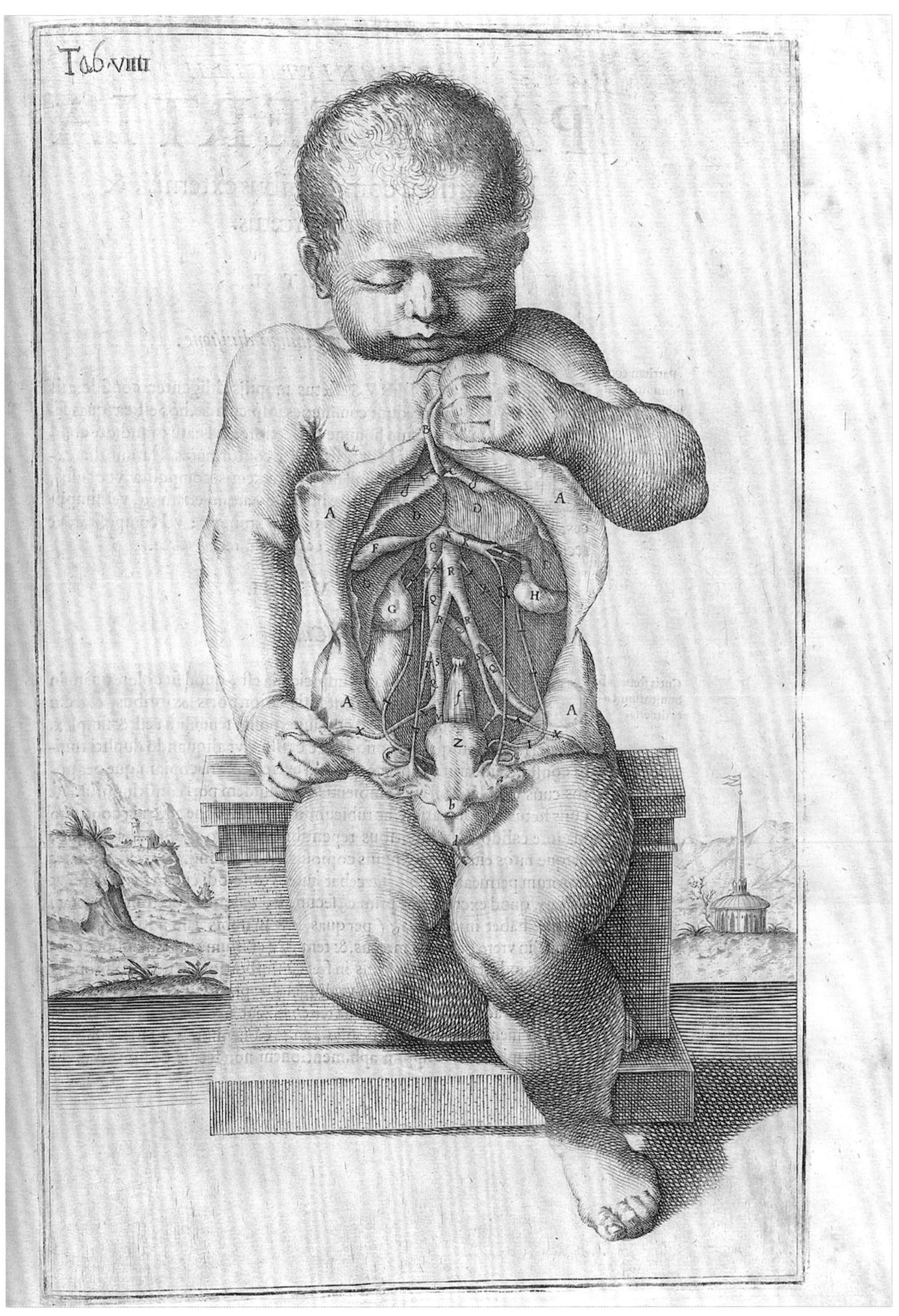
Tab. VIIII

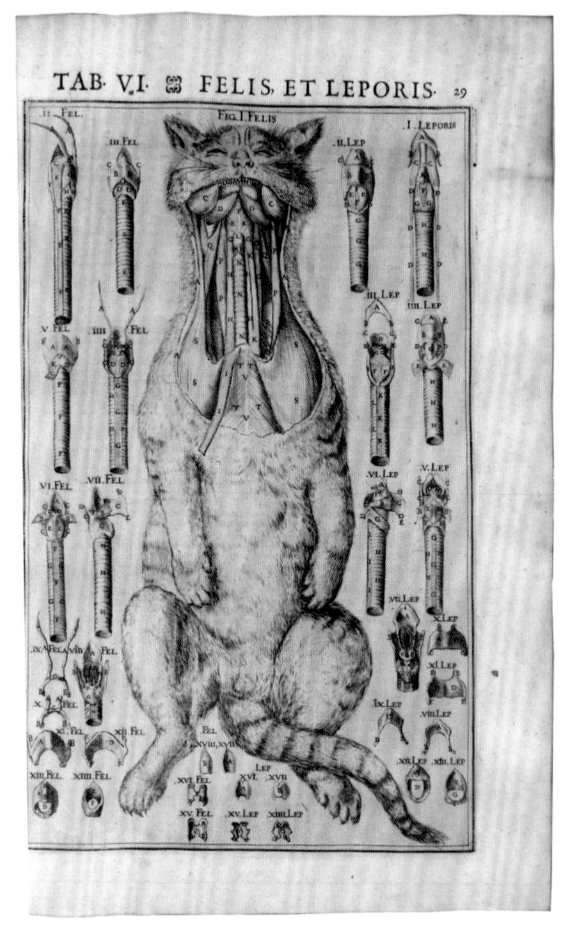

《解剖圖表》（1627年）

卡塞里的插圖最後終於在其後繼者亞德里安・范・登・斯皮格爾（Adriaan van den Spiegel）的著作中問世。這本書的編輯是丹尼爾・林德弗萊施（Daniel Rindfleisch）。

從左到右：一幅詳細的頸部解剖視圖；貓屬（Felis）與兔屬（Leporis）動物的頸部結構對比；喉頭周圍的肌肉組織細部圖；喉頭切開術（laryngotomy）的不同視圖，並附上所需之手術工具。

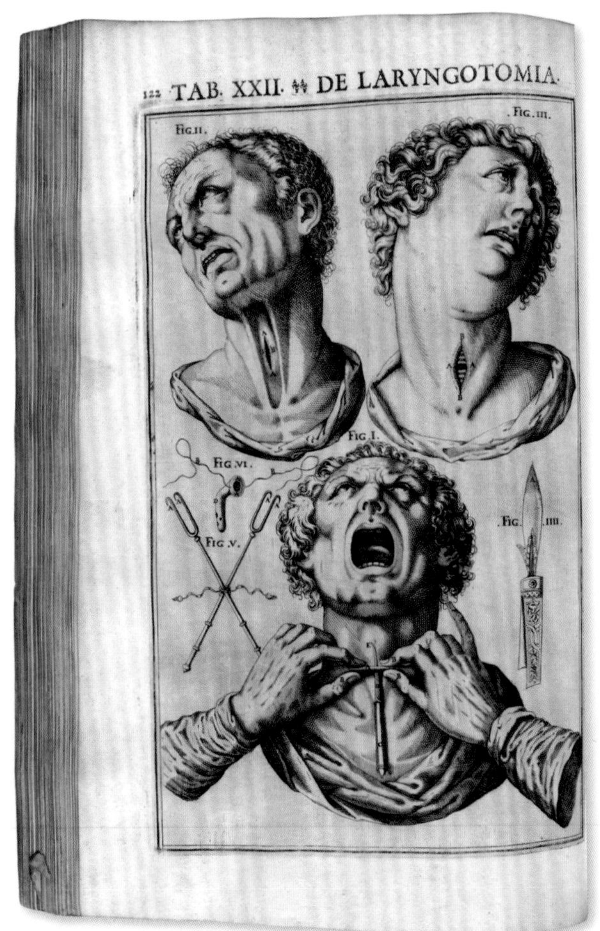
122 TAB. XXII. DE LARYNGOTOMIA.

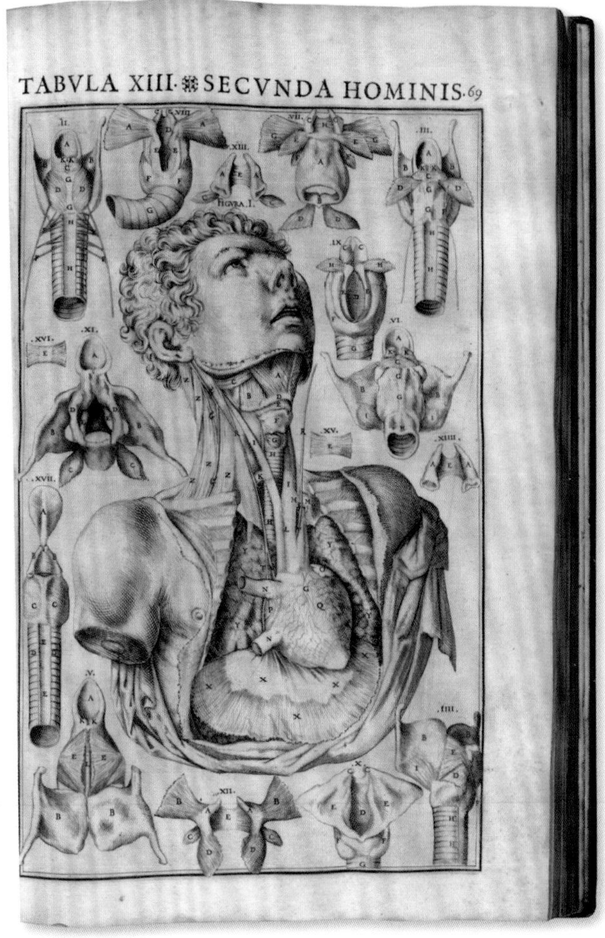
TABVLA XIII. SECVNDA HOMINIS. 69

上圖
《解剖圖表》（1627年）

卡塞里的藝術才能不僅展現在他所描繪的解剖構造上，從畫中人物的姿勢與未遭解剖的部分也能明顯看出；此處的插圖展現了畫中人物的手臂、腿部與上背肌肉。

法布里修斯退休時，帕多瓦大學不顧他的抗議，聘請卡塞里接任他的教授職位。然而，卡塞里才剛完成第一場公開解剖，就在數星期內死於熱病。

卡塞里是天生的藝術家，在去世前已完成 97 幅解剖插畫，原本打算要將這些畫收錄在一本人體解剖圖集中。在斯皮格爾（1578–1625 年）接替卡塞里成為解剖學教授後，這些插畫傳到了他手中，於是他利用卡塞里的畫為自己的著作做準備。斯皮格爾和維薩里一樣來自低地國家（歐洲西北沿海地區），因此他希望能藉由自己的著作，向這位偉大的人物致敬，並針對其論述進行修訂；他甚至採用了和其著作相同的書名——《論人體構造七卷》。然而，他也一樣未能完成計畫，就撒手人寰。

卡塞里的插畫接著又傳給了斯皮格爾的女婿。1626 年，他編纂與出版了斯皮格爾的一份舊手稿，並在這本《論胎兒的形成》（*De formato foetu*）中，使用了卡塞里的部分插畫（書名則是借用自法布里修斯 1600 年的著作）。隔年，一位名為丹尼爾．林德弗萊施（Daniel Rindfleisch）的德國外科醫生（也有人稱他為「布克萊修」〔Bucretius〕，即林德弗萊施的拉丁化名）編註了斯皮格爾針對《論人體構造七卷》所做的筆記，並以《解剖圖表》（*Tabulae anatomicae*）作為書名在威尼斯出版。

這本書必須被視為卡塞里與斯皮格爾的共同著作，而林德弗萊施亦功不可沒，因為要是沒有他，這兩人的代表作就無法問世了。不久後，《論胎兒的形成》也被併入了這本書中。如今，《解剖圖表》被視為 17 世紀解剖學的重要著作。

書中包含卡塞里的 97 幅插畫，由奧多亞多．菲亞雷提（Odoardo Fialetti）協助繪圖（他的老師是文藝復興時期最偉大的維也納畫家，丁托列多〔Tintoretto〕），並由弗朗西斯科．瓦萊西奧（Francesco Valesio）鐫刻於銅版上。這些插畫是雕版藝術的顛峰之作，就如同 100 年前，維薩里的版畫在木刻技藝上所達到的絕頂成就。在 17 世紀的剩餘時間裡，《解剖圖表》持續在解剖學領域佔有領先地位；直到進入了下個世紀，卡塞里的插畫仍舊為他人所模仿，並出現在無數本較不重要的著作中。

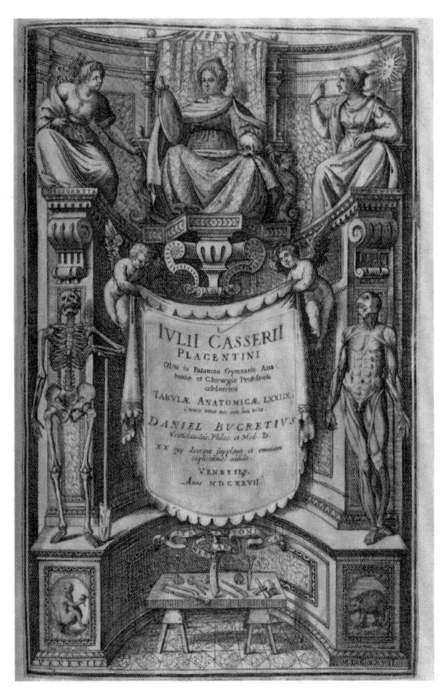

上圖
《解剖圖表》（1627年）

在扉頁的圖像中，有一具倚著鏟子的人體骨骼，一個皮被剝掉的人，和一張放置著解剖工具的桌子。

這些傑出的插畫作品不僅描繪得準確俐落，也兼具優雅與玩味。不論男性或女性，每一具被解剖的人體皆坐落於簡約的景緻中；極少的背景細節使觀者能把重點放在人體上，同時又足以娛樂徘徊的目光——例如一艘停靠在河邊的船，或是某個描繪準確的植物物種。為了顯露內部器官，人體皮膚以巧妙的方式向後掀開。舉例來說，在展露女性生殖系統時，周圍的皮膚被描繪成花瓣；一個熟睡的嬰兒手握掀起的皮膚，就像是抓著一條毛毯似的；甚至還有一具人體骨骼熱心地把身上最後一片皮膚拉開，讓觀者能看得更清楚。

卡塞里與斯皮格爾都對解剖學留下了深遠的影響。讓斯皮格爾留名於世的發現包括：肝臟中的「斯皮格爾葉」（Spiegel's lobe，即肝尾狀葉）；腹部肌群中的「斯皮格爾線」（Spigelian line，即半月線）與「斯皮格爾筋膜」（Spigelian fascia，即腹橫筋膜）；以及他所描述的一種罕見腹部損傷，如今被稱為「斯皮格爾疝」（Spigelian hernia，即側腹壁疝）。至於不幸在著作問世前就離世的卡塞里，則是連發現大腦動脈環的功勞，也倒楣地被他人搶走；如今大腦動脈環又被稱為「威利斯環」（Circle of Willis），這是因為英國醫生托馬斯．威利斯（Thomas Willis）後來在同一世紀，重新發現了這個構造。

5. 威廉．哈維

帕多瓦大學所吸引的學生來自歐洲各地。在法布里修斯的博士班學生中，有一位英國人名叫威廉．哈維。哈維（1578–1657 年）畢業於劍橋大學藝術系，後來到帕多瓦大學修讀法布里修斯的課。法布里修斯很欣賞他的機智，而他也很欽佩法布里修斯所獲得的成就。據知他曾讀過法布里修斯的《論靜脈瓣膜》（*De venarum ostiolis*）；這本專著在哈維取得博士學位的前一年出版，是史上首次針對靜脈瓣膜所做出的描述。法布里修斯將靜脈瓣膜稱為 valve，但由於當時解剖學知識的不足，導致他無法完全理解其功能。如今我們已經知道靜脈瓣膜能防止血液回流，使血液能正常流向心臟。

哈維以優等成績通過期末考後，回到劍橋大學取得醫學博士學位。他在聖巴索羅謬醫院（St Bartholomew's Hospital）找到工作，並在這間貧民醫療機構晉升為主治醫生。依照該醫院規章的要求，醫生必須要「竭盡其醫學知識幫助在場的窮

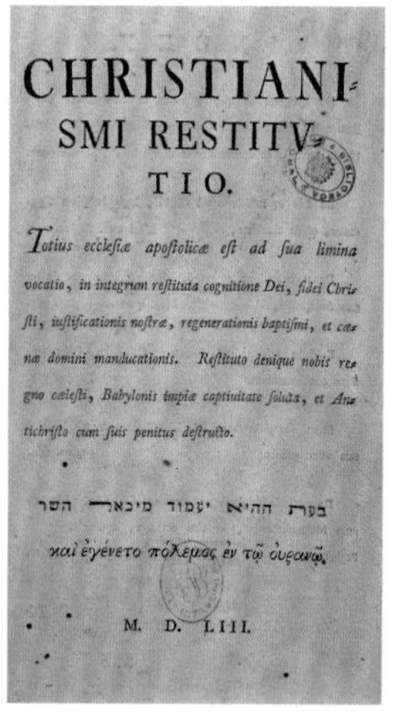

CHRISTIANI-
SMI RESTITV-
TIO.

Totius ecclesiæ apostolicæ est ad sua limina vocatio, in integrum restituta cognitione Dei, fidei Christi, iustificationis nostræ, regenerationis baptismi, et cœnæ domini manducationis. Restituto denique nobis regno cœlesti, Babylonis impiæ captivitate soluta, et Antichristo cum suis penitus destructo.

בעת ההיא יעמוד מיכאל השר

καὶ ἐγένετο πόλεμος ἐν τῷ οὐρανῷ.

M. D. LIII.

上圖

《復興基督教》
（*Christianismi restitutio*，1553年）

在米格爾・塞爾維特（Miguel Servet）的著作中，激進的基督教教義掩蓋了他的人體血液循環發現。

困之人，或在一週內的任何時刻被醫護人員送至府上的任何其他窮人」。

在其一生中，哈維幾乎都和聖巴索羅謬醫院保持聯繫，但院方提供的薪資並不優渥，加上他在那裡的主要工作只是開藥方。儘管醫院可能曾讓他用無法挽救的病人屍體練習解剖，但他的解剖才能並未受到重用。儘管如此，他在 1615 年被任命為「朗姆利講座教授」（Lumleian Lecturer）後，職涯大幅躍升。創立於 1582 年的朗姆利講座以其最初的贊助者朗姆利男爵（Baron Lumley）為名，目標是在英格蘭的醫學界推廣解剖知識。該講座是全世界最古老的持續運行系列講座之一，目前仍由倫敦皇家內科醫師學會（Royal College of Physicians）每年舉辦一次。

1616 年，也就是在他參與該講座的第一季期間，哈維首次公開了他的著名發現，並藉此解開了令解剖學家在一開始就遭遇挫敗的問題：血液來自何處，又去往何處？哈維揭露了許多前人幾乎要發掘的真相：人體的循環系統。伊本・納菲斯在 13 世紀時，首次提出肺循環系統的存在，並質疑蓋倫主張人體內有血液與普紐瑪這兩個獨立系統的說法。儘管也有其他人幾乎快要發現血液循環的真相（例如科倫坡、維薩里與達文西），然而不論是在哈維發表其論述之前或之後，蓋倫的理論依舊持續流傳。

在接下來的 12 年間，哈維一直無法證實與發展自己的理論，最後才終於在 1628 年出版了《心血運動論》（*Exercitatio anatomica de motu cordis et sanguinis in animalibus*）。在那 72 頁的內容中，哈維除了解釋他所得出的必然結論外，同時也對他人的理論提出反駁。舉例來說，蓋倫學派認為血液是由肝臟所製造，但哈維對這項看法提出了嚴厲的批評。假設心臟每跳一下就會送出約 20c.c. 的血液，又假設心臟每一小時會跳 2000 下，那麼就表示心臟每一小時會送出 9.4 公斤的血液。如此一來，肝臟每天就必須要製造 225.9 公斤的血液，比英國人平均體重的兩倍還要高出許多。

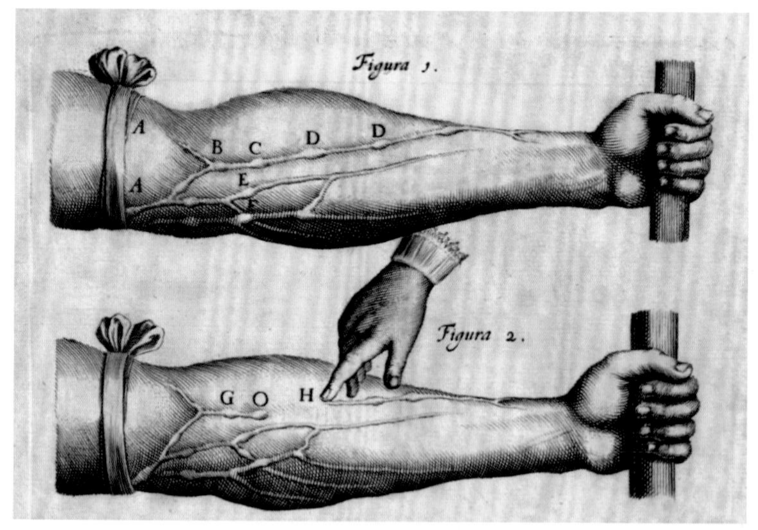

右圖

《心血運動論》
（*An Anatomical Account of the Motion of the Heart and Blood*，1628年）

威廉・哈維（William Harvey）的實驗論證；從這幅插圖可以看到他利用縛帶綁住受試者的手臂，藉以證明靜脈與動脈之間的差異。

哈維並未探討靈魂是否存在於心臟，而是純粹從力學的角度看待人體。心臟是幫浦，而不是靈魂的殿堂；血管送離與送回心臟的是血液，而不是普紐瑪；血管內的搏動是由心臟收縮所導致，而不是由血管自身所引起。他採用著重科學、經驗與分析的研究方法，並藉由解剖各種動物所獲得的發現，發展與測試人體循環系統的相關理論。

上圖
《解剖學概論》
（*Succenturiatus anatomicus*，1616年）

一本聚焦於單一器官「大腦」的早期專著。卷首插圖是安德里斯・斯托克（Andries Stock）仿雅各布・德・蓋因（Jacques de Gheyn）的鐫刻版畫；出現在畫中的作者彼得・保（Pieter Pauw）正在教授解剖課，地點則是他所創建的萊登大學解剖劇場。

他發現左右心室會一同運作，而非如前人所想的那樣獨立活動。隨著血液循環流動的可能性變得明顯，他進一步展開實驗，首先從動物開始，接著在人體上進行。他發現當他紮住靜脈時，心臟會變空；當他紮住動脈時，心臟則會膨脹。另外，他用縛帶綁住受試者的手臂時，觀察到其下臂變得蒼白冰冷；將縛帶稍微鬆開後，施加在動脈（位於手臂內較深處）的壓力被釋放開來，導致手臂變紅變熱。哈維藉著使靜脈膨脹，而得以觀察到靜脈內部的小凸塊——也就是他的老師法布里修斯所發現的靜脈瓣膜。靜脈瓣膜是血液單向流動的證據，而哈維藉著強迫血液逆流，證實了這點。哈維的實驗過程就和發現一樣重要，都是其著作受到讚賞的原因。

事實上，有人比他還要早一步發現血液循環系統。一位名叫米格爾・塞爾維特的西班牙人曾在1553年寫道：「血液通過肺動脈，流向肺靜脈，在中間經過肺的漫長過程中，除了顏色會變紅外，也會藉由肺的呼氣作用，排除當中的煤煙。」不幸的是，他將這項突破性的發現發表在《復興基督教》（*Christianismi restitutio*）一書中，但這本著作駁斥了基督教的兩個基本教義：預定論（Predestination）與聖三位一體（Holy Trinity）。正因如此，他被判定為異端份子，在焚燒其著作的火堆上被活活燒死，而其洞見也因此遭到湮沒，不為世人所知。

威廉・哈維猜想他的看法會遭到反彈，結果果然不出他所料。如同某位傳記作家所述，當時有許多醫生「寧願和蓋倫一起犯錯，也不願與哈維一同道出真相」。哈維害怕「少數人因忌妒而中傷我，也擔心全體人民與我為敵……但木已成舟，我相信自己對真理的熱情，也相信文明心智固有的公正率真」。肺循環的概念要再等 20 年，才終於獲得醫學界的認同。

為了讓他的著作盡可能曝光，哈維選擇在法蘭克福出版《心血運動論》。法蘭克福在 12 世紀是手寫文稿的交易地點，自那時起，這座城市一直都是出版中心。1462 年創辦於法蘭克福的年度書展則被作家們當成試水溫的地方（至今仍是如此），用來測試出版成書的新觀念是否能為大眾所接受。如今，法蘭克福書展是全世界規模最大的書展，在 1628 年時，肯定也曾有助於哈維宣傳著作。

哈維也發現血液會進行雙循環，即血液流回心臟後，會在再次被輸送到身體各部位前，先循環到肺部。不過關於血液循環的看法，有一點他無法藉由觀察

證實；在單憑肉眼與放大鏡觀察的情況下，他只能推論體內存在著微血管——直徑小於十公釐的細小血管，其組成網絡的作用是將血液從動脈運送到靜脈。

顯微鏡在 17 世紀初尚處於初期發展階段。偉大的天文學家伽利略・伽利萊（Galileo Galilei）在 1609 年取得複合式（多鏡頭）顯微鏡的專利後，據知在 1624 年成功製作出一台顯微鏡，只比哈維出版《心血運動論》的時間早了四年。荷蘭是透鏡的生產中心，顯微鏡的早期發展大多在此萌芽。

多虧有萊登大學的解剖劇場，荷蘭在當時已是學術研究中心。萊登的解剖劇場繼帕多瓦之後創建於 1594 年，是全世界第二間解剖劇場。在文藝復興時期的北歐，藝術與解剖學之間的共生關係就和在南歐一樣茁壯。解剖學家書房裡的裝飾掛畫，就是這種共生關係的例證。一幅由安德里斯・斯托克（Andries Stock）製作的鐫刻版畫（仿自雅各布・德・蓋因〔Jacques de Gheyn〕的畫作）以繁複生動的畫面，重現了 1615 年在萊登解剖劇場進行的一場公開解剖。活動策劃人是彼得・保（Pieter Pauw）。他是法布里修斯的學生，後來成為萊登大學的第一位解剖學教授。

最著名的是林布蘭（Rembrandt，生於萊登）的畫作。林布蘭畫了至少兩幅描繪解剖場景的作品：1632 年的《杜爾醫生的解剖課》（*The Anatomy Lesson of Dr Nicolaes Tulp*）與 1656 年的《德曼醫生的解剖課》（*The Anatomy Lesson of Dr Deijman*）。杜爾與德曼相繼成為阿姆斯特丹的官方解剖學家，由於法律規定他們一年只能解剖一具屍體，因此後人得以推斷出這些解剖場景的時間，以及準確辨識出屍體的身份。圖中杜爾醫生正在解剖的人是阿里斯・金特（Aris Kindt），他因持械搶劫而在 1632 年 1 月 32 日被絞死。在其腳邊的厚重書籍不論就尺寸或外形而言，皆與維薩里的《論人體構造》雷同。德曼醫生解剖的對象也是一名持械搶劫犯，名為尤利斯・「黑佬詹」・方廷（Joris 'Black Jan' Fonteijn），在 1656 年 1 月 29 日被絞死。在這幅畫中，林布蘭利用前縮透視法縮短屍體的身長，使解剖場景彷彿就發生在觀者面前。

對頁圖

《杜爾醫生的解剖課》（*The Anatomy Lesson of Dr Nicolaes Tulp*，1632年）

林布蘭（Rembrandt）的畫作，描繪的是阿姆斯特丹市官方解剖學家杜爾醫生解剖一具男性屍體的情景。被解剖的人是阿里斯・金特（Aris Kindt），他因持械搶劫而被絞死。

6. 喬瓦尼・巴蒂斯塔・霍迪爾納（Giovanni Battista Hodierna）、揚・斯瓦默丹（Leeuwenhoek Swammerdam）與馬爾切洛・馬爾皮吉（Marcello Malpighi）

雖然荷蘭在解剖、藝術與鏡片生產上表現卓越，但最早附有顯微解剖圖的著作不是來自荷蘭，而是來自西西里。更令人跌破眼鏡的是，那本書的作者不是解剖學家，而是天文學家。喬瓦尼・巴蒂斯塔・霍迪爾納（1597-1660 年）在 1644 年出版了《蒼蠅之眼》（*L'occhio della mosca*）一書。他是一名神父，喜歡利用閒暇時間研究天象，後來被任命為帕爾馬伯爵朱利奧・托馬西（Giulio Tomasi）的宮廷天文學家。他對天文學的許多重要貢獻大多在巴勒摩發表出版，但卻遭到忽視與遺忘，直到 1985 年重新被發現後才受到關注。相對而言，解剖學則是他較次要的興趣。在出版《蒼蠅之眼》的同一年，他還寫了一本有關度量衡的專著，講述如何利用度量衡辨識出不純的黃金和銀子。

顯微解剖學對一般的買書民眾而言很新奇，但解剖學家已逐漸察覺其發展潛能。畢業於萊登大學的荷蘭學者揚・斯瓦默丹（1637-80 年）是該領域的先驅。

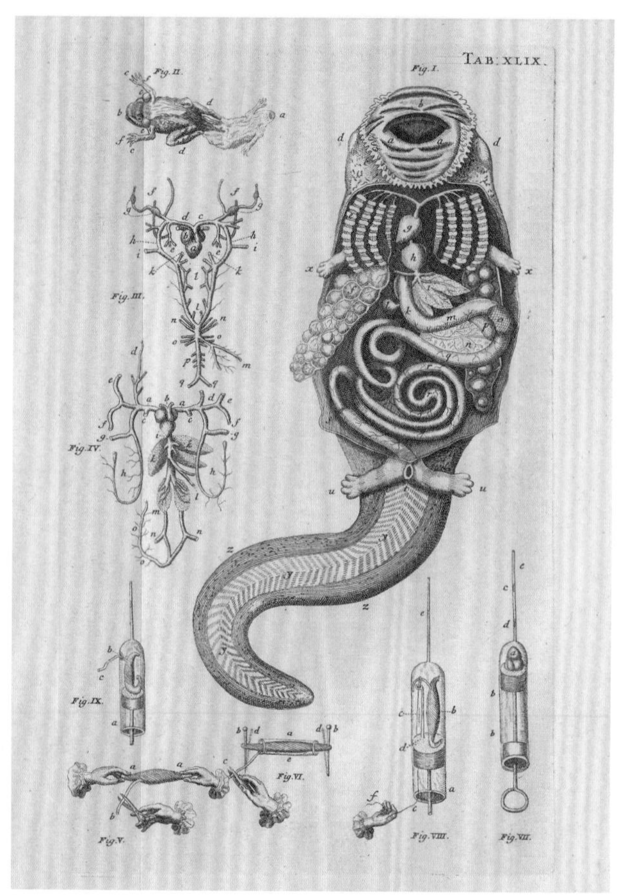

上圖
《自然聖經》
（*Bybel der nature*，1737年）

揚・斯瓦默丹（Jan Swammerdam）的動物解剖學微觀研究在他去世很久後才發行，是一部極具啟發性的著作。
左：一隻蝌蚪，底下的圖描繪的是斯瓦默丹的肌肉收縮實驗。
右：斯瓦默丹的墨魚解剖研究。

他的早期研究以昆蟲的生命週期為主，而他的《自然聖經》（*Bybel der natuure*）則是透過解剖與顯微鏡觀察的全面性昆蟲解剖學書，在他去世許久後才於 1737 年出版。他認為他的著作是在頌揚神所創造的奇妙萬物；即便是在最渺小的生物上，也能見證神的至高無上。舉例來說，在描述「蝨子」這種無人在意的渺小動物時，他寫道：「透過蝨子的身體構造，我將神的全能呈現在各位眼前：在蝨子身上，你會發現一個又一個奇蹟，並見識到神的智慧清楚彰顯在極細微之處。」至於在人體方面，斯瓦默丹則是在 1658 年時，成為第一個透過顯微鏡觀察到紅血球的人。

斯瓦默丹的顯微研究不僅因為相關儀器的取得而有所進展，義大利微生物學家馬爾切洛・馬爾皮吉（1628–94 年）的研究也起了推波助瀾的作用。馬爾皮吉在波隆那研究解剖學，但植物與昆蟲也如同人體般令他深感著迷。他的《植物解剖學》（*Anatome plantarum*）共有兩卷，出版於 1675 年與 1679 年間，和他的《關於肺的一封書信》（*De pulmonis epistolae*）一樣都是重要著作。

他取得了數項與肺部及人體排泄系統有關的發現（許多排泄器官皆以他的名字命名，例如腎臟中的馬爾皮吉小體〔Malpighian corpuscle，即腎小體〕與馬爾皮

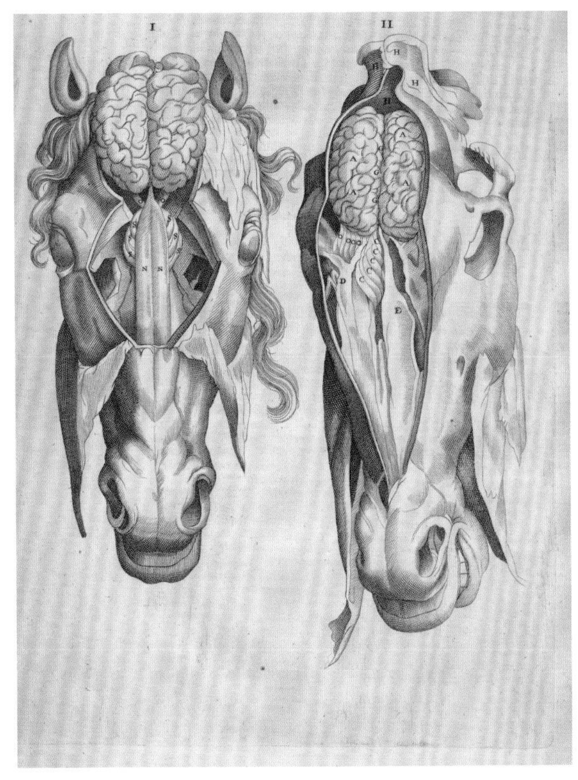

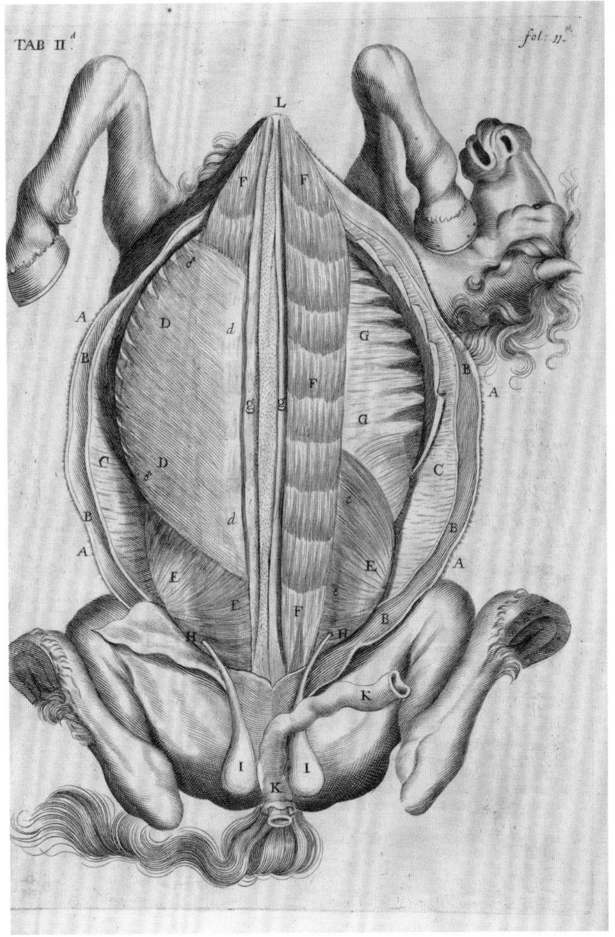

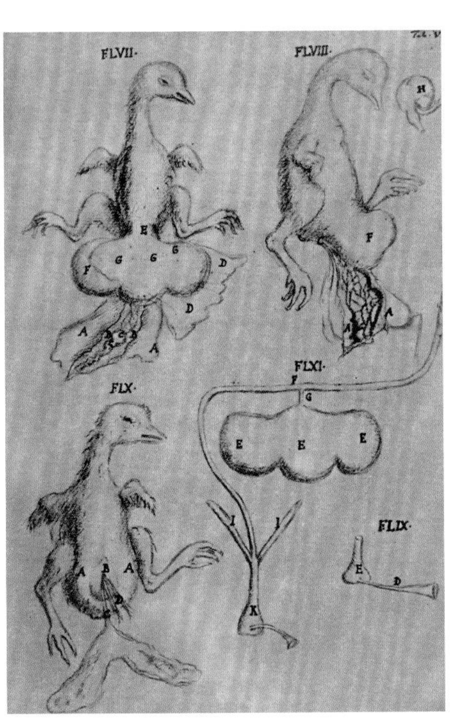

左圖

《論雞在蛋內的形成》

（*De formatione de pulli in ovo*，1673年）

馬爾切洛・馬爾皮吉（Marcello Malpighi）針對雞胚胎在蛋裡的形成過程，做了一系列非常詳細的研究。

上圖

《馬的解剖學》

（*The Anatomy of an Horse*，1683年）

安德魯・斯內普（Andrew Snape）的書以16世紀卡洛・魯伊尼的著作作為依據，並附上英國雕版家羅伯特・懷特（Robert White）所創作的新圖。

左：馬的顱骨與大腦結構。

右：馬的腹部肌肉。

吉錐體〔Malpighian pyramid，即腎錐體〕），但他最引以為傲的還是《植物解剖學》，後來更描述這本書「在整個有文化素養的世界裡，是版面編排最優美的著作」。書中的插畫是由英國雕版家羅伯特・懷特（Robert White）所繪製。懷特最為人著稱的是他的英國貴族肖像畫，但除此之外，他也繪製了一些著名的解剖圖。他曾替約翰・布朗（John Browne）在 1678 年的戰傷治療手冊《傷痕總論》（*A Compleat Discourse of Wounds*）繪製插畫，並根據卡洛・魯伊尼在 16 世紀的鐫刻版畫，為安德魯・斯內普（Andrew Snape）在 1683 年的《馬的解剖學》（*The Anatomy of an Horse*）製作插畫。

馬爾皮吉在研究動物肺部的過程中，做出了他對人類解剖學的最大貢獻。他跟隨哈維的腳步，投入於肺循環的研究。一開始，他嘗試將墨水注射到綿羊的血液裡，以追蹤血液的流動路徑。然而如同哈維，他也無法觀察到動脈與靜脈之間的狀況。即使他能放大影像，微血管還是小到看不見。到了 1661 年（只比哈維去世的時間晚了一年），他在解剖青蛙時終於有所突破——青蛙肺部的微血管總算大到能用顯微鏡來觀察。這項重大發現證實了哈維當初對封閉式循環系統的假設是對的。於是就在那一年，馬爾皮吉將他的發現發表於《肺部解剖觀察》（*De pulmonibus observationes anatomicae*）一書中。

上圖

揚・斯瓦默丹（1637–80年）

這幅憑想像創作的19世紀肖像畫，是參考林布蘭的《杜爾醫生的解剖課》當中的一位旁觀者所繪。據知沒有任何斯瓦默丹的肖像經確認是他本人。

對頁圖

《腦部解剖學》（*Cerebri anatome*，1664年）

在其專著中，托馬斯・威利斯（Thomas Willis）創造了「神經學」一詞，並以自己的名字，將腦部血液循環系統中的一個構造命名為「威利斯環」（Circle of Willis）。在這幅鐫刻版畫的正中央可以看到此一構造。

馬爾皮吉的血液研究在其 1666 年的著作《心臟息肉》（*De polypo cordis*）中達到顛峰。也多虧了顯微鏡，他才能取得有關血塊的重大發現，以理解心塊的本質、形成，以及位於左右心室的心塊有何差異。在不知道斯瓦默丹已從事相關研究的情況下，他也利用顯微鏡對紅血球進行觀察（並且是第一個將觀察結果出版成書的人）。馬爾皮吉要求在他死後（死於中風）將其遺體捐出，作為解剖所用，這使他成為了將遺體樂捐給醫學科學的其中一個先例。

7. 查爾斯・斯卡伯勒（Charles Scarborough）、托馬斯・威利斯、羅伯特・虎克（Robert Hooke）與克里斯多福・雷恩爵士（Sir Christopher Wren）

重建了倫敦聖保羅大教堂（St Paul's Cathedral）的克里斯多福・雷恩爵士，有可能曾在 1640 年代威廉・哈維短暫任教於牛津大學的期間，和他見過面。雷恩（1632–1723 年）身為解剖學家並不如他擔任建築師要來得有名，但他曾在哈維的學生查爾斯・斯卡伯勒底下學習，且有一段時間擔任斯卡伯勒的解剖助手。斯卡伯勒（1615–94 年）著有《肌肉教學綱領》（*Syllabus musculorum*）；這是一本有關肌肉構造的書，多年來被當成標準教材。此外，他在哈維之後，也成為了朗姆利講座教授。雷恩則和在此前後的所有大學生一樣，將大學時光視為建立與鞏固友誼的好時機，成為了在那個時代連結數名偉大解剖學家的牽線人。

雷恩是牛津哲學學會（Oxford Philosophical Society）的成員。這個學會集結了一群富探究精神的科學智士，包括創新的化學家羅伯特・波以耳（Robert Boyle）與解剖學家托馬斯・威利斯。威利斯（1621–75 年）是負責治療安妮・格林（Anne Greene）的其中一位醫生。格林因遭控殺嬰罪而在 1650 年被處以絞刑，卻在處決

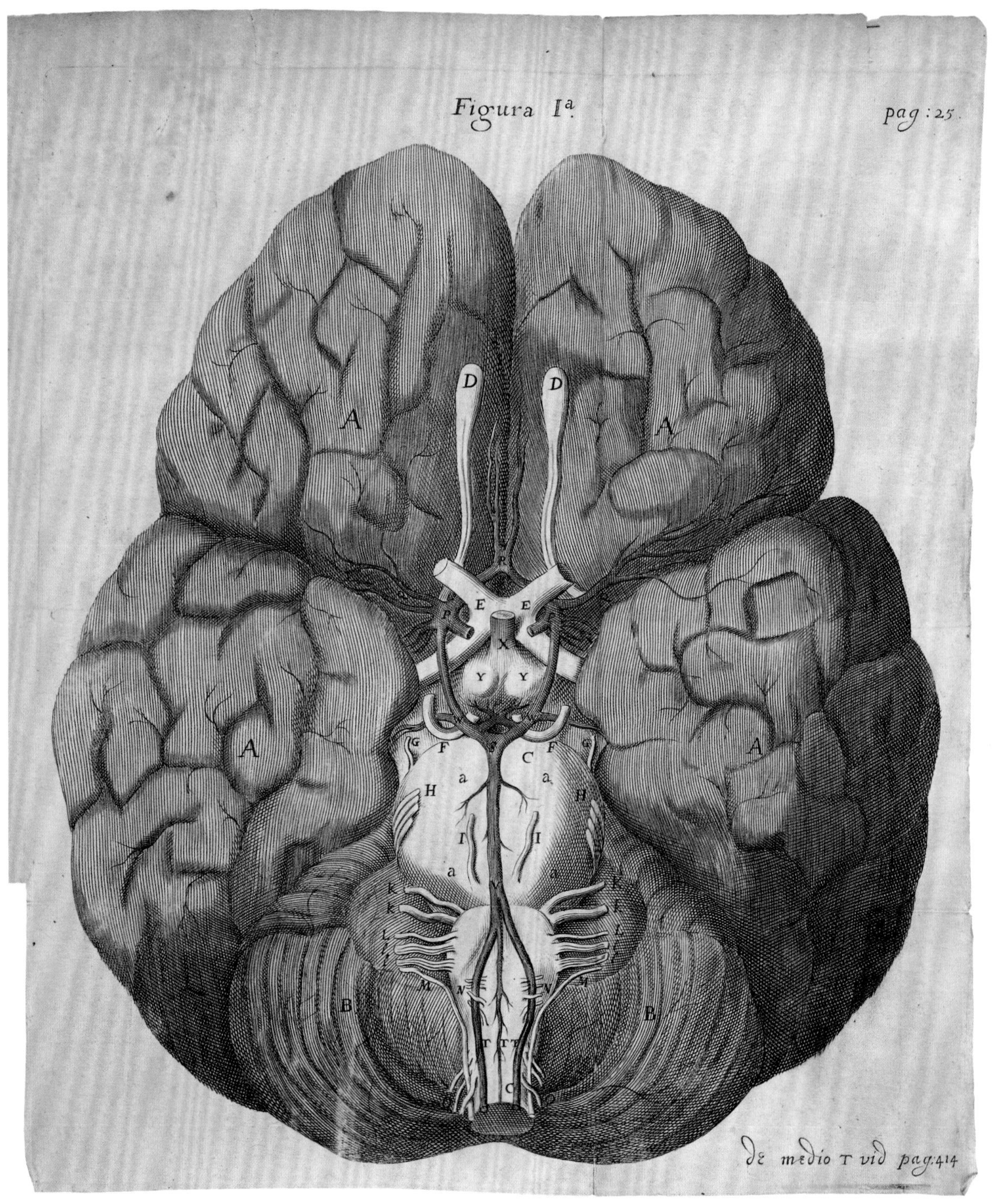
Figura Ia.
pag:25.
D
D
A
A
E
E
X
Y
Y
A
A
F
C
F
H
a
a
H
I
I
a
B
B
de medio T vid pag:414

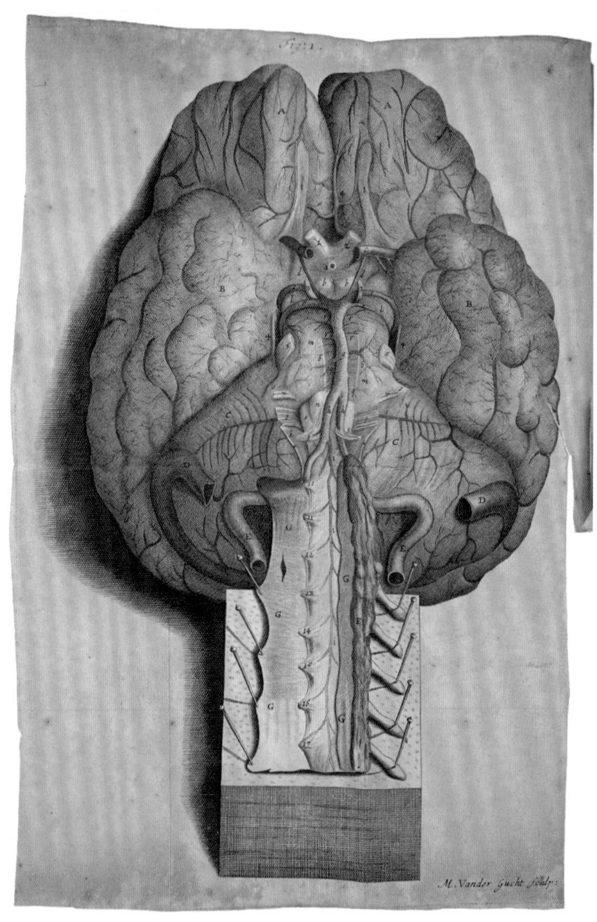

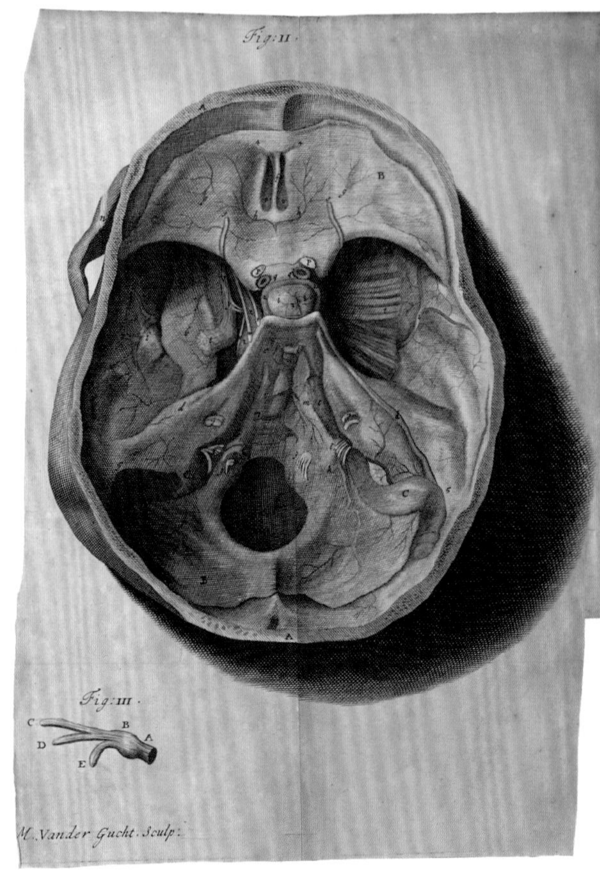

《腦部解剖學》
（*The Anatomy of the Brain*，1695年）

漢弗萊・里得利（Humphrey Ridley）創作了第一本以英語寫成的腦部解剖專著。從左到右：腦底部的仰視圖，圖中呈現了延髓和填滿蠟的血管；顱骨內部最下方的俯視圖；腦靜脈竇的矢狀切面（將腦部分為左右半球的切面）；延髓周圍的腦部水平切面。

後倖存下來，如此經歷被視為一種「神蹟」。（她的起訴人托馬斯・里德爵士〔Sir Thomas Read〕在處決失敗的三天後去世，這也令人更加相信有神的介入。）她的判決遭到撤銷，而這個案件也成了令威利斯聲名大噪的聳動新聞故事。

談到解剖，威利斯較偏好利用剛被絞死的囚犯進行腦部研究。根據他的觀察，這種處決方式會導致頭部血管腫脹，也因此較易於觀察。為了能更清楚看見血管，他還將水銀或染色的蠟注射到其內。他的研究方法使他成為了第一位描述數種腦部特徵的解剖學家，其中一項極為重要的特徵就是血腦障壁。

威利斯對腦部與神經系統進行了詳盡的研究，並在1664年將成果出版成《腦部解剖學》（*Cerebri anatome*）一書。這是一部令人讚嘆之作，其描述內容縝密複雜，遠遠超前於過去任何一本同主題的著作。威利斯因此贏得了「神經學之父」的稱號（他在書中新創了「神經學」一詞）。《腦部解剖學》內含許多創新觀點，包括最初被朱利奧・卡塞里認出、如今又被威利斯重新發現而搶走功勞的「威利斯環」。威利斯也值得因1672年出版的《兩篇關於禽獸靈魂的論述》（*Two Discourses concerning the Soul of Brutes, which is that of the Vital and Sensitive of Man*）而受到讚揚，

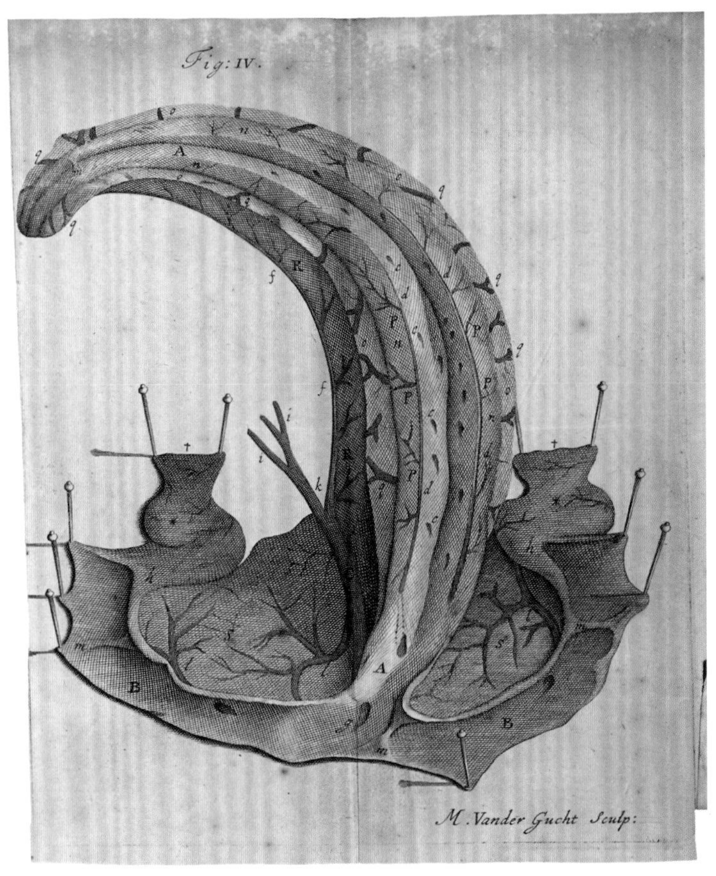

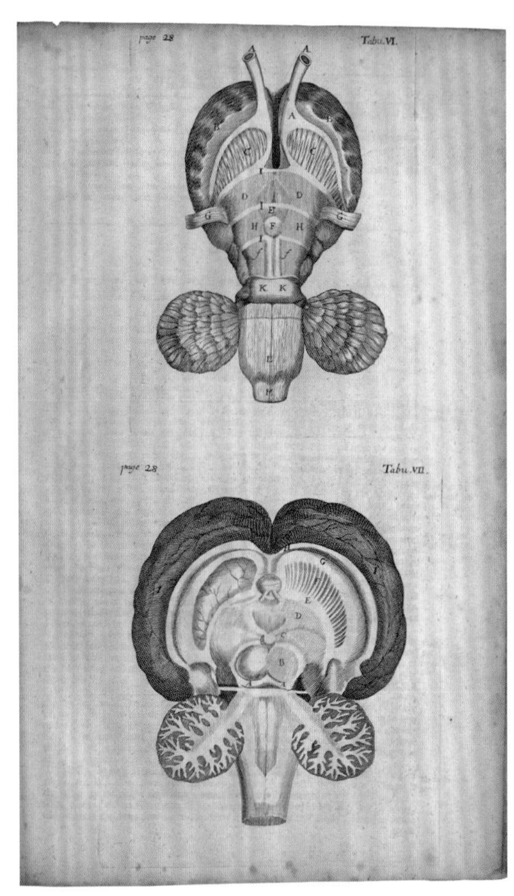

因為這本書被認為是最早對醫學心理學有所貢獻的英語著作（右圖）。

TWO
DISCOURSES
CONCERNING
The Soul of Brutes,
Which is that of the
Vital and Senſitive of Man.
The Firſt is PHYSIOLOGICAL, ſhewing the NATURE, PARTS, POWERS, and AFFECTIONS of the ſame.
The Other is PATHOLOGICAL, which unfolds the DISEASES which Affect it and its Primary Seat; to wit, The BRAIN and NERVOUS STOCK, And Treats of their CURES: With Copper Cuts.

By THOMAS WILLIS Doctor in PHYSICK, Profeſſor of Natural Philoſophy in OXFORD, and alſo one of the Royal Society, and of the renowned College of Phyſicians in LONDON.

Engliſhed
By S. PORDAGE, Student in PHYSICK.

LONDON,
Printed for Thomas Dring at the Harrow near Chancery-Lane End in Fleetſtreet. Ch. Harper at the Flower-de-Luce againſt St. Dunſtan's Church in Fleet-ſtreet, and John Leigh at Stationers-Hall. 1683.

《腦部解剖學》的插畫是由威利斯的朋友克里斯多福．雷恩所繪，書中內容則反映了威利斯與另一名解剖學家理查德．勞爾（Richard Lower）的合作成果。在他們的某些共同研究中，威利斯曾聘用羅伯特．虎克擔任助手，而虎克自己之後在研究上也大有成就。

羅伯特．虎克（1635–1703 年）後來成為了羅伯特．波以耳的助手。波以耳不僅和威利斯同為牛津哲學學會的成員，也是倫敦隱形學院（Invisible College of London，致力於實驗科學的另一個團體）的重要人物。1662 年，這兩個團體的成員和其他人一起組成英國皇家學會，在查理二世的贊助下投入於推廣與發展科學。成員們針對許多科學分支舉辦了實用的講座。後來學會認為需要設立一個固定的職位，以負責籌備公開展示活動，於是波以耳推薦虎克擔任「實驗負責人」（Curator of Experiments）。這不僅使虎克能接觸到各式各樣的科技，也使他得以展示自己的某些理論。

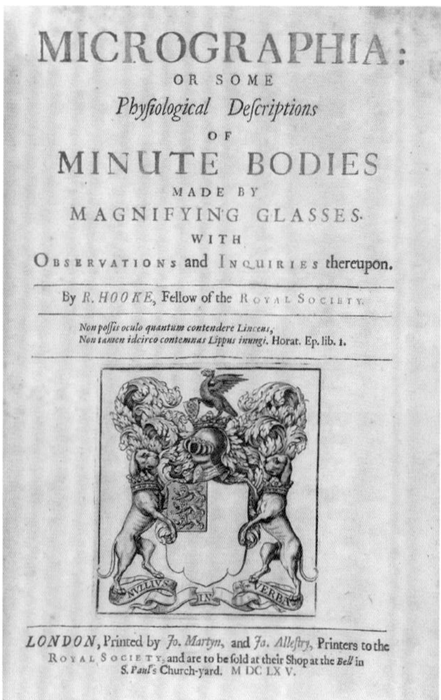

MICROGRAPHIA:
OR SOME
Physiological Descriptions
OF
MINUTE BODIES
MADE BY
MAGNIFYING GLASSES.
WITH
OBSERVATIONS and INQUIRIES thereupon.

By *R. HOOKE*, Fellow of the ROYAL SOCIETY.

Non possis oculo quantum contendere Linceus,
Non tamen idcirco contemnas Lippus inungi. Horat. Ep. lib. 1.

NULLIUS IN VERBA

LONDON, Printed by *Jo. Martyn*, and *Ja. Allestry*, Printers to the ROYAL SOCIETY, and are to be sold at their Shop at the *Bell* in S. *Paul's* Church-yard. M DC LX V.

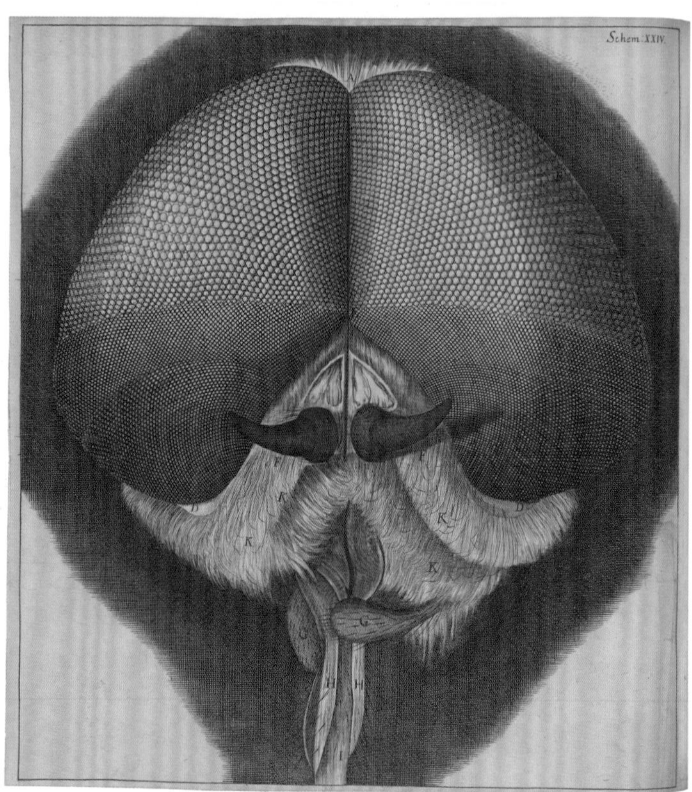

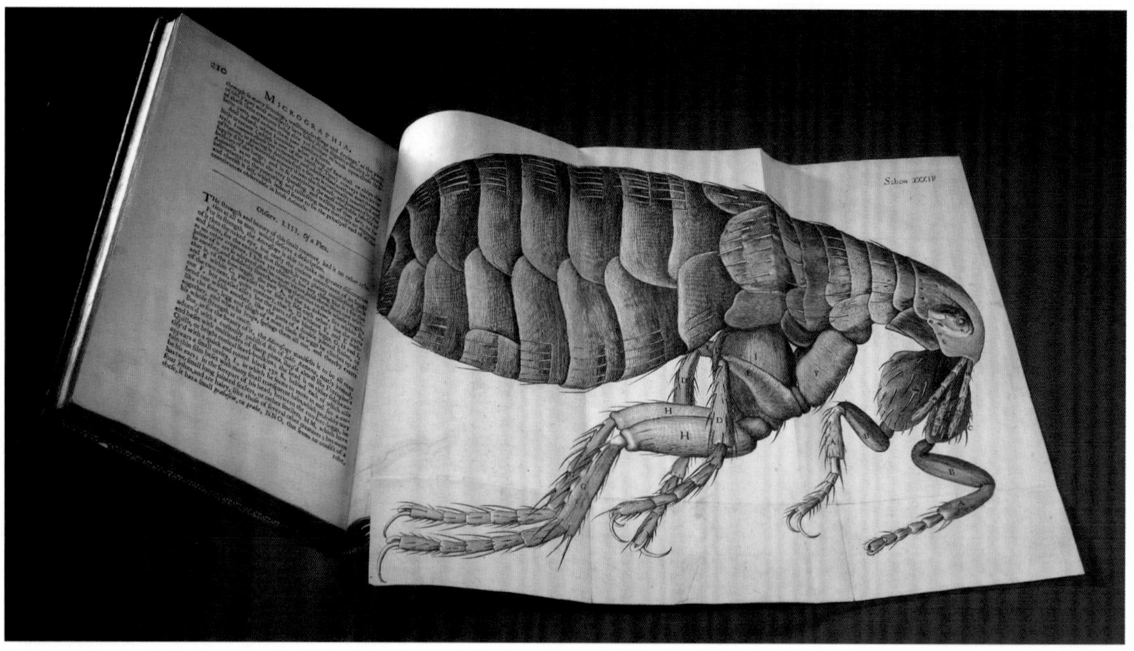

虎克是經常被譽為「英國達文西」的其中一人。他是一位傑出的博學家，在許多領域都取得了重大進展，包括熱、光、重力、數學、地質學與古生物學。他運用數學繪製地圖，也因此成為了倫敦的首席勘測員，在倫敦經 1666 年的大火摧殘後，為這座城市提出了新的網格規劃。他和雷恩在大火後為教堂與其他建築的重建密切合作，其中，聖保羅大教堂的穹頂就是由他負責工程設計。虎克針對呼吸與燃燒作用的實驗，使他幾乎就要發現氧氣的存在。另外，他用顯微鏡仔細觀察化石後，也提出了自然演進的看法。

他在顯微鏡的協助下，對解剖學做出了最大貢獻。在他的老師威利斯出版《腦部解剖學》後只隔一年，他就在 1665 年出版了《顯微圖譜》（*Micrographia*）。書中蘊含了前所未見的生物學插圖，描繪的都是顯微鏡底下的畫面，包括最早的渺小昆蟲細部觀察圖。這些插圖以摺頁設計突顯出顯微鏡的強大威力；舉例來說，揚・斯瓦默丹特別關注的蝨子在虎克書中，是以大於封面四倍的摺頁來呈現。至於植物方面的研究，虎克觀察到構成植物的微小隔室，並將這些小格子命名為「細胞」——而這也是第一次在研究中出現細胞一詞。《顯微圖譜》中還附有史上最早的毛黴菌（一種微型真菌）圖片。這本書實際上就是一本詳細的解剖圖鑑。當虎克在不同的木化石上觀察到相同結構時，他提出了有關生物起源的看法，而非一般對化石較富於幻想的解釋。許多插圖都繪於圓框內，帶給觀者一種從顯微鏡往下觀察物體的感覺。

《顯微圖譜》也包含生活用品的微觀圖片，例如大頭針與剃刀的刀刃，因此若非由皇家學會出版，這本書可能只會被當成是顯微鏡所帶來的一種新奇體驗。結果非但不是如此，這本書的出版還同時提升了虎克與皇家學會的科學聲譽。

對頁圖
《顯微圖譜》（*Micrographia*，1665年）

羅伯特・虎克（Robert Hooke）的名著向英國大眾引介了顯微圖像。
左上：扉頁。
右上：蒼蠅的眼睛。
下：一隻碩大的蝨子隨著頁面展開，突顯出顯微技術的強大。

虎克在晚年時，因為和皇家學會未來的會長艾薩克・牛頓（Isaac Newton）爭論是誰先提出引力理論，導致雙方關係決裂。虎克宣稱是他帶給牛頓靈感，而牛頓據說為了報復，不但將虎克的論文都藏了起來，還將學會牆上的虎克肖像全部移除。如今已知的虎克肖像沒有任何一張留存下來。

虎克用來準備《顯微圖譜》的顯微鏡，是由倫敦的儀器製造商克里斯多福・懷特（Christopher White）所打造。這個科學史上的珍貴寶物留存至今，目前展示於美國馬里蘭州的國家衛生與醫學博物館（National Museum of Health and Medicine）。

下圖
羅伯特・虎克的顯微鏡

虎克透過顯微鏡頭所創作的《顯微圖譜》，如今保存於美國馬里蘭州的國家衛生與醫學博物館（National Museum of Health and Medicine）。

8. 安東尼・范・雷文霍克（Antonie van Leeuwenhoek）

在這個非凡的科學黃金年代，大量的創新想法與發現就如同瀑布，從英國與荷蘭的偉大人物腦海中傾瀉而出。皇家學會成為了國際合作的活動中心；而安東尼・范・雷文霍克即使從未寫過書，但憑藉著他與皇家學會之間的通信，也應當在解剖學家的書架上贏得一席之地（皇家學會後來出版了這些信件的合訂本）。

雷文霍克（1632–1723 年）是荷蘭共和國（Dutch Republic）內的台夫特（Delft）市民，在那裡生活了一輩子。他最早的工作是在布行當學徒簿記員，工作時需要透過放大鏡檢查布料的品質，進而引發了他對透鏡與顯微鏡學的興趣。在其一生中，他打造了超過 500 台顯微鏡，放大倍率高達 500x。其他的解剖學家偶爾才會借助於顯微鏡，但雷文霍克的科學研究卻是完全圍繞在顯微觀察上。即使是對顯微鏡貢獻良多的羅伯特・虎克，也被他的熱忱所打動，並抱怨顯微鏡學的領域只由一人獨攬，那就是雷文霍克。

雷文霍克以自學的方式學習顯微鏡學，並認為自己從事的活動只是一種嗜好，其他人不會對此感興趣。他對微觀畫面的探知慾促使他獲得了許多發現，但要是他的朋友——荷蘭解剖學家雷尼爾・德・格拉夫（Reinier de Graaf）——沒有寫信向皇家學會讚許他製造顯微鏡的技術，這些發現有可能至今都不會公諸於世。德・格拉夫的背書使皇家學會開始看重雷文霍克，並在他們下一期的期刊中公開了雷文霍克的來信。在這封信中，他分享了自己對蜜蜂、蝨子與黴菌的顯微觀察。

下圖

安東尼・范・雷文霍克（Antonie van Leeuwenhoek，1632–1723年）

由荷蘭藝術家揚・維科萊（Jan Verkolje）所繪的雷文霍克肖像；雷文霍克被譽為「微生物學之父」。

對頁圖

《神經學總論》（*Neurographia universalis*，1684年）

去除腦膜的腦部。

雷文霍克顯然不只擁有高超的工藝技術，他對顯微科學的了解也十分透徹。他的研究發現包括：精子的存在；細胞內用來隔絕危險或廢棄物質的「液泡」結構；一種既非植物、也非真菌或動物的淡水生物型態，如今被稱為「原生生物」。他對人類與其他動物口腔細菌的觀察也非常重要。然而，儘管他獲得了許多進展，但當他在 1676 年寫信描述自己觀察到單細胞生物時，皇家學會卻對此抱持懷疑的態度。單一細胞怎麼可能構成生物？由於學會成員非常抗拒這個概念，而雷文霍克又非常堅持單細胞生物確實存在，因此學會派了代表團去雷文霍克家中求證。結果他們當然發現了證據，並在 1677 年承認他的發現是對的。

雷文霍克在 1680 年被選為皇家學會成員。雖然他總是大方分享他的觀察，但對於研究過程（特別是透鏡的製作方法）卻守口如瓶。由於他獨自工作，外界猜測他是以打磨的方式自製所有的透鏡。真相一直到 1957 年才重新被發現：他其實是靠火焰將細玻璃棒熔成球狀，製作出小顆的玻璃透鏡。如今人們認為虎克也採取了類似的製作手法。

9. 雷蒙・維尤森（Raymond Vieussens）與漢弗萊・里得利（Humphrey Ridley）

托馬斯・威利斯的《腦部解剖學》使神經學成為了解剖研究的新途徑。在 17 世紀結束前，至少有其他兩位知名的解剖學家已開始奠基於他的研究，發展出自己的論述。雷蒙・維尤森比威利斯小 14 歲，自認在職涯上深受威利斯啟發，並以腦部與脊髓研究聞名。維尤森（約 1635–1715 年）在法國蒙彼利埃（Montpellier）的醫校受訓後，在當地的迪厄・聖埃盧瓦飯店附設醫院（Hôtel Dieu Saint-Eloi hospital）擔任主任醫生。他在世時因喜歡作出無科學佐證的推測而聞名。也由於他恣意發揮想像，不受現實拘束，因此能為解剖學的發展思索新的可能性。不過，這樣的人格特質並未影響他在從事研究時對細節的嚴格要求。他在 1684 年出版的《神經學總論》（*Neurographia universalis*）是神經學領域的早期重要著作，裡面附有一些以鐫刻銅版印製的華美插畫。在這本書出版後，有一段期間，人們將大腦皮質下方半卵圓形的白質稱為「維尤森中樞」（Vieussens' centrum，即半卵圓中樞）。

心血管系統是維尤森深感興趣的另一個領域，也因此其中的數個組成部分是以他的名字來命名。在他的眾多著作中，出版於 1705 年的《人體血管系統新論》（*Novum vasorum corporis humani systema*），不僅是有關解剖學與心臟疾病的早期重要研究，更為心臟學的發展揭開了序幕。

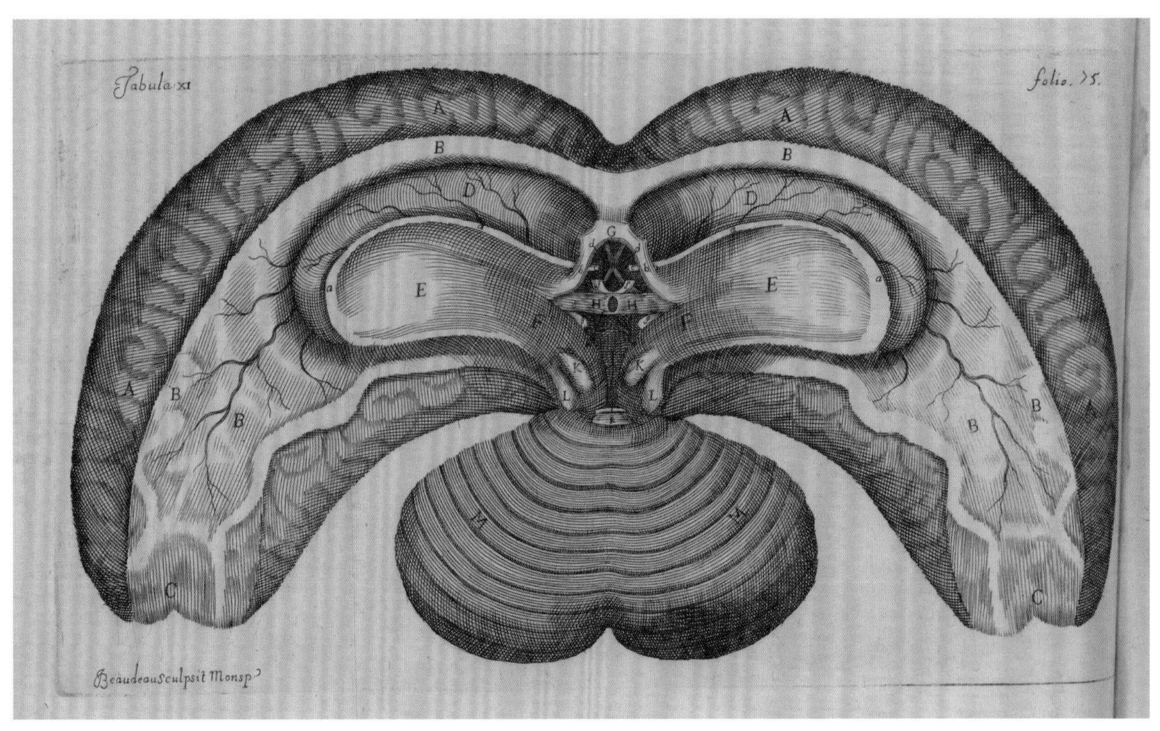

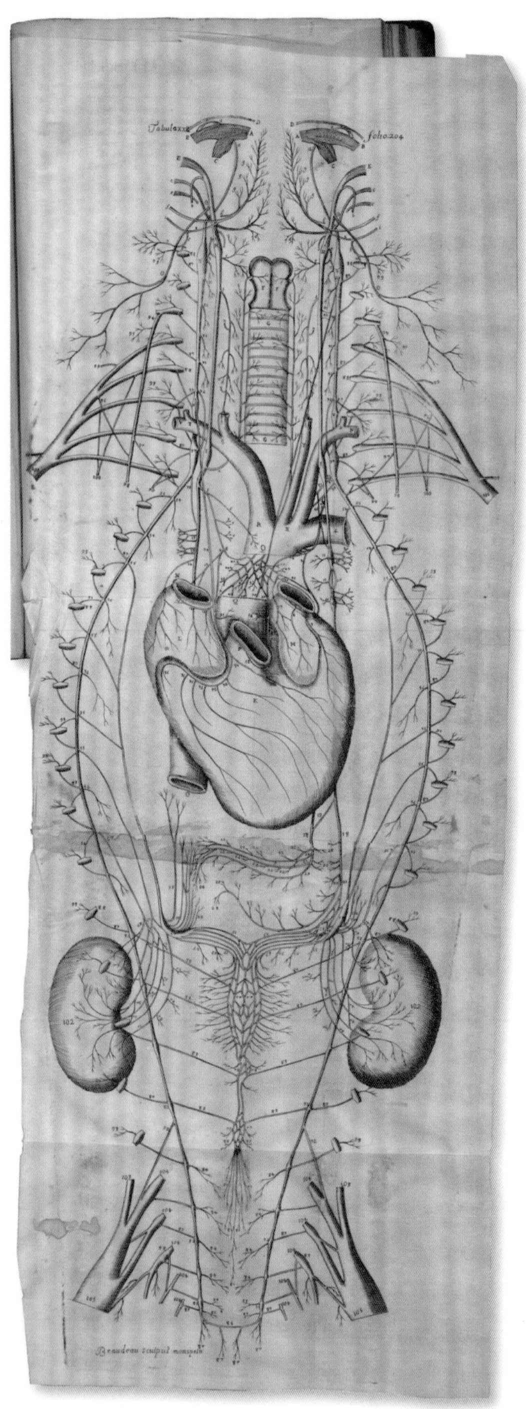

RAYMUNDI
VIEUSSENS
DOCTORIS MEDICI
MONSPELIENSIS
NEVROGRAPHIA
UNIVERSALIS.
HOC EST,
OMNIUM CORPORIS HUMANI NERVORUM,
simul & cerebri, medullæque spinalis
DESCRIPTIO ANATOMICA;
EAQUE INTEGRA ET ACCURATA, VARIIS
Iconibus fideliter & ad vivum delineatis, æreque incisis illustrata:
CUM IPSORUM ACTIONE ET USU,
Physico discursu explicatis.
EDITIO NOVA.

LUGDUNI,
Apud JOANNEM CERTE, in vico Mercatorio,
sub signo Trinitatis.
M. DC. LXXXV.
CUM PRIVILEGIO REGIS.

《神經學總論》
（1684年）

最左：維尤森（Vieussen）針對中樞神經系統以及它和心、肺、腎、脊髓的關係，提供了概略圖。
上：脊髓、腰 神經叢與腿部神經。
左：這本早期神經學著作的扉頁。

和維尤森同時代的英國醫生漢弗萊・里得利，同樣也扛起了威利斯卸下的重擔。里得利（1653–1708 年）在萊登研讀醫學，其畢業論文是以性傳染疾病為主題，但其最重要的著作則是《腦部解剖學：包括其運作機制與生理機能，並附上一些新的發現，以及針對古今作家在同一主題上的論述提出修正》（*The Anatomy of the Brain, containing its Mechanism and Physiology; together with some new Discoveries and Corrections of Ancient and Modern Authors upon that Subject*）。這本書是腦解剖學上的一大進展，也是第一本以英語出版的神經學著作（威利斯的著作是以拉丁語寫成）。儘管在今日已被大多數人遺忘，但里得利在科學的早期發展時期貢獻重大。

上圖
雷蒙・維尤森（Raymond Vieussens，1635–1715年）

出自其著作《神經學總論》（1684年）的作者肖像。

10. 雷尼爾・德・格拉夫、約翰・布朗與威廉・莫林斯（William Molins）

雷尼爾・德・格拉夫（1641–73 年）是雷文霍克在皇家學會的贊助人，曾出版數本解剖學著作，並對這門科學有所貢獻，其中尤以生殖系統的研究為甚。他有可能是第一個發現法洛皮奧管有何功能的人，也是最早描述 G 點的解剖學家（不過 G 點是以婦科學家恩斯特・葛拉芬伯格〔Ernst Gräfenberg，1881–1957 年〕的姓氏縮寫來命名；葛拉芬伯格除了在 20 世紀初重新發現這個陰道內的敏感區域外，也發明了避孕器。）

1668 年，德・格拉夫出版了《論男性生殖器官、注射器與虹吸管在解剖學上的應用》（*De virorum organis generationi inservientibus, de clysteribus et de usu siphonis in anatomia*）。其 1672 年的續集《女性生殖器官新論：以示人類與所有其他的胎生動物皆起源自卵，就和卵生動物一樣》（*De mulierum organis generationi inservientibus tractatus novus: demonstrans tam homines et animalia caetera omnia, quae vivipara dicuntur, haud minus quàm ovipara ab ovo originem ducere*）引發了一些爭議。同樣來自荷蘭的揚・斯瓦默丹與約翰尼斯・范・霍恩（Johannes van Horne），也在同一年以《自然奇蹟：女性子宮的設計》（*Miraculum naturae sive uteri muliebris fabrica*）一書，發表了他們自己的研究。結果斯瓦默丹指控德・格拉夫剽竊他們有關子宮的發現。

儘管德・格拉夫否認，但這項指控仍導致德・格拉夫名譽受損。不過針對書中的其他部分，他卻大方承認自己抄襲；例如其中一幅描繪子宮外孕的插畫，他表示是模仿自一本較早期的著作。不論真相為何，他的著作都是生殖解剖史上的里程碑，概括了截至當時關於生殖系統的所有知識，但針對過去的錯誤，他卻未能加以修正。由於缺乏可供解剖的屍體，他多半以兔子來進行研究，並在未確認原始資料來源或自己所見證據的情況下，一再重犯了數項錯誤；舉例來說，他認為人體是在卵巢內完全成形，並在精子抵達後即能甦醒與成長。

相形之下，英國解剖學家約翰・布朗在數年後的剽竊行為又更為嚴重。布朗在 1678 年出版了他的傑作《傷痕總論》，其中插畫是由羅伯特・懷特所繪製，也就是為馬爾切洛・馬爾皮吉的《植物解剖學》製作插畫的同一位雕版家。在這本出色的作品問世後，人們對他在 1681 年推出的《人體肌肉結構與解剖總論，以及過去尚未遭人發掘的各種解剖觀察》（*A Compleat Treatise of the Muscles as they Appear in the Humane Body and Arise in Dissection; with diverse anatomical observations not yet discovered*），可能因而抱持著很大的期望。

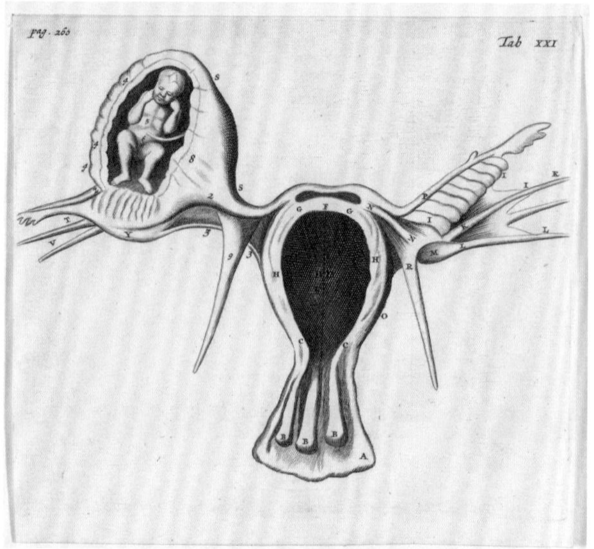

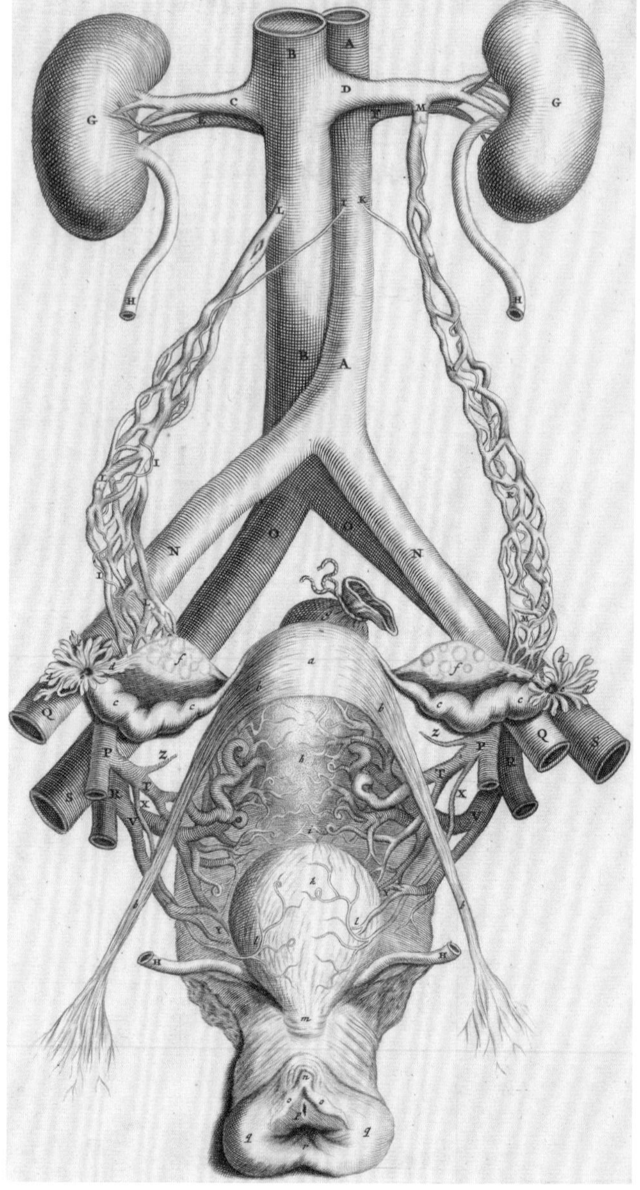

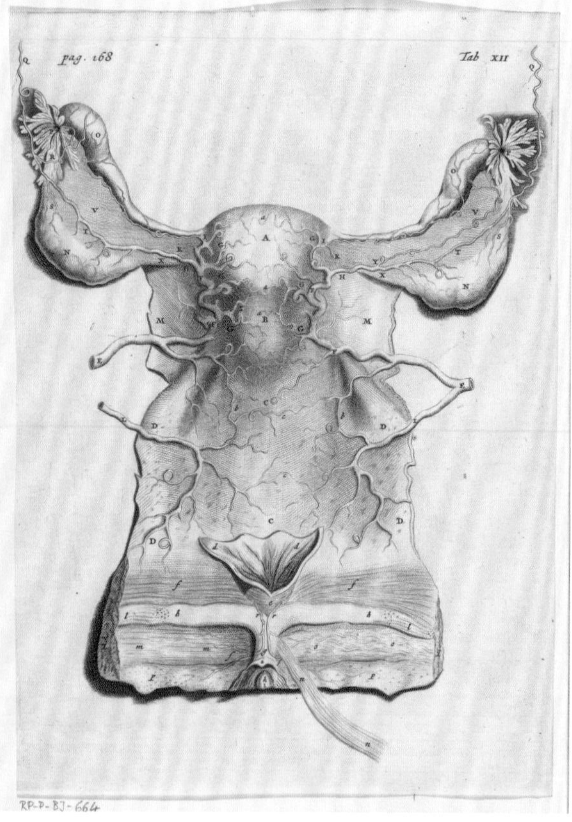

《女性生殖器官新論》
（*De mulierum organis generationi*，1672年）

雷尼爾・德・格拉夫（Reinier de Graaf）的書碰巧與揚・斯瓦默丹的某一本著作相似，因而遭指控剽竊。
左上：異位妊娠的圖片；德・格拉夫承認這張圖是他從一本較早期的書借來的。
左：子宮內部。
上：女性外生殖器與泌尿系統。

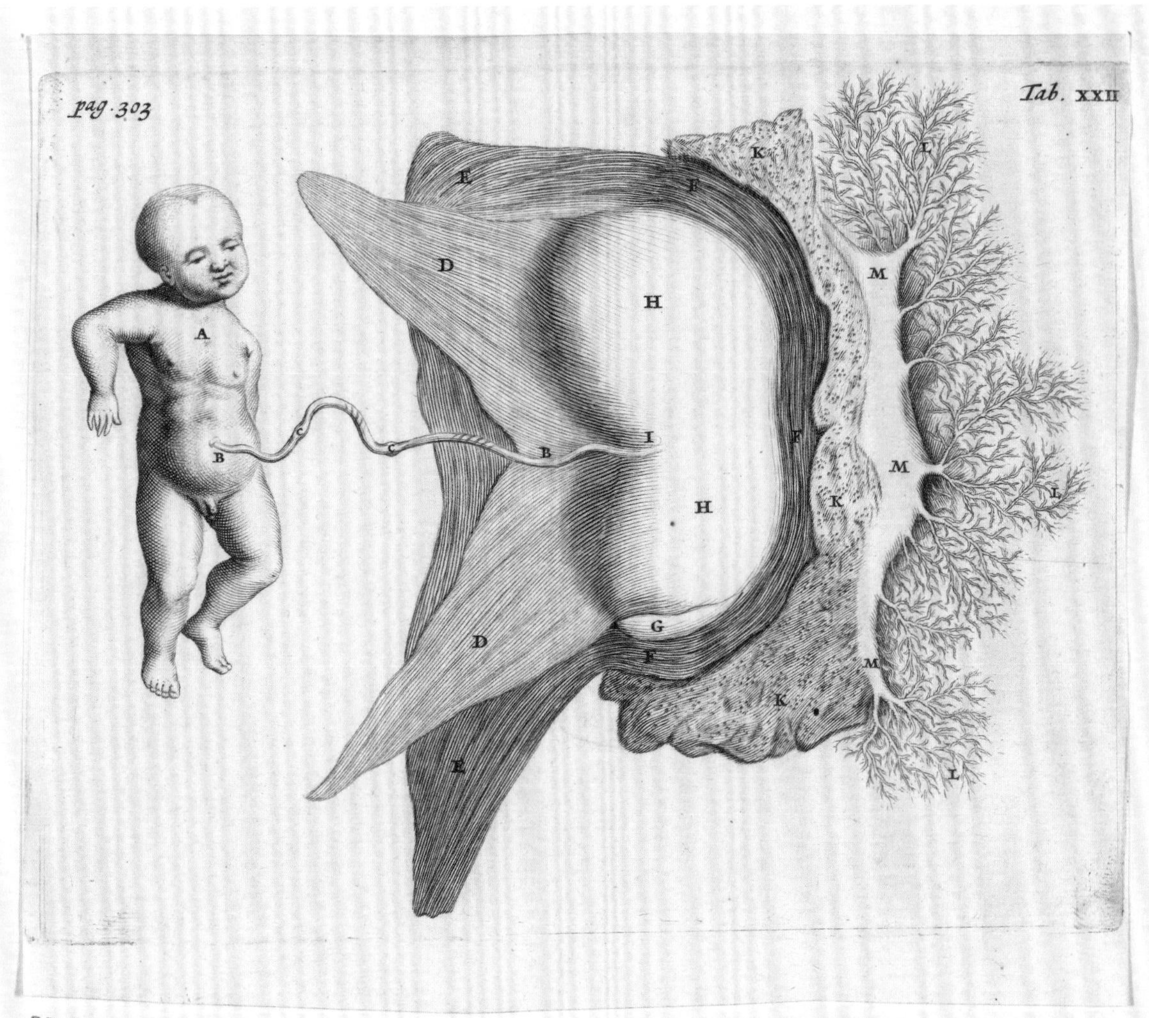

《女性生殖器官新論》（1672年）

藉由胎盤附著在子宮上的胎兒。德・格拉夫的插圖是備受推崇的荷蘭雕版家亨德里克・貝里（Hendrik Bary）製作的蝕刻版畫。

下圖

《人體肌肉結構與解剖總論》
（*A Compleat Treatise of the Muscles*，1681年）

約翰·布朗（John Browne）在剽竊了威廉·莫林斯（William Molins）的文字論述與朱利奧·卡塞里的圖片，用來放在其著作中，當成「尚未遭人發掘的解剖觀察」。
左：眼與耳的肌肉。
右：頸部肌肉。

對頁圖

《人體肌肉結構與解剖總論》
（1681年）

左：軀幹上部位於肋骨間的肌肉。
右上：這本書中唯一的原創插圖是作者約翰·布朗的肖像。
右下：大腿肌肉。

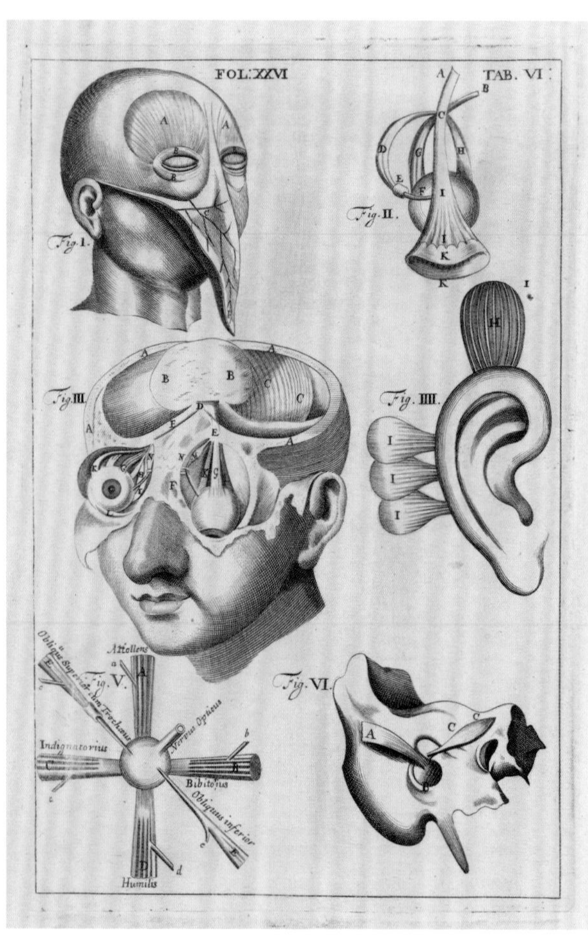

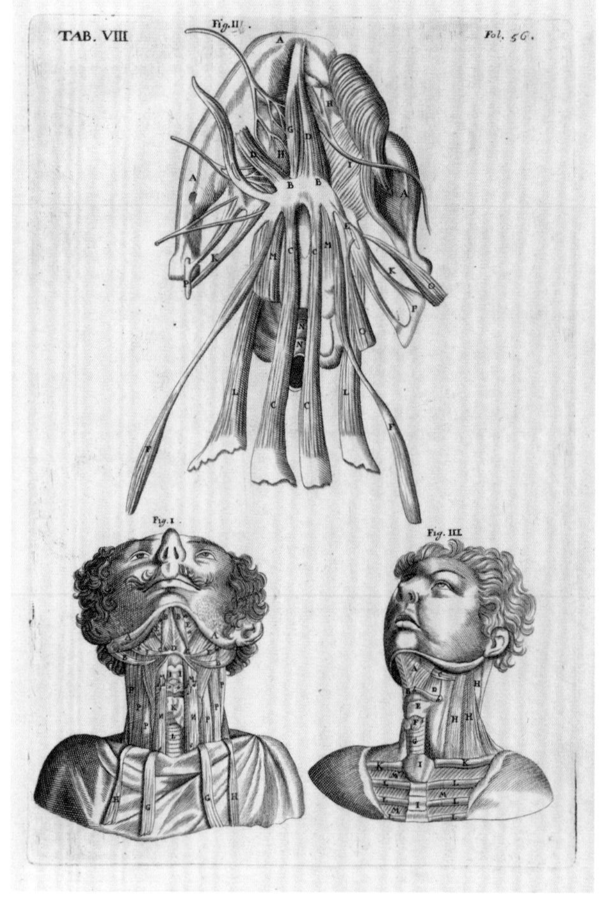

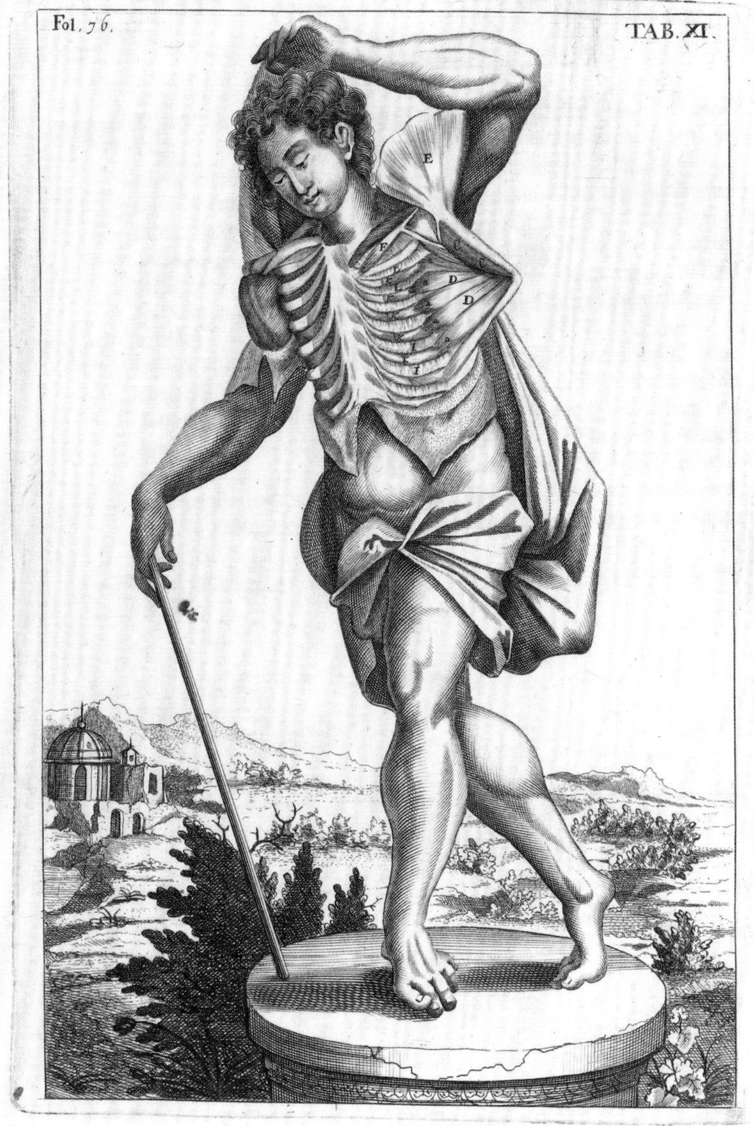
Fol. 76.
TAB. XI.

Joannes Browne
Regius Chirurgus Ordinarius.

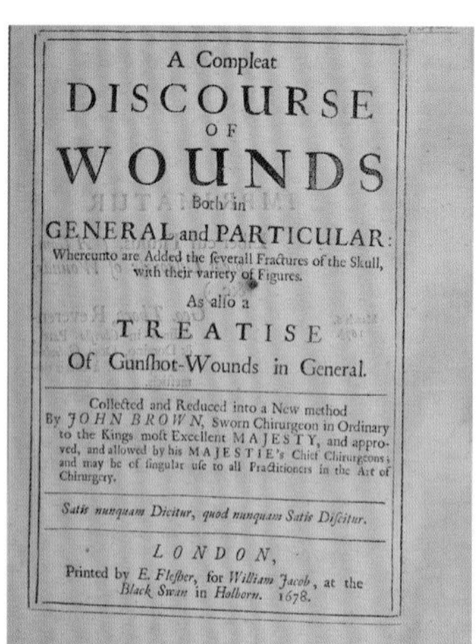

A Compleat
DISCOURSE
OF
WOUNDS
Both in
GENERAL and PARTICULAR:
Whereunto are Added the feverall Fractures of the Skull, with their variety of Figures.
As alfo a
TREATISE
Of Gunfhot-Wounds in General.

Collected and Reduced into a New method
By JOHN BROWN, Sworn Chirurgeon in Ordinary to the Kings moft Excellent MAJESTY, and approved, and allowed by his MAJESTIE's Chief Chirurgeons; and may be of fingular ufe to all Practitioners in the Art of Chirurgery.

Satis nunquam Dicitur, quod nunquam Satis Difcitur.

LONDON,
Printed by *E. Flefher*, for *William Jacob*, at the *Black Swan* in *Holborn.* 1678.

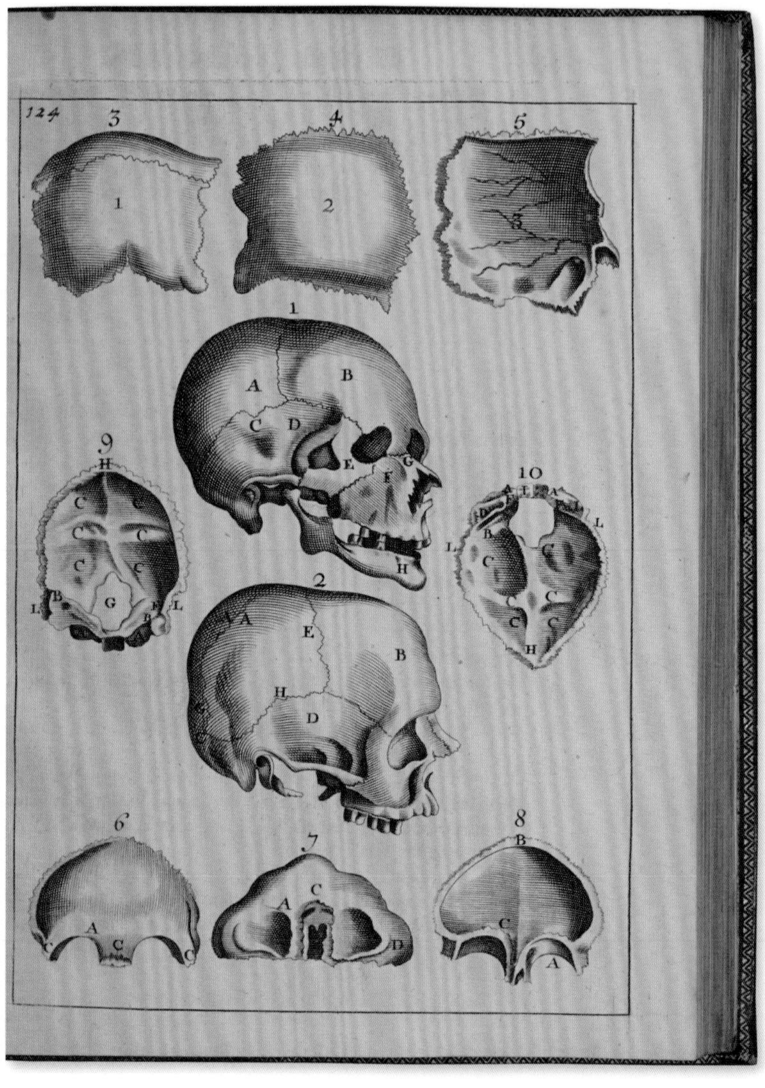

《傷痕總論》
（*A Compleat Discourse of Wounds*，1678年）

上：扉頁。
右：顱骨骨折的例子。
對頁：不同年齡傷患的頭部傷口。

170
A
B
C
D

然而，這本書的書名有誤導之嫌：書中的解剖觀察事實上早已被人發掘，甚至已由威廉·莫林斯（1617–1691 年）在 1648 年出版成書，書名為《人體肌肉解剖實作指南，並附上按肌肉作用與職責歸納的分析表，以期為所有解剖從業者的共同利益盡一份心力》（*Myskotomia, or The anatomical administration of all the muscles of an humane body, as they arise in dissection: as also an analitical table, reducing each muscle to his use and part; and published for the general good of all practitioners in the said art*）。布朗完全抄襲了莫林斯的著作內容，而他所使用的插圖，則是取自朱利奧·卡塞里的《解剖圖表》。

布朗在 1684 年被揭發剽竊，但他的書還是賣得很好，甚至出到第十版。後來他因為拒絕遵守醫院規章，而遭倫敦的聖湯瑪斯醫院（St Thomas's Hospital）免除外科醫生職務。儘管如此，他仍是英格蘭國王查理二世（Charles II）與威廉三世（William III）的外科醫生。1685 年，查理二世在他的醫生們施予放血、灌腸、拔火罐等痛苦治療後中風發作，數天後便去世了。威廉三世則比布朗多活了數週。

11. 戈瓦德·比德盧（Govert Bidloo）與威廉·庫柏（William Cowper）

威廉三世是荷蘭人，而他的私人醫生則是另一位荷蘭人，戈瓦德·比德盧——其著作也遭人剽竊，對方是英國人。比德盧（1649–1713 年）不僅是一位解剖學家，也精通文學；他著有劇作和詩，並在 1686 年為約翰·申克（Johan Schenck）的歌劇《酒神巴克斯》（Bacchus, Ceres en Venus）撰寫劇本——這是最早由荷蘭作曲家所寫的歌劇之一，但直到 2011 年才公開首映。在寫出這個劇本的一年前，他創作了《人體解剖學》（*Anatomia humani corporis*）一書。這本書值得關注之處，在於當中有 105 幅描繪人體部位（源自活人和被解剖的屍體）的精彩插畫；這些插畫是由藝術家傑拉德·德·萊雷西（Gerard de Lairesse）所繪，並由雕版家亞伯拉罕·布魯特林（Abraham Blooteling）製成雕版。在書中，比德盧描述了指尖上的乳突紋線（papillary ridges），而時至今日，這本書主要為人所銘記的，就是它對指紋破案的貢獻。

比德盧在 1695 年被任命為萊登大學的解剖學教授，並於一年後開始為威廉三世效命。當這位國王在 1702 年死於肺炎時，他正是死在比德盧的懷裡。比德盧的姪子尼可拉斯·比德盧（Nicolaas Bidloo）後來成為了俄羅斯沙皇彼得大帝（Peter the Great）的私人醫生。比德盧的書銷售量並未達到出版商的期望，而為了回收成本，他們出售了超過 300 個圖版；這些圖版不是賣給一名英國出版商，就是賣給那名出版商底下的其中一位作家，威廉·庫柏。庫柏（1666–1709 年）是一位極具天賦的解剖學家，如今因為以他命名的「庫柏腺」（Cowper's gland，即尿道球腺，為男性生殖系統的一部分）而為人所銘記。他在 1694 年出版的《人體肌肉新論》（*Myotomia Reformata, or a New Administration of the Muscles*），使他在 1696 年被選為皇家學會的成員。

下圖

《人體解剖學》（*Anatomia humani corporis*，1685年）

戈瓦德·比德盧（Govert Bidloo）的荷蘭語著作探究人體細部構造，內有大量插圖，相形之下扉頁顯得有點普通。

對頁圖

《人體解剖學》（1685年）

左：一幅具有18個圖像的插圖，用來呈現數個皮膚區塊、毛囊與一個指紋。
右：不同解剖階段的人眼。

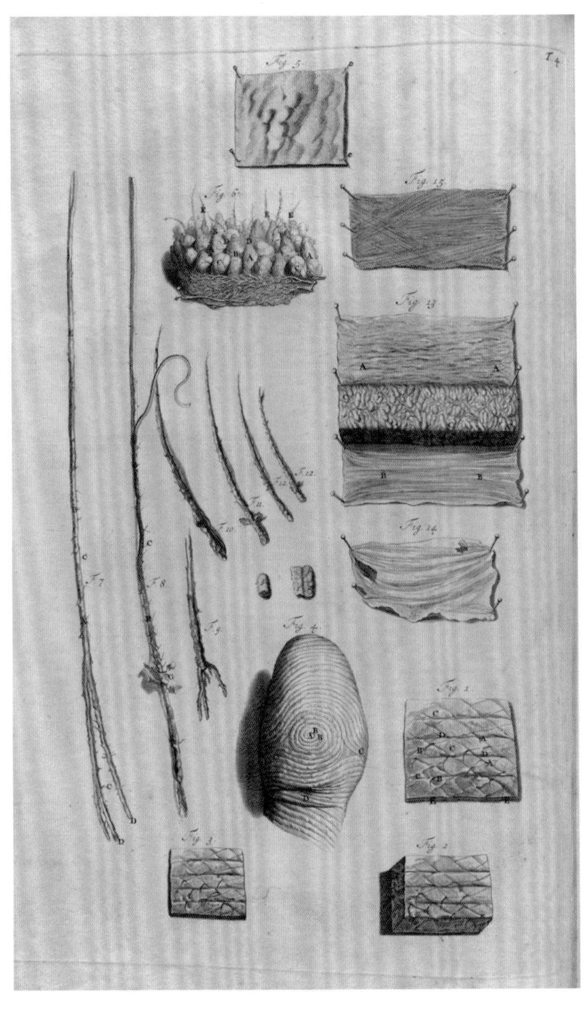

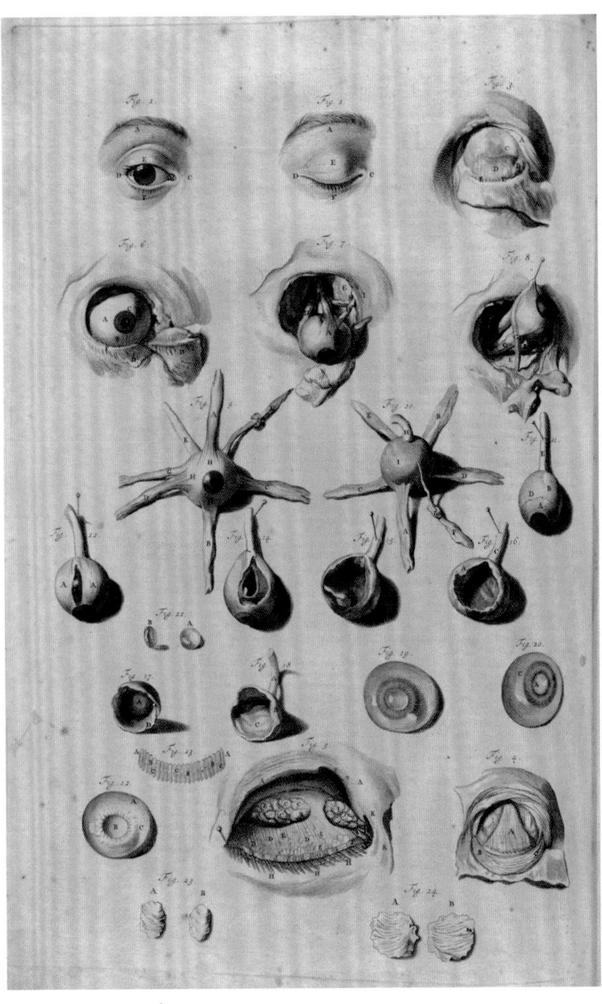

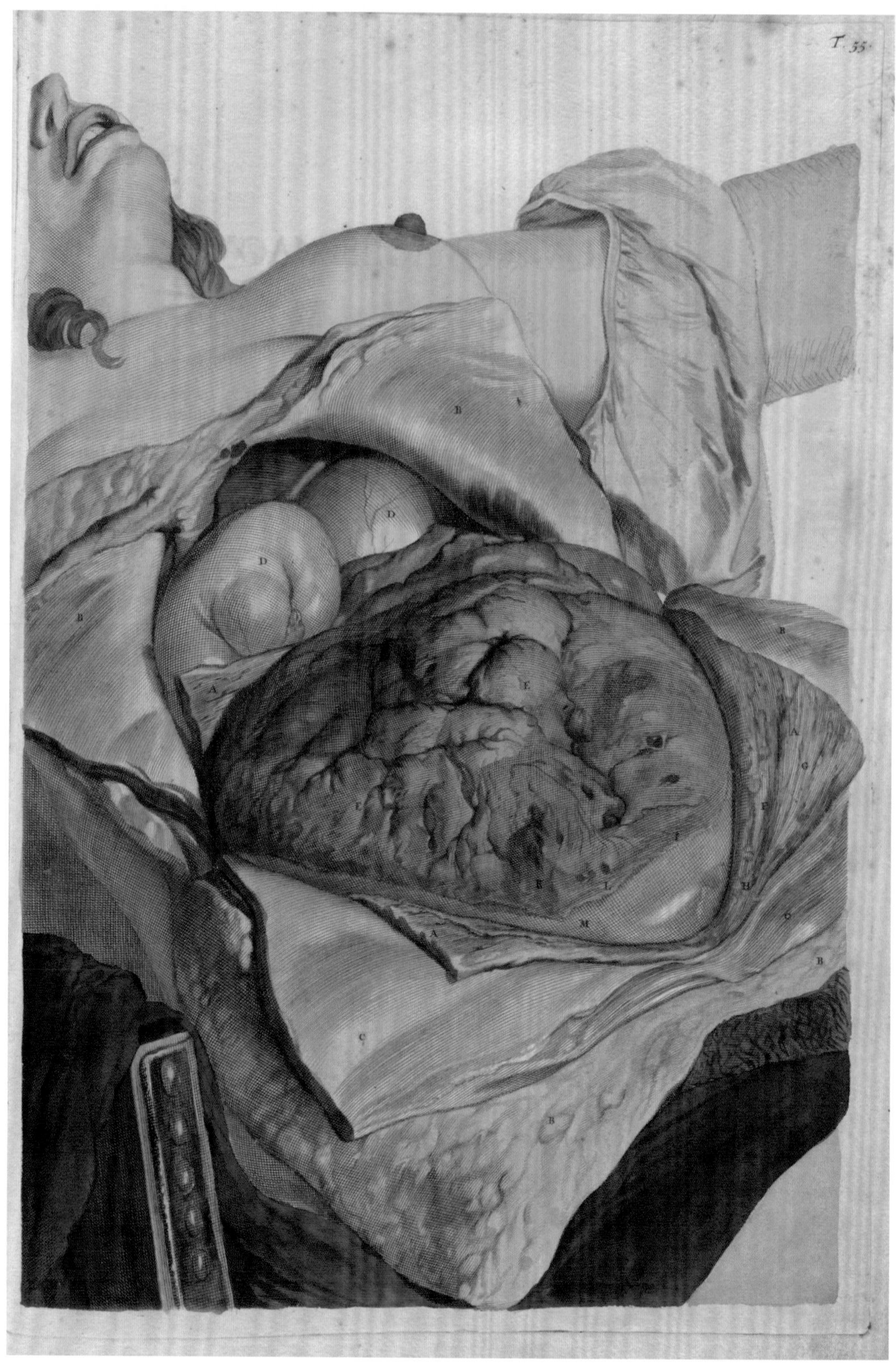
T. 55

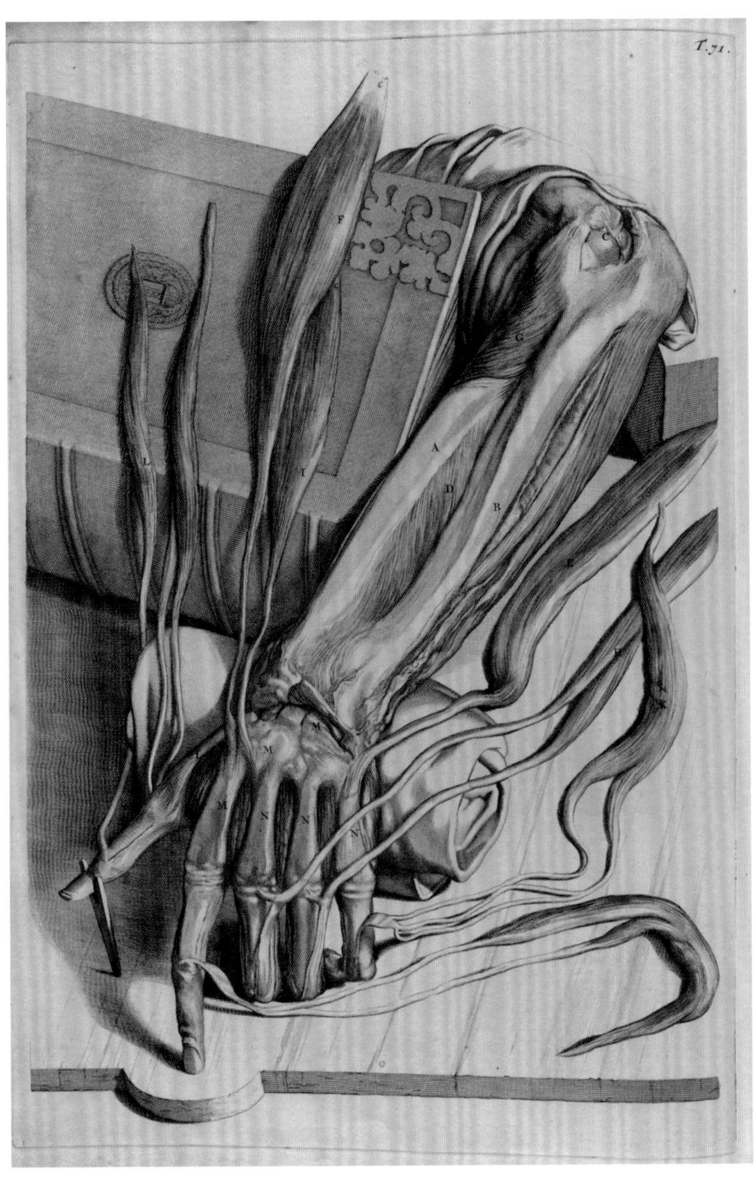

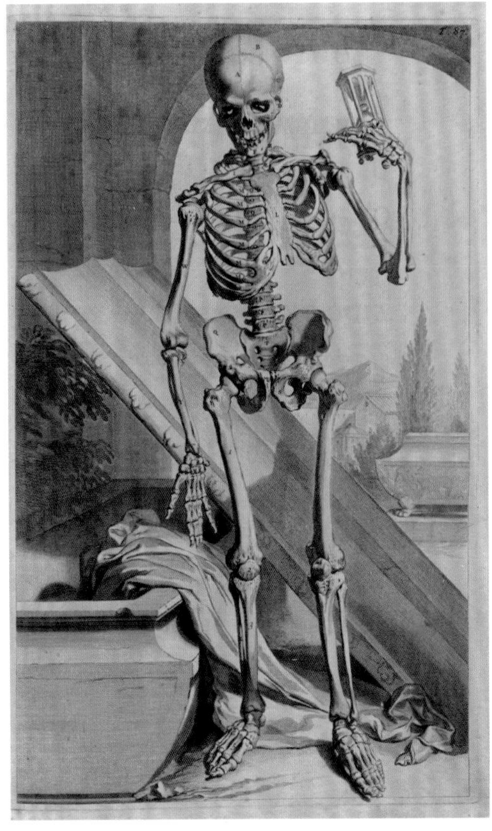

《人體解剖學》
（1685年）

對頁：在比德盧的書中，寫實自然且幾乎算是性感的畫中人物是由傑拉德・德・萊雷西（Gerard de Lairesse）所繪。
左：萊雷西憑想像所畫的手部解剖結構。
上：一具手握沙漏的人體骨骼脫去身上的裹屍布，從墓中復活。

本頁圖

《人體解剖學》
（1685年）

右：下顎與其肌肉。
下：相較於較早期的解剖書中面帶微笑的人物，這幅插畫中的去皮人體動作扭曲，展現出緊繃狀態下的肌肉。

對頁圖

《人體解剖學》
（1685年）

左：肩膀與臉部肌肉。比德盧堅持在畫中呈現人物真實的模樣。
右：威廉・庫柏將比德盧的論述翻譯成英語，但在其扉頁中並未向原作者致意。

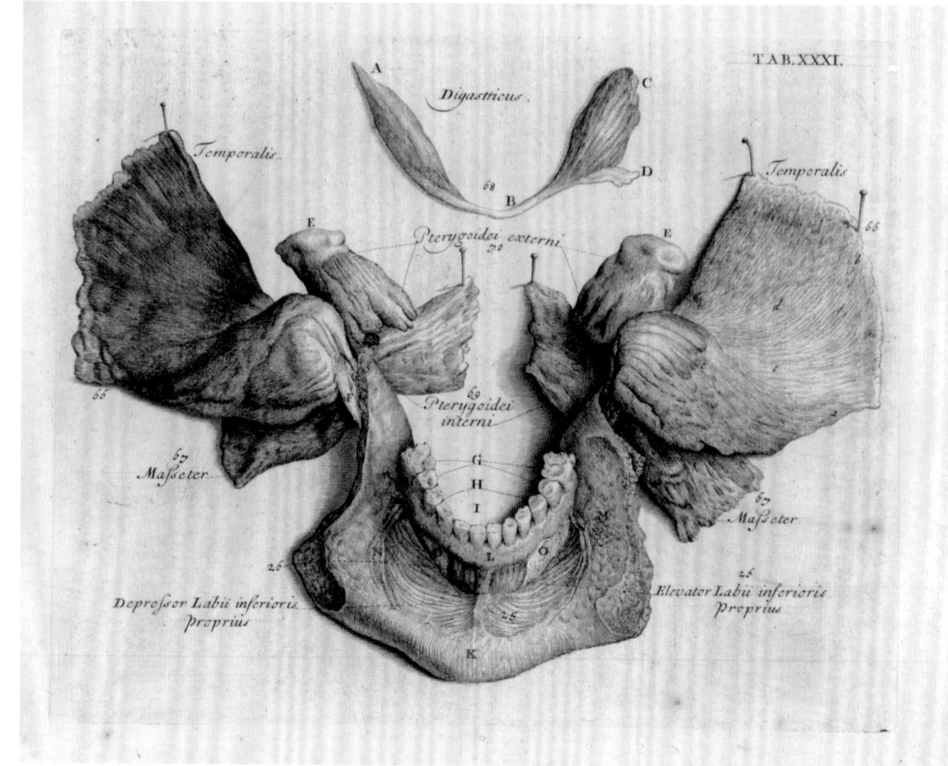

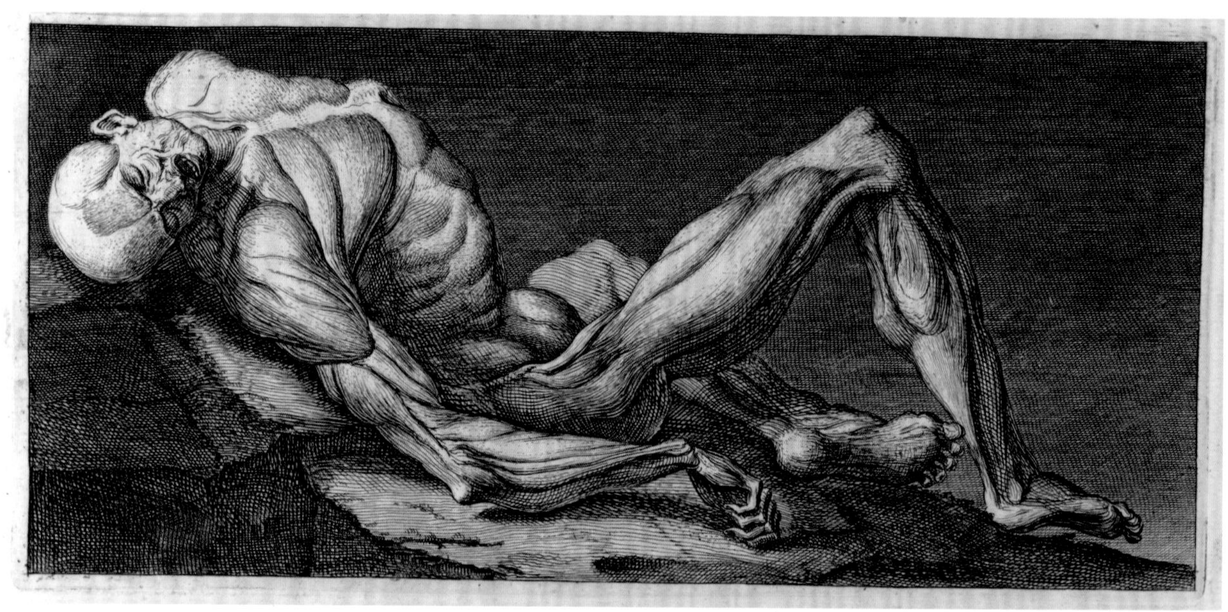

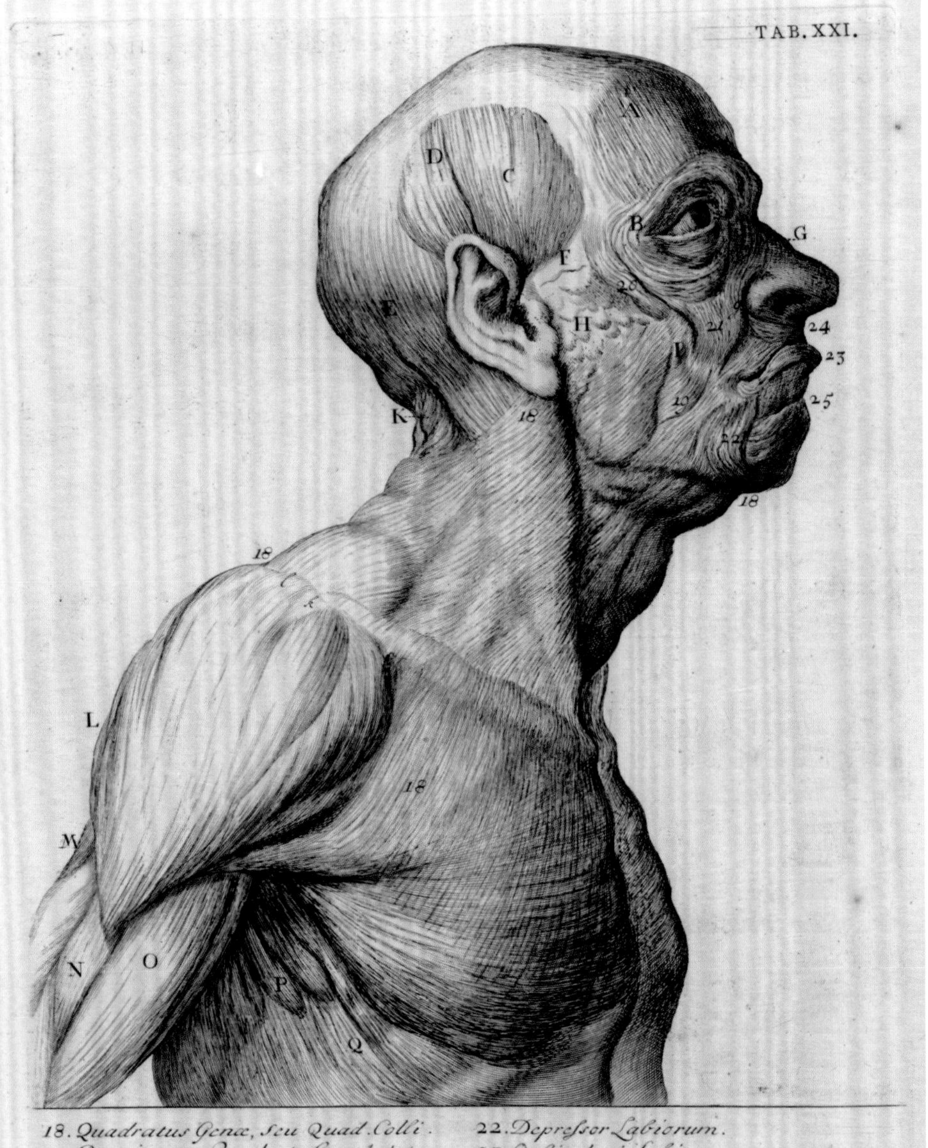

MYOTOMIA REFORMATA:
OR AN
ANATOMICAL
TREATISE
ON THE
MUSCLES
OF THE
HUMAN BODY.
Illuſtrated with FIGURES after the LIFE.

By the late Mr. WILLIAM COWPER,
Surgeon, and Fellow of the Royal Society.

To which is prefix'd
An INTRODUCTION
CONCERNING
MUSCULAR MOTION.

LONDON:
Printed for ROBERT KNAPLOCK, and WILLIAM and JOHN INNYS, in St. *Paul's Church-Yard*; and JACOB TONSON, in the *Strand*. MDCCXXIV.

對頁圖
《解剖學家》
（*The Anatomist*，1811年）

英國諷刺漫畫家托馬斯・羅蘭森（Thomas Rowlandson，1757–1827年）畫了許多嘲諷醫學界的漫畫。這幅畫據說靈感來自蘇格蘭解剖學家威廉・亨特（William Hunter）的解剖課。

庫柏的下一本書《人體解剖學》（*The Anatomy of Humane Bodies*）在1698年問世。他在書中使用了削價出售的那些圖版，但並未向比德盧或萊雷西致意。這本書的卷首插圖也和比德盧書中的一模一樣，只不過在比德盧的名字和書名上黏貼了一張小紙片，上面寫有庫柏的名字和書名。比德盧對此大表不滿，於是兩位作家展開了一場唇槍舌戰，各自發表短文抱怨對方的不是。庫柏辯稱那些圖版是他向揚・斯瓦默丹的遺孀買來的，但他的話很沒有說服力，尤其是在多了那張小紙片的情況下。此外，他的說詞也暗示比德盧抄襲了斯瓦默丹的作品。

庫柏確實寫了全新的文字說明來搭配這些插圖，且當中充滿有趣的觀察與嶄新的研究；他也確實擴增了圖片，加入九幅由英國畫家亨利・庫克（Henry Cooke）繪製與法蘭德斯（Flemish）[12]藝術家邁克爾・范・德・格特（Michiel van der Gucht）鐫刻的新圖。也許會有人好心替他辯護，認為庫柏或他的出版商只是出於疏忽，才未表明插圖出自比德盧的著作。然而不論這是意外還是預謀，庫柏的剽竊行為已為他的解剖論述蒙上了一層陰影。

12. 愛德華・雷文斯克羅夫特（Edward Ravenscroft）

在科學界外，一般民眾仍因迷信而反對解剖。他們害怕對人體做出任何干預之事，因為根據聖經，人是神按照自己的形象所創。長久以來，人們表現幽默的其中一種方式，就是嘲諷那些令人恐懼或厭惡的事物；也因此，在17世紀的最後幾年，一部新的喜劇作品在英國舞台上大受歡迎。愛德華・雷文斯克羅夫特所寫的粗鄙鬧劇《解剖學家，又稱冒牌醫生》（*The Anatomist, or The Sham-Doctor*）在1697年首映。隨著英國恢復君主制，重返王位的查理二世（Charles II，當時和一位女演員偷情）下令戲劇可恢復登台（之前被克倫威爾〔Cromwell〕的共和政權禁演），且所有的女性角色皆應由女人演出（之前是由男人與男孩擔任）。

雷文斯克羅夫特（1654–1707年）在文學圈很有名，因為他是第一個提出《泰特斯・安特洛尼克斯》（*Titus Andronicus*）並非由莎士比亞本人所寫的人。而在《解剖學家》中，他所寫的莎翁式浪漫喜劇值得獲得讚賞，當中有大量突顯生理機能的搞笑橋段，以及許多僕人、男主人與女主人間的私通情節。這齣戲在現今看來還是很好笑，而作為歷史記錄則透露出寫作當時世人對解剖學的觀感為何。劇中有一個角色，在沒有任何風險的情況下被人力勸去看外科醫生時，他這麼回答：

> 你說不會危險？我冒著危及雙腿、手臂、靜脈、動脈和肌肉的風險；而在醫生胡言亂語的同時，我冒著被切、被剖、被截肢，還有被心臟的收縮和舒張控制血液循環的風險。我不懂啊先生，為什麼在這種情況下，醫生把病人又切又剖的，就像劊子手宰割叛徒那樣，卻絲毫沒有一絲懊悔？

也難怪在今日還是有許多人因為相同的理由，而害怕去看醫生。

[12] 西歐的一個歷史地名，範圍大致包括現今的比利時、盧森堡與法國東北的部分地區。

THE ANATOMIST.

啟蒙時代
THE AGE OF ENLIGHTENMENT
1701–1800

在經歷了 16 世紀的突破與 17 世紀的大量發現後，解剖學在 18 世紀面臨了淪為陳腔濫調的危機。在英國，外科醫生的地位開始提升，解剖學校的數量激增卻未受管控，而一般民眾對公開解剖則愈來愈感興趣。種種情況導致屍體長期短缺，而為了解決這個問題，有人採取合法與正當的管道，也有人採取違法與骯髒的手段。

到了 18 世紀初，解剖學在英格蘭受到行會「理髮外科醫生公司」（the Company of Barber-Surgeons）所主導。外科醫生與理髮師首次在解剖戰場上結盟；理髮師擁有銳利的剃刀和一定程度的手眼協調性，因此受委託執行截肢手術，就和受委託替人理髮的機會一樣大。內科醫生則因為曾接受學術訓練，認為相較於只透過學徒制學藝（但義大利例外）的理髮外科醫生，他們的地位比較高。為了精進執刀技術，外科醫生在學習解剖前，會先學習剪髮和理容。而內科醫生通常會與所有形式的外科手術保持距離，其中一大原因是手術的存活率非常低。傳統上，內科醫生能使用「醫生」這個稱謂，但外科醫生只能被稱為「先生」。

理髮外科醫生的技術精進，一部分是因為解剖知識提升，另一部分則是因為有新的戰傷出現；傷口不再是由相對簡單的刀箭類武器所致，而是由滑膛槍與砲彈的鈍力所造成。不論是學徒或合格的執業外科醫生，他們的大部分經驗都是在戰爭中取得。到了 18 世紀初，壟斷解剖手術的理髮外科醫生公司一年只被允許進行十次手術，相較於 100 年前的四次已有所提升。

1. 威廉・切塞爾登（William Cheselden）

理髮外科醫生公司禁止其成員從事未經授權的屍體解剖；然而，儘管一定要有許可才能解剖，申請卻從未獲准，且任何人只要擅自進行手術，就會遭受譴責並罰繳 10 英鎊。因此在任何情況下，想更進一步增加知識或收入的解剖學家，通常都會無視理髮外科醫生公司的管控。一位名為威廉・切塞爾登的英國青年，曾公開挑戰理髮外科醫生公司的權威（他自己也是成員之一），於 1713–14 年冬季，在他位於倫敦的家中教授一期35堂的人體解剖學課程。切塞爾登（1688–1752 年）曾向剽竊他人著作的威廉・庫柏學習。他控訴理髮外科醫生公司的壟斷作法遏止了解剖學的進步，並認為他們這麼做是因為畏懼像他一樣年輕有為的成員，會超越那些管理階層的年長成員。

他授課的目的除了挑戰理髮外科醫生公司外，還包括宣傳自己的新書《人體解剖學》（*The Anatomy of the Humane Body*）。這本為學生所寫的學習手冊相當暢銷，主要原因在於它是由英語而非拉丁語寫成。自 1713 年出版後，它一共出了 15 個英語版本和一個德語版本。截至 1806 年，已有三個版本在剛建國的美國發行。其初版包含 27 幅插圖（到了第六版已增加到 40 幅），因在準備期間以暗箱作為繪畫輔助工具，使得準確度有所提升。

這是一本現代著作，除了採用進步的製圖技術外，也因為以作者的母語寫成而容易閱讀。《人體解剖學》將重點放在臨床手術上，並納入了個案研究與手術技巧。切塞爾登本身是一位富有創新精神的外科醫生。他針對白內障與膽石的移除，發展出新的手術程序；其中膽石移除的新程序將手術時間從數小時縮減到數分鐘，並使這類手術的死亡率降低到少於一成。

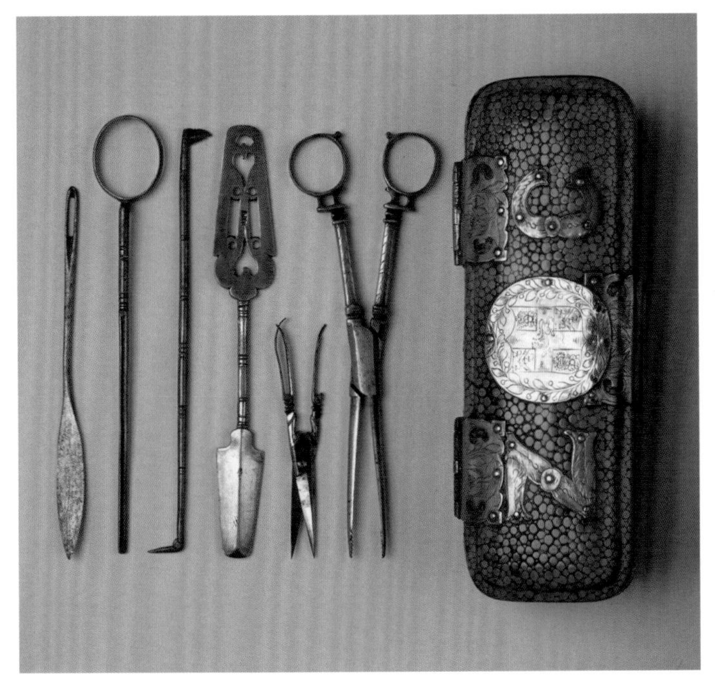

切塞爾登的《人體解剖學》是他最成功的出版著作，但他在 1733 年所寫的《骨骼解剖學》（*Osteographia, or The Anatomy of Bones*）更具重大意義。這是第一本詳盡描述人類骨骼的解剖書，也是兼具藝術與學術之作。書中包含 88 幅插畫，負責鐫刻的人是傑拉德·范德格特（Gerard Vandergucht）與雅各·辛沃特（Jacob Schijnvoet）。范德格特出生於倫敦，父親是一名法蘭德斯雕版家，因而從他身上習得了好手藝。除了對切塞爾登的書有所貢獻外，他也積極提倡將藝術家的版稅範圍擴大到涵蓋印刷物，而非只有原作。他為《骨骼解剖學》所創作的 56 幅插畫在書中被複印了兩次；一次附上了參考字母，用於連結每一幅插圖背面的說明文字，另一次則沒有參考字母，使觀者能單純欣賞圖畫本身。辛沃特是荷蘭人，在英吉利海峽兩岸都有工作；他為這本書提供了唯美細緻的人類與動物骨骼插畫。

切塞爾登在世時是英格蘭最頂尖的外科醫生；他的《骨骼解剖學》對解剖學有深遠的影響，且不只是在國內，還擴及到世界各地。在接下來的大約 100 年間，英國因為這本著作而持續處於解剖發展的最前線。在美國發行的版本將他的影響力傳播到新世界，並在經過醫療傳教士班傑明·霍布森（Benjamin Hobson）在 19 世紀初的修訂與更新後，在改革中國與日本的醫療實踐上發揮了作用。

他對理髮外科醫生公司的批評在 1745 年有了回報：理髮外科醫生公司在皇家政令的要求下改名為「外科醫生公司」（Company of Surgeons），後來又演變為「皇家外科醫學院」（Royal College of Surgeons）。醫療理髮師公司（Worshipful Company of Barbers）則繼續佔據理髮外科醫師大廳——設立地點選在新門監獄附近，因為從那裡經常可獲得解剖所需的屍體。這間公司的解剖劇場（直到 1784 年被拆除

左上圖

一位英國外科醫生的工具組（1650年代）

這個盒子是以純銀鑲嵌的鯊魚皮製成，上面有理髮外科醫生公司的徽章。

右上圖

《示範解剖的威廉·切塞爾登》（*William Cheselden Giving an Anatomical Demonstration*，約1730年）

這幅油畫是英國社會肖像畫家查爾斯·菲利普斯（Charles Phillips）的作品。

右圖

《人體解剖學》
（*The Anatomy of the Humane Body*，1713年）

傑拉德・范德格特（Gerard Vandergucht）為威廉・切塞爾登（1696–1776年）的教科書蝕刻的胎兒心臟圖。范德格特是一名法蘭德斯裔英國藝術家。

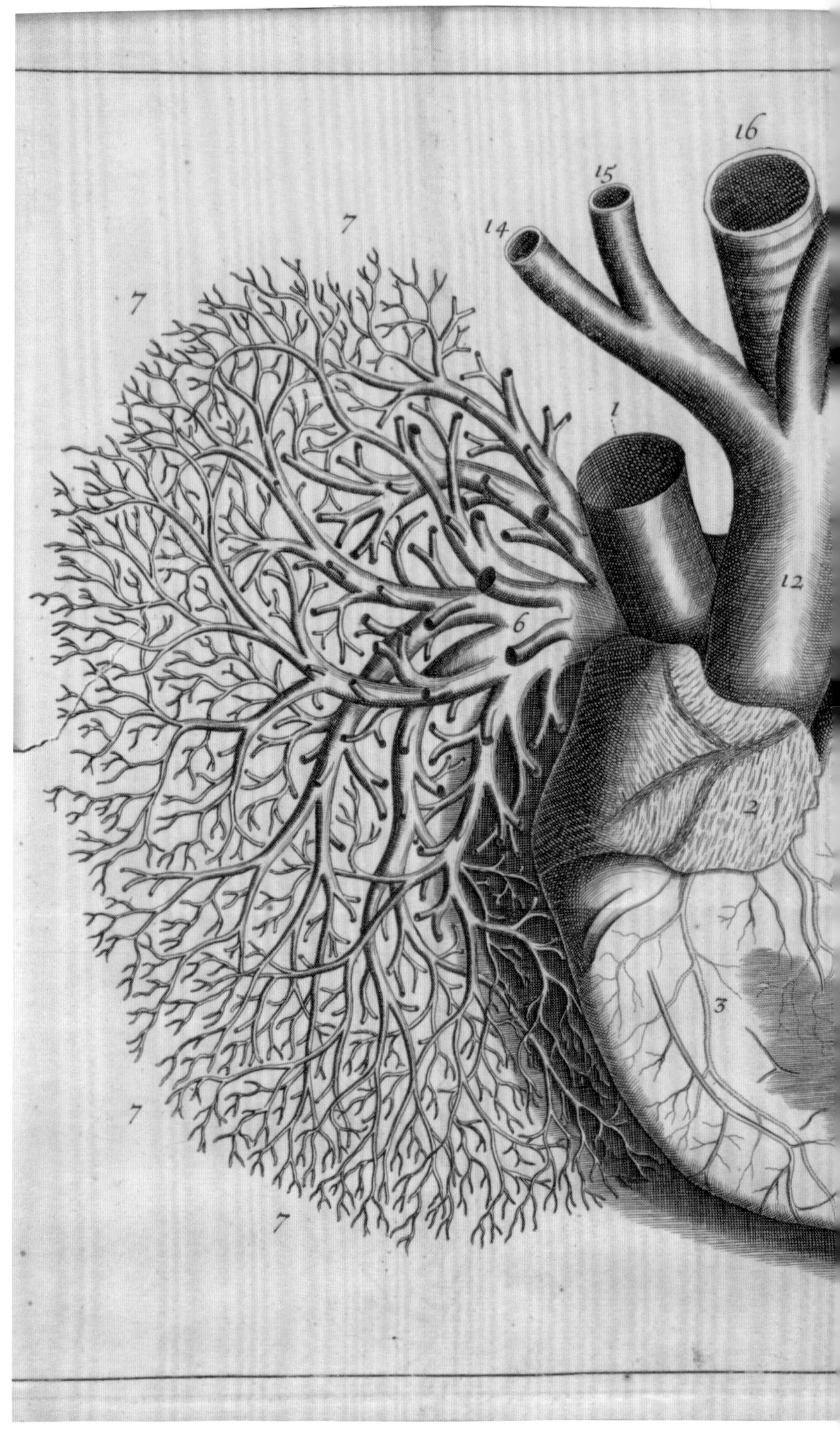

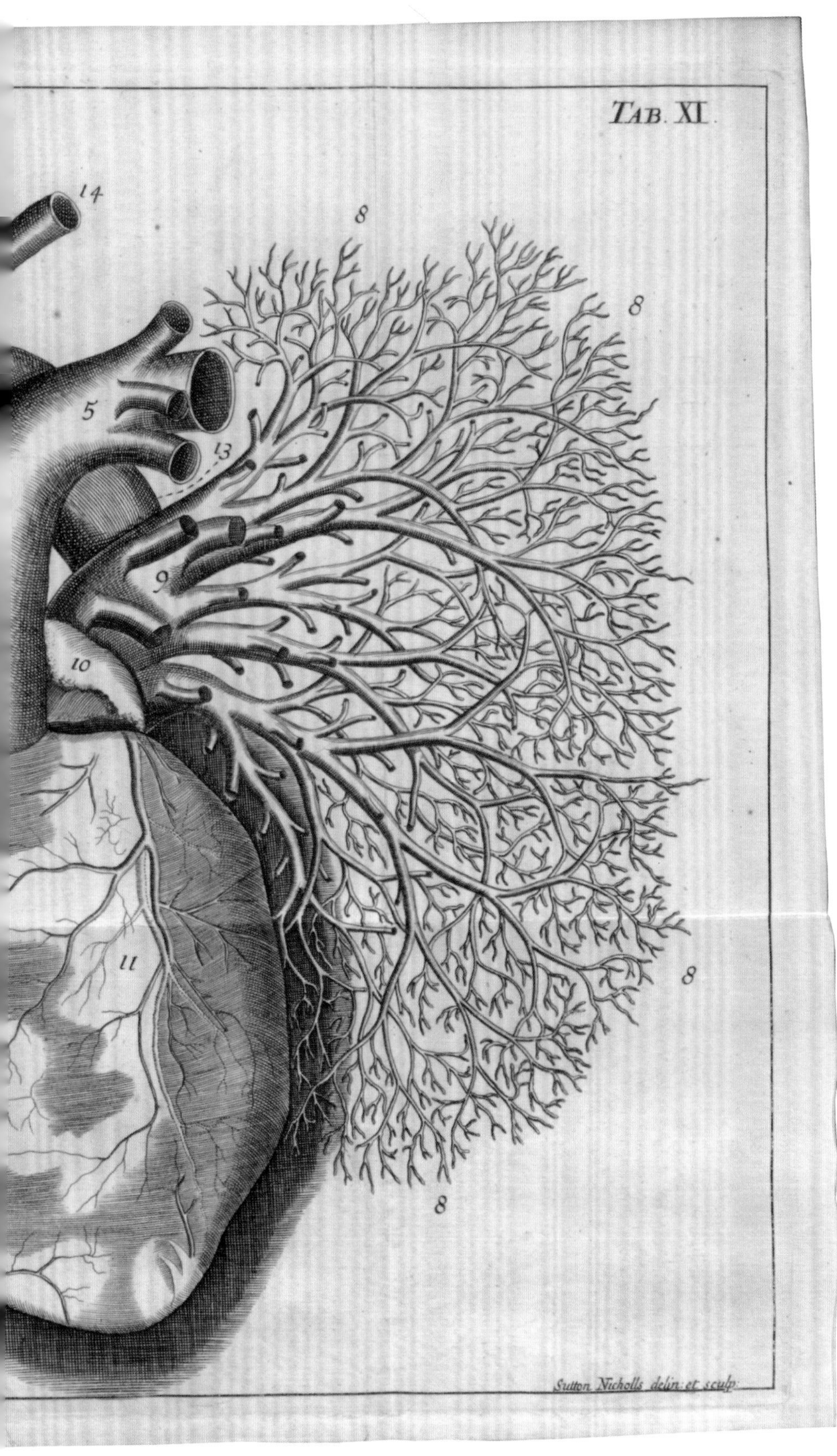
TAB. XI.
14
8
8
5
13
9
10
11
8
8
Sutton Nicholls delin: et sculp:

右圖
《骨骼解剖學》
（*Osteographia*，1733年）

切塞爾登的骨骼解剖學著作兼具藝術與學術。這張圖片從後方呈現出肋骨架、脊椎與骨盆。

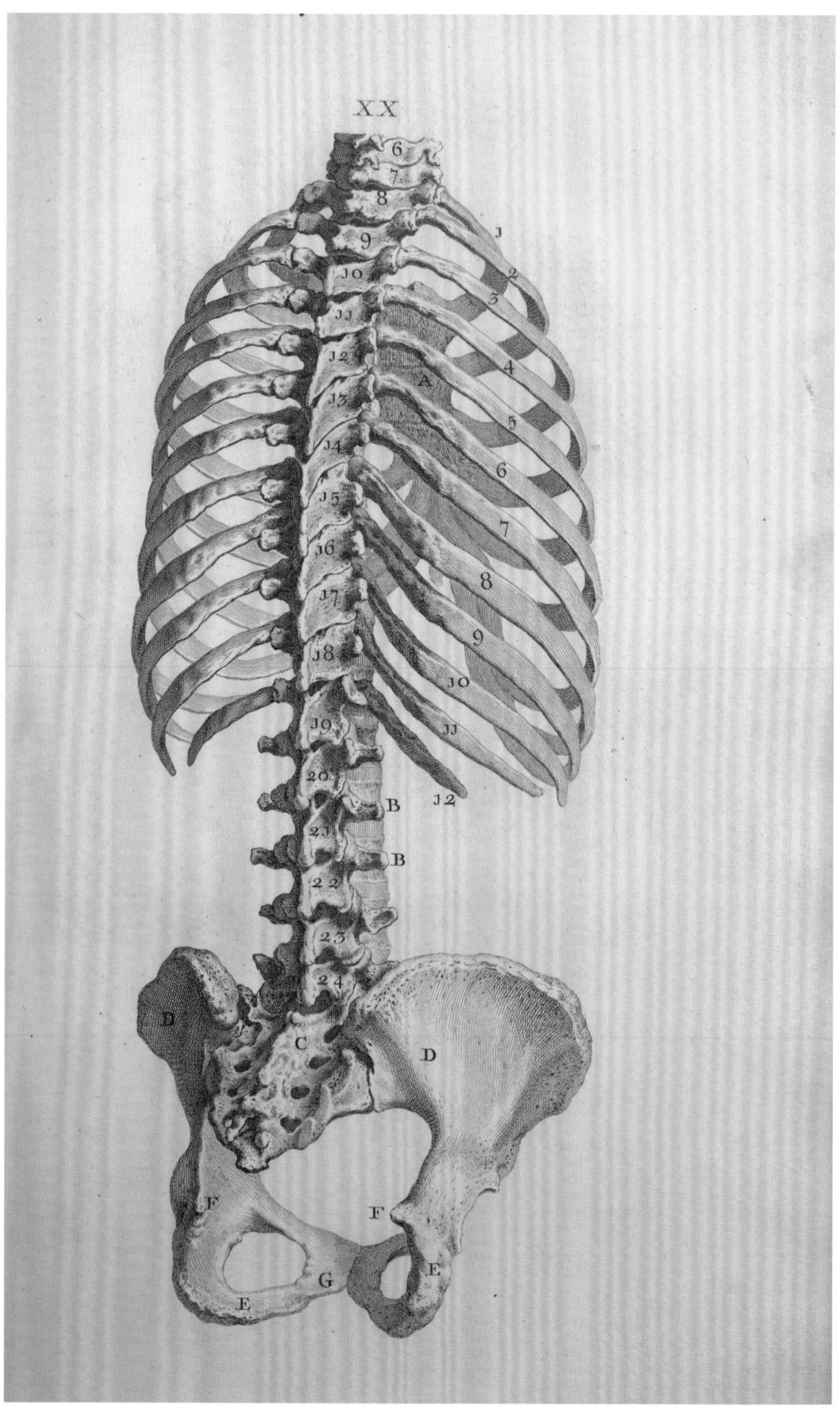

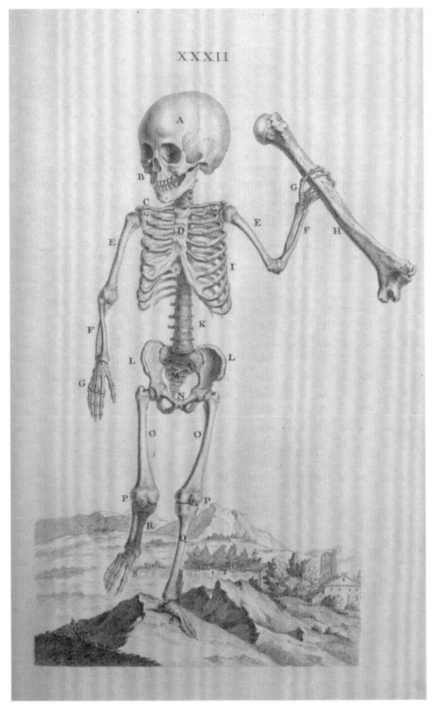

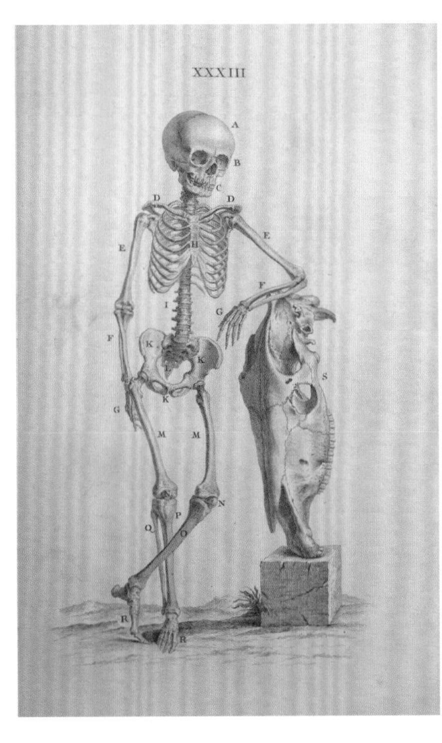

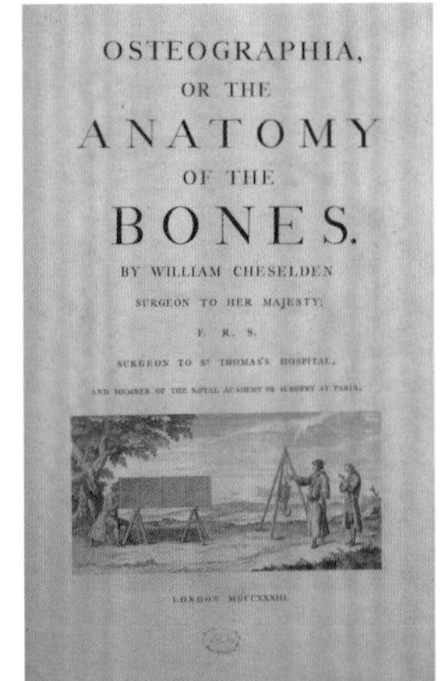
OSTEOGRAPHIA,
OR THE
ANATOMY
OF THE
BONES.
BY WILLIAM CHESELDEN
SURGEON TO HER MAJESTY;
F. R. S.
SURGEON TO St THOMAS'S HOSPITAL,
AND MEMBER OF THE ROYAL ACADEMY OF SURGERY AT PARIS.

LONDON MDCCXXXIII.

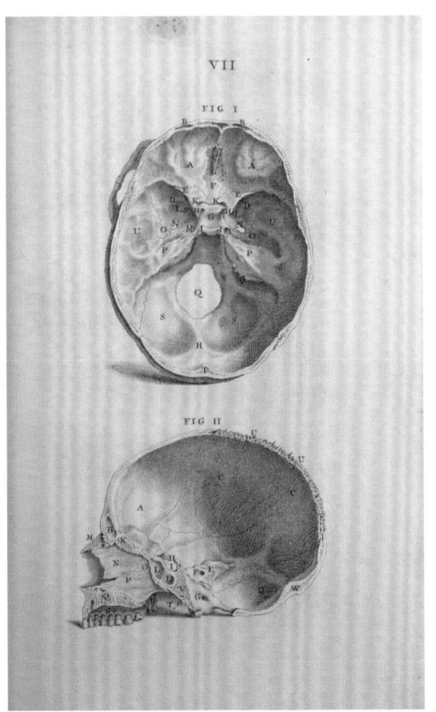

本頁圖

《骨骼解剖學》（1733年）

左上：一具18個月大的幼童骨骼，手上握著一根成年人的股骨，用來作為對比。
中上：一具倚靠著動物顱骨的九歲男童骨骼。
右上：第一本詳盡人體骨骼記述的扉頁。
最左：顱骨的水平與垂直切面。

左圖

塞繆爾・伍德（Samuel Wood，1737年）

1737年8月15日，塞繆爾・伍德的右手臂從肩膀以下遭風車扯斷。他活了下來，並在倫敦的聖托馬斯醫院（St Thomas' Hospital）接受外科醫生費恩先生（Ferne）的手術治療。當時至少有兩幅公開販售的鐫刻版畫，都在描繪這個醫學奇蹟。

前）是理髮外科醫師大廳的原始建築中，唯一在倫敦大火（Great Fire of London）中倖存的部分。

2. 威廉（William）與約翰・亨特（John Hunter），以及威廉・斯梅利（William Smellie）

外科醫生的獨立意味著他們已從工匠轉變為專業人士，並在最後打破了理髮外科醫生的壟斷局面。1746 年，名為威廉・亨特的蘇格蘭解剖學家提供了一堂有新奇賣點的解剖學課程，那就是讓學生能實際動手解剖屍體。他自己在巴黎學習解剖學時，曾見過這種上課方式，且在他看來，年輕的外科醫生若先在屍體上練習過，會比較不容易把活人弄死。

新一批解剖學教師因外科醫生脫離行會而得以崛起，而亨特（1718–83 年）則是他們當中的先驅者。最終他在倫敦興建了自己的解剖劇場，許多新一代的解剖學家都在那裡學習如何解剖。亨特在早期出版的其中一本著作是 1743 年探討關節的專著，《論關節軟骨的結構與疾病》（*On the Structure and Diseases of Articulating Cartilages*）。他在 1764 年成為夏洛特王后（Queen Charlotte）的產科醫生，而他對解剖學的最大貢獻，則是寫於 1774 年的《人類妊娠子宮解剖圖解》（*Anatomia uteri humani gravidi tabulis illustrata*），書中有關妊娠生理學的插圖是由另一位荷蘭人揚・范・里姆斯迪克（Jan van Rymsdyk）負責鐫刻。

亨特曾在威廉・斯梅利（1697–1763 年）底下學習產科學。同為蘇格蘭人的斯梅利在助產士這個可以想見由女性主導的行業中，是首位男性助產士。更驚人的是，斯梅利是自學起家，並在倫敦教授產科學多年後，才從格拉斯哥大學（University of Glasgow）取得學位。斯梅利以科學的思維探究這個主題。他設計了一個人體模型，以幫助他的學生了解生產過程。另外，他也向自己的客戶提供免費的接生服務，條件是允許他的學生在旁觀察。他設計出一種較低侵入性的產鉗，並在他於 1759 年退隱到蘇格蘭前，共接生了超過 1000 名嬰兒和教授了將近 300 堂課。在退休期間，他完成了自己的生涯大作：《助產理論與實踐》（*A Treatise on the Theory and Practice of Midwifery*）。雖然有些人對男性參與生產的私密時刻感到不滿，但沒有人能否認他的經驗相當寶貴。另外，他也獨立發行了自己的產科圖集，《產科解剖圖表》（*A Sett of Anatomical Tables*），當中的細節極具開創性。

下圖
威廉・亨特（1718–83年）

由蘇格蘭藝術家艾倫・拉姆齊（Allan Ramsay，1713–84 年）所繪的肖像畫。

斯梅利將他的知識傳授給大約 900 名學生。威廉・亨特的解剖課程也很熱門，報名人數在 1748 年是 20 名，到了 1756 年已增加至 100 名。在外科醫生公司的規定下，申請人必須要上過兩堂解剖課後，才能取得執業執照。其他的外科醫生很快就看到了這個增加收入的機會，於是在 18 世紀後半有更多的解剖學校創建。切塞爾登、亨特與其他人的課程創造出解剖用屍體供給的賣方市場。合法取得的屍體數量不足，因此罪犯組織（解剖學家委婉地稱他們為「復活師」〔resurrectionist〕，因為他們讓死人「崛起」）開始偷挖剛下葬的屍體，再將他們賣給解剖學校。

為了挽救這個惡劣的情勢，英國政府在 1752 年通過了《謀殺法》（Murder Act），規定被處決的殺人犯要進一步接受死後被解剖的懲罰。於是逐漸形成了一個慣例，那就是屍體在移送到醫校做更仔細的解剖前，會先在處決現場被劃出

上圖

說明人體結構的威廉·亨特
（William Hunter giving an anatomy demonstration）

在德國畫家約翰·佐法尼（Johann Zoffany）的畫作中，亨特正利用活生生的模特兒與剝去皮膚的雕像說明人體結構。在他身後有一具非常高大的人體骨骼，很可能是愛爾蘭巨人查爾斯·伯恩（Charles Byrne）的骨骼，由亨特的弟弟約翰所購得。

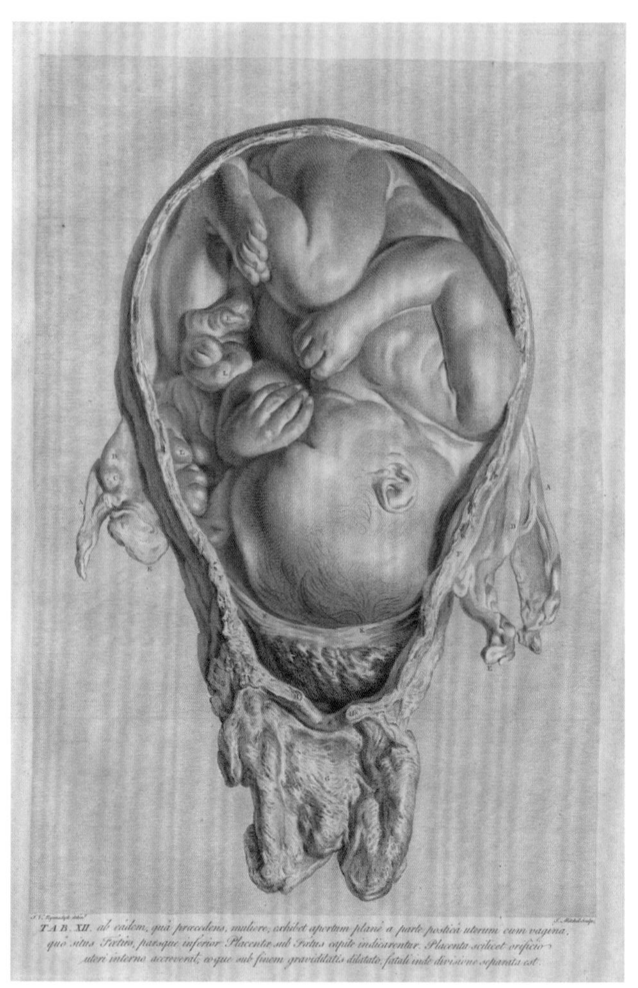

《人類妊娠子宮解剖圖解》
（*Anatomia uteri humani gravidi tabulis illustrata*，1774年）

右：出生前的胎兒，出自威廉．亨特的妊娠生理學研究。
對頁：亨特的書含有精細入微的圖畫，描繪出解剖的每個階段。

一道切口，以作為「官方」標誌。這項法令有兩個目標：利用大眾持續對解剖的反感來遏止殺人犯罪，同時也為解剖學家提供更多的屍體。

然而，其中一個目標的成功，卻無可避免地造成了另一個目標的失敗。事情的發展是：殺人犯罪確實受到了遏止，英格蘭的絞刑數量在 18 世紀期間也有所下降（儘管後來以死刑作為懲罰的犯罪活動增加了），但這樣的情形導致合法的解剖用屍體變得比以前還少。相同的供給危機也影響到許多歐洲國家，而他們的解決方式，就是立法讓自然死亡的窮人、囚犯與精神病患屍體也能用來解剖。不過，英國卻一直到 19 世紀初才通過這樣的法令，以致在 18 世紀，不只是盜墓者，就連殺人犯的生意也很興盛；他們殺人純粹只為了要把屍體賣給解剖學校。地方社區為了因應這個問題，於是派人看守墓地，並提供大型鐵櫃用來暫時安置死者，直到他們的屍體失去解剖價值、可以安全下葬為止。

到了 21 世紀，一位研究學者指控威廉．亨特（在此必須聲明，這項指控並沒有太多證據）殺害了懷孕婦女，並將關於她們的研究放入《人類妊娠子宮解剖

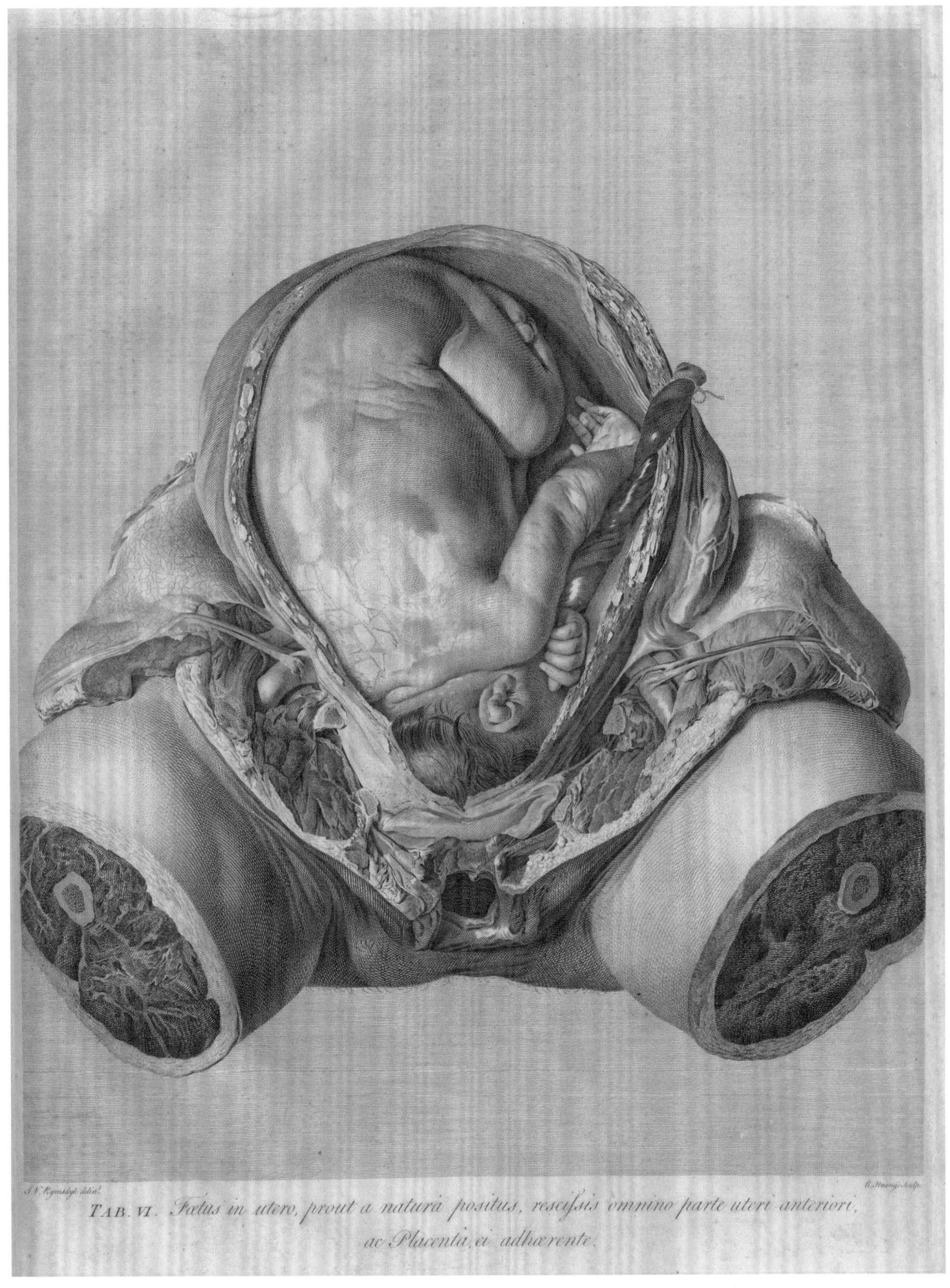

J. V. Rymsdyk delin. R. Strange Sculp.

TAB. VI. Fœtus in utero, prout a naturâ positus, rescissis omnino parte uteri anteriori, ac Placenta, ei adhærente.

《助產理論與實踐》
（*A Treatise on the Theory and Practice of Midwifery*，1764愛年）

威廉・亨特的老師威廉・斯梅利（William Smellie）在完成他的助產教科書之前，已經接生了超過1000次。
左下：產鉗在接生過程中的使用。
右下：頸部與手臂被臍帶纏繞的嬰兒。
對頁：子宮內的雙胞胎。

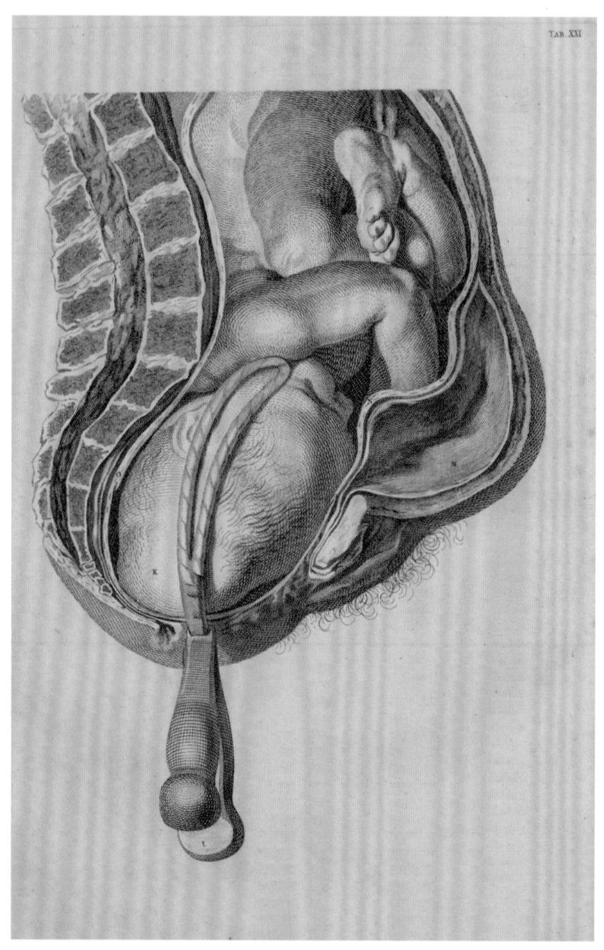

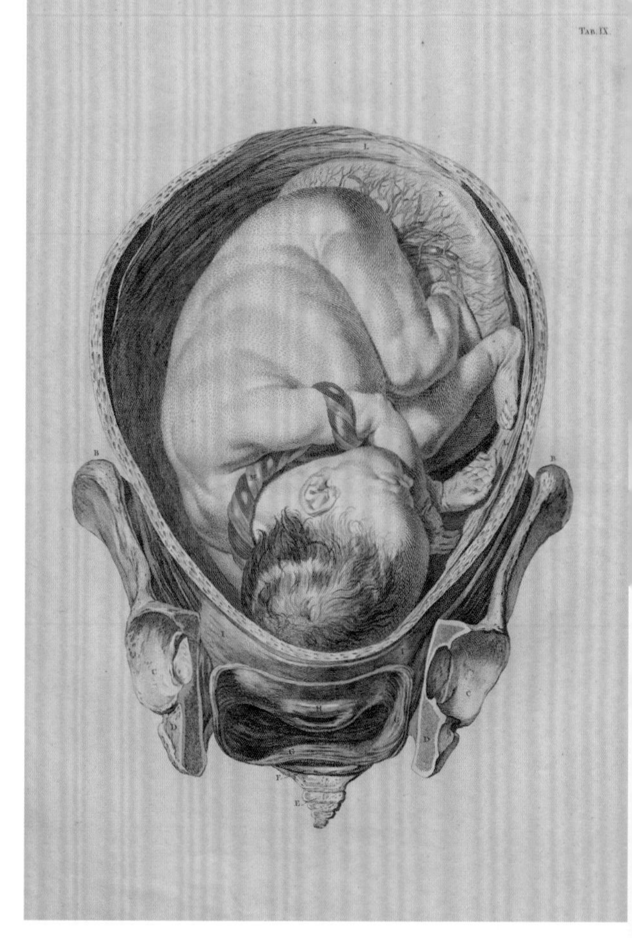

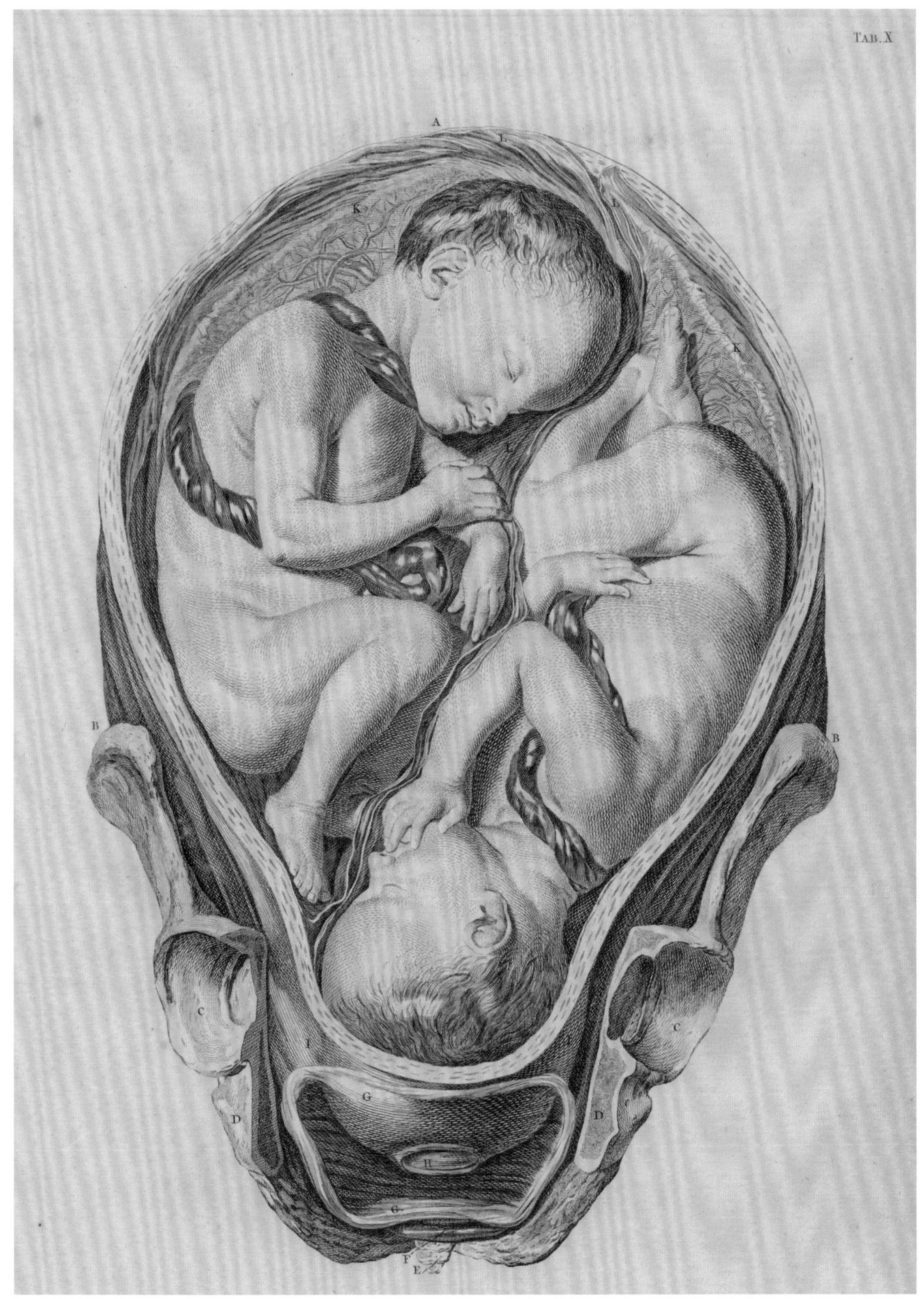
TAB. X
A
L
K
L
K
L
B
B
C
C
I
I
G
D
D
H
G
F
E

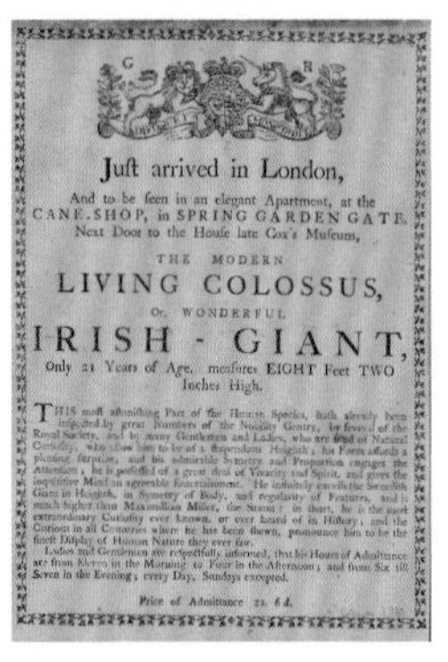

Juſt arrived in London,

And to be ſeen in an elegant Apartment, at the CANE-SHOP, in SPRING GARDEN GATE, Next Door to the Houſe late Cox's Muſeum,

THE MODERN

LIVING COLOSSUS,

Or, WONDERFUL

IRISH - GIANT,

Only 21 Years of Age, meaſures EIGHT Feet TWO Inches High.

Ladies and Gentlemen are reſpectfully informed, that his Hours of Admittance are from Eleven in the Morning to Four in the Afternoon; and from Six till Seven in the Evening; every Day, Sundays excepted.

Price of Admittance 2s. 6d.

上圖

愛爾蘭巨人的演出傳單

票價昂貴，一張要½克郎（約為2023年的28.50英鎊）。

下圖

愛爾蘭巨人查爾斯・伯恩（*Charles Byrne, the Irish Giant*，1784年）

在一幅出自當時那個時代的蝕刻版畫中，站在查爾斯・伯恩兩側的稍矮巨人是奈普兄弟（Brothers Knipe），周圍則是陪同他們的數名律師。

圖解》中。這項指控應該不是事實，但有證據顯示他的弟弟約翰・亨特（也是一位有天賦的解剖學家）確實曾在黑市購買屍體。約翰（1728–93 年）一邊擔任他哥哥的解剖助手，一邊學習解剖學。此外，他也曾從師威廉・切塞爾登。他對炎症很感興趣，並發現這是一種身體反應，而不是病因。曾擔任軍隊外科醫生數年的他被視為性病專家，並在 1786 年針對這個主題寫了一本專著。儘管他誤以為淋病與梅毒是同一種感染病的不同症狀，但他施行了歷史記載上最早的人類人工授精，讓一名亞麻布商的妻子順利懷孕。

約翰・亨特是一位有病態收藏癖的標本收藏家。他喜歡保存人類與動物的器官與骨骼；在他死時，他已擁有約 14000 個樣本，如今成為了倫敦亨特博物館（Hunterian Museum，為了紀念他而以他命名）的部分收藏。不論威廉知情與否，約翰都很有可能曾為了他哥哥的解剖展示而購買屍體，也一定曾為了自己的解剖學校（在他離開軍隊後於 1764 年創立）而這麼做。

最令他臭名昭著的一次交易是查爾斯・伯恩（Charles Byrne）的屍體。查爾斯・伯恩有 2.31 公尺高，在巡迴英國各地的馬戲團怪胎秀中，以「愛爾蘭巨人」著稱。亨特希望在伯恩死後能擁有他的屍體，但伯恩拒絕了這個恐怖的要求，並擔心只有拒絕還不夠，於是要求朋友將他的屍體海葬。然而事情並未如他所願，因為亨特付給靈車司機 500 英鎊，要他在前往海邊的前一晚，趁中途停靠時將屍體掉包成石頭。1787 年，亨特在他的博物館內展示了伯恩的罕見骨骼。直到今日，它仍是亨特博物館的收藏。這具被保存於玻璃櫃的人體骨骼，在接下來的 200 年一直都是博物館的重點展示品。對藏書中包含小說類的解剖學家而言，作家希拉蕊・曼特爾（Hilary Mantel）所寫的《奧布萊恩巨人》（*The Giant, O'Brien*，1998 年）也很值得收藏。這是有關查爾斯・伯恩與約翰・亨特的虛構故事，當中結合了愛爾蘭的歌謠與傳說文化，以及當時正在崛起、講求實事求是的科學時代。

在 18 世紀，大眾對解剖仍持有的反感，以及受教育階級對解剖所懷抱的熱誠，兩者之間有很明顯的衝突。家境富裕、思想開明的菁英子弟即便沒有意願從事相關職業，仍至少要具備解剖學與其他科學的基本知識，以符合社會期望；而許多新興的解剖學校也滿足了這些外行人的需求。然而，大眾對這種人類身軀（靈魂居所）的冷血運用所抱持的厭惡態度，以及知識分子為推動科學發展而對屍體所產生的迫切需求，正好站在道德的對立面。

屍體的匱乏和一般人對這門科學的抵制，皆導致解剖學在 18 世紀取得新發現的速度變慢。值得注意的是，許多 17 世紀的解剖書籍在 18 世紀仍有發行，但並沒有隨著再版而更新書中資訊。威廉・切塞爾登的著作是很好的例子。這些書關注的是現存解剖知識在外科手術與生理學上的實務應用，而非解剖細節的新發現。18 世紀主要著重於鞏固解剖學的既有地位，而該時期的出版物所包含的高品質插畫與大量創新解剖技術，有不少都很值得欣賞。

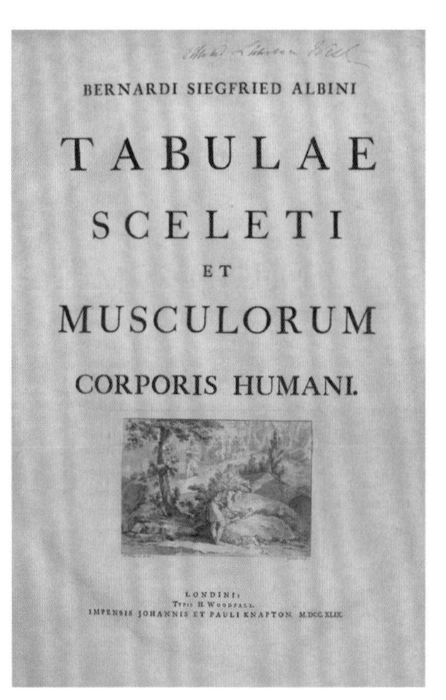

上圖
《人體骨骼與肌肉圖錄》（*Tabulae sceleti et musculorum corporis humani*，1747年）

伯恩哈德．阿爾比努斯（Bernhard Albinus）的骨骼解剖書扉頁。

3. 伯恩哈德．齊格弗里德．阿爾比努斯（Bernhard Siegfried Albinus）

伯恩哈德．齊格弗里德．阿爾比努斯的《人體骨骼與肌肉圖錄》（*Tabulae sceleti et musculorum corporis humani*）也是一個很貼切的例子。這本書在 1747 年出版時，其研究領域和切塞爾登在 14 年前才剛出版的《骨骼解剖學》完全相同。但這是一本很精美的解剖書。阿爾比努斯（1697–1770 年）未料到的是，書中輕鬆有趣的插圖（由北荷蘭藝術家暨雕版家揚．萬達拉爾〔Jan Wandelaar〕所繪製）竟招致諸多批評。

萬達拉爾與阿爾比努斯設計了一套網格系統，用於檢視圖中的人體骨骼，以達到較高的準確度。然而，在設計插圖背景時，阿爾比努斯想必是完全交由萬達拉爾自行發揮。在一幅全長人體骨骼的前視圖中，這具骨骼與其身後由飛翔的小天使拿著的翻騰斗篷，形成了強烈對比。這樣的情景看起來就像是這名小天使戲劇性地把他身上的斗篷（又或者是皮膚）扯了下來，以展示這一身令人自豪的骨頭。另外有兩幅插圖更驚人，當中描繪的人體骨骼有一部分還附有肌肉（這樣的肌肉展露程度在術語上被稱為「第四級」〔fourth order〕）。在這兩幅前視與後視圖的背景中，都站著一隻對周遭漠不關心的犀牛，凝視著遠方；牠就是第一隻來到歐洲的犀牛，「克拉拉」（Clara）。萬達拉爾引起轟動的鐫刻作品——最早具有正確結構比例的犀牛畫像——在《人體骨骼與肌肉圖錄》完成的五年前發行，以用來宣傳這本書的準確度。

阿爾比努斯是其家族德語姓氏「魏斯」（Weiss）的拉丁語形態。伯恩哈德．齊格弗里德．阿爾比努斯就和他的父親伯恩哈德．阿爾比努斯（Bernhard Albinus）一樣，是位優秀的解剖學家；他的父親為了接任萊登大學的解剖系系主任，從故鄉德國舉家搬遷到荷蘭。小阿爾比努斯從 12 歲開始研讀醫學，當時他的老師是赫曼．布爾哈夫（Hermann Boerhaave）與尼可拉斯．比德盧。最後，他跟隨父親的腳步當上了教授，而他的弟弟弗雷德里克．伯恩哈德．阿爾比努斯（Frederick Bernhard Albinus）也緊隨其後。雖然他並沒有任何為人稱道的重大發現或創新，但他撰有許多著作。他寫了數本探討骨頭肌肉、血液循環與皮膚色素的專著，也和他以前的老師布爾哈夫，一同編纂了傑出前輩維薩里與哈維的著作。

4. 賈克–弗朗索瓦–馬里．杜維尼（Jacques-François-Marie Duverney）與賈克．法比安．高提耶．達戈堤（Jacques Fabien Gautier d'Agoty）

英國與荷蘭的解剖學在 18 世紀逐漸占有優勢，但法國與義大利持續發揮其影響力。威廉．亨特在宣傳他的解剖課時，曾強調他採用「和法國相同的授課方式」。若單純就人數而論，那麼在 18 世紀前半，巴黎的解剖界可說是由單獨一個家族所主宰。這個家族中的三兄弟約瑟夫 – 吉夏爾．杜維尼（Joseph-Guichard

右圖
《人體骨骼與肌肉圖錄》（1747年）

一具展現出第四級肌肉組織的人體骨骼就和犀牛克拉拉一樣，彼此漠不關心。當時相當知名的克拉拉是第一隻來到歐洲的犀牛。

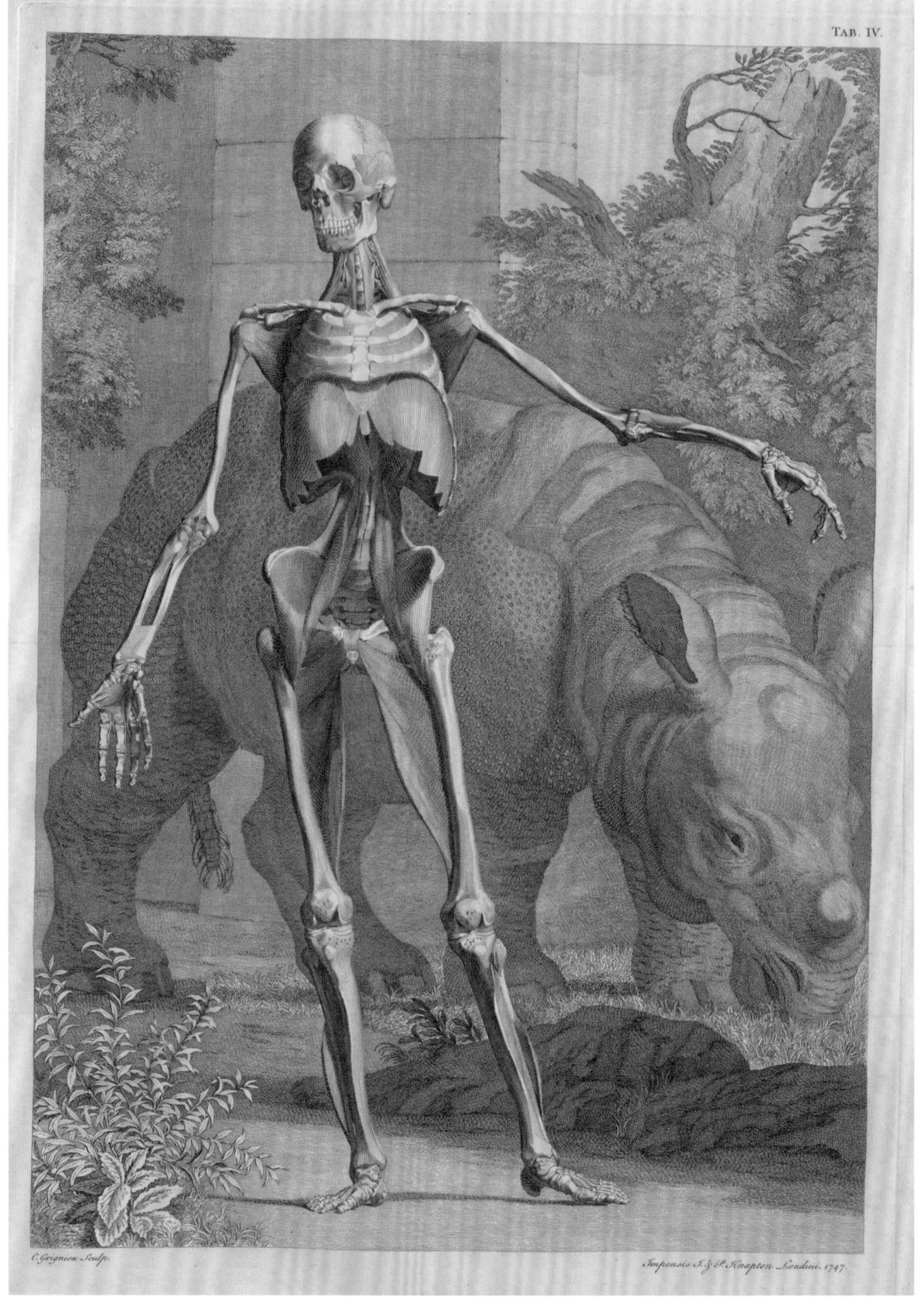

Duverney）、皮耶·杜維尼（Pierre Duverney）與賈克－弗朗索瓦－馬里·杜維尼，全都是執業的解剖學家，就連約瑟夫－吉夏爾的兒子伊曼紐－莫里斯（Emmanuel-Maurice）也不例外。

其中最熱衷於解剖研究的是賈克－弗朗索瓦－馬里（1661–1748年）；他是第一個描述瞼板張肌（控制眼角淚管的肌肉）的人。不過，就如同其他許多獲得發現的人，賈克－弗朗索瓦－馬里在歷史上也吃了悶虧；在19世紀著名的維吉尼亞解剖學家威廉·霍納（William Horner）於1824年重新描述瞼板張肌後，如今這塊肌肉又被稱為「霍納氏肌」（Horner's muscle）。

在賈克－弗朗索瓦－馬里的著作中，出版商有興趣出版的雖然都是具指標性的解剖學藏書，但這些著作鮮少令賈克－弗朗索瓦－馬里獲得應得的認可，反而幾乎總是以其插畫家賈克·法比安·高提耶·達戈堤的名義出版。高提耶（1716–85年）身兼畫家、印刷師、雕版家與解剖學家的身分。他曾向德國藝術家雅各·克里斯托夫·勒布隆（Jakob Christoph Le Blon）學習。勒布隆在1708年發明了一種以黃、紅、藍三色凹版為基礎的彩色印刷流程；此外，他還設計出一種只運用黑、白、黃、紅與藍線的梭織技法。勒布隆最初在英格蘭以其印刷技術成名，但並未持久，於是他回到巴黎教授藝術，高提耶和荷蘭雕版家揚·拉米若（Jan L' Admiral）都是他的學生。

拉米若透過新增第四塊黑色凹版，改善了勒布隆的印刷流程，並在1737年印製了阿爾比努斯早期著作之一的其中一版——這有可能是歷史上第一本全彩解剖書。高提耶也在勒布隆的三色凹版之外新增了黑色；不過在勒布隆死後，令其家族相當憤慨的是，高提耶在未告知勒布隆或拉米洛的情況下，以自己的名義註冊了這個印刷流程的版權。

高提耶寫了數本解剖學著作；在準備過程中，他和賈克－弗朗索瓦－馬里一起分擔解剖職責，並為這些研究繪製了插圖。他出版於1746年的第一本著作是《完整的全彩實際尺寸肌肉圖：包括列於印製圖表內的主題論述及探討解剖結構的續篇論述：內容獨樹一格，對學生與業餘人士而言有所助益且不可或缺》（*Myologie complette en couleur et grandeur naturelle: composée de l'essai et de la suite de l'essai d'anatomie en tableaux imprimés: ouvrage unique, utile et nécessaire aux etudians et amateurs de cette science*）。這本書研究的是人類肌肉組織，當中附有20幅插圖。兩年後，他接著出版了《頭部解剖學》（*Anatomie de la tête*），當中附有八幅插圖。在其延伸書名中，他向杜維尼致意，以感謝他對這本書的貢獻。

高提耶的第三本書在杜維尼死後於1752年出版；他在書中提到了杜維尼離世一事。「杜維尼先生的空缺會由梅爾特呂（Mertrud）先生填補；他將接手解剖工作。」這本書名為《人體內臟解剖圖：全彩且依實際尺寸繪製，並附上人體各部位的血管學與神經學研究》（Anatomie générale des viscères en situation: de grandeur et couleur naturelle, avec l'angeologie, et la nevrologie de chaque partie du corps humain），內含另外八幅插圖，被認為是高提耶最傑出的作品。他為了這本書所準備的解剖手術除了三場外，其餘皆由他本人所執行。

書中的彩色插圖在當時那個年代想必造成了轟動。這些圖畫將解剖構造與藝術性的表現手法結合在一起，然而，這麼做導致它們看起來比較像靜物畫而

右圖與下圖

《完整的全彩實際尺寸肌肉圖》

（*Myologie complette en couleur et grandeur naturelle*，1746年）

全彩的解剖圖在一般民眾間引起轟動。
右：扉頁。
下：頸部、舌頭與顎部肌肉。

最右圖

《人體內臟解剖圖》

（*Anatomie générale des viscères en situation*，1752年）

四肢肌肉與腹腔視圖。

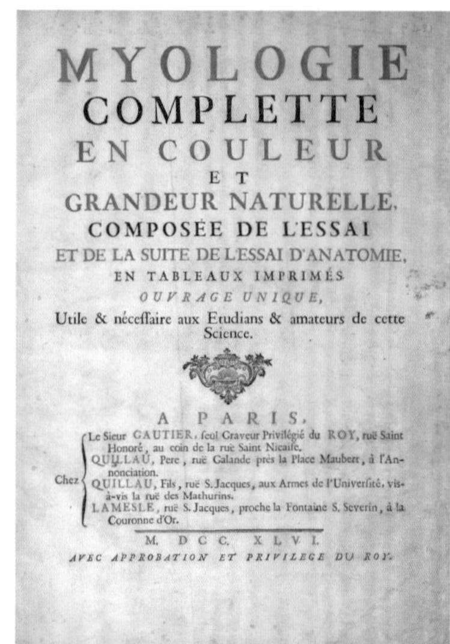

MYOLOGIE
COMPLETTE
EN COULEUR
ET
GRANDEUR NATURELLE,
COMPOSÉE DE L'ESSAI
ET DE LA SUITE DE L'ESSAI D'ANATOMIE,
EN TABLEAUX IMPRIMÉS
OUVRAGE UNIQUE,
Utile & néceſſaire aux Etudians & amateurs de cette Science.

A PARIS,

Chez
Le Sieur GAUTIER, ſeul Graveur Privilégié du ROY, ruë Saint Honoré, au coin de la ruë Saint Nicaiſe.
QUILLAU, Pere, ruë Galande près la Place Maubert, à l'Annonciation.
QUILLAU, Fils, ruë S. Jacques, aux Armes de l'Univerſité, vis-à-vis la ruë des Mathurins.
LAMESLE, ruë S. Jacques, proche la Fontaine S. Severin, à la Couronne d'Or.

M. DCC. XLVI.

AVEC APPROBATION ET PRIVILEGE DU ROY.

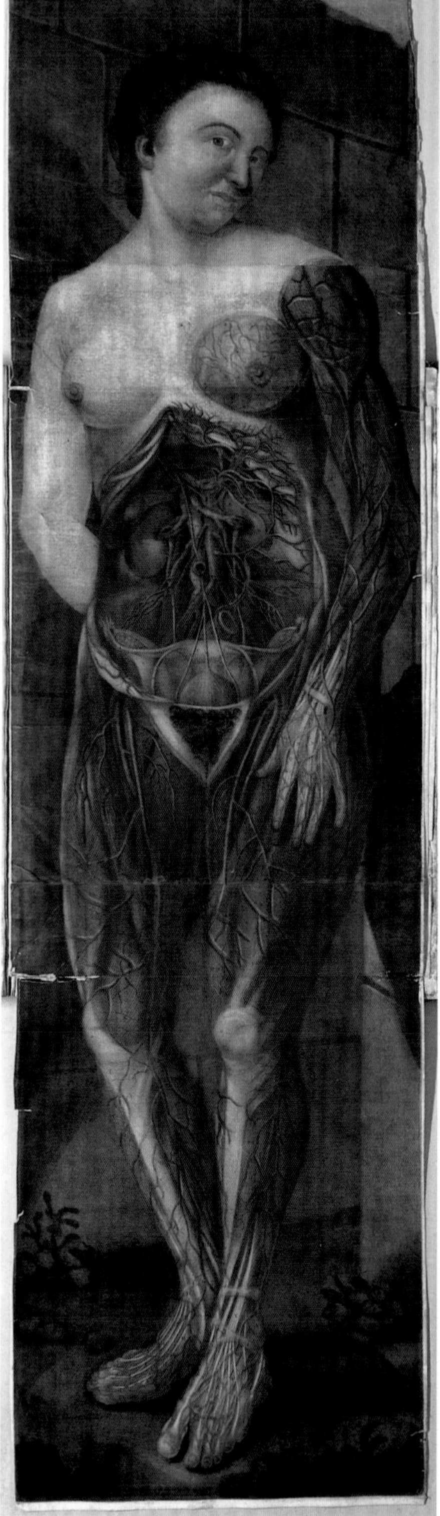

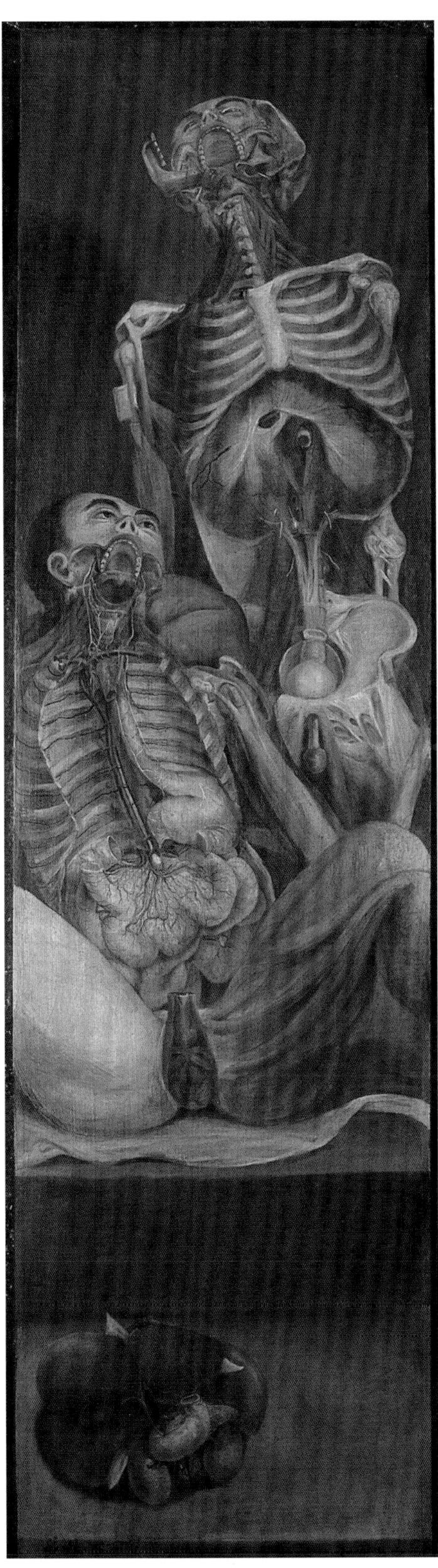

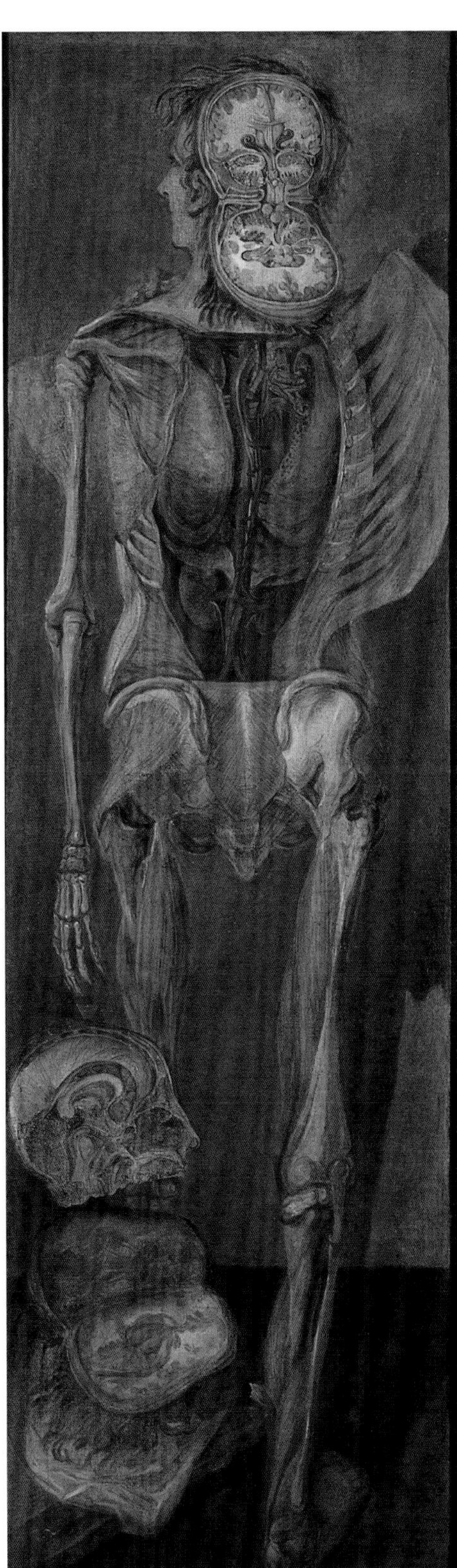

《人體內臟解剖圖》
（1752年）

最左：展現消化器官與泌尿系統的雙人肖像，另外在前景還有其他內臟。
左：肌肉與內臟後視圖，其中腦部裸露；左下角有腦的其他切面。

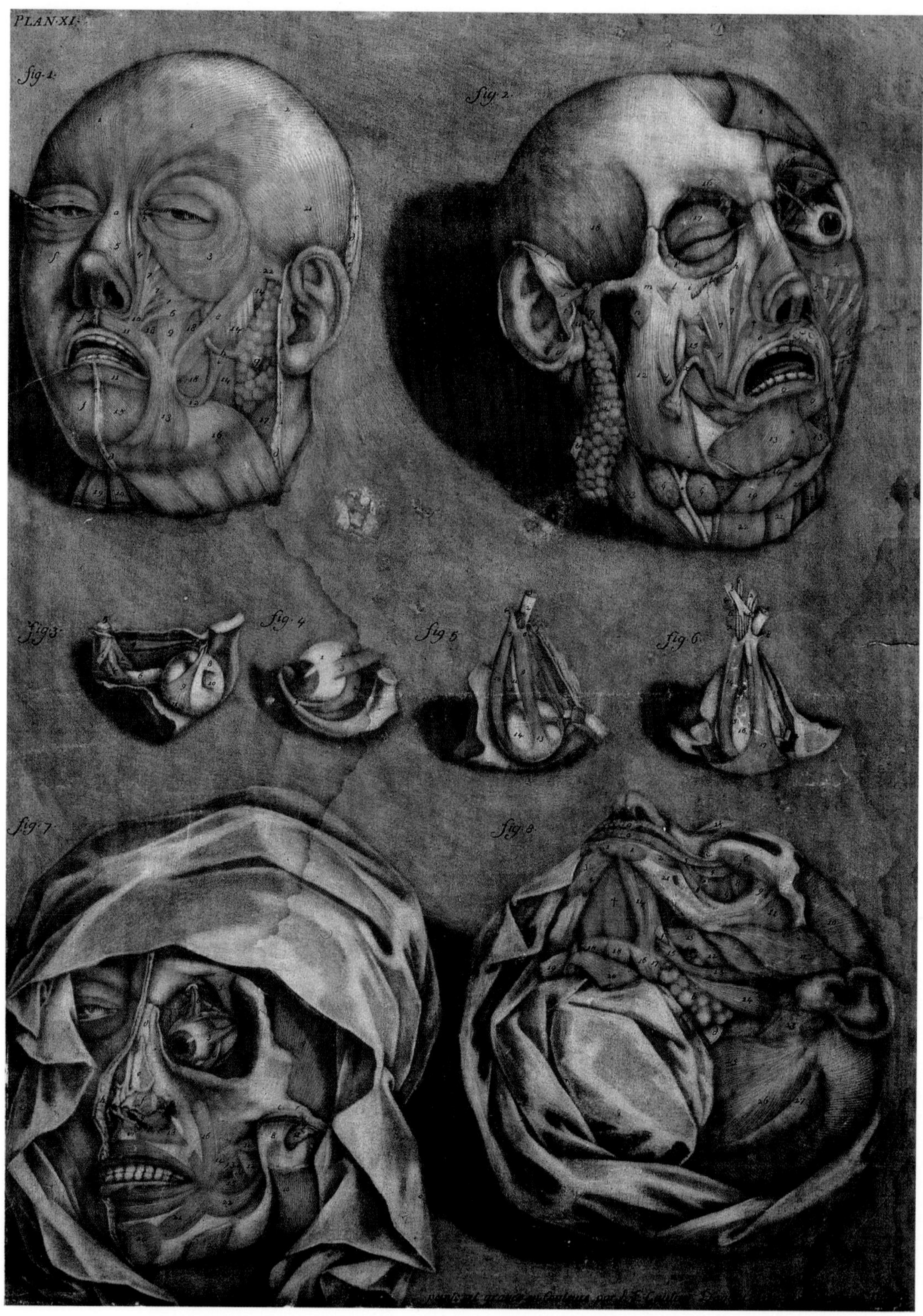
PLAN·XI.
fig·1.
fig·2.
fig·3.
fig·4
fig·5
fig·6.
fig·7.
fig·8.

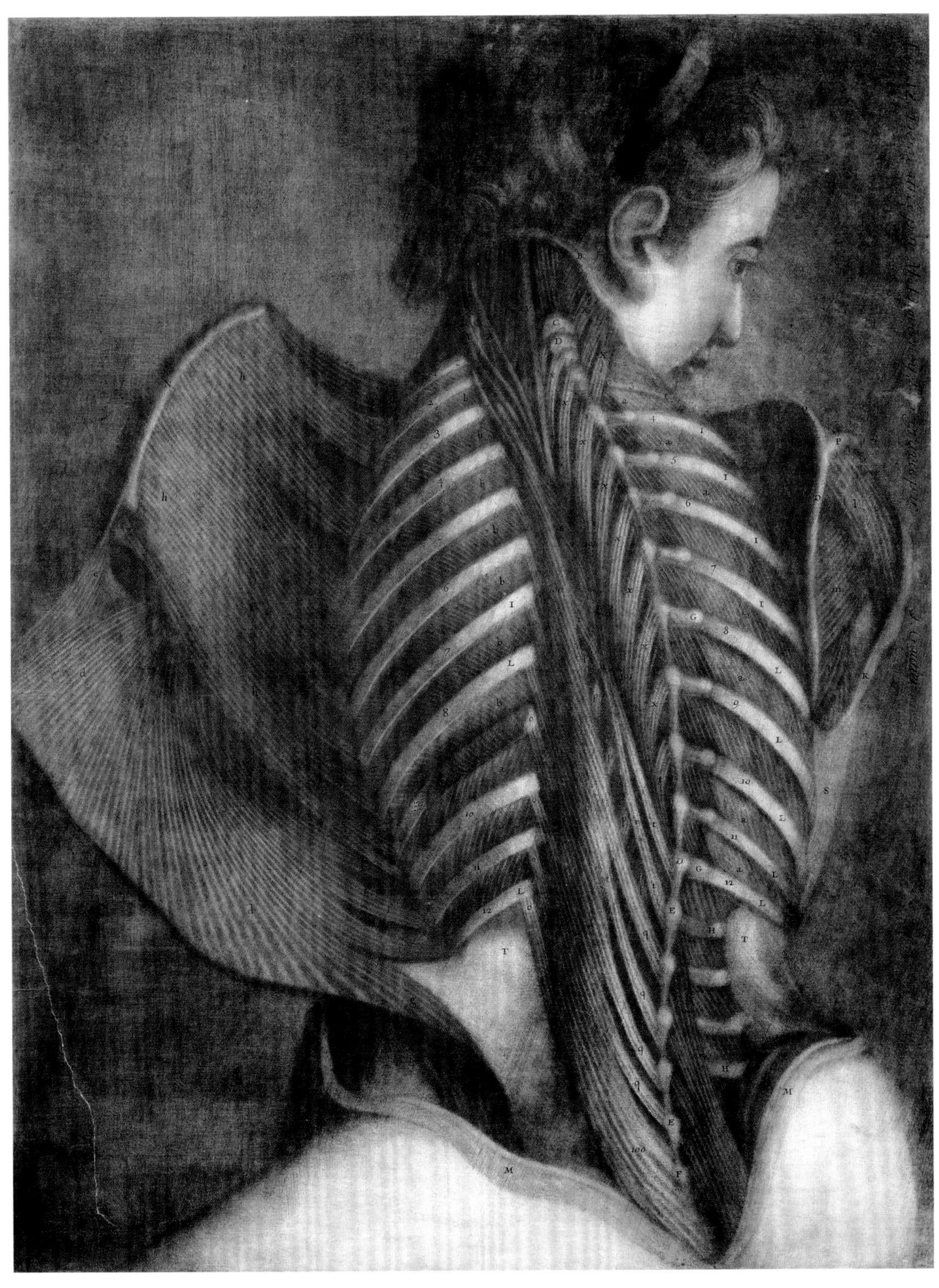

前頁
《完整的全彩實際尺寸肌肉圖》（1746年）

左：臉部與眼部肌肉。
右：一位採坐姿的女性，其身體部分被剖開，展露出背部與肩膀的骨頭與肌肉。

非解剖圖，並且缺乏真正「對學生有所助益且不可或缺」的細節。在回顧高提耶的著作時，德國醫學歷史學家約翰·路德維希·舒蘭（Johann Ludwig Choulant）在 1852 年寫道：「他的解剖插畫或許對外行人來說極具吸引力，但對具批判能力的觀察者而言，令人印象深刻的是這些畫所表露的自負和不懂裝懂。不論是從忠實度或技巧來看，都不推薦給學習解剖學的學生。」高提耶較令人記得的貢獻可能是他在 1752 年開辦的《自然史觀察》（*Observations sur l'histoire naturelle*）；這是最早期的法國科學期刊之一，直到 18 世紀末年都還持續發行。

杜維尼的著作除了被當成高提耶的作品外，確實也有一些著作是以他自己的名義出版，包括：1731 年出版的《聽覺器官專著：耳朵所有部位的構造、功用與疾病》（*Traité de l'organe de l'ouïe, contenant la structure, les usages et les maladies de toutes les parties de l'oreille*），當中附有 16 幅未署名但詳盡的黑白插圖（很可能是根據杜維尼自己的畫作刻印而成）；以及在他死後於 1749 年出版的《人體肌肉解剖技法——初學者適用》（*L'art de disséquer méthodiquement les muscles du corps humain, mis à la portée des commençans*）。

5. 喬瓦尼·巴蒂斯塔·莫爾加尼（Giovanni Battista Morgagni）、安東尼奧·馬里亞·瓦爾薩瓦（Antonio Maria Valsalva）與泰奧菲·博內特（Théophile Bonet）

在 18 世紀的大部分時間裡，擔任帕多瓦大學解剖學教授的人是喬瓦尼·巴蒂斯塔·莫爾加尼；他從 1713 年上任到 1771 年去世為止，在這個職位待了 56 年。他在與帕多瓦大學競爭的波隆那大學接受訓練，並在那裡擔任安東尼奧·馬里亞·瓦爾薩瓦（馬爾切洛·馬爾皮吉的學生）的解剖員（prosector）。瓦爾薩瓦在波隆那大學擔任解剖演示教師（demonstrator），而莫爾加尼則協助瓦爾薩瓦完成 1713 年出版的《論人耳》（*De aure humana tractatus*），一本研究耳朵構造與疾病的專著。如今，人們以「瓦氏裝置」（Valsalva device）紀念瓦爾薩瓦；這種被安裝在太空衣內的裝置使太空人無須用手摀住鼻子，就能平衡耳內壓力（另一種較常見且必須用到手的中耳加壓法被稱為「瓦氏操作」〔Valsalva manoeuvre〕）。

下圖
《論人耳》（*De aure humana tractatus*，1735年）

安東尼奧·馬里亞·瓦爾薩瓦（Antonio Maria Valsalva）的耳朵構造專著扉頁。

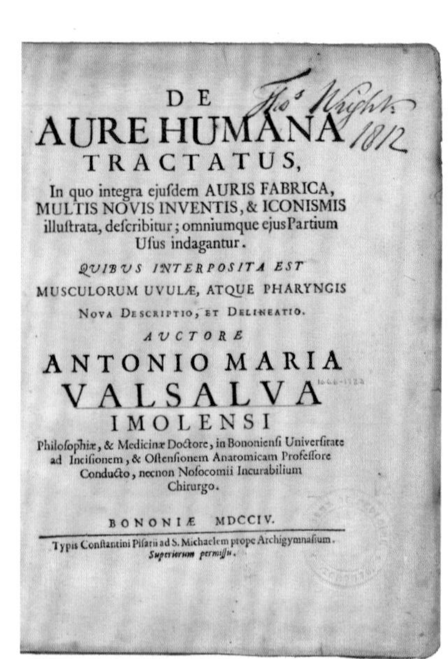
DE
AURE HUMANA
TRACTATUS,
In quo integra ejusdem AURIS FABRICA, MULTIS NOVIS INVENTIS, & ICONISMIS illustrata, describitur; omniumque ejus Partium Usus indagantur.
QUIBUS INTERPOSITA EST
MUSCULORUM UVULÆ, ATQUE PHARYNGIS
NOVA DESCRIPTIO, ET DELINEATIO.
AUCTORE
ANTONIO MARIA
VALSALVA
IMOLENSI
Philosophiæ, & Medicinæ Doctore, in Bononiensi Universitate ad Incisionem, & Ostensionem Anatomicam Professore Conducto, necnon Nosocomii Incurabilium Chirurgo.
BONONIÆ MDCCIV.
Typis Constantini Pisarii ad S. Michaelem prope Archigymnasium.
Superiorum permissu.

對頁
《論人耳》（1735年）

下顎遭移除的顱骨底部視圖，往上能看到耳朵。

身為一名教師，莫爾加尼（1682–1771 年）不允許學生做出醫學揣測，而是堅持要他們透過仔細觀察與邏輯思辯來下診斷。他以身為卓越的解剖學家著稱，但在帕多瓦大學任教的大部分時間裡，都專注於教學，在 1706–19 年間只出版了《解剖學雜記》（*Adversaria anatomica*），書中有數篇醫學論文，主題包括膽石、靜脈曲張與醫學法律困境。

接著在 79 歲時，他突然發表了人生中最重要的著作，《疾病的位置與病因》（*De sedibus et causis morborum per anatomen indagatis*）。透過這本鉅著（寫作時間長達 20 年，分為內容充實的上下兩卷，裡面共有五個部分），他不僅概括了累積一生的知識，更幾乎單憑一己之力創建了解剖病理學這門科學。

儘管數世紀的解剖活動已拼湊出相當完整的正常人體構造，但

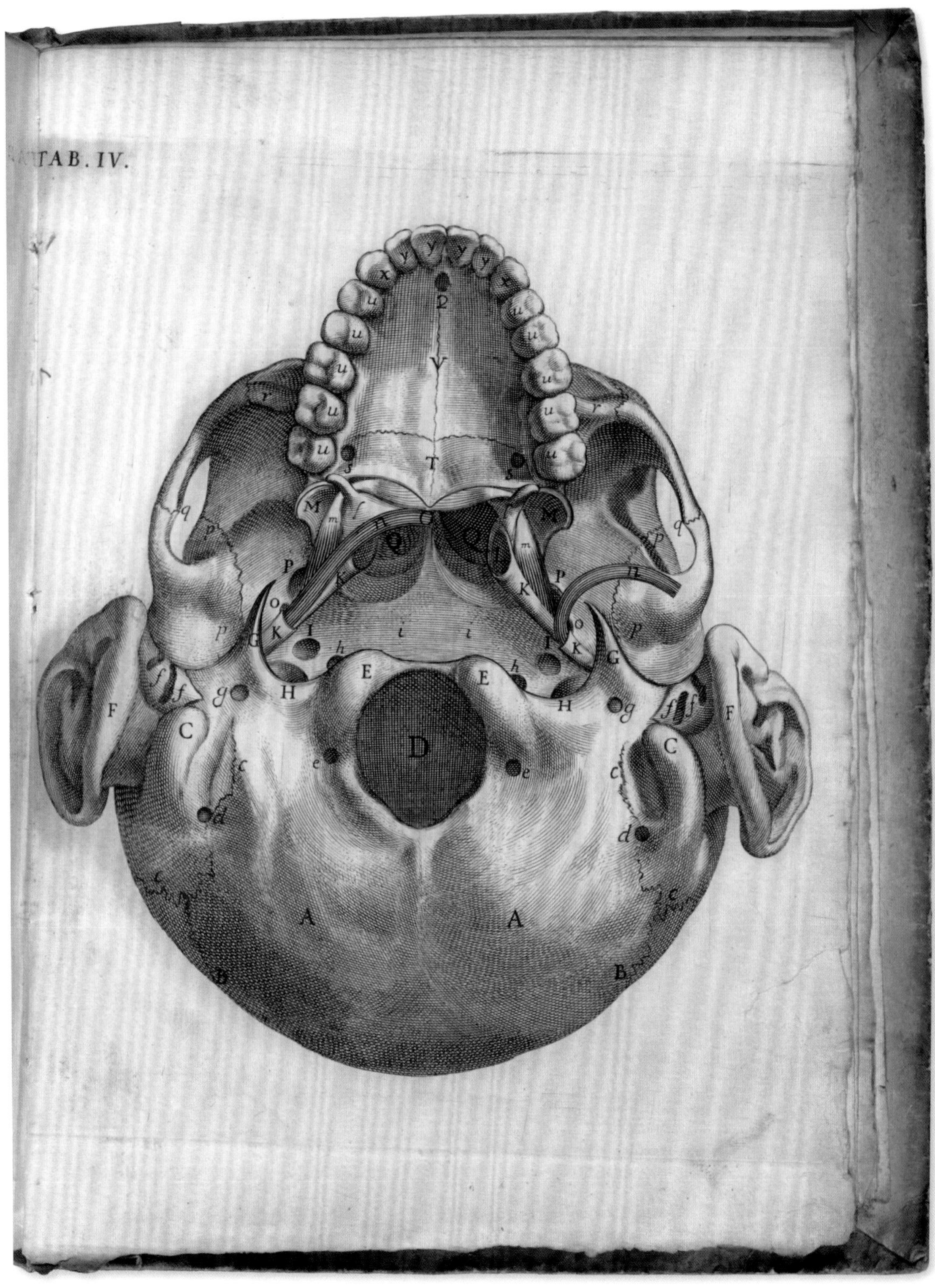
TAB. IV.

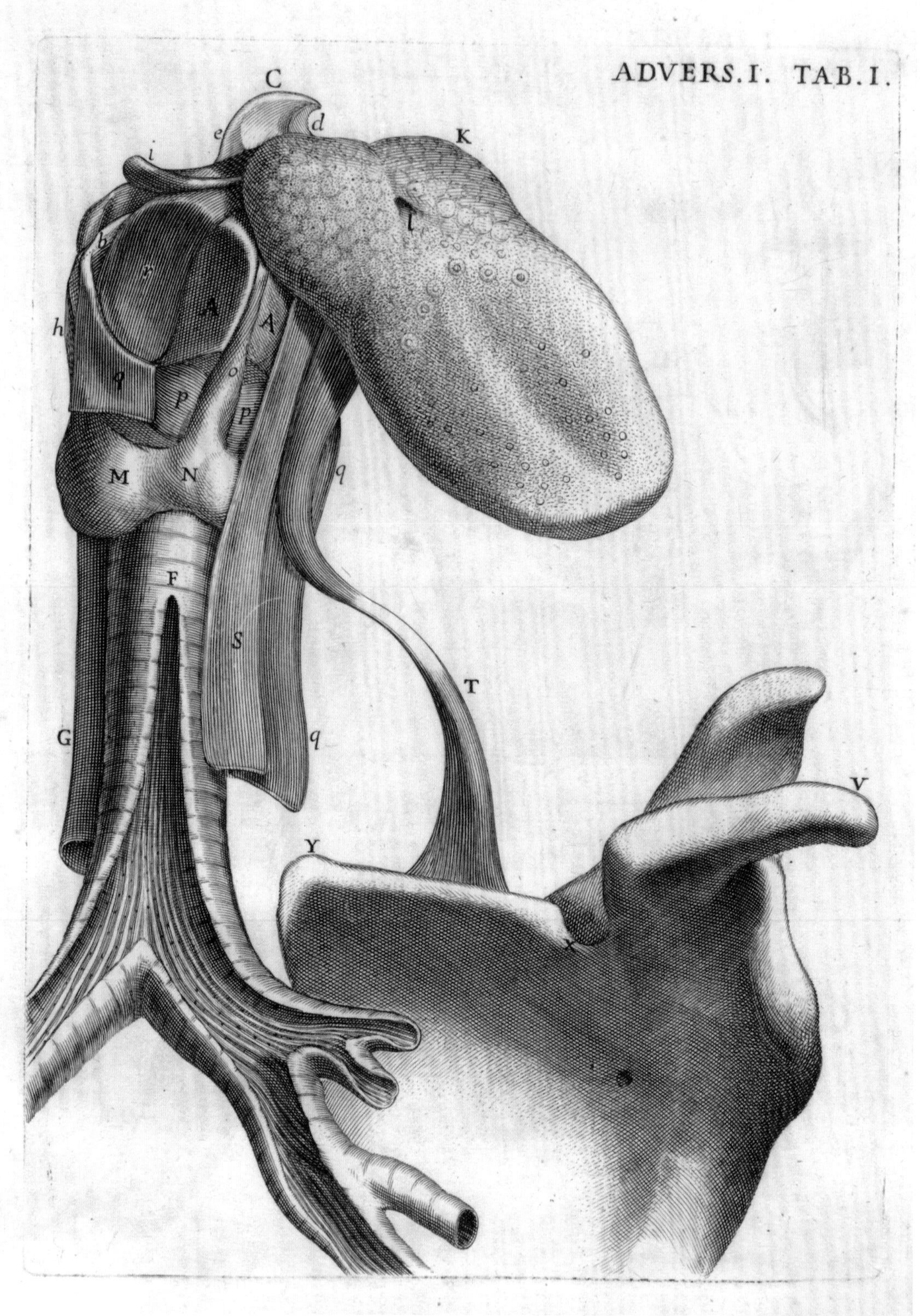
ADVERS.I. TAB.I.
C
d
e
i
K
b
l
A
h
A
q
p
p
M
N
q
F
S
T
G
q
V
Y

卻鮮少有人去研究那些患病器官的結構。威廉・哈維在 17 世紀曾提到「比起解剖十個被絞死〔除此之外身體相當健康〕的囚犯，解剖一個死於結核病或其他慢性疾病的病患，所能學到的東西更多」。在《疾病的位置與病因》中，莫爾加尼唯一參考的另一本同領域重要著作，是瑞士醫生泰奧菲・博內特寫於 1679 年的《墓地實錄：屍體解剖記錄》（*Sepulchretum: sive anatomia practica ex cadaveribus morbo denatis*）。

莫爾加尼認為博內特的書是衍生作品，創作時以他人著作為根據，並將焦點擺在那些病態到令人好奇的患病器官極端病例上。其他人則對博內特表示讚許，認為他從他人著作中統整了截至當時所有的病理知識。如果說博內特（1620–89 年）缺乏嚴謹的科學態度，那麼莫爾加尼不僅彌補了這項缺失，還帶來了更多貢獻。他是一個小心謹慎的記錄者；在他的著作中，他參考了自己在當時對 646 場解剖手術所做的觀察，且這些手術大多由他所執行。

《疾病的位置與病因》是以書信的形式寫成，內容是莫爾加尼寫給友人的 70 封信，因為這位友人鼓勵他將自己的知識記錄下來。這樣的寫作形式使這本書難以作為參考書來查閱，但卻能藉此深刻洞察一位先驅的思辯過程，因而具有珍貴價值。這本書一推出立即獲得成功：在最初三年內再版了四次，並在十年內被翻譯成法語、德語和英語。

6. 日本的解剖學發展

解剖學的歷史主要發生在歐洲。在遠東，醫學仍是一門大多為非侵入性的學科。舉例來說，日本的「漢方」醫學系統是以最初在 6 世紀傳入的中國醫學知識為基礎，包括針灸、艾灸、食療與草藥學。自 1639 年起，日本社會一直都處於封閉狀態，只透過長崎港和中國以及荷屬東印度帝國的一些邊遠地區進行貿易。儘管如此，日本的醫生就和歐洲的一樣具有探究精神，對 4 世紀以來的解剖學表現出感興趣又卻步的態度。

日本最早的科學解剖手術一直要到 18 世紀才出現，但較早期的出版物顯示他們對重要器官已有簡單的認識。事實上，某些利用遭處決罪犯進行的解剖手術更早發生；共 50 卷的《頓醫鈔》是由僧醫梶原性全（1266–1337 年）成書於 1304 年，其中有一卷談論的就是早期的解剖知識，並附上了木刻印刷的示意圖。

耶穌會傳教士在 6 世紀時，將歐洲外科手術的專業知識引進日本，但卻被當地人視為「南蠻」。1639 年後，那些在長崎與荷蘭商人進行交易的人，可能曾接觸到荷蘭的醫療服務（當時被稱為「紅毛外科」或「荷蘭外科」）。有一位名為本木良意（1628–97 年）的口譯員，據知大約在 1680 年時，根據約翰・雷默林的《微觀世界之鏡》荷語版本，完成了粗略的日語翻譯，不過這個日語譯本一直到 1772 年才出版。

山脇東洋（1705–62 年）是第一位挑戰傳統漢方觀念的日本醫生。他在 1754 年曾獲准解剖被斬首罪犯的屍體。在接下來的五年，他撰寫了《藏志》，在當中記下那些傳統觀念和他自己的觀察有何差異，並進一步提到他的觀察和一本作者身分不明的歐洲解剖書有何雷同。他拿到的這本解剖書很可能是德國解剖學家約翰・魏斯林（Johann Vesling，1598–1649 年）的著作。

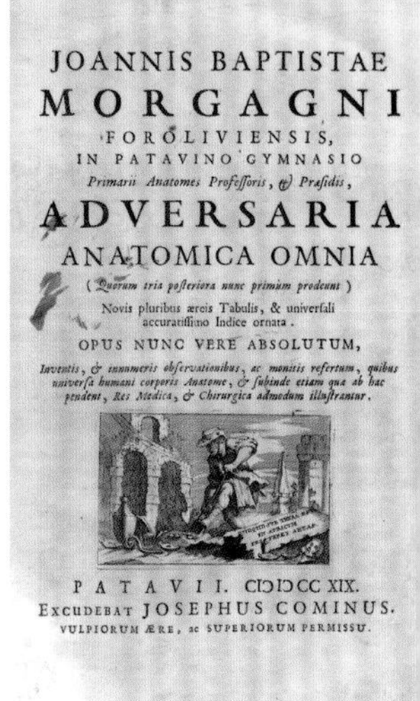

JOANNIS BAPTISTAE
MORGAGNI
FOROLIVIENSIS,
IN PATAVINO GYMNASIO
Primarii Anatomes Professoris, & Præsidis,
ADVERSARIA
ANATOMICA OMNIA
(*Quorum tria posteriora nunc primum prodeunt*)
Novis pluribus æreis Tabulis, & universali accuratissimo Indice ornata.
OPUS NUNC VERE ABSOLUTUM,
Inventis, & innumeris observationibus, ac monitis refertum, quibus universa humani corporis Anatome, & subinde etiam quæ ab hac pendent, Res Medica, & Chirurgica admodum illustrantur.
PATAVII. CIↃIↃCC XIX.
EXCUDEBAT JOSEPHUS COMINUS.
VULPIORUM ÆRE, ac SUPERIORUM PERMISSU.

《解剖學雜記》（*Adversaria anatomica omnia*，1723年）

對頁：舌頭與喉部的肌肉。
最上：作者喬瓦尼・巴蒂斯塔・莫爾加尼（Giovanni Battista Morgagni）的肖像；他憑著一己之力創建了解剖病理學這門科學。
上：莫爾加尼的醫學論文集扉頁。

《藏志》引發守舊派譴責，但也獲得較具科學思維的醫生支持。它為日本開啟了一扇望向歐洲解剖學的窗口。隨著《藏志》的問世，另外兩本解剖學著作也在僅隔兩年後出版，這顯示出日本醫生相當積極且迅速地學習歐洲的先進知識。

1771 年，另一場解剖手術也獲得了許可，這次是針對女性罪犯的屍體。在觀眾群中，有三個人各自帶了相同的荷蘭解剖書到現場，那就是 1734 年在阿姆斯特丹出版的《解剖學圖譜》（*Ontleedkundige tafelen*），作者是約翰．亞當．庫爾穆斯（Johann Adam Kulmus）。如同山脇東洋，他們都為這本書的準確度感到驚訝，並一致認為他們應該要將它翻譯成日語。這是一個很遠大的目標，其中一個主要原因是他們都只認得幾個荷蘭字。而且就算他們會荷蘭語，他們所接觸到的解剖學詞彙，在當時也沒有對應的日語。

其間在京都，河口信任（1736–1811 年）的解剖學著作《解屍編》（*Kaishi hen*）草率成書於 1772 年，當中的插圖是藝術家青木夙夜（卒於 1802 年）的木刻版畫作品。這些圖畫帶有一種簡約的美感，非常整齊，沒有多餘的細節或標示，且往往呈現出實際上並不存在的規律性或對稱性，例如整齊盤繞的腸道。這本書在日本解剖學史上是極具指標性的著作，出版時正逢日本探究解剖學的初始階段。

為了翻譯，那三位在解剖展示現場的可敬之士開始學習荷蘭語；他們不只得學會這個外國語言，還必須學會用他們不熟悉的字母系統書寫。其中一人名為前野良澤（1723–1803 年），在向長崎的口譯員學習荷蘭語後，撰寫了一本荷蘭語教學小手冊，用來協助他的同事。另一人是杉田玄白（1733–1817 年），雖然荷蘭語能力較差，但對這項計畫更有熱誠，於是成為了主要的作者。中川淳庵（1739–86 年）是最初這個組合中的第三人，後來又加入了桂川甫周（1751–1809 年）。他們花了三年半的時間努力鑽研原作中的每個字，終於如願發展出一套嶄新的日語解剖詞彙系統。

1774 年，他們出版了庫爾穆斯的《解剖學圖譜》日譯本，《解剖新書》。他們使用的插圖是從許多地方找來的，不只是出自庫爾穆斯的原作。有些是取自胡安．瓦爾韋德 1556 年的著作《人體組成之歷史》（而瓦爾韋德的插圖又是從維薩里的《論人體構造》「借來」的）。有些則原本出現在戈瓦德．比德盧 1685 年的著作《人體解剖學》。相形之下，《解剖新書》與兩年前才剛出版的《解屍編》有著天壤之別。河口信任在《解屍編》中引用了梶原性全在 400 年前使用的插圖，而《解剖新書》則展現出 18 世紀的寫實主義與準確細節。雖然這本書嚴格來說是荷蘭的著作，但它被引進日本並翻譯成日語一事，具有相當重大的意義。日本的鎖國政策持續實施到 1869 年，但西方的解剖學是最早突破封鎖線的科學之一，並促使日本在 19 世紀後期對歐洲的觀念普遍轉為開放態度。

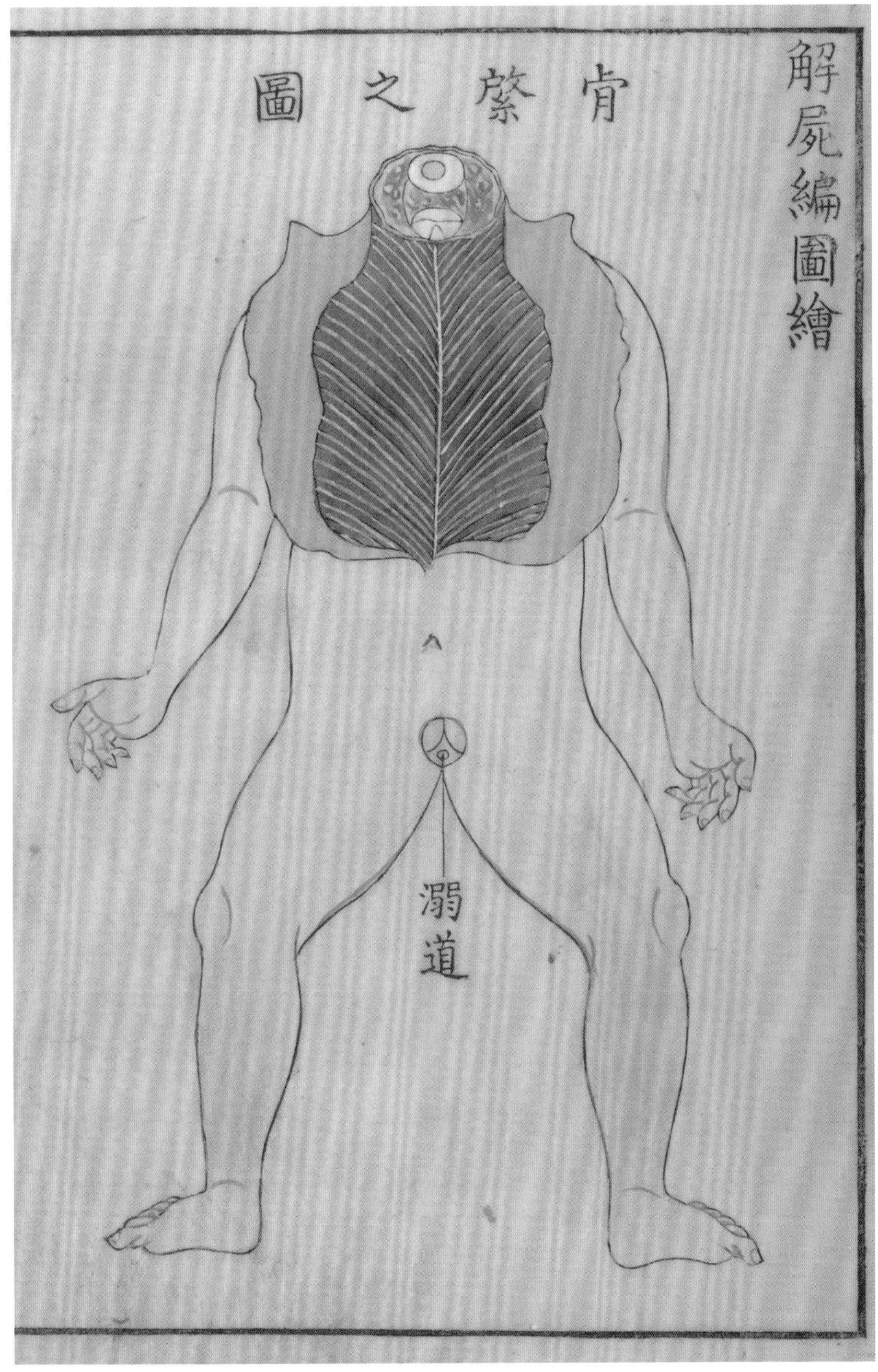

左圖
《解屍篇》（1772年）

青木夙夜的木刻版畫描繪出一具遭斬首且部分被解剖的人體；出自第一本現代日本解剖學著作，作者是河口信任（1736–1811年）。

右圖

《解屍篇》（1772年）

頭頂視圖，其中有部分顱骨遭到移除；另外附有腦的細部構造圖。

對頁圖

《解剖新書》（1774年）

約翰・亞當・庫爾穆斯（Johann Adam Kulmus）的《解剖學圖譜》（*Ontleed-kundige tafelen*）日譯本扉頁採用了相當歐式的建築樣板。

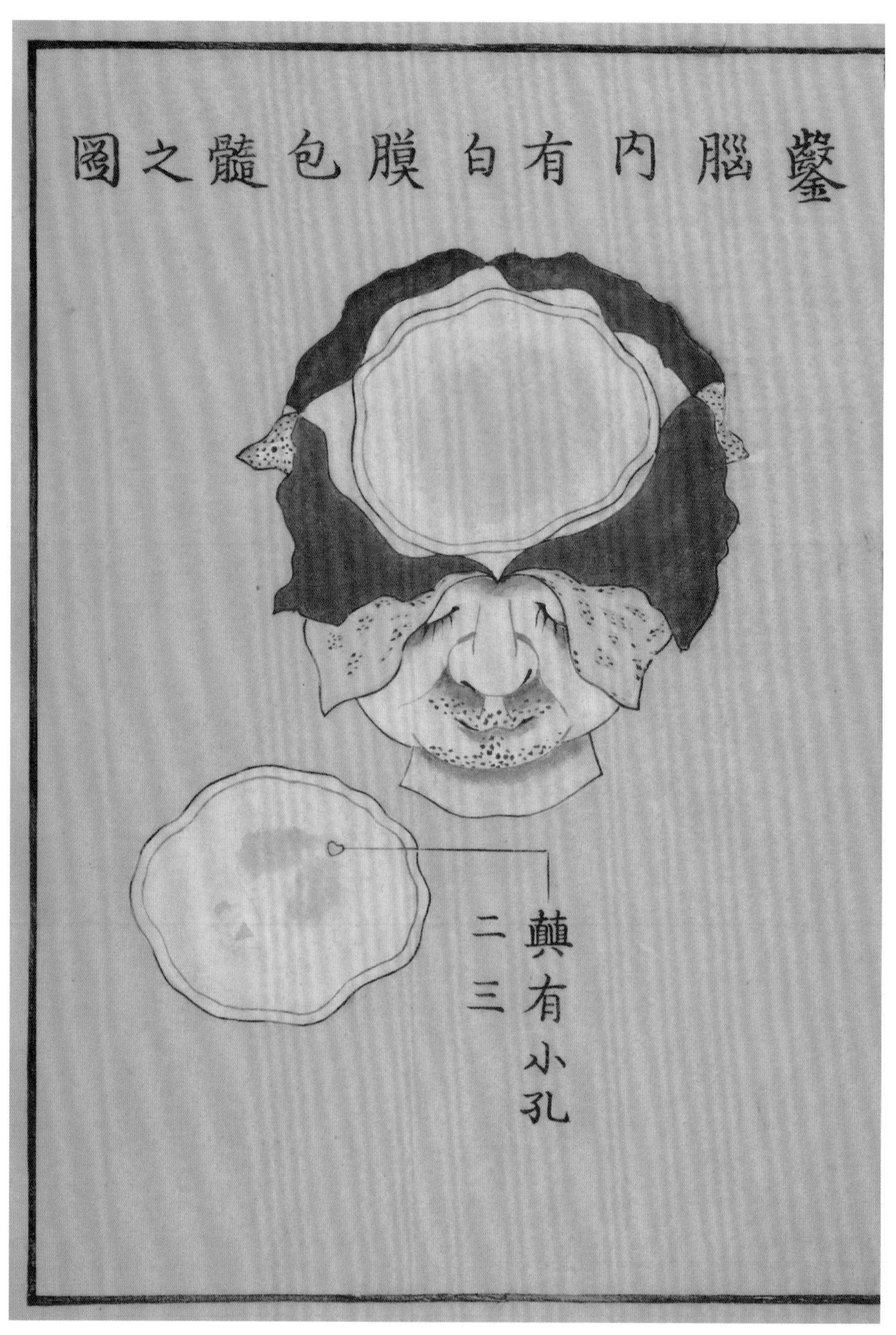

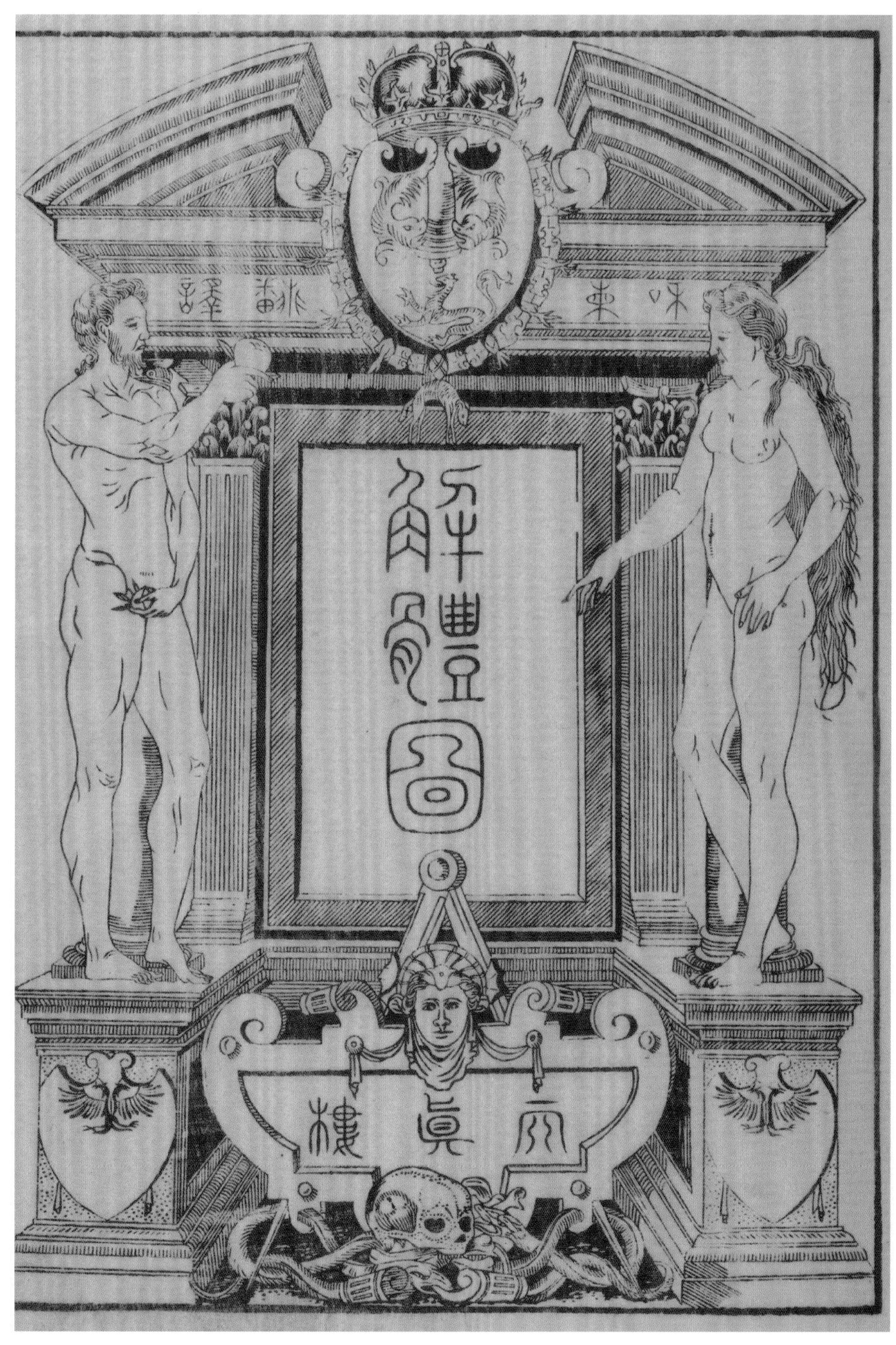
解體圖

右圖

《解剖新書》（1774年）

這張頁面上的圖片取自許多不同的亞洲與歐洲來源，分別描繪了橫膈膜、上半部骨骼與男性及女性屍體內的內臟。其中皮膚被剝去且用繩子懸吊的軀幹，是借用自維薩里的插圖（見第104頁）。

對頁圖

《解剖新書》（1774年）

顱骨露出的男性頭部，並附上以顯微鏡觀察到的毛囊細部圖。

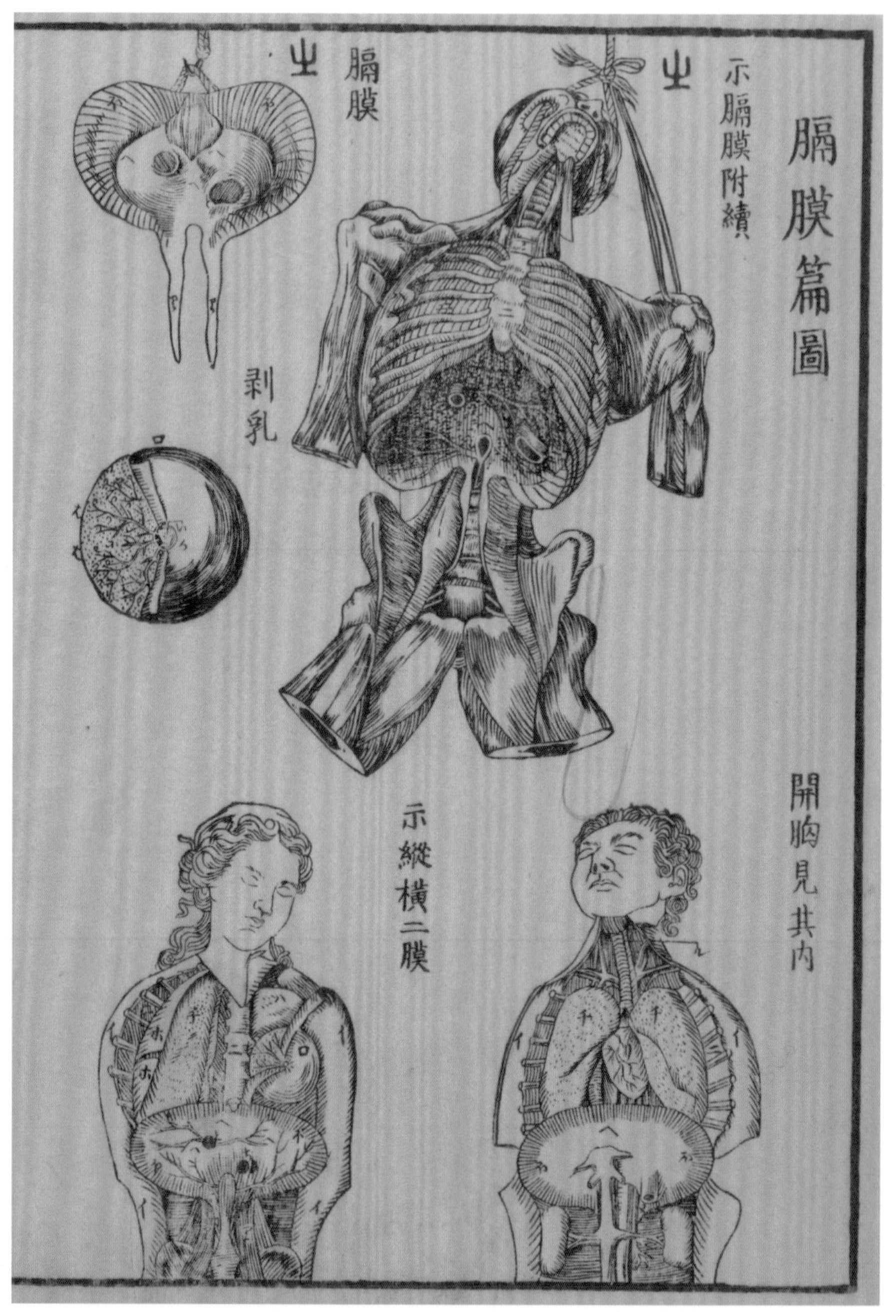

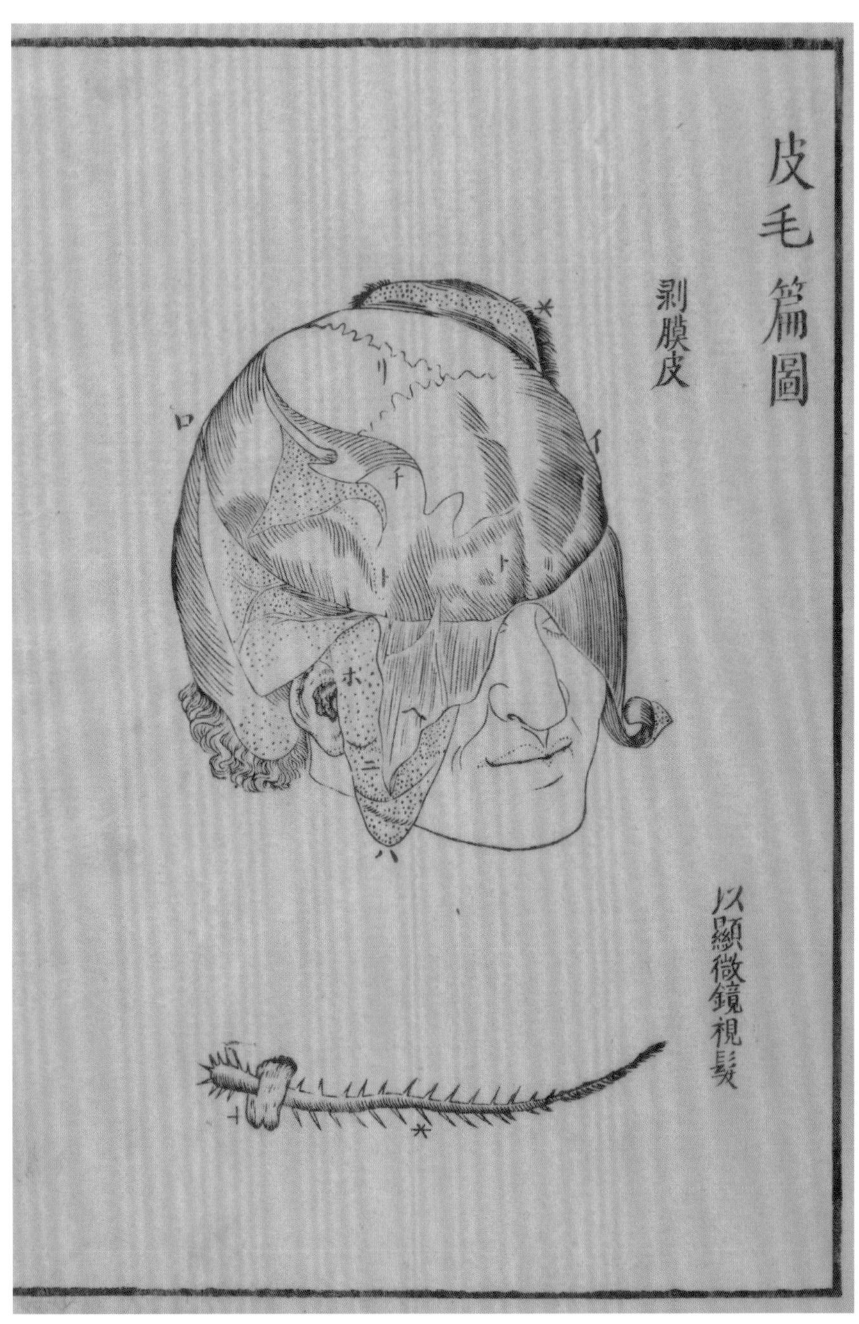
皮毛篇圖
剝膜皮
以顯微鏡視髮
イ
ロ
ハ
ニ
ホ
ヘ
ト
チ
リ

發明時代

THE AGE OF INVENTION

1801–1900

過去所累積的人體解剖學知識在 18 世紀獲得鞏固後，用於編纂相關法規與提供保護的措施，在 19 世紀逐漸發展形成。專業機構與各地政府開始控管解剖訓練課程，但一般民眾（基於充分理由）仍對解剖實務抱持著懷疑態度。

1. 華岡青洲

日本從很晚才開始注意到歐洲對解剖學的研究途徑，於是加緊腳步要趕上進度，甚至在某些情況下企圖超越歐洲。華岡青洲（1760–1835 年）在他的時代是最頂尖的外科醫生。出生於京都的他接受傳統草藥學的訓練，並透過「蘭學」學習解剖學。蘭學是指當時日本所接觸到的西洋知識，其字面意義是「荷蘭的學問」，因為日本最初是藉由與荷蘭進行貿易，而開始接觸到西洋的思想觀念。

華岡青洲對一名 2 世紀的中國外科醫生所做的研究很感興趣，這名醫生就是華陀（約 145–220 年）。據說，華陀曾使用一種名為「麻沸散」的藥水，為病人施行手術。這種麻醉藥不僅會令病人失去意識，還會麻痺其肌肉（原因不明），使醫生較容易進行切割。華陀把麻沸散的配方帶進了墳墓，在臨死前燒毀了自己的手稿。然而，醫學史學家認為配方裡可能包含歐當歸、曼德拉草、月光花，以及各式當歸屬與烏頭屬植物。

下圖
《奇患手術圖錄》（1837年）

樋口探月（1822–90年）為華岡青洲的《奇患手術圖錄》所畫的插圖，描繪的是一名女性的背部腫瘤。

華岡青洲開始運用他的草藥知識，試著重新製作出這個配方。他投入了將近 20 年的時間，期間他的妻子因服用一批試驗品而雙眼失明。然而在 1804 年，他為一名 60 歲癌症病患進行乳房切除手術時，先讓她喝了他稱為「通仙散」的藥水。這個藥在服用約四小時後見效，結果這名病患持續昏迷了 24 小時之久。在歷史記載中，華岡的乳房切除手術是最早在麻醉下進行的現代外科手術，比西方的相同成就早了 40 多年。

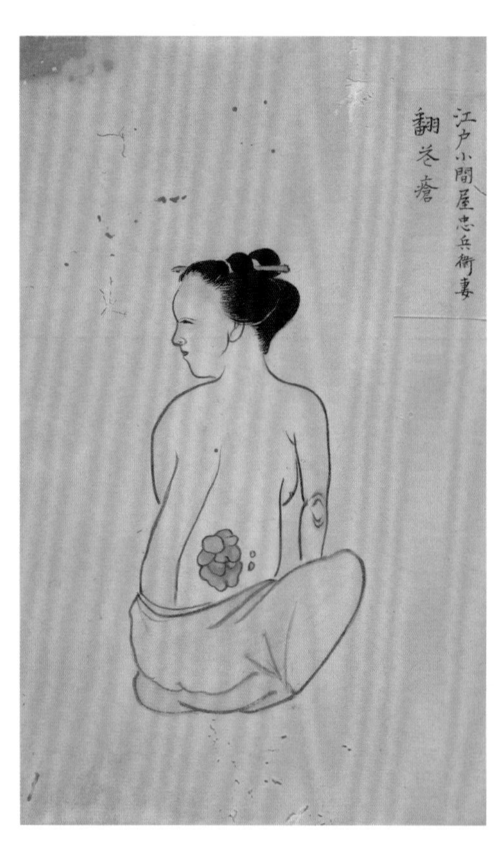

當時在日本，發表研究的慣例不是出版著作，而是撰寫手稿，供自己的學生或其他有興趣的讀者抄寫。華岡產出了大量手稿，並在 1805 年的〈乳癌治驗錄〉一文中，描述了最早那場乳房切除手術的程序。他的部分撰述不只經他人抄寫，還配上了插圖。《奇患手術圖卷》是在他死後，由他人於 1837 年集結其手稿裝訂而成，並由樋口探月（1822– 約 1890 年）負責繪製插畫。在解剖學家的書房裡，我們有可能會在小說區看到《華岡青洲之妻》。這本備受讚譽的小說是有吉佐和子根據華岡的一生，在 1966 年寫成的作品。

華岡在世時，上門求診的病患總是絡繹不絕，而他在日本和歌山縣紀之川市的家，至今仍保存完好，並且被封為神社以茲紀念。但可惜的是，他生長在日本鎖國時代，以致他在國內的名聲從未進一步傳播到海外。等到阻絕日本與其他國家的帷幕在 1854 年被掀開時（也就是在他去世近 20 年後），西方世界早已發明其他的麻醉技術。

2. 李奧波多・馬可・安東尼奧・卡爾達尼（Leopoldo Marco Antonio Caldani）、安東尼奧・斯卡帕（Antonio Scarpa）與多梅尼科・科圖尼奧（Domenico Cotugno）

在 19 世紀的最初十年，歐洲的解剖學發展是以數本重要的出版物作為亮點。喬瓦尼・莫爾加尼有三位學生因論著而脫穎而出。李奧波多・卡爾達尼（1725-1813 年）在波隆那與帕多瓦大學接受訓練後，在帕多瓦大學接替莫爾加尼的職位，擔任理論醫學與解剖學教授。他的同鄉亞歷山德羅・伏特（Alessandro Volta）在 1799 年發明了電池，使科學家們首次能靠穩定的能源供給做實驗。而卡爾達尼也將電流應用在神經系統與脊髓功能的實驗中。

在其知名著作《解剖圖解》（*Icones anatomicae*）首次出版不久後，卡爾達尼便於 1805 年退休。《解剖圖解》在卡爾達尼的姪子弗洛尼亞諾・卡爾達尼（Floriano Caldani）的協助下，在 1801 年與 1814 年間，於當時仍是解剖畫家活動中心的威尼斯，分階段進行印製，歷時共 13 年。這部共四卷的圖集（附有五卷註解）被視為同類著作中的上乘之作。在其內頁中，可以看到優美的藝術表現手法結合精緻的細節，但隨著 19 世紀的發展，這樣的表現方式逐漸變得過時。事實證明示

下圖
《奇患手術圖錄》（1837年）

左：顎骨腫瘤移除手術。
右：一系列乳癌手術圖中的第五幅。

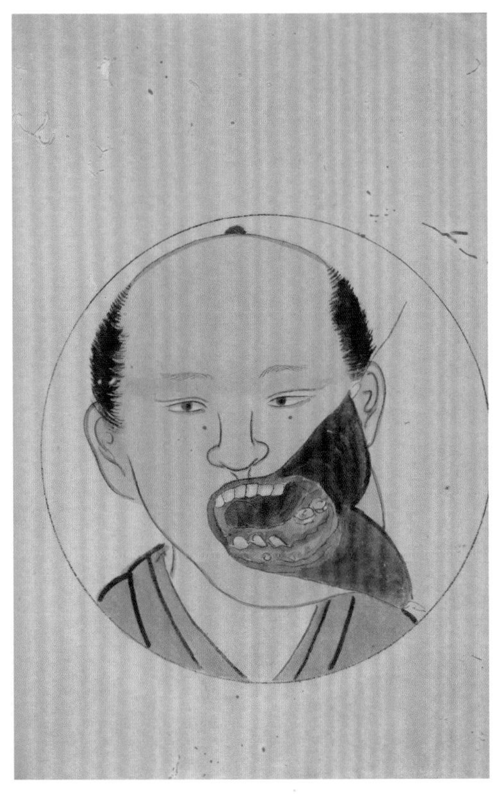

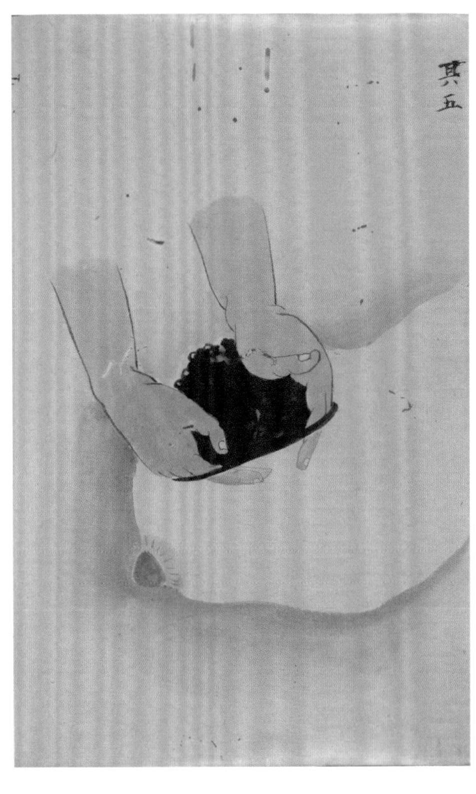

意圖不僅較為實用，作為教學工具也較能清楚明確地傳達意義；不過，這類經典作品的優美畫風逐漸消逝，不免令人惋惜。

安東尼奧・斯卡帕（1752–1832 年）在帕多瓦大學時，曾師從莫爾加尼與卡爾達尼。由於該校已無教授職缺，因此他到摩德納與帕維亞大學擔任解剖學教授。他在帕維亞大學的成功，促使校方興建了一間新的解剖劇場，直到今日仍被稱為「斯卡帕會堂」（Aula Scarpa）。此外，他在義大利和國外皆因傑出的論述而廣受讚譽，並且被選為英國皇家學會的會士，以及瑞典皇家科學院（Royal Swedish Academy of Sciences）的會員。當拿破崙・波拿巴（Napoleon Bonaparte）在 1805 年成為義大利國王時，曾探訪帕維亞大學，並要求會見斯卡帕。

斯卡帕死於泌尿系統結石所引起的膀胱發炎。在他死後，他的遺體適切地交由其助手卡洛・畢歐奇（Carlo Beolchin）進行解剖，而畢歐奇也針對解剖過程發表了詳盡的記錄。但另一項安排就沒有那麼適切了：帕維亞大學以一種不明智的方式向這位偉大的解剖學家致敬，那就是將他的頭顱保存下來，展示於該校的解剖學研究所。如今，這顆頭顱仍陳列在帕維亞大學的歷史博物館（Pavia's University History Museum）。

斯卡帕對腦部與感覺器官特別感興趣。他在 1801 年出版的《主要眼疾研究》（*Saggio di osservazioni e d'esperienze sulle principali malattie degli occhi*），是第一本以義大利語寫成的感官專著。在此之前，他於 1789 年出版的《聽覺與嗅覺的解剖研究》（*Anatomicae disquisitiones de auditu et olfactu*）則是以拉丁語寫成。然而，1794 年的《神經學記錄》（*Tabulae neurologicae*）才是他的代表作。這本書值得關注的地方是，斯卡帕在書中針對心臟神經提供了最早的完整描述。另外，他也在書中發表了自己的發現，即內耳中充滿了一種液體（內淋巴液）。後來，這種液體又被稱為「斯卡帕液」（Scarpa's fluid）。以他的名字命名的構造還包括「斯卡帕筋膜」（Scarpa's fascia，腹部淺筋膜的深層膜層）與「斯卡帕三角」（Scarpa's triangle，即股三角，位於大腿的一個區域）。

安東尼奧・斯卡帕據悉是好鬥之人，對自己的敵人毫不留情，在朋友眼中也不怎麼好相處。當拿破崙到帕多瓦大學拜訪他時，校方還必須讓他先復職，原因是他在早前已因不受歡迎的政治發言和不願宣誓而被開除。他始終未婚，卻擁有許多私生子，並為了替他們找到有利可圖的職位，而動用自己的影響力。據說，他還曾將《神經學記錄》的雕版家鎖在自己的工作室內，直到對方完成工作才讓他離開。他一生樹敵無數，而在他死後，這些人不但詆毀損害他的名譽，其中有些人甚至破壞了他的紀念碑。儘管如此，他在解剖學上的造詣仍不容置疑。

相形之下，多梅尼科・科圖尼奧（1736–1822 年）則是謙虛文雅之士。而且從這本書的角度來看，他所擁有的大量藏書令人相當欽羨。出身卑微的他在那不勒斯的不治之症醫院（Ospedale degli Incurabili）靠自己鑽研解剖學，之後為了向莫爾加尼與其他人學習醫學知識而四處遊歷。他在那不勒斯當了 30 年的解剖學教授。期間，他由衷為造福大眾而探究醫學的精神，令學生們深感欽佩。為了達到這個目標，他撰寫了有關坐骨神經痛與天花的論著，並早於斯卡帕提出內耳導水管的

《解剖圖解》
（*Icones anatomicae*，1801年）

左：卷首插圖描繪了田園景色中的一處洞穴，以及在那裡進行的解剖手術。儘管插圖深具古典特色，但李奧波多・卡爾達尼（Leopoldo Caldani）其實是個思想新潮的人，曾運用電流進行解剖手術。

上：卡爾達尼的肖像，畫家不詳。

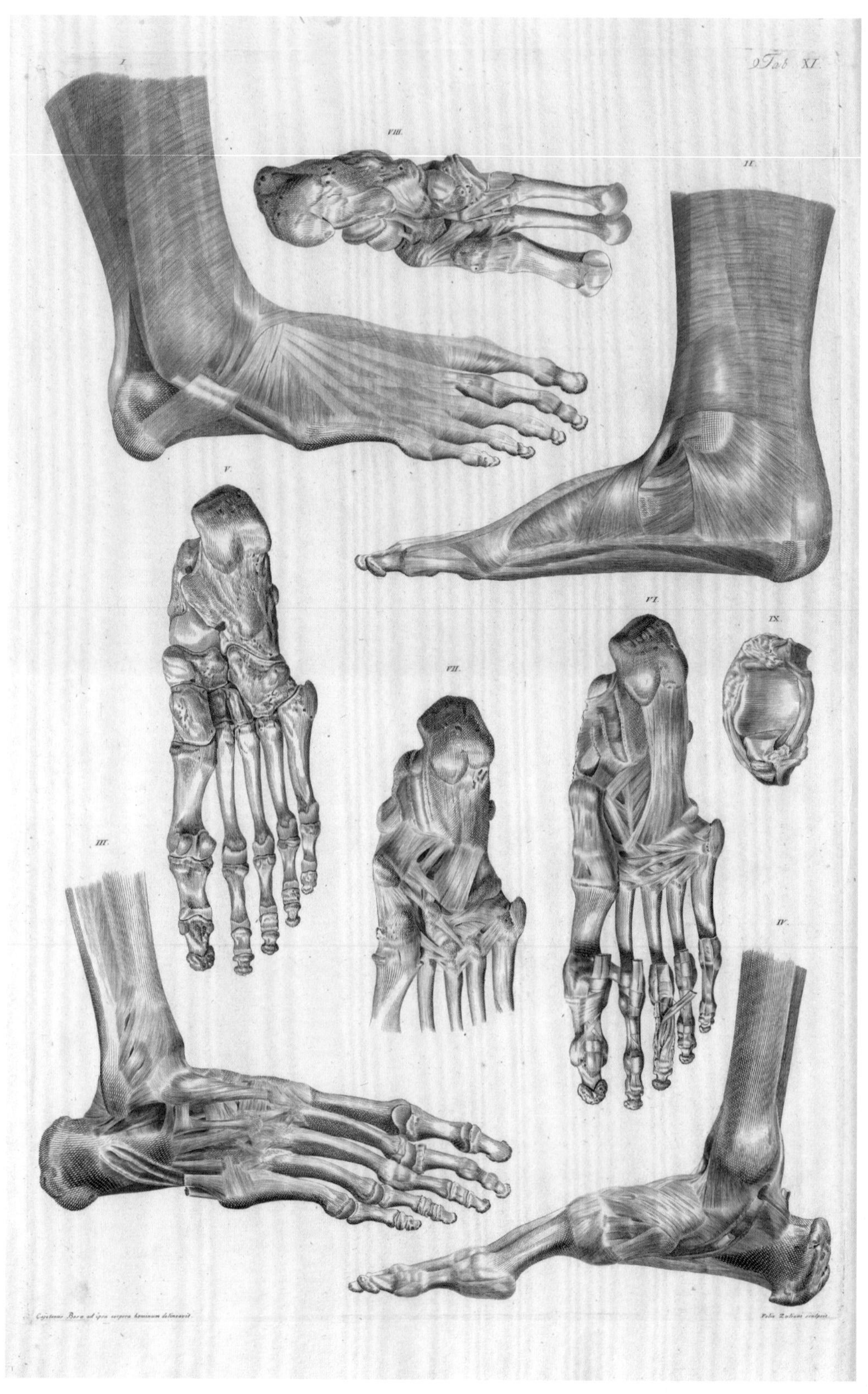
Tab. XI.
I.
VIII.
II.
V.
VI.
IX.
VII.
III.
IV.

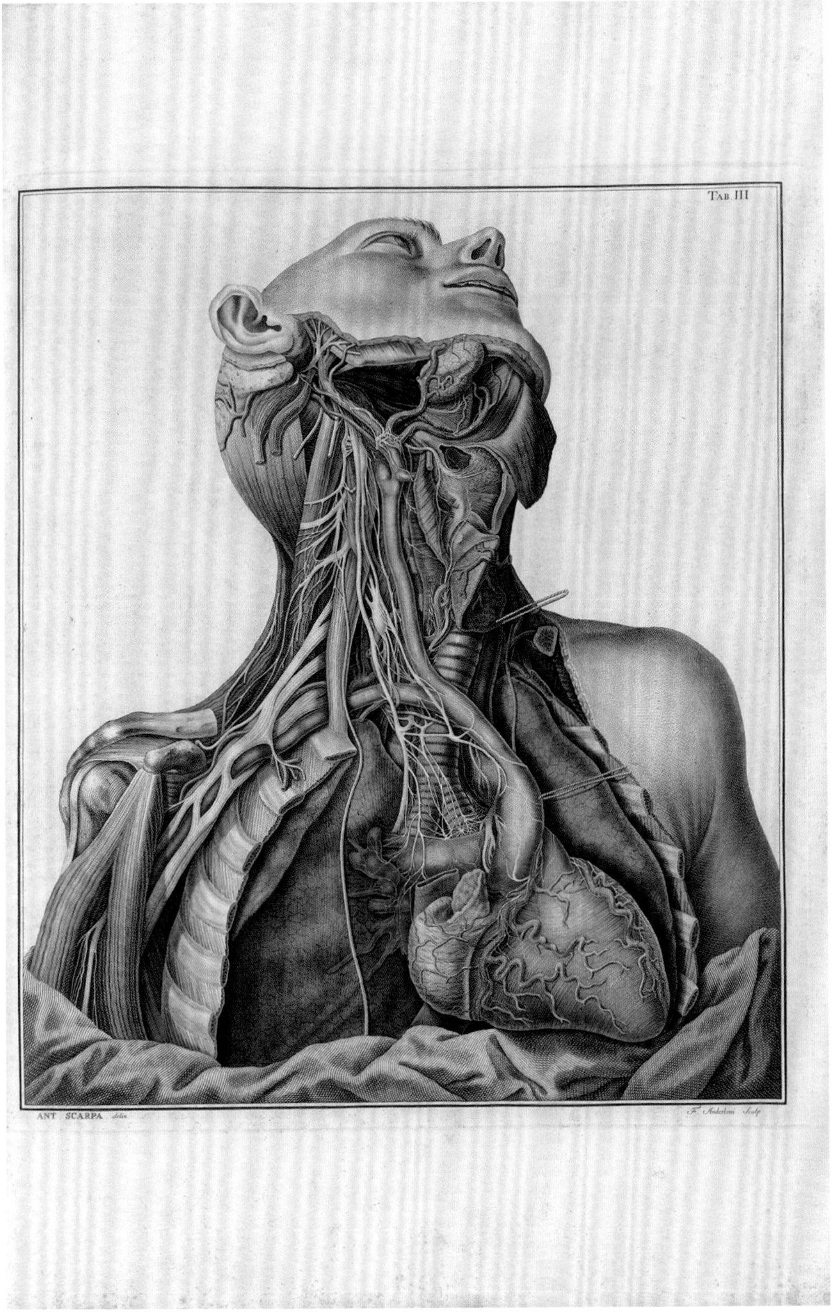

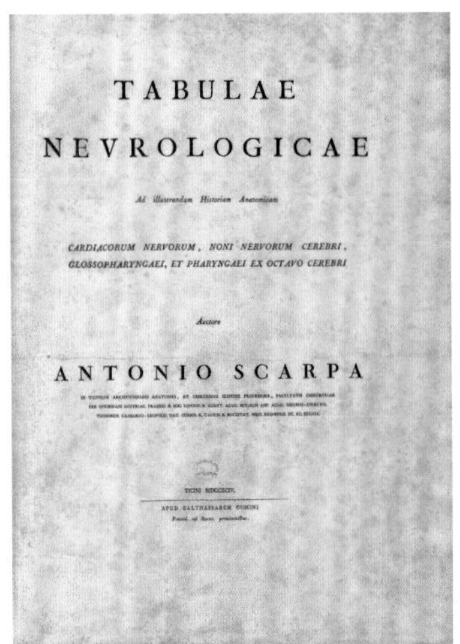

TABULAE

NEVROLOGICAE

Ad illustrandam Historiam Anatomicam

CARDIACORUM NERVORUM, NONI NERVORUM CEREBRI, GLOSSOPHARYNGAEI, ET PHARYNGAEI EX OCTAVO CEREBRI

Auctore

ANTONIO SCARPA

TICINI MDCCXCIV.

APUD BALTHASAREM COMINI

《神經學記錄》
（*Tabulae neurologicae*，1794年）

對頁：複雜的足部肌肉與骨骼。
左：上胸廓與頸部的內臟與肺部系統。
上：扉頁。
次頁：鉤子將肉往後拉，以展露肩膀、頸部與顎部的肌肉與血液供給。

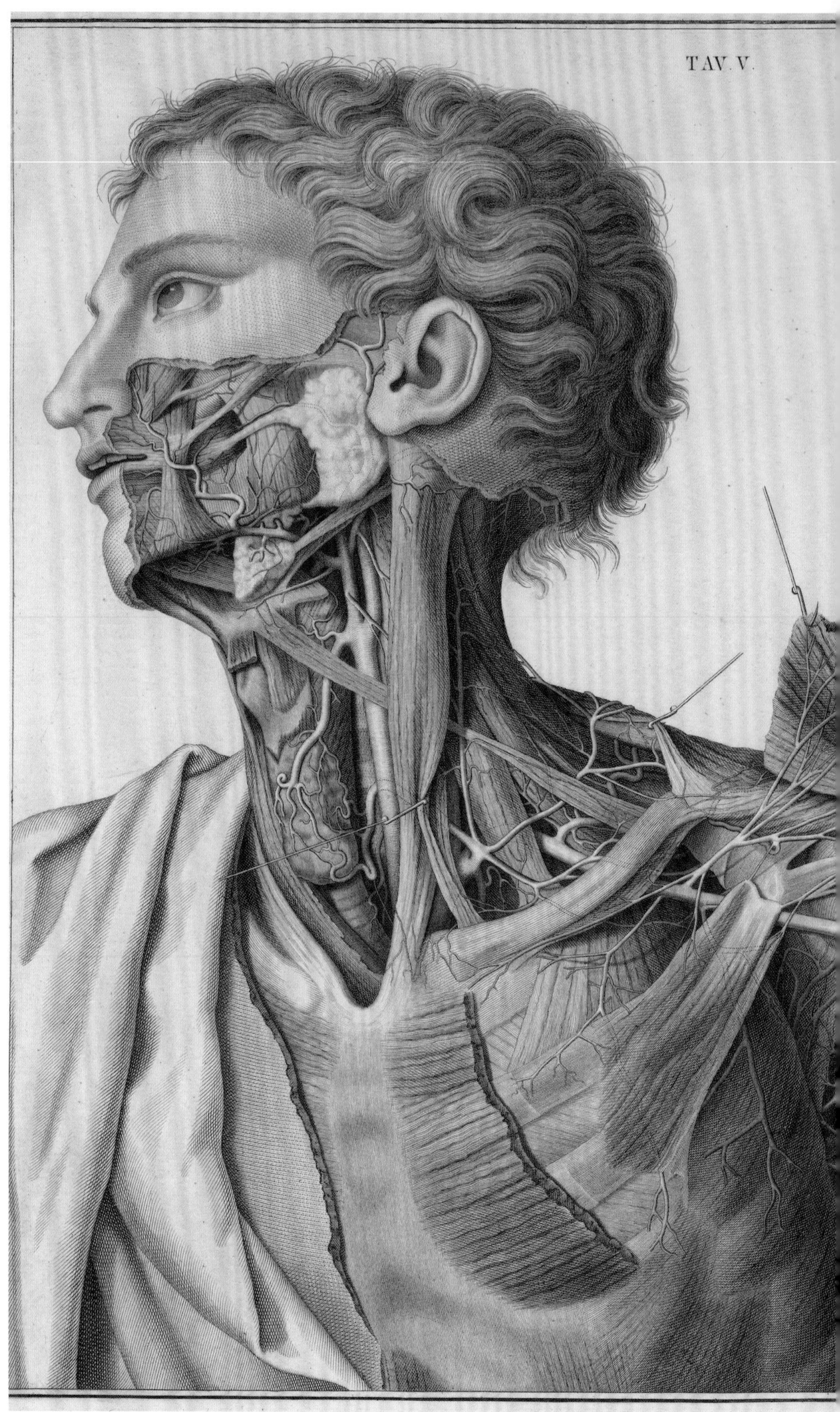
TAV. V.

相關敘述。斯卡帕也承認是科圖尼奧發現了鼻腭神經（引發打噴嚏反應的一個構造）。他的作品集《遺稿集》（Opera posthuma）在 1830 年發行，共有四卷。

3. 札維耶・畢夏（Xavier Bichat）

在卡爾達尼出版《解剖圖解》第一卷的同一年（1801 年），札維耶・畢夏也發行了他的《一般解剖學》（*Anatomie générale*）。畢夏（1771–1802 年）的一生短暫，但他的成就卻比大多數長命許多的人還要高。法國大革命爆發時，他年僅 18 歲。革命剛結束之際，他加入了阿爾卑斯軍團（Army of the Alps），擔任其外科醫生。在這起重大歷史事件後，籠罩著法國的混亂局面，導致他對解剖學的貢獻，多年來不為世界其他國家所知。

在其出版於 1800 年的第一本著作中，畢夏為人體解剖學的研究提供了一個嶄新的視角。《膜論》（*Traité des membranes*）定義了 21 種不同的人體組織（tissue），並主張器官不應被視為獨一無二的單位，而是應被視為組織的不同組合。他認為這點與化學相似，因為在化學中，化學物是由單一元素的不同組合所形成。

他的下一本書是《生與死的生理學研究》（*Recherches physiologiques sur la vie et la mort*），在同一年較晚時出版。這本書探討了上述對器官的看法，在病理學上會產生什麼後果。在兩本書的間隔期間，畢夏被任命為巴黎主宮醫院（Hôtel-Dieu

札維耶・畢夏（Xavier Bichat，1771–1802年）

上：畢夏在缺乏顯微鏡的協助下，奠定了顯微解剖學的基礎。
右：畢夏首部著作《膜論》（Traité des membranes，1800年）的扉頁；這是1816年的版本。
最右：《一般解剖學》（Anatomie générale，1801年）的扉頁。

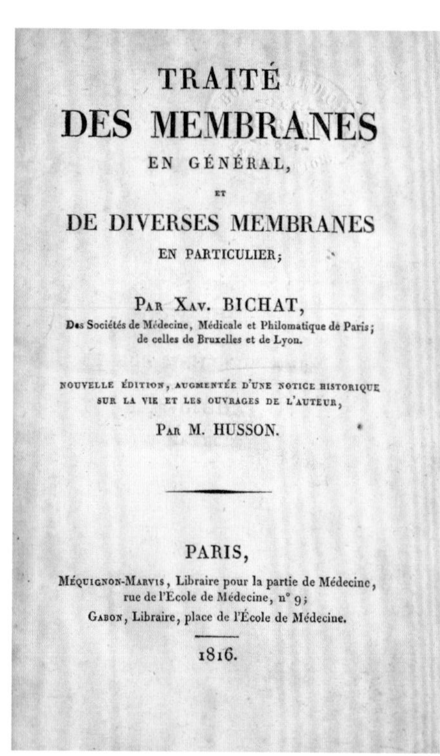

TRAITÉ
DES MEMBRANES
EN GÉNÉRAL,
ET
DE DIVERSES MEMBRANES
EN PARTICULIER;

PAR XAV. BICHAT,
Des Sociétés de Médecine, Médicale et Philomatique de Paris; de celles de Bruxelles et de Lyon.

NOUVELLE ÉDITION, AUGMENTÉE D'UNE NOTICE HISTORIQUE SUR LA VIE ET LES OUVRAGES DE L'AUTEUR,
PAR M. HUSSON.

PARIS,
MÉQUIGNON-MARVIS, Libraire pour la partie de Médecine, rue de l'École de Médecine, nº 9;
GABON, Libraire, place de l'École de Médecine.

1816.

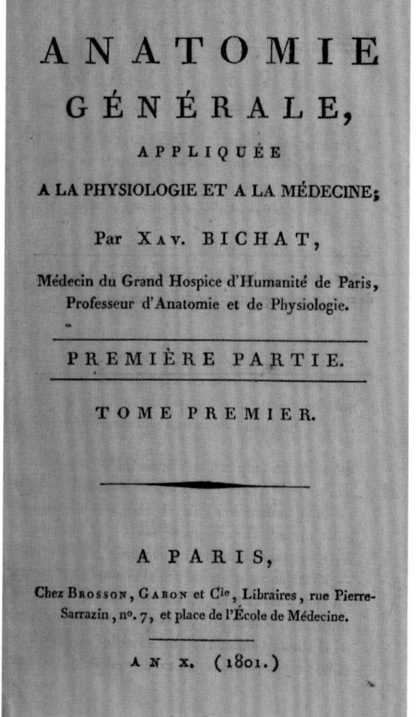

ANATOMIE
GÉNÉRALE,
APPLIQUÉE
A LA PHYSIOLOGIE ET A LA MÉDECINE;

Par XAV. BICHAT,
Médecin du Grand Hospice d'Humanité de Paris, Professeur d'Anatomie et de Physiologie.

PREMIÈRE PARTIE.

TOME PREMIER.

A PARIS,
Chez BROSSON, GABON et Cie, Libraires, rue Pierre-Sarrazin, nº. 7, et place de l'École de Médecine.

AN X. (1801.)

hospital）的醫生。在那裡，他開始研究患病組織對器官的影響，以及藥物對患病組織的作用，而這也是第一次有人針對藥物作用進行科學研究。他在六個月內解剖了超過 600 具屍體，藉以產出了大量的有用資料，在《生與死的生理學研究》與《一般解剖學》中皆有所討論。畢夏在他的研究中，拓展了喬瓦尼・莫爾加尼的病理學觀念，進而對這門科學做出了重大貢獻。

在《生與死的生理學研究》中，他嘗試以解剖學的角度定義生命。根據他的描述，生命是「所有抵抗死亡之生理功能總和」。在經歷過法國大革命的惡劣衛生環境和流血衝突後，有所體悟的他又繼續寫道，或許「生物周遭的所有事物皆傾向於摧毀他們，而這就是生物的存在方式」。諷刺的是，他身邊總是圍繞著數以百計的病逝與腐敗屍體，以致最後他染上了風寒，在《一般解剖學》出版一年後便離世，享年僅 30 歲。去世前，他正在設計新的疾病分類法。

在他死時，法國以外的地方幾乎沒有人知道他，其著作傳播到其他國家的速度也相當緩慢。但英國作家喬治・艾略特（George Eliot）在其 1872 年的小說《米德鎮的春天》（*Middlemarch*）中，對畢夏有著很高的評價。而在今日，畢夏的人體組織學說也為組織學（顯微解剖學）奠定了基礎。畢夏因拒絕使用顯微鏡，而使他的研究顯得更了不起。倘若他再活久一點，也願意以顯微鏡觀察細胞層級的人體組織，或許會獲得相當驚人的發現。

法國大革命所帶來的影響超越法國國界，擴及到歐洲的其他國家。當鄰近國家為壓制反抗力量而組成同盟時，法國發動了反擊。在 1792 年與 1797 年，法國軍隊皆攻入德國，最遠推進到美茵茲（Mainz）。直到 1814 年為止，美茵茲始終都由法國所佔領。

4. 薩穆埃爾・托馬斯・馮・索默林（Samuel Thomas von Sömmerring）

在那些因法軍進攻而被迫遷離的人當中，有一位傑出的德國解剖學家名為薩穆埃爾・托馬斯・馮・索默林（1755–1830 年），在美茵茲的大學醫學院擔任院長。索默林逃到法蘭克福後，在當地成為天花疫苗的早期提倡者。他在 1804 年受邀加入慕尼黑的巴伐利亞科學院（Bavarian Academy of Science）之前，就已發表了數篇解剖學論述。舉例來說，他對腦神經的敘述（至今仍被採用），取代了過去由蓋倫、維薩里、法洛皮奧、歐斯塔奇與托馬斯・威利斯接連提出的觀點。而他在 1795 年出版的《女性骨骼圖表》（*Tabula sceleti feminine*），則使他成為第一個準確描述女性骨架的人。他還寫了一篇文章，探討緊身蕾絲胸衣對身體結構所造成的風險，進而促使 18 世紀末追求細腰的流行邁向終點。

索默林在 19 世紀初推出了一系列研究感官的著作，共有四本：《人眼圖集》（*Abbildungen des menschlichen Auges*，1801 年）、《人耳圖集》（*Abbildungen des menschlichen Hörorgans*，1806 年）、《人類味覺與發聲器官圖集》（*Abbildungen des menschlichen Organe des Geschmacks und der Stimme*，1806 年）與《人類嗅覺器官圖集》（*Abbildungen der menschlichen Organe des Geruchs*，1809 年）。

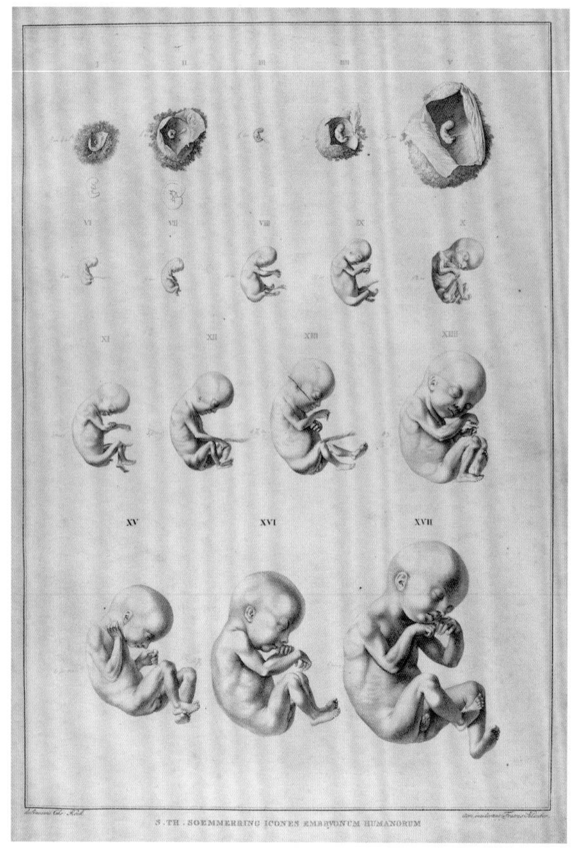

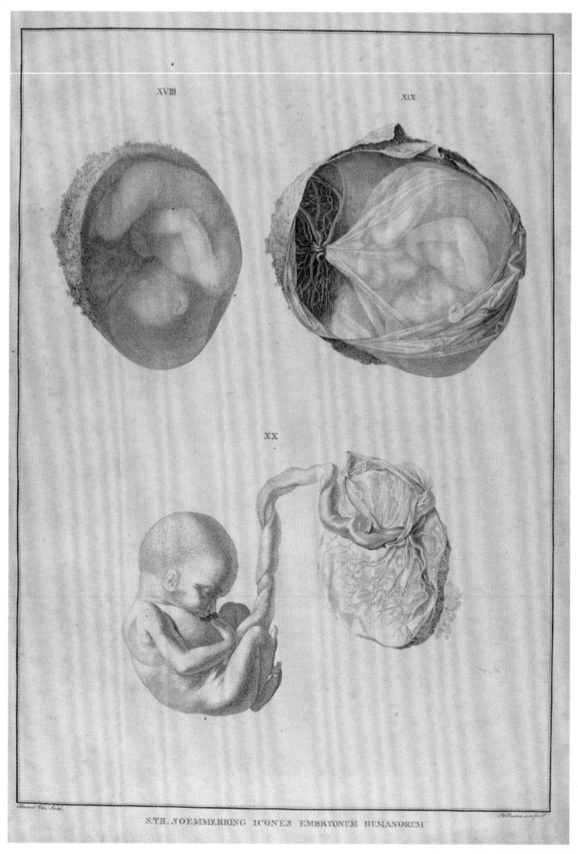

上圖
《人類胚胎圖集》
（*Icones embryonum humanorum*，**1799年**）

索默林著作中的兩張內頁，第一張呈現出胎兒的發育過程。

這些是他最後出版的解剖學書籍，也是迄今最詳盡的幾本器官研究著作。索默林在慕尼黑時，曾將注意力轉移到其他科學上。他不僅撰寫了與鱷魚化石有關的論述，也是第一個描述翼手龍的人。此外，他設計了一台天文望遠鏡，也為巴伐利亞創建了第一套電報系統，如今仍保存於該城市的德國科學博物館（German Museum of Science）。他在 65 歲時，因為再也法法忍受巴伐利亞的寒冷冬天，而決定退休搬到他的第二故鄉，法蘭克福。在那裡，除了有他位於市立墓園的墓外，還有位於索默林街（Sömmerringstrasse）的索默林酒吧（Sömmerring' s Wine Bar）可供人懷念。

5. 菲利浦・波契尼（Philipp Bozzini）

不論是在促進解剖學的進步上，或是在科學時代的發明洪流中，博學多聞的索默林都善盡了一己之力。另外也有些人在 19 世紀期間的發明，直接改變了解剖學的面貌。首先是菲利浦・波契尼所設計的精巧裝置，使得解剖學家在無需動刀的情況下，就能透過人體孔道觀察其內部情形。

波契尼（1773–1809 年）在反法同盟與法國對戰的期間，是奧地利軍團的外科醫生。他在美茵茲的一所大型戰地醫院裡工作，平時得不分晝夜在陰暗、艱困的環境中治療受傷的士兵。缺乏光線有時是決定生死的關鍵，因此波契尼設計出一種裝置，不僅能將光線引入體腔內，還能在無需替負傷病患動探查手術的情況下，檢查其身體內部。在這個裝置內裝有一根蠟燭，反射出來的燭光會通過一根不鏽鋼管；這根管子可在尾端裝上各種不同的接頭（窺器），並以相對無痛的方式插入人體孔洞內。換句話說，波契尼發明了史上第一支內視鏡。

當法軍佔領美茵茲時，波契尼（如同索默林）逃到法蘭克福，在那裡定居了下來。他所設計的裝置在 1806 年得到醫療使用許可後，他開始不遺餘力地為此宣傳，並將它命名為「光線傳導器」（Lichtleiter）。他在 1807 年出版的專著中，向世人介紹了這個工具。這是一本很值得收藏的解剖著作，書名為《光線傳導器：關於這項簡易儀器與其照亮活體動物體內腔室與間隙之用途》（*Der Lichtleiter oder die Beschreibung einer einfachen Vorrichtung und ihrer Anwendung zur Erleuchtung innerer Höhlen und Zwischenräume des lebenden animalischen Körpers*）。

波契尼擁有純熟的製圖技巧，而且就和索默林一樣，不侷限於解剖學方面的活動。他對化學很感興趣；據說他和達文西相似，也具有豐富的航空學應用知識，並藉此設計出一架飛行機。他在法蘭克福以擔任產科顧問維生，而在這段期間，他的光線傳導器肯定發揮了很大的作用。他是四名法蘭克福官方「瘟疫醫生」的其中一人，負責對付周遭地區的流行病。結果他就如同畢夏，在工作時染上風寒而英年早逝。

波契尼的光線傳導器在當時的時代相當先進，也因此在往後的 50 年內，都無人能予以改進。儘管在 19 世紀前半葉，開始有人嘗試利用電力產生光線，但最早對波契尼的光線傳導器做出修正的人，卻是一名法國醫生。1853 年，安東尼．吉恩．德索莫（Antonin Jean Desormeaux）將當中的蠟燭換成了更亮的油燈，並混合松節油與酒精作為燃料。德索莫是第一個在小型外科手術中使用內視鏡的人。十年後，愛爾蘭都柏林的泌尿科醫生法蘭西斯．克魯斯（Francis Cruise）進一步改良了德索莫的內視鏡，並將它用在尿道切開術與其他類型的手術中。

湯瑪斯．愛迪生（Thomas Edison）在 1879 年發明的白熾燈泡使工時能延長到夜間，進而徹底改變了每個人的生活。這項發明為外科實務與解剖學帶來了全新的面貌，而更小型的燈泡則在 20 世紀初被應用在內視鏡上——與波契尼去世的時間只隔了一世紀。

6. 解剖用屍體

到了 19 世紀初，解剖學已確立地位，成為外科訓練中不可或缺的一部分。在英國，這樣的發展衍生出兩個問題。首先，為了應付實習外科醫生的需求，解剖學校的數量自然而然地增加，但教學品質卻未受到控管——學生只被要求要修兩堂課。

1822 年，皇家外科醫學院開始用最低限度的規範與審查來管理學校。這項措施很成功：未獲認證的學校因招不到學生而關閉，水準較高的新學校則進入了市場。根據 1858 年訂立的《醫療法》（Medical Act）所規定，所有的醫療從業人員都必須向英國醫學總會（General Medical Council）註冊，而這也對醫學教育的提升造成了更多壓力。到了 1871 年，在英國除了一間解剖學校外，其他所有的解剖學校皆由大學經營，並附屬在教學醫院底下。

第二個問題是，隨著解剖科系的學生數量攀升，合法取得的解剖用屍體數量則持續下滑。1752 年推出的《謀殺法》導致犯罪率降低，進而造成被處決後用於解剖的罪犯屍體跟著減少。在 18 世紀為解剖學家提供屍體的盜墓者，到了 19 世紀初也依舊生意興旺。儘管不是所有學校都把解剖當成教學工具，但光是每年在倫敦就有約 475 具屍體用於「解剖研究」，而且它們大多是由盜屍者所提供。這些屍體的來源不是秘密，甚至還有公定價：舉例來說，教師在購買孩童屍體時，最初的一英呎（約 30 公分）能以六先令（相當於現在的 30 便士）買到，之後每多一英吋（2.54 公分）就多收九便士（相當於現在的 3.3 便士）。畸形或特殊人體能賣到相當好的價錢。也因此，不能想像大眾為何會對解剖學如此反感。

駭人聽聞的故事更加深了他們的厭惡。盜墓集團在英國各大城市形成，且各有各的地盤。其中還有一個集團替八名頗具聲望的外科醫生工作，為他們從倫

下圖
《死而復生》
（*The Resurrection*，1782年）

托馬斯・羅蘭森的諷刺漫畫想像的是審判日當天，已逝之人在倫敦的威廉・亨特解剖博物館中復活的情景。一名無首人物問亨特（中央）他的頭在哪，另一名身材肥胖的人則詢問是否有人看到他的胃。

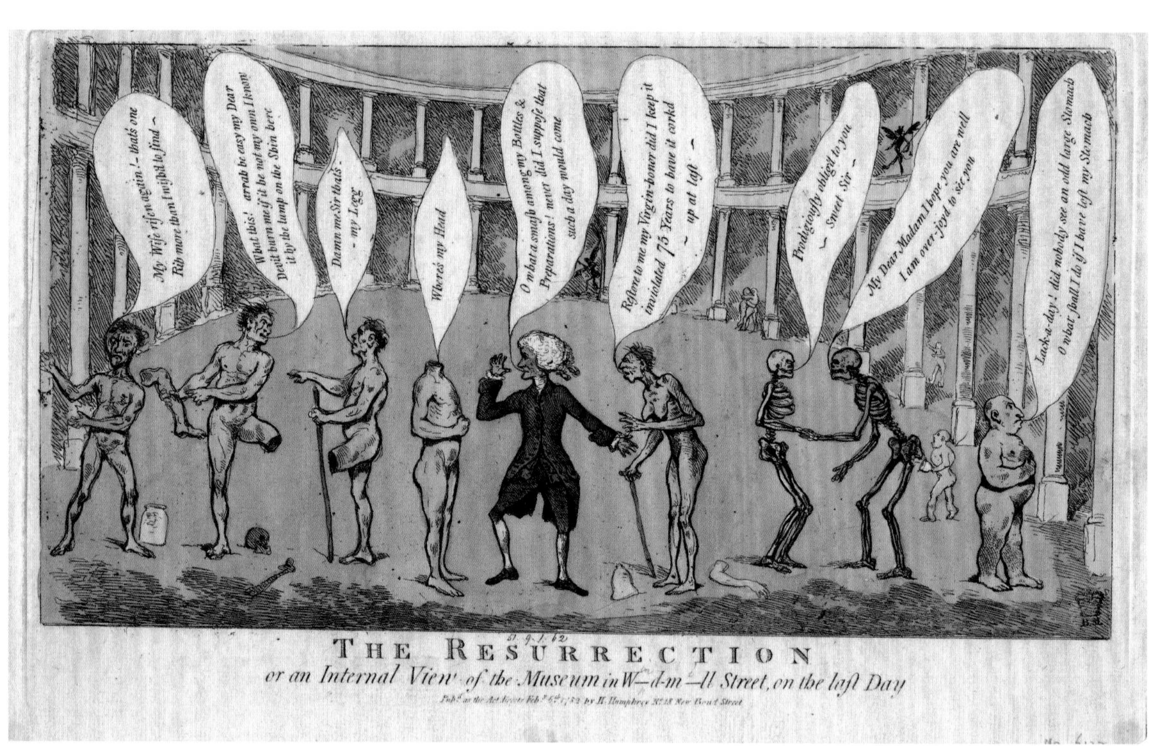

敦蘭貝斯區（London borough of Lambeth）的 30 個教堂墓園、市民公墓與貧民墳場盜取屍體。由於全英國的屍體需求量甚高，倫敦的盜墓集團甚至會將屍體出口到國內的其他地區。1826 年，曾有水手在利物浦的碼頭調查三個大木桶傳出的臭味，結果發現裡面有 11 具屍體泡在鹽水裡。這三個木桶被貼上「苦鹽」的標籤，準備要被送往蘇格蘭的首都愛丁堡；當時，愛丁堡的解剖學校聲譽正逐漸上升。

有些人甚至藉由殺人來滿足屍體需求。最知名的一個盜屍案件就發生在愛丁堡：威廉・伯克（William Burke）與威廉・海爾（William Hare）為了向解剖學講師羅伯特・諾克斯（Robert Knox）提供屍體，至少謀殺了 16 名男性與女性。他們不斷向受害人灌酒，直到對方變得毫無招架之力，再將他悶死。後來這種摀住口鼻的殺人手法還以伯克的名字命名，而有了 burking 之稱，並且被其他的「復活師」仿效。在倫敦，還有一個由約翰・畢夏普（John Bishop）與托馬斯・威廉斯（Thomas Williams）所組成的盜屍集團，被稱為「倫敦窒息殺人魔」（London Burkers）。然而當時在解剖台上，這種遭人悶死的死因無法被檢驗出來。

上圖
伯克的人皮口袋書（1829年）

一本作為紀念品的袖珍筆記本，書封是以愛丁堡盜墓人威廉・伯克（William Burke）的皮製成。

在愛丁堡，海爾因證據不足而被判無罪，但伯克在 1829 年時，在 25000 名圍觀群眾面前被處以絞刑，而他的屍體則被送去解剖。在解剖過程中，來自愛丁堡醫校的蒙洛（Monro）教授曾拿出他的筆，在一張小紙片上寫道：「這是用威廉・伯克的血所寫的字。他在愛丁堡被處以絞刑，而這些血則是取自他的頭部。」這所醫校保存了伯克的骨骼，並在 2022 年的一場愛丁堡解剖學歷史展中展出。

許多書都對伯克與海爾的故事有所著墨。首先是《威廉・伯克與海倫・麥克杜格爾謀殺案：包含為針對威廉・海爾涉嫌謀殺詹姆斯・威爾森（人稱「傻瓜傑米」）一案進行審判，而對他提出的整起法律訴訟過程——隨書針對不久前發生的西堡謀殺案，附上令人好奇的相關資訊》（*The trial of William Burke and Helen M'Dougal: containing the whole legal proceedings against William Hare, in order to bring him to trial for the murder of James Wilson, or Daft Jamie. With an appendix of curious and interesting information, regarding the late West-Port murders*）；這本書在審判舉行後的數週內問世，是根據約翰・馬克尼（John Macnee）在聽審上速記的筆記整理而成。由於十分暢銷，以致不久後《伯克謀殺案附錄》（*Supplement to the Trial*）也跟著發行，內容包括作者與出版商能證明屬實的其他相關資訊。

後來，有些犯罪推理作家也從這起案件得到了創作靈感。知名蘇格蘭劇作家詹姆斯・布里迪（James Bridie）就曾根據伯克與海爾的犯罪行為，創作出喜劇《解剖學家》（*The Anatomist*），並在 1931 年首映。不過，只有一本書能稱得上與威廉・伯克有直接關聯：愛丁堡的皇家外科醫學院收藏了一本袖珍筆記本，其書封是以伯克的人皮製成。書封正面除了有裝飾邊框外，還印有金色字體，寫著「伯克的人皮口袋書」。背面則有某人寫下的備註：在 1829 年 1 月 28 日遭處決。

儘管愛丁堡的謀殺案引起群情激憤，但盜屍的行徑仍持續上演。1831 年，在蘇格蘭更北的地區，有一隻狗從地下挖出了一具屍體，經調查發現是亞伯丁國王學院（Aberdeen's King's College）的解剖劇場在進行研究後，草率掩葬的屍體。消息傳開後，約有 100 名群眾集結抗議。有些人闖入了校園，發現還有三具準備用來研究的屍體。倒楣的安德魯．莫爾（Andrew Moir）醫生（愛丁堡首位解剖學講師）慘遭民眾攻擊，還被一路追打。至此，抗議群眾已增加到約 2000 人。他們接著燒掉了解剖劇場的建築，並大喊著：「打倒殺人事業！」

諸如此類的示威活動促使英國政府採取行動，在1832年通過《解剖法》（Anatomy Act），擴大了解剖用的屍體來源。這項法令廢止了 1752 年《謀殺法》的規定，使遭處決罪犯的遺體不得再用來解剖，但同時也使英國慈善醫院與濟貧院中已故貧民遺體的取用變得合法，前提是他們在死後的 48 小時內沒有被親友認領。

這項法令相當成功，特別是在 1834 年的《濟貧法修正案》（Poor Law Amendment Act）通過後，因為這項修正案促使更多貧民住進濟貧院裡。這些過於擁擠、資金不足的機構逐漸衰退，於是造成更多貧民死亡，進而產生更多能用來解剖的屍體。濟貧院的管理人為了彌補開銷而販售屍體，而這些合法交易將如今供貨量充裕的屍體價格持續拉低，直到最後復活師已無法再靠非法交易過活。這種效應就類似禁藥的合法化。

《解剖法》也強化了英國惡名昭彰的階級制度。有錢有勢和受過高等教育的人皆支持人體解剖，因為這類研究促進了科學的發展；但被解剖的一定不會是他們的身體。在濟貧院裡無人認領的死者全都是窮困潦倒的人，他們的家人也沒有錢能安葬他們。《解剖法》所造成的意外後果，就是使羞辱、褻瀆罪犯的公開解剖，轉變成不受歡迎的窮人專屬差事。解剖所懲罰的不再是罪行，而是貧窮。

7. 瓊斯（Jones）與理查德．奎恩（Richard Quain），以及理查德．奎恩爵士（Sir Richard Quain）

皇家外科醫學院針對解剖教育所採取的規範措施，促使學校需要採用更現代的教材。在這樣的背景下，有一對來自愛爾蘭的兄弟和他們的堂弟，為解剖學教師出版了相當實用的教學書籍。

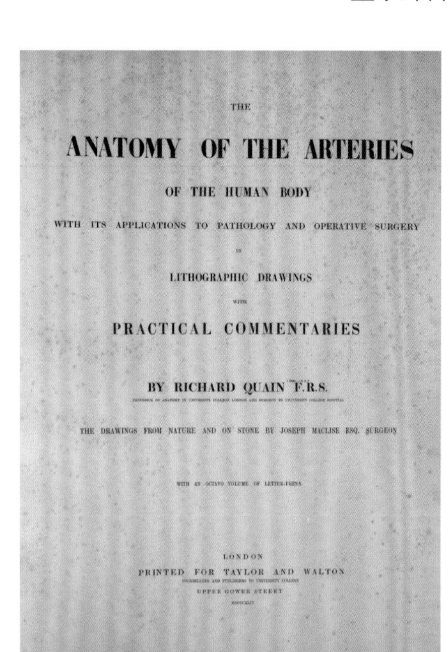
THE
ANATOMY OF THE ARTERIES
OF THE HUMAN BODY
WITH ITS APPLICATIONS TO PATHOLOGY AND OPERATIVE SURGERY
IN
LITHOGRAPHIC DRAWINGS
WITH
PRACTICAL COMMENTARIES
BY RICHARD QUAIN F.R.S.
THE DRAWINGS FROM NATURE AND ON STONE BY JOSEPH MACLISE ESQ. SURGEON
WITH AN OCTAVO VOLUME OF LETTER-PRESS
LONDON
PRINTED FOR TAYLOR AND WALTON
UPPER GOWER STREET

《人體動脈解剖學》（*The Anatomy of the Arteries*，1844年）

下：理查德．奎恩（Richard Quain，1800–87年）的著作扉頁。
對頁：腹部解剖圖，其中右手被一條繃帶吊起，以免擋住重點部位。周圍的裹屍布以粗略的線條呈現，藉以突顯腹部解剖細節的精準度。
次頁左：向後靠著木塊的頭顱展露出頸部與下顎的解剖構造。
次頁右：臉頰的解剖構造。

1825 年，哥哥瓊斯．奎恩（1796–1865 年）從愛爾蘭的柯克郡（County Cork）搬到倫敦，在奧爾德斯門醫校（Aldersgate Medical School）找到了工作。這所醫校是在那一年開幕的新學校，原本是為了對抗皇家外科醫學院的新政策而成立，沒想到後來卻晉升為優良私校之一，而這點也成為它最後瓦解的原因：其教職員逐漸被競爭對手挖走，導致這所學校在 1848 年關閉。儘管該校的建校元老威廉．勞倫斯（William Lawrence）提出抗議，但他最終還是成為了皇家外科醫學院的院長。奎恩本人則在 1825 年加入皇家外科醫學院，並在 1831 年被任命為倫敦大學學院（University College, London）的一般解剖學教授。

瓊斯．奎恩在奧爾德斯門醫校的教學經驗，促使他寫出了《為學生所寫的描述性與實用解剖學基礎》（*Elements of Descriptive and Practical Anatomy for the Use of Students*）。他的著作在 1828 年出版後，很快便確立地位，成為了其中一本標準教科書。這本書不僅

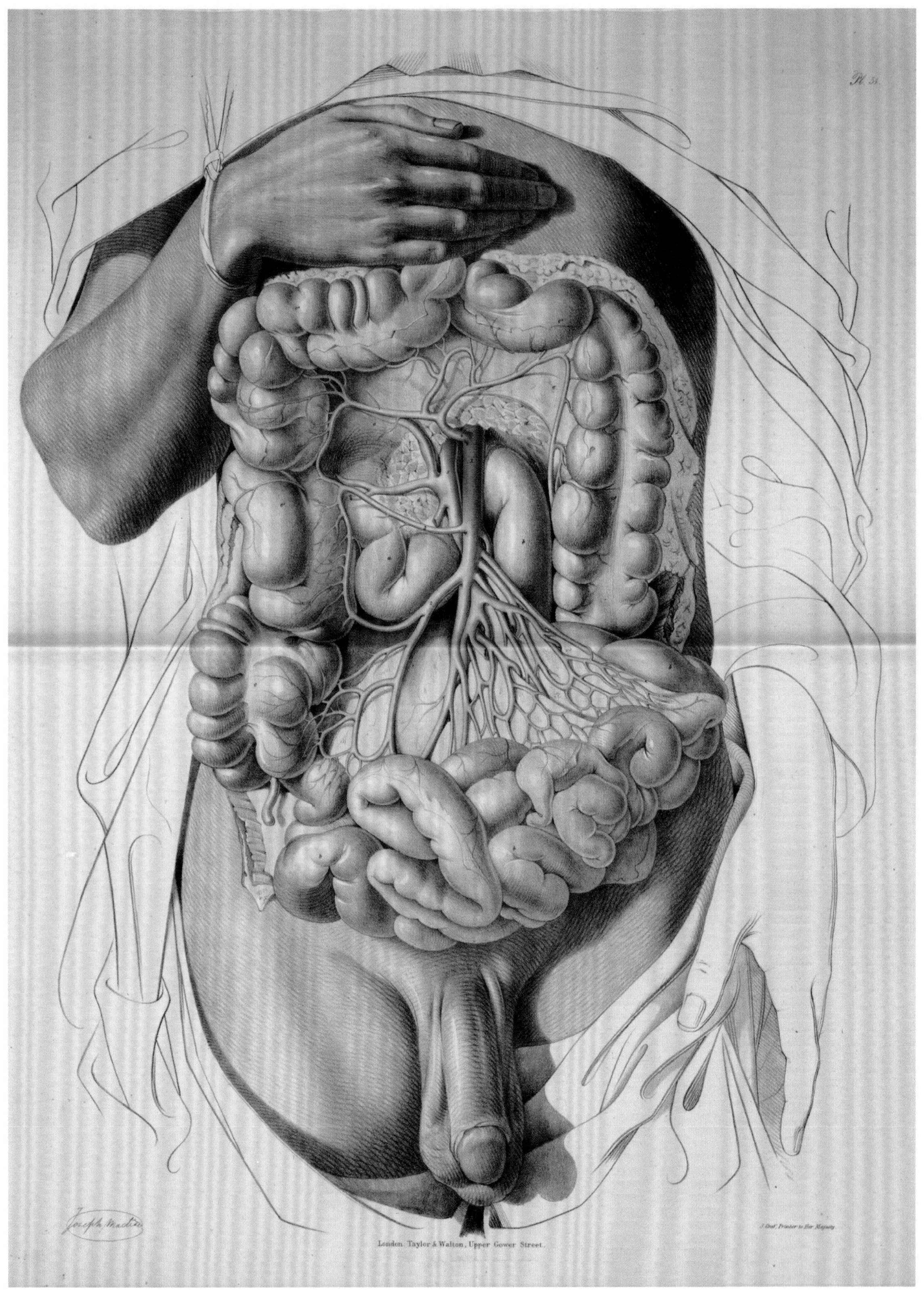
London. Taylor & Walton, Upper Gower Street.
J. Graf, Printer to Her Majesty

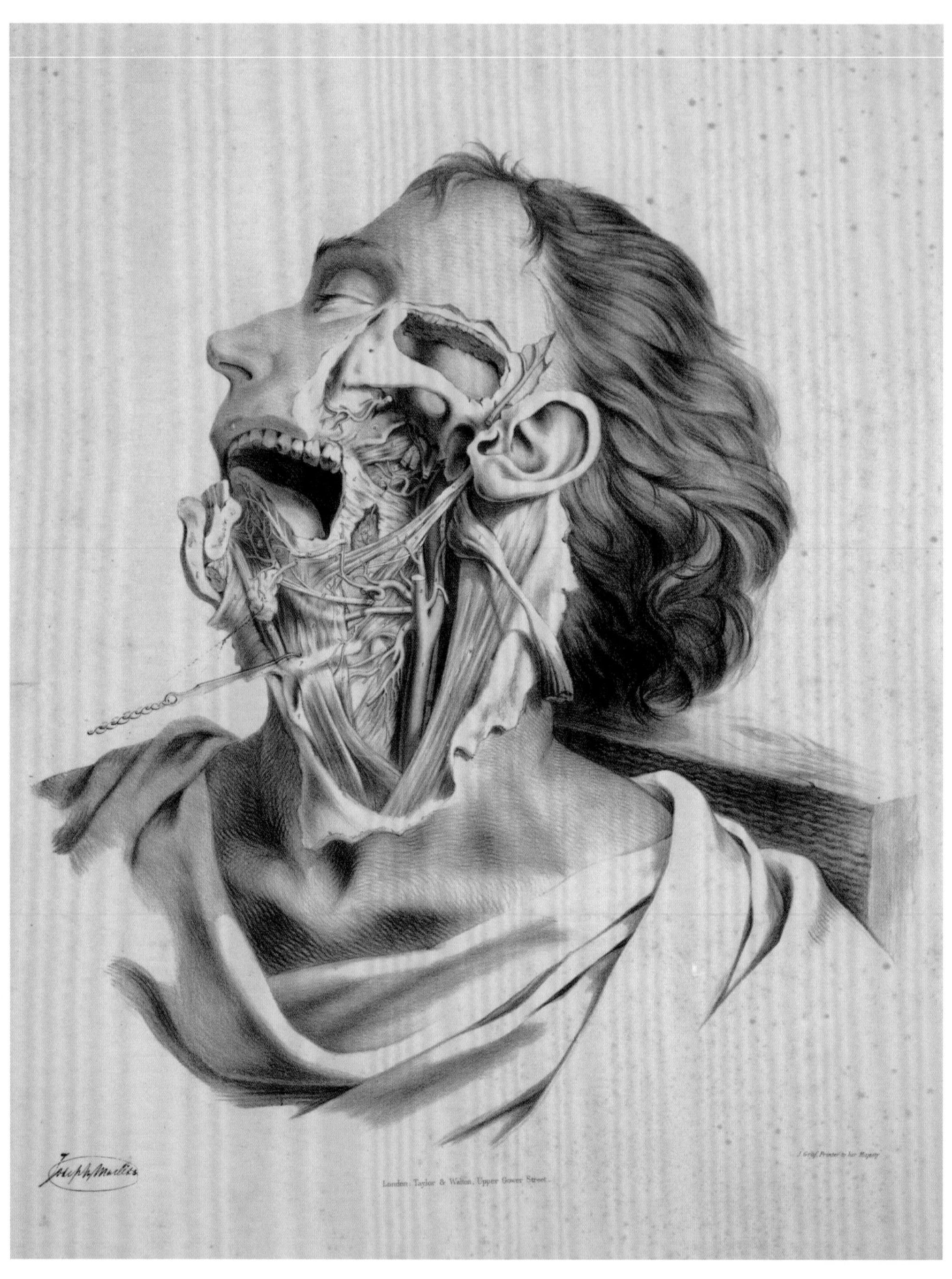
London; Taylor & Walton, Upper Gower Street.

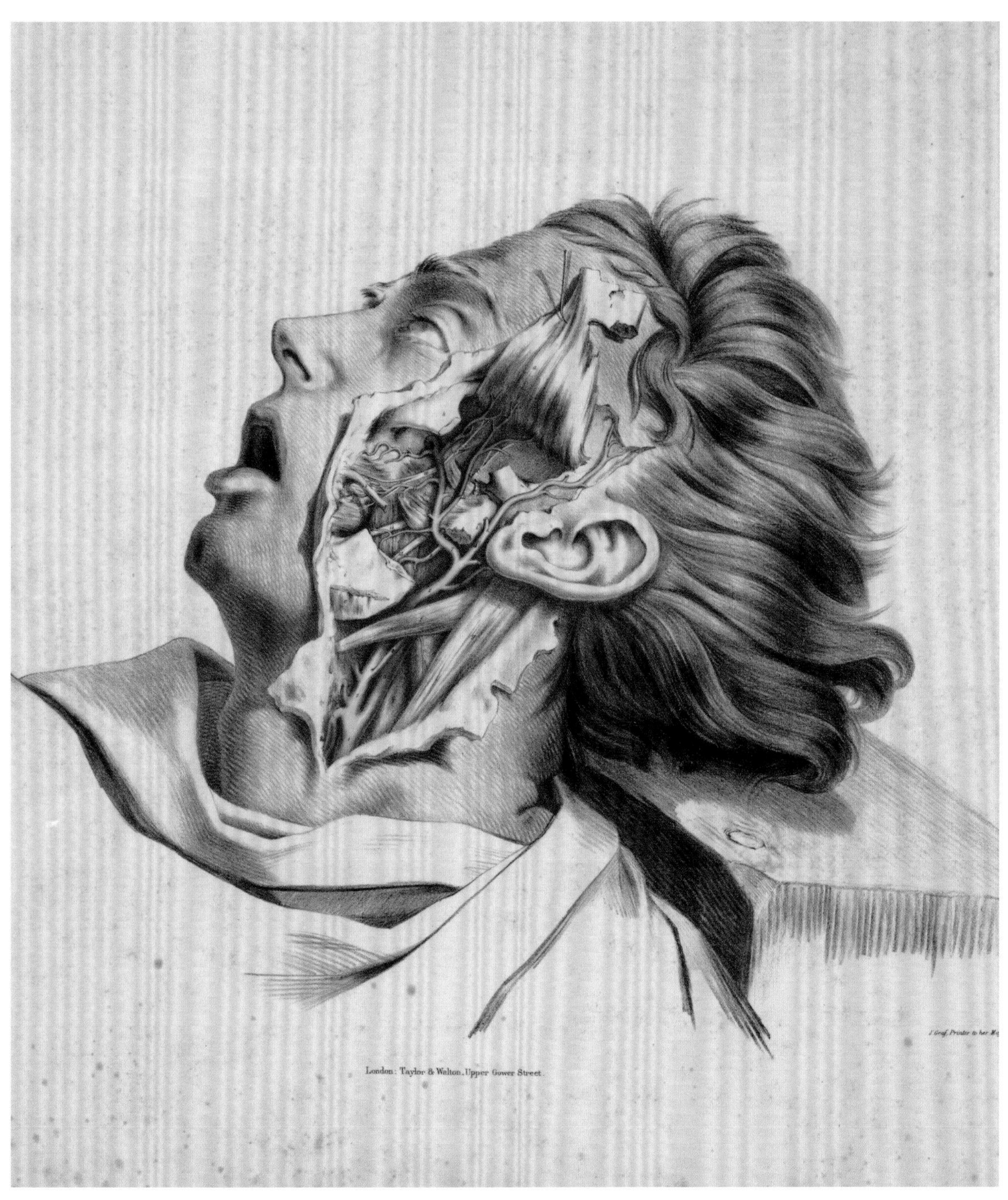
J Graf, Printer to her Ma
London: Taylor & Walton, Upper Gower Street.

London

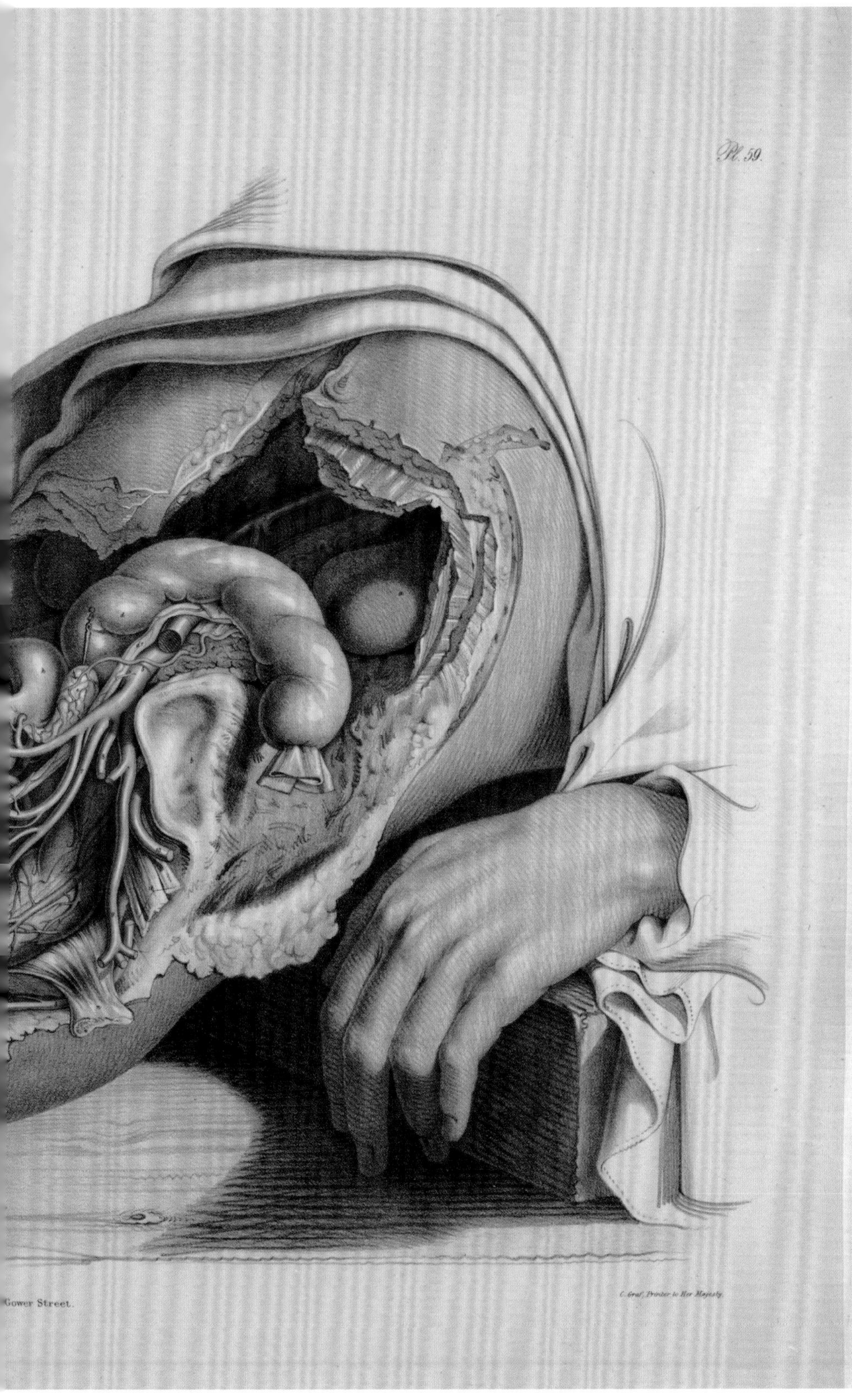

左圖

《人體動脈解剖學》（1844年）

約瑟夫・麥克利斯（Joseph Maclise）為理查德・奎恩的書所畫的插圖相當精美。在此可看到女性骨盆內臟視圖中的組織橫切面。

最上圖
法蘭茲・約瑟夫・哥爾（Franz Joseph Gall，1758–1828年）

這位顱相學家的肖像，畫家身分不詳。

上圖
約翰・卡斯帕・斯普爾茨海姆（Johann Gaspar Spurzheim，1776–1832年）

哥爾的助手將一度被認為是科學的顱相學發揚光大。

在 19 世紀期間定期更新內容，在出版後的 60 年間更再版了十次，其中的最後四版是在他死後發行。一直到亨利・格雷（Henry Gray）的《解剖學》（*Anatomy*）在 1858 年問世後，這本書才終於遇到了對手。

瓊斯的弟弟理查德・奎恩（1800–87 年）就讀奧爾德斯門醫校時，曾短暫從師於瓊斯。之後，他在 1828 年於皇家外科醫學院擔任解剖演示教師。在那裡，他再度短暫擔任其兄長的解剖演示助手。過了一年後，也就是在 1832 年時，理查德受聘擔任倫敦大學學院的描述性解剖學系主任，並在最後升遷為該校附屬北倫敦教學醫院（North London Teaching Hospital）的臨床外科特別教授。有時，他在職場上的發展，會因為他的壞脾氣和忌妒心而受到阻礙。他甚至經常指控那些比他成功的人，認為他們有不可告人的意圖。不過，即便他可能也對哥哥的成就感到憤恨，但還是替《描述性與實用解剖學基礎》在 1848 年的版本進行了校訂。

理查德・奎恩在 1844 年出版了備受讚譽的著作，《人體動脈解剖學與其病理學及外科手術應用》（*The Anatomy of the Arteries of the Human Body, with its Applications to Pathology and Operative Surgery*）。這本書是根據他對大約 1040 場解剖的觀察所寫成。書中插圖則是由在倫敦工作的愛爾蘭藝術家約瑟夫・麥克利斯（Joseph Maclise）負責繪製。這些插圖仍以寫實手法呈現解剖人體，但同時也傾向概略式的描繪，針對重點區域周圍較次要的部位，採用較為柔和的線條來表現，使觀者能聚焦於重要的部分。整體而言，這是一本很有美感的解剖書。

為麥克利斯的插圖撰寫註解的是另一位理查德・奎恩，瓊斯與理查德的堂弟。這位理查德・奎恩最終成為了維多利亞女王（Queen Victoria）的特任醫生（physician-extraordinary），而在那之後取得的準男爵爵位（baronetcy），則使他有了「理查德爵士」的稱號。

理查德・奎恩爵士（1816–98 年）就讀倫敦大學學院時，很有可能曾是其堂哥理查德的解剖學學生。他在 1837 年進入該校研讀醫學後，被任命接任其堂哥瓊斯的一般解剖學教授職務。然而，為了專心投入於收入可觀的醫生工作（他在英格蘭南部的三間醫院擔任顧問醫生），他在 1850 年辭去了教授職位。

理查德爵士在醫學圖書出版上，以《奎恩的醫學字典》（*Quain's Dictionary of Medicine*）開創了新的格局。他是這本書的編輯，同時也是贊助人。經過七年的編纂後，這本書在 1882 年出版，成為第一本為醫學生的知識錦囊填補重大空缺的著作，並在進入 20 世紀後仍持續發行。他在生理學領域因一篇寫於 1850 年的心臟脂肪疾病論文，而為世人謹記；後來有一種心臟疾病更因此被命名為「奎恩氏脂肪心」（Quain's fatty heart，即心肌脂肪變性）。

8. 顱相學（phrenology）

隨著解剖學的發展，人們持續破除迷信與發掘有關人體結構的真相。在這個過程中，幾乎鮮少有人走入研究的死胡同（至少就近代而言是如此）。然而，在 19 世紀前葉，醫學界卻沉浸於某一門學問所引發的短暫熱潮中，那就是顱相學。

這種從顱骨突起部位能看出人格特質的概念，是以錯誤的解剖學論據作為基礎，並在 19 世紀中期遭到了破解。不過，其學說的迅速普及與對此持續存在的迷信，即使到了今日也應該要作為警惕，提醒我們科學嚴謹性（scientific rigour）有多重要。

德國醫生法蘭茲．約瑟夫．哥爾（Franz Joseph Gall，1758–1828 年）從小就對其家族成員展現的性格差異深感興趣。1796 年，他開始以自己的理論為基礎，針對這個主題授課。他認為腦部是由數塊不同的「肌肉」所構成，且這些肌肉各自負責不同的行為層面。此外，他認為每塊肌肉都有可能發育過度或發育不全，導致顱骨表面凹凸不平。他將自己的看法集結成書，在 1819 年出版了《神經系統解剖學與生理學概論——尤以腦部研究為主，包括針對人類與動物之智力與品行傾向，是否有可能以其頭部結構作為斷定依據的觀察報告》（*Anatomie et physiologie du système nerveux en général, et du cerveau en particulier, avec des observations sur la possibilité reconnoitre plusieurs dispositions intellectuelles et morales de l'homme et des animaux, par la configuration de leurs têtes*）。

哥爾與其助手約翰．卡斯帕．斯普爾茨海姆（Johann Gaspar Spurzheim，1776–1832 年）早前曾合寫《以腦部為主的一般神經系統解剖學研究》（Untersuchungen über die Anatomie des Nervensystems überhaupt, und des Gehirns insbesondere），並於 1809 年出版。但他們兩人對這門新「科學」的本質與意義看法相左，於是斯普爾茨海姆開始自立門戶，並推出自己的系列課程，名為「哥爾與斯普爾茨海姆醫生的面相系統」。「顱相學」一詞是由斯普爾茨海姆所創。此外，哥爾辨識出腦部有 27 塊不同的「肌肉」，斯普爾茨海姆則辨識出 40 塊。斯普爾茨海姆在歐洲廣泛遊歷，以宣

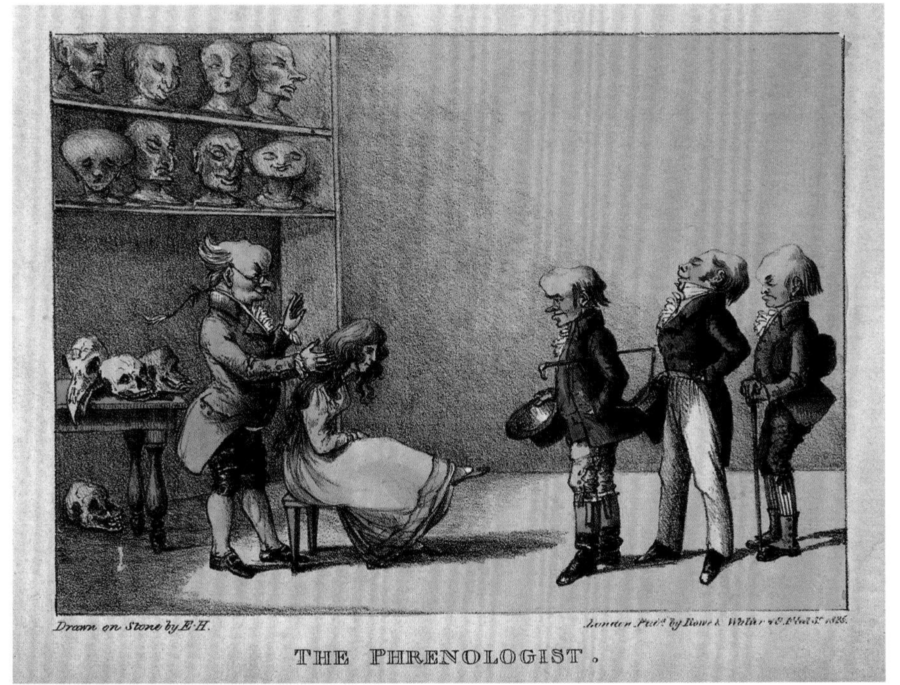

左圖

《顱相學家》（*The Phrenologist*，1825年）

愛德華．赫爾（Edward Hull，活躍於1820–34年）以畫作嘲諷顱相學所引發的熱潮；在這幅畫中，可以看到一群顱型怪異的顱相學家，正在檢查一名年輕女子的頭部。

右圖

法蘭茲·約瑟夫·哥爾（1758–1828年）

在哥爾的顱相學論著法語版中的一幅插圖。在他的肖像底下有三個顱骨，用於呈現被認為存在於頭部不規則凸塊與性格特徵之間的相關性。

對頁圖

《人類與比較顱相學專論》（*Traité de phrénologie humaine et comparée*，1832年）

一名腦水腫孩童的顱骨圖，出自約瑟夫·維蒙的顱相學著作。

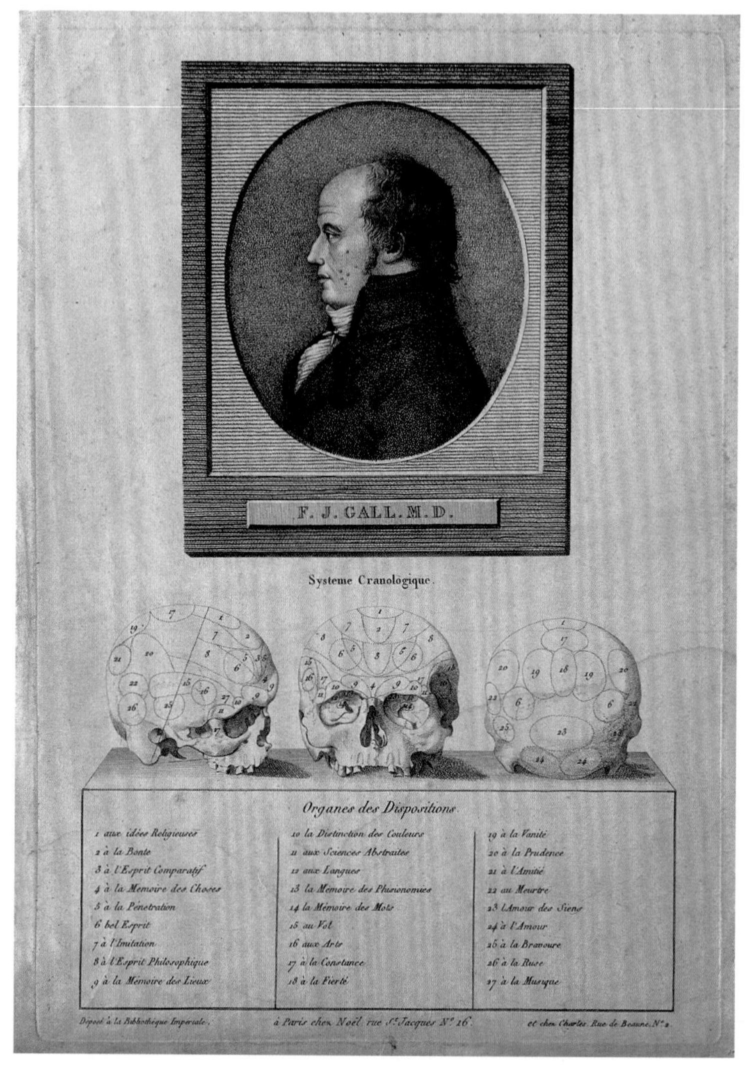

揚顱相學的觀念。如今經常被複製且表面繪有腦部不同顱相區域的白陶頭骨模型，就是根據他用來說明其論點的視覺輔助工具所製成。

在斯普爾茨海姆為反駁一篇批評其理論的期刊論文，而在 1816 年親自參訪蘇格蘭的愛丁堡後，這座城市便成為了獨特的研究中心。法國對顱相學深感興趣，數本以此為主題的法語著作陸續出版，其中最受關注的是約瑟夫·雷蒙（Joseph Vimont，1795–1857 年）的《人類與比較顱相學專論》（*Traité de phrénologie humaine et comparée*）。這部大書中包含真實尺寸的人類與動物顱骨圖，由知名石版畫家戈德弗魯瓦·昂格爾曼（Godefroy Engelmann）負責繪製。出版商在察覺這部著作的市場潛力後，於 1832 年發行了第一卷，裡面含有英法語對照的內容與圖片說明。

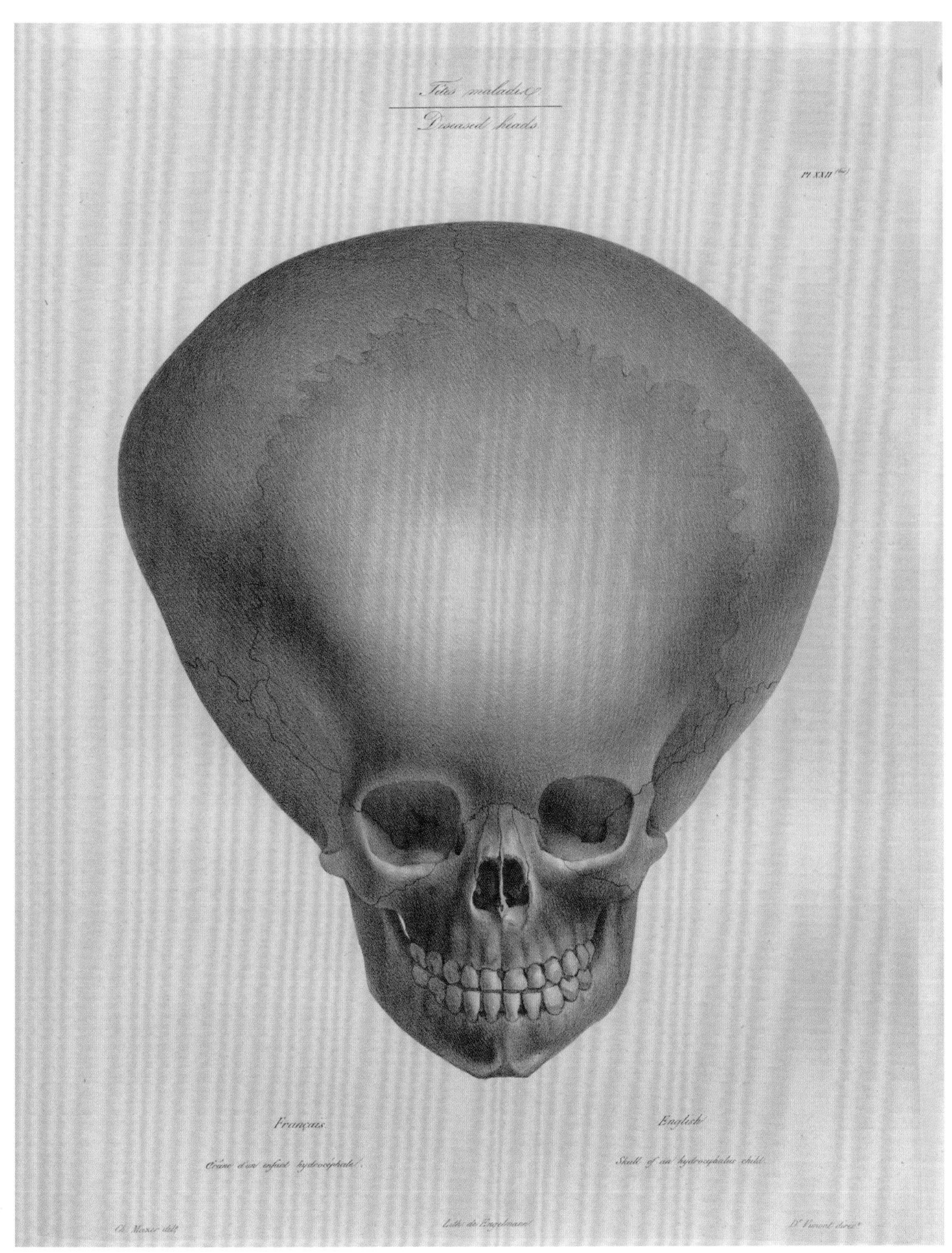
Têtes malades
Diseased heads
Pl. XXII
Français
Crâne d'un enfant hydrocéphale.
English
Skull of an hydrocephalus child.

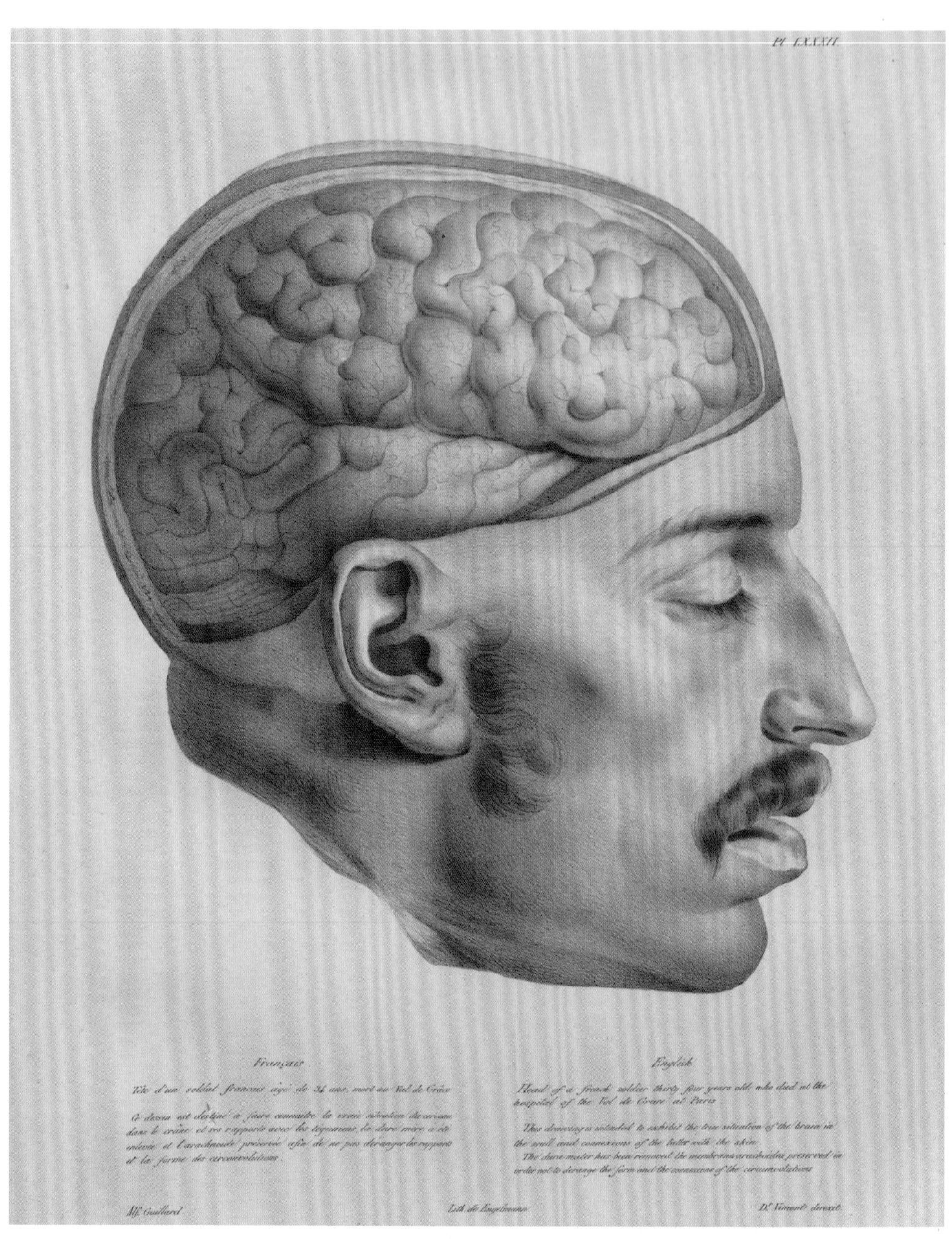
Pl. LXXXII.
Français.
Tête d'un soldat françois âgé de 34 ans, mort au Val de Grâce
Ce dessin est destiné à faire connaître la vraie situation du cerveau dans le crâne et ses rapports avec les téguments, la dure mère a été enlevée et l'arachnoïde préservée afin de ne pas déranger les rapports et la forme des circonvolutions.
English
Head of a french soldier thirty four years old who died at the hospital of the Val de Grace at Paris.
This drawing is intended to exhibit the true situation of the brain in the scull and connexions of the latter with the skin
The dura mater has been removed the membrana arachnoidea preserved in order not to derange the form and the connexions of the circumvolutions
Mˡˡᵉ Guillard.
Lith. de Engelmann
Dʳ Vimont direxit.

對頁圖
《人類與比較顱相學專論》（1832年）

一名法國軍人的頭部，呈現出「腦在顱骨中的真實情況，以及顱骨與皮膚的連結」。

顱相學在美國也很受歡迎。斯普爾茨海姆曾在1832年於當地進行巡迴演講，但這趟旅程因他在波士頓死於風寒而提早結束。而由於他享有相當高的名氣，波士頓人甚至將他的腦、顱骨和心臟保存下來用於展示，也為他舉辦了隆重的喪禮，並在麻薩諸塞州的一座公墓內，設立了紀念性的大理石棺。

頭部的突起與人格特質並無關連。斯普爾茨海姆主張兩者具有相關性，並認為這些凸塊有等級之分。根據他的推論，一個人的顱骨形狀體現了其固有的優越性或劣根性。而正是這樣的看法，導致顱相學與其他的偽科學深受種族歧視者、性別歧視者或唯智主義者（intellectualist）所青睞，且自此之後，仍不時會有人對這樣的論述重燃興趣。

雖然法蘭茲・約瑟夫・哥爾所建立的科學很薄弱，但他身為第一個提出不同腦部區域具不同作用的人，確實應該為此獲得讚揚。在同一領域從事研究的法國人皮埃爾・保羅・布洛卡（Pierre Paul Broca，1824–80 年），曾跳出來大力反駁顱相學的理論。他針對腦部掌管語言的區域（如今被稱為「布洛卡區」〔Broca’s area〕）所進行的研究，是第一份關於腦功能定位的嚴謹科學證據。但布洛卡自己也曾表現出科學種族主義，因為他最初認為黑人是處於猿猴與人類之間的過渡階段，不過他在晚年摒棄了這樣的看法。

布洛卡最早是在 1862 年時，在《巴黎解剖學會通訊》（*Bulletin de la Société Anatomique de Paris*）中以《論口語的運作中心》（*Remarques sur le siège de la faculté du langage articulé*）一文，發表他的腦部與語言研究。這項突破在查爾斯・達爾文（Charles Darwin）出版其著作《物種起源》（On the Origin of Species）僅兩年後，獲得了額外的迴響。達爾文（1809–82 年）雖然不是解剖學家，但他的演化理論對生命科學的所有分支皆造成了影響。

9. 亨利・格雷（Henry Gray）

另一本家喻戶曉的著作則與解剖學家較有切身關聯，出版於達爾文受世人矚目的前一年。《解剖學：描述與外科》（*Anatomy: Descriptive and Surgical*）——較為人熟知的簡稱是《格雷氏解剖學》（*Gray's Anatomy*）——目前已出到第 42 版，而在解剖學家的書房裡，這 42 個版本佔據了數排書架的空間。從實用性而非純粹歷史的角度來看，這本著作絕對是發行最久的解剖學書籍。除了最早的兩個版本外，其餘的 40 版皆在格雷早逝於天花後出版，由此可見他的書一直以來都很有用。

格雷（1827–61 年）在倫敦的聖喬治教學醫院（St George’s teaching hospital）研讀醫學時已嶄露頭角。皇家外科醫學院改善教育水準的措施，以及 1832 年《解剖法》提升解剖用屍體供應量的做法，皆為他提供了有利的環境條件。格雷被認為是細心的解剖學家與敏銳的觀察者；他在 1848 年因其探討脊椎動物眼部的比較解剖學專著，而贏得了皇家外科學院頒發的獎項。

1853 年，他獲聘擔任聖約翰教學醫院的講師。在那裡教書的期間，他體認到有必要為學生撰寫一本平價且架構清楚的解剖學課本。為此，他與亨利・芬戴克・卡特（Henry Vandyke Carter）一起合作。卡特是聖喬治教學醫院的前任解剖員，

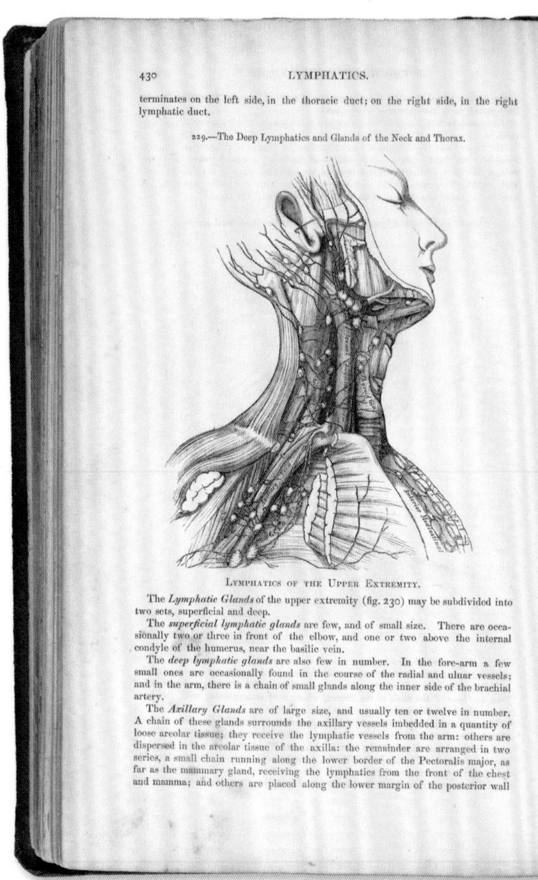

430 LYMPHATICS.

terminates on the left side, in the thoracic duct; on the right side, in the right lymphatic duct.

229.—The Deep Lymphatics and Glands of the Neck and Thorax.

LYMPHATICS OF THE UPPER EXTREMITY.

The *Lymphatic Glands* of the upper extremity (fig. 230) may be subdivided into two sets, superficial and deep.

The *superficial lymphatic glands* are few, and of small size. There are occasionally two or three in front of the elbow, and one or two above the internal condyle of the humerus, near the basilic vein.

The *deep lymphatic glands* are also few in number. In the fore-arm a few small ones are occasionally found in the course of the radial and ulnar vessels; and in the arm, there is a chain of small glands along the inner side of the brachial artery.

The *Axillary Glands* are of large size, and usually ten or twelve in number. A chain of these glands surrounds the axillary vessels imbedded in a quantity of loose areolar tissue; they receive the lymphatic vessels from the arm: others are dispersed in the areolar tissue of the axilla: the remainder are arranged in two series, a small chain running along the lower border of the Pectoralis major, as far as the mammary gland, receiving the lymphatics from the front of the chest and mamma; and others are placed along the lower margin of the posterior wall

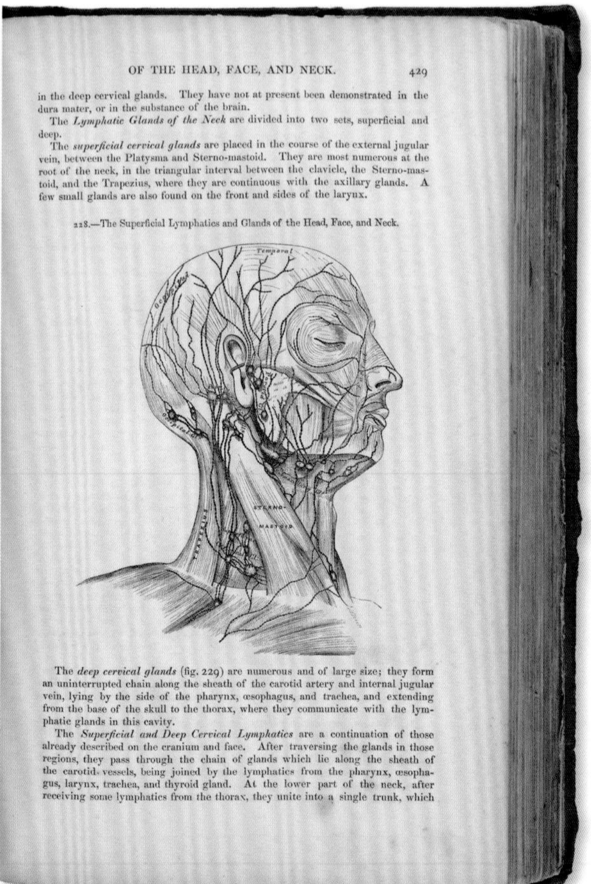

OF THE HEAD, FACE, AND NECK. 429

in the deep cervical glands. They have not at present been demonstrated in the dura mater, or in the substance of the brain.

The *Lymphatic Glands of the Neck* are divided into two sets, superficial and deep.

The *superficial cervical glands* are placed in the course of the external jugular vein, between the Platysma and Sterno-mastoid. They are most numerous at the root of the neck, in the triangular interval between the clavicle, the Sterno-mastoid, and the Trapezius, where they are continuous with the axillary glands. A few small glands are also found on the front and sides of the larynx.

228.—The Superficial Lymphatics and Glands of the Head, Face, and Neck.

The *deep cervical glands* (fig. 229) are numerous and of large size; they form an uninterrupted chain along the sheath of the carotid artery and internal jugular vein, lying by the side of the pharynx, œsophagus, and trachea, and extending from the base of the skull to the thorax, where they communicate with the lymphatic glands in this cavity.

The *Superficial and Deep Cervical Lymphatics* are a continuation of those already described on the cranium and face. After traversing the glands in those regions, they pass through the chain of glands which lie along the sheath of the carotid vessels, being joined by the lymphatics from the pharynx, œsophagus, larynx, trachea, and thyroid gland. At the lower part of the neck, after receiving some lymphatics from the thorax, they unite into a single trunk, which

《格雷氏解剖學》（***Gray's Anatomy*，1858年**）

亨利・芬戴克・卡特（Henry Vandyke Carter）所畫的線條簡單明瞭，是亨利・格雷（Henry Gray）的《解剖學：描述與外科》（Anatomy Descriptive and Surgical）在早期獲得成功的關鍵。

從左到右：頸部與胸部的深層淋巴系統與腺體；頭部、臉部與頸部的淺層淋巴系統與腺體；頭皮、臉部與頸側的神經；上肢的淺層淋巴系統與腺體。

The *Temporo-facial*, the larger of the two terminal branches, passes upwards and forwards through the parotid gland, crosses the neck of the condyle of the jaw, being connected in this situation with the auriculo-temporal branch of the inferior maxillary nerve, and divides into branches, which are distributed over the temple and upper part of the face; these may be divided into three sets, temporal, malar, and infra-orbital.

The *temporal branches* cross the zygoma to the temporal region, supplying the Attrahens aurem and the integument, and join with the temporal branch of the superior maxillary, and with the auriculo-temporal branch of the inferior maxillary. The more anterior branches supply the frontal portion of the Occipito-

255.—The Nerves of the Scalp, Face, and Side of the Neck.

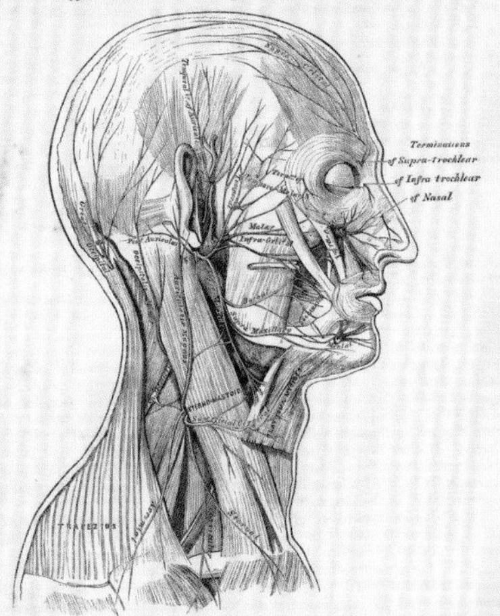

frontalis, and the Orbicularis palpebrarum muscle, joining with the supra-orbital branch of the ophthalmic.

The *malar branches* pass across the malar bone to the outer angle of the orbit, where they supply the Orbicularis and Corrugator supercilii muscles, joining with filaments from the lachrymal and supra-orbital nerves: others supply the lower eyelid, joining with filaments of the malar branches of the superior maxillary nerve.

The *infra-orbital*, of larger size than the rest, pass horizontally forwards to

of the axilla, which receive the lymphatics from the integument of the back. Two or three subclavian lymphatic glands are placed immediately beneath the clavicle; it is through these that the axillary and deep cervical glands communicate with each other. One is figured by Mascagni near the umbilicus. In malignant diseases, tumours or other affections implicating the upper part of the back and shoulder, the front of the chest and mamma, the upper part of the front and side of the abdomen, or the hand, fore-arm, and arm, these glands are usually found enlarged.

230.—The Superficial Lymphatics and Glands of the Upper Extremity.

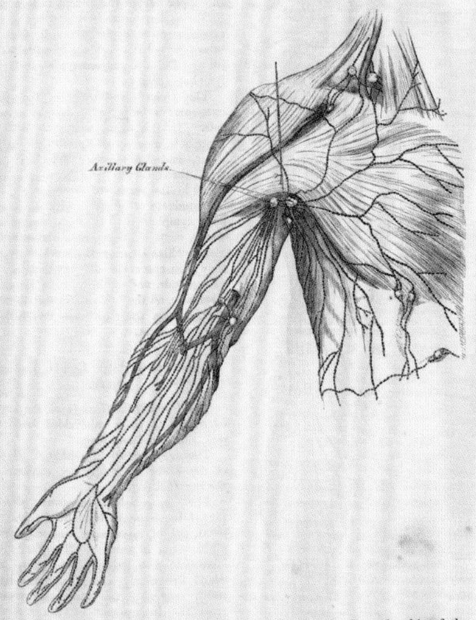

The *Superficial Lymphatics* of the upper extremity arise from the skin of the hand, and run along the sides of the fingers chiefly on the dorsal surface of the hand; they then pass up the fore-arm, and subdivide into two sets, which take the course of the subcutaneous veins. Those from the inner border of the hand accompany the ulnar veins along the inner side of the fore-arm to the bend of the elbow, where they join with some lymphatics from the outer side of the fore-arm, follow the course of the basilic vein, communicate with the glands imme-

上圖

魯道夫・維喬（Rudolf Virchow，1821–1902年）

「生命鬥士」維喬的木刻肖像；他也被譽為「細胞病理學之父」。

之前已和格雷合作撰寫一篇有關脾臟的論文。卡特為《格雷氏解剖學》繪製插圖，對這本書的成功有很大的功勞。第一版的出版商起初有意將兩人的名字以相同大小的字體印在書上，但在格雷的堅持下，他們最後不但縮小了卡特的名字，也刪除了他在印度孟買的格蘭特學院（Grant College）擔任解剖學教授的資歷，只留下「前任解剖演示教師」的敘述。

格雷之前在他們的脾臟論文中，完全沒有向卡特致謝，而他自己卻因為這篇論文贏得了 300 幾尼（guinea，英國舊時貨幣單位）的獎金。每賣出一本《格雷氏解剖學》，格雷就會收到三先令的版稅，而卡特只收到一次 150 英鎊的費用。雖然這兩人經常被描述為朋友，但卡特在日記中稱格雷是「勢利鬼」，並表示他的行事動機「可能出自忌妒」。在接下來的 60 年間，卡特清楚明瞭的插圖仍持續為《格雷氏解剖學》的相繼版本所採用。

《格雷氏解剖學》的初版包含 363 幅插圖，篇幅為 750 頁。由於這本書的插圖清晰易懂，加上涵蓋範圍廣泛，因此相當受歡迎，對專業人士與初學者而言是很有用的參考書與指南。為了讓《格雷氏解剖學》維持一應俱全的聲譽與威信，後來的編輯增添了愈來愈多章節，以致到了無所不包的第 38 版時（1990 年），頁數已增加到 2092 頁。

自那時起，出版商為了讓《格雷氏解剖學》回歸其教育根源，做出了一些努力；但《學生版格雷氏解剖學》（*Gray's Anatomy for Students*）與《格雷氏解剖學圖譜》（*Gray's Atlas of Anatomy*）這類衍生著作的出現，顯示出這本書已深深根植於醫學界。儘管卡特的插圖可能已被後繼的科技（例如攝影技術和線上 3D 模型）所取代，而格雷按照系統講解身體構造的方式，也被改成按照區域做介紹（儘管是在較晚近的第 39 版才開始有此變化），但這本著作的聲望與地位似乎無可撼動。

10. 魯道夫・維喬（Rudolf Virchow）

1858 年問世的《格雷氏解剖學》出現的時機正好。就在同一年，英國政府頒布了《醫療法》，「藉以規範醫療與外科從業者的資格……然而為了方便民眾，需要醫療協助的人應有權自行分辨從業者是否合格」。魯道夫・維喬的《以生理與病理組織學為基礎的細胞病理學》（*Die Cellularpathologie in ihrer Begründung auf physiologische und pathologische Gewebelehre*）也在這一年出版，其研究是解剖學上的一大進展；亨利・格雷的書在後來的版本中，才反映出相同的概念。

維喬（1821–1902 年）是一名病理學家。札維耶・畢夏當初若願意使用顯微鏡，或許就能獲得和他一樣的成就了。畢夏只能看到和理解構成器官的組織，但維喬卻能進一步觀察形成組織的細胞。維喬針對細胞改變疾病的方式進行研究，而他的《細胞病理學》無疑為應用解剖學開啟了一個新的面向：組織學。

自此以後，解剖學的重要突破都將發生在細胞層面上。如同維喬在其書中所述：「所有的細胞皆源自細胞。」這句話是仿效義大利生物學家弗朗切斯科・雷迪（Francesco Redi）所說的「所有的生命皆源自生命」。當時普遍的看法是較低等的生物會自然從環境中形成（舉例來說，當時的人認為蛆是腐壞的魚所生成的產物，而非如我們現在所知從蒼蠅的卵孵化而成），但維喬的觀點與之背道而馳。

魯道夫·維喬最早的出版物是 1845 年的一篇論文，裡面包含最早有關白血病的病理描述，而白血病也是由他命名而來（取自「白色血液」的希臘文）。他逐漸確信疾病是先前健康的細胞出現變化所致，並認為不同組的細胞會受到不同種類的疾病所影響。在一個醫生們完全依據症狀下診斷的時代，維喬提出了異議，主張透過檢視生病的細胞，醫生們可能會得到更準確的結論。他投注一生研究疾病，同時也是最早為當中許多疾病提供描述與命名的人，包括血栓形成、栓塞、脊索瘤、赭色症等。

並非所有的醫生都喜歡被人指正，也因此維喬的看法遭到許多反對。儘管沒有期刊願意刊登他的論文，但他藉由創立自己的期刊，解決了這個難題。《病理解剖學、病理生物學與臨床醫學檔案庫》（*Archiv für pathologische Anatomie und Physiologie, und für klinische Medizin*）這個堅持以現代作法與嚴謹研究為依據的期刊，如

下圖
《細胞病理學》
（*Die Cellularpathologie*，1858年）

左：七個月大的胎兒脛骨內的鈣化軟骨，在兩種放大倍率下觀察到的情形。
右：青蛙的卵巢，包含不同發展階段的卵。

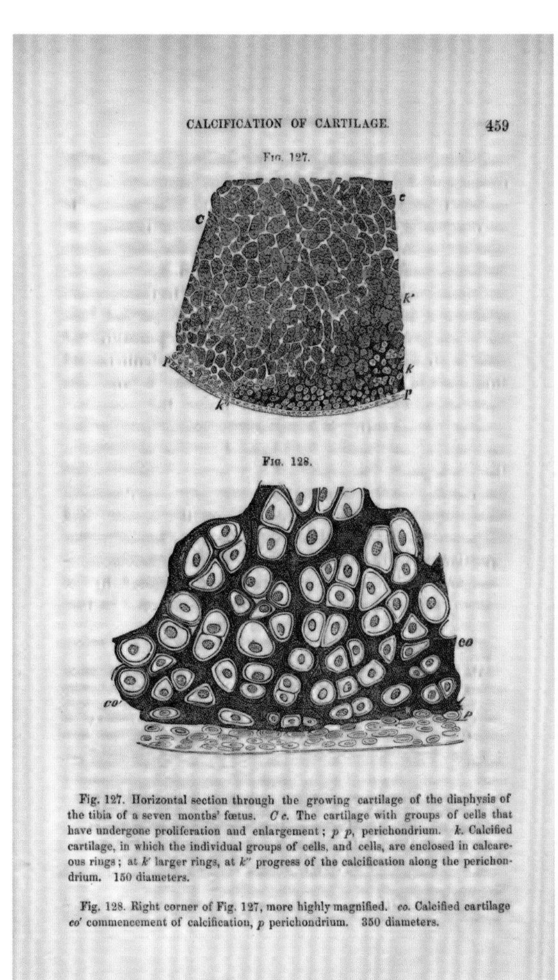

CALCIFICATION OF CARTILAGE. 459

Fig. 127.

Fig. 128.

Fig. 127. Horizontal section through the growing cartilage of the diaphysis of the tibia of a seven months' fœtus. *C c.* The cartilage with groups of cells that have undergone proliferation and enlargement; *p p*, perichondrium. *k.* Calcified cartilage, in which the individual groups of cells, and cells, are enclosed in calcareous rings; at *k'* larger rings, at *k''* progress of the calcification along the perichondrium. 150 diameters.

Fig. 128. Right corner of Fig. 127, more highly magnified. *co.* Calcified cartilage *co'* commencement of calcification, *p* perichondrium. 350 diameters.

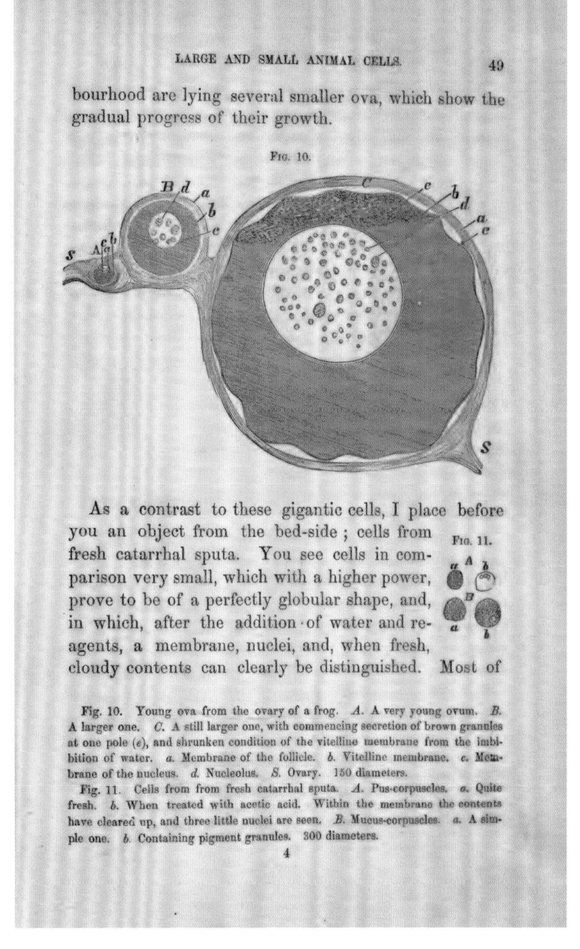

LARGE AND SMALL ANIMAL CELLS. 49

bourhood are lying several smaller ova, which show the gradual progress of their growth.

Fig. 10.

As a contrast to these gigantic cells, I place before you an object from the bed-side; cells from fresh catarrhal sputa. You see cells in comparison very small, which with a higher power, prove to be of a perfectly globular shape, and, in which, after the addition of water and reagents, a membrane, nuclei, and, when fresh, cloudy contents can clearly be distinguished. Most of

Fig. 11.

Fig. 10. Young ova from the ovary of a frog. *A.* A very young ovum. *B.* A larger one. *C.* A still larger one, with commencing secretion of brown granules at one pole (*e*), and shrunken condition of the vitelline membrane from the imbibition of water. *a.* Membrane of the follicle. *b.* Vitelline membrane. *c.* Membrane of the nucleus. *d.* Nucleolus. *S.* Ovary. 150 diameters.

Fig. 11. Cells from from fresh catarrhal sputa. *A.* Pus-corpuscles. *a.* Quite fresh. *b.* When treated with acetic acid. Within the membrane the contents have cleared up, and three little nuclei are seen. *B.* Mucus-corpuscles. *a.* A simple one. *b.* Containing pigment granules. 300 diameters.

4

今仍是按月發行的同儕審查期刊，名稱已改為《維喬檔案庫：歐洲病理學雜誌》（*Virchows Archiv: European Journal of Pathology*）。

他是公共衛生最有力的提倡者，同時也是一名醫生與政治家。當他到家鄉德國參訪某個爆發風寒的地區時，對自己目睹的貧窮景象感到震驚。「醫學是一門社會科學，」他宣稱，「而政治只不過是大規模的醫學。」維喬參與了1848 年席捲歐洲的社會主義革命浪潮，因而遭到解雇。後來，他和其他人共同創立了德國進步黨（Deutsche Fortschrittspartei）。他反對奧托・馮・俾斯麥（Otto von Bismarck）的軍事預算案，導致俾斯麥對他提出決鬥的挑戰。關於這場對決的結果有兩個版本。最有可能的版本是維喬認為決鬥很不文明，因而拒絕了這項挑戰。另一個版本則聲稱維喬因身為被挑戰的一方，有權選擇武器，結果他選了兩根香腸，一根能安全吃下肚，另一根則含有寄生蛔蟲的幼蟲。在這個版本中，拒絕挑戰的是俾斯麥。

維喬選擇的第一個職業是新教牧師，把這份工作當成使命的他在畢業時，以《充滿勞動與苦累的人生不是重擔，而是上帝給予的祝福》（*Ein Leben voller Arbeit und Mühe ist keine Last, sondern eine Wohlthat*）作為論文題目。他的一生或許可說是遵照這句座右銘而活。他並未死於任何疾病，而是在 81 歲時，從一台移動的電車跳下來摔斷了腿，導致健康狀況惡化而離世。

11. 麻醉藥

解剖學在 19 世紀後半葉持續受惠於新的發明。在華岡青洲於 1804 年利用

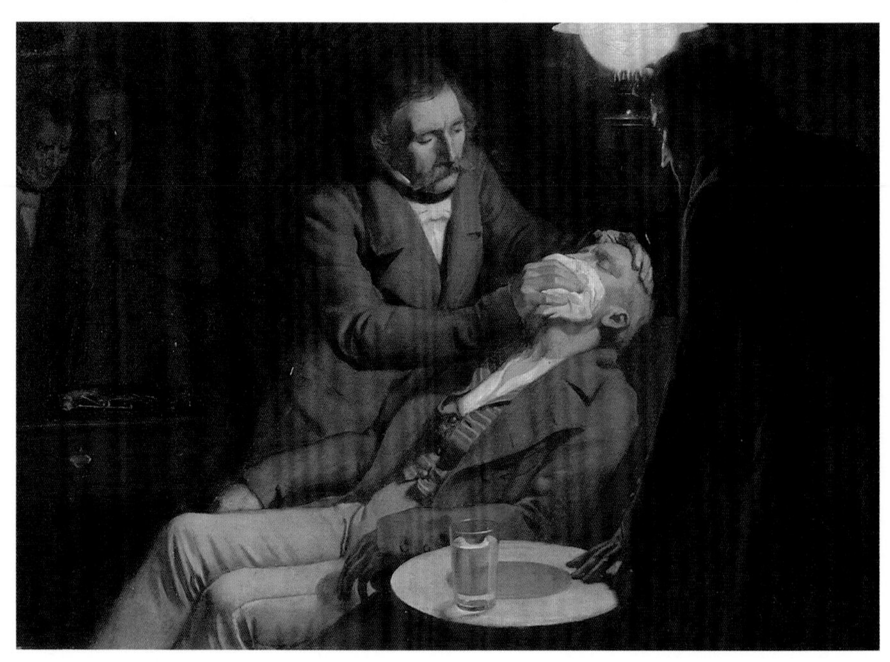

最上圖
霍勒斯・威爾斯（Horace Wells，1815–48年）

威爾斯在1845年示範以一氧化二氮替病人麻醉。

上圖
克勞弗德・朗（Crawford Long，1815–78年）

朗在1846年示範以乙醚替病人麻醉。

右圖
《乙醚在牙科手術中的首次應用》（*The First Use of Ether in Dental Surgery*，1846年）

厄尼斯特・博爾德（1877–1934年）的畫作描繪出威廉・莫頓（William Morton）在受邀觀眾面前，替一名病患麻醉的情景。博爾德為慈善家亨利・惠康畫了一系列醫學里程碑的圖，而這是其中的一幅。

左圖

霍勒斯・威爾斯將一氧化二氮運用在牙科治療上的失敗示範

雖然這名病患事後聲稱他只是因為害怕才大叫，而不是因為疼痛，但威爾斯顯然未能成功以一氧化二氮進行麻醉。這件事對他的事業造成了無法挽救的傷害。

上圖

詹姆斯・楊・辛普森（James Young Simpson，1811–70年）

這幅辛普森的肖像是亨利・史考特・布里奇沃特（Henry Scott Bridgwater，1864–1950年）的作品。辛普森是第一個示範以氯仿麻醉病患的人。布里奇沃特和辛普森並非生活在同一個時代，因此他的畫是根據一張辛普森的早期照片所繪。

通仙散進行乳房切除手術後，過了超過 40 年，西方才有人成功在麻醉病患身上動手術。1845 年，美國麻薩諸塞州的牙醫霍勒斯・威爾斯（Horace Wells，1815–48 年）在波士頓公開示範如何用一氧化二氮（俗稱笑氣）替人麻醉，但他低估了所需的用量，導致他的病人在過程中大聲抱怨手術有多痛。

1846 年，美國喬治亞州的外科醫生克勞弗德・朗（Crawford Long，1815–78 年）替一位以乙醚麻醉的學生移除了兩顆腫瘤。他曾見過這名學生與其他人參加一種號稱「乙醚幻覺秀」（ether frolics）的聚會，以吸食乙醚為樂。在乙醚的影響下，這些人走路跌跌撞撞的，經常導致自己受傷卻感受不到痛。

在同一年稍晚時，霍勒斯・威爾斯的牙醫診所合夥人威廉・莫頓（William Morton）在不知道朗已成功的情況下，在波士頓的麻省總醫院（Massachusetts General Hospital）示範用乙醚麻醉。他讓一名病患吸入乙醚後，移除了其頸部的腫瘤。參與的外科醫生在手術前原本持懷疑態度，後來在手術過程中，他轉身向觀眾說：「各位先生，這不是騙人的。」舉行這場手術的解剖劇場在今日被稱為「乙醚穹頂廳」（Ether Dome）。1847 年，蘇格蘭產科醫生詹姆斯・楊・辛普森（James Young Simpson，1811–70 年）在人類病患身上，首次展示氯仿的麻醉功效，結果這個化學物質很快便取代了乙醚，因為乙醚相當易燃，且經常引起嘔吐反應。

麻醉藥的安全使用使手術成為一個選項，而不只是一種緊急措施。手術程序如今能以經過測量的方式進行，而不再是倉促急救的行動。對純解剖學而言（對病患來說則不見得是如此），最大的好處就是有新的機會能觀察活體內部系統與器官。這在過去只有可能發生在戰役最激烈的時候，或是角鬥士搏鬥結束後的一段時間內（但這麼做並不實際）。

12. 冷藏

對解剖學學生與教師而言，其中一個最古老的難題就是屍體會腐敗，使得解剖課程只能在寒冷的冬季月份進行。也因此，對解剖學來說，最有益處的一項發明就是冷藏技術。個別器官和其他樣本能以標本罐保存，但用相同方式存放整具屍體並不可行。法國的費迪南．卡雷（Ferdinand Carré）與德國的卡爾．馮．林德（Carl von Linde）皆於 1860 年代從事冷藏技術的研發，但最早運用在解剖學的冷凍方式比他們的做法要古老多了。

克里斯蒂安．威廉．布勞恩（Christian Wilhelm Braune）是萊比錫大學的解剖學教授。他冷凍屍體的方式是將他們密封在防水的箱子內，然後將箱子放入更大的水缸內，並在箱子周圍放入冰塊和鹽。經過五天後，這種做法能使箱內溫度降到 -21° C 這麼低（一具人類屍體在 -18° C 的溫度會結凍變硬）。布勞恩（1831–92 年）接著會用細齒鋸分切屍體。由於鋸的動作會使溫度升高，因此要有很好的技術，才不會在過程中撕裂任何組織。

布勞恩的切片以今日的標準來看偏厚。從左到右橫越屍體的水平切片深度為 2–3 公分，從前到後的垂直切片則更厚。這些切片能在仍是冷凍的狀態下用於研究（因為此時能直接準確地將細節描繪在置於切片上的紙或玻璃上）；若是在解凍的狀態下，就得用酒精浸泡使切片變硬，或是保存在標本罐內以供展示。比起我們在今日習以為常的電腦斷層掃描影像，這種方法更早一步為解剖細節的觀察提供了新的視角。布勞恩的著作《從冷凍屍體的橫切面觀察子宮與胎兒在妊娠結束時的位置》（*Die Lage des Uterus und Fötus am Ende der Schwangerschaft nach Durchschnitten an gefrorenen Kadavern*）在 1867 年出版時造成了轟動。書中的插圖是以一名不幸的年輕女子為依據所畫；她在孕期的最後階段上吊自殺，遺體由布勞恩於 1870 年接收與冷凍保存。布勞恩將這名女性與其腹中胎兒從頭到腳切成兩半，但後來又將胎兒的身體重組了回去。

13. 防腐

關於屍體的保存，一個由來已久的解決方法是對屍體進行防腐處理。防腐保存至少已有 8000 年的歷史；智利阿他加馬沙漠（Atacama Desert）的新克羅人（Chinchorro people）將遺體製成木乃伊的習俗，能作為佐證。亞歷山大大帝的屍體當初則是以蜂蜜浸泡保存，以便從巴比倫運回亞歷山卓。防腐的應用在古埃及的宗教儀式中達到頂峰，但隨著解剖學在歐洲變得愈來愈普遍（合適的屍體則變得相對難取得），防腐處理逐漸成為非常實際的需求。許多早期的解剖學家會將蠟注射到屍體內。此外還有一段時期，砒霜被視為防腐液的一種主要原料。

18 世紀的兄弟檔解剖學家威廉與約翰．亨特，是現代最早研發出防腐油的人。這類防腐油能被注射到屍體的血管和體腔內，以延長其保鮮期。這種做法從解剖劇場流傳到葬儀社，因為送葬者基於情感因素，都希望能將已逝親友的容貌記在心中愈久愈好。也因此，19 世紀出現了禮儀師這樣的職業。

在防腐技術提升與鐵路系統擴張的結合下，遺屬得以實現逝者的心願，將

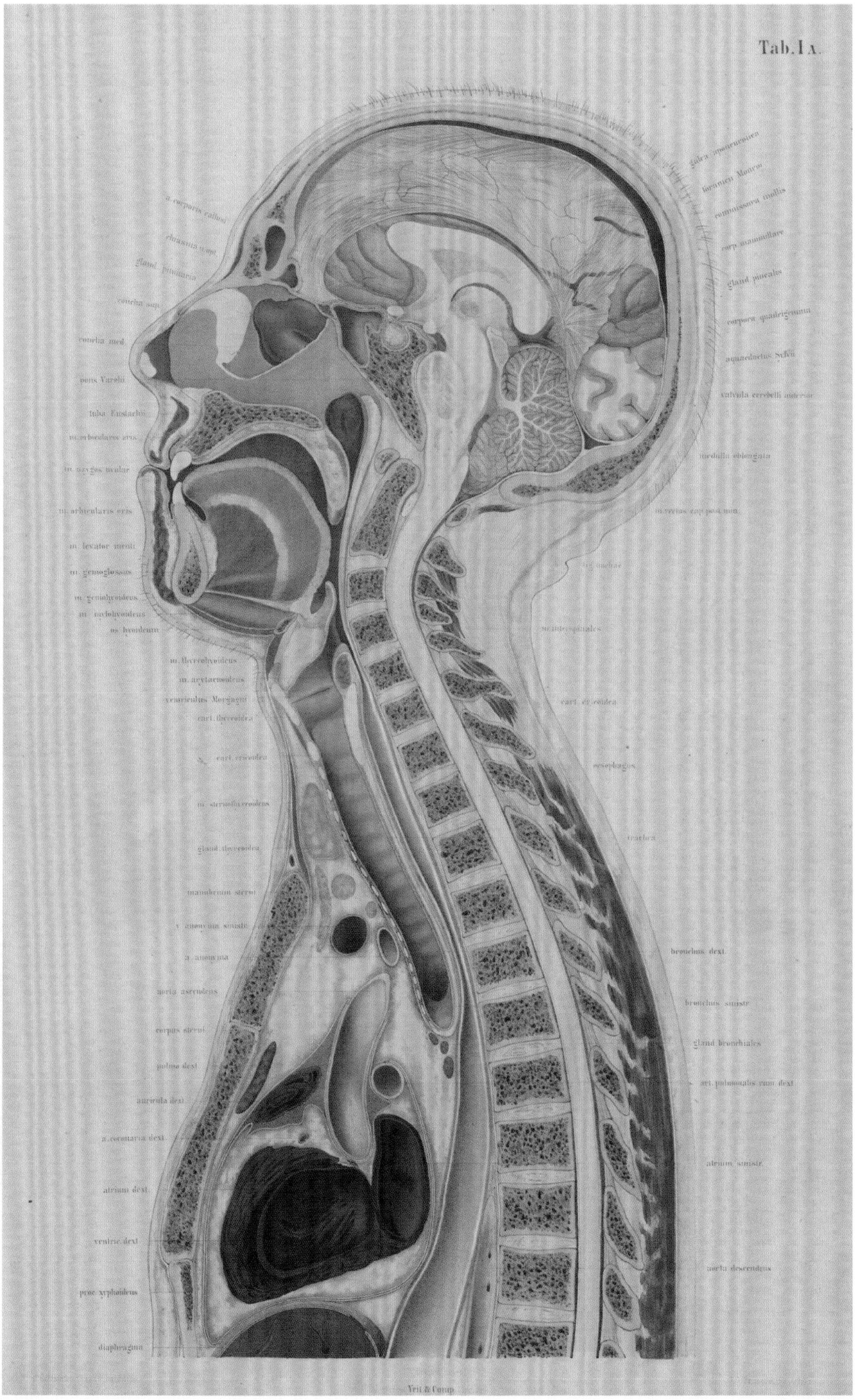

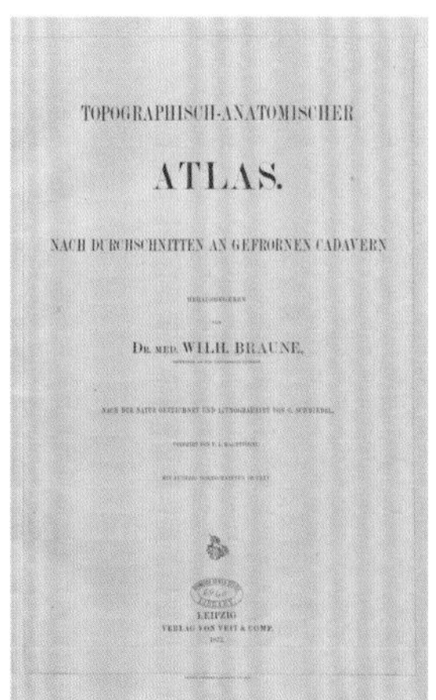

TOPOGRAPHISCH-ANATOMISCHER

ATLAS.

NACH DURCHSCHNITTEN AN GEFRORNEN CADAVERN

DR. MED. WILH. BRAUNE.

LEIPZIG

VERLAG VON VEIT & COMP.

《斷層解剖圖集》
（*Topographisch-anatomischer Atlas*，1867年）

左：冷凍屍體被鋸開後所呈現的頭部與胸部切面。這幅插圖是由C・施密德（C. Schmiedel）所繪，出自克里斯蒂安・威廉・布勞恩（Christian Wilhelm Braune）的《斷層解剖圖集》。
上：這本書以嶄新的二維格式來呈現解剖學；圖為書中扉頁。

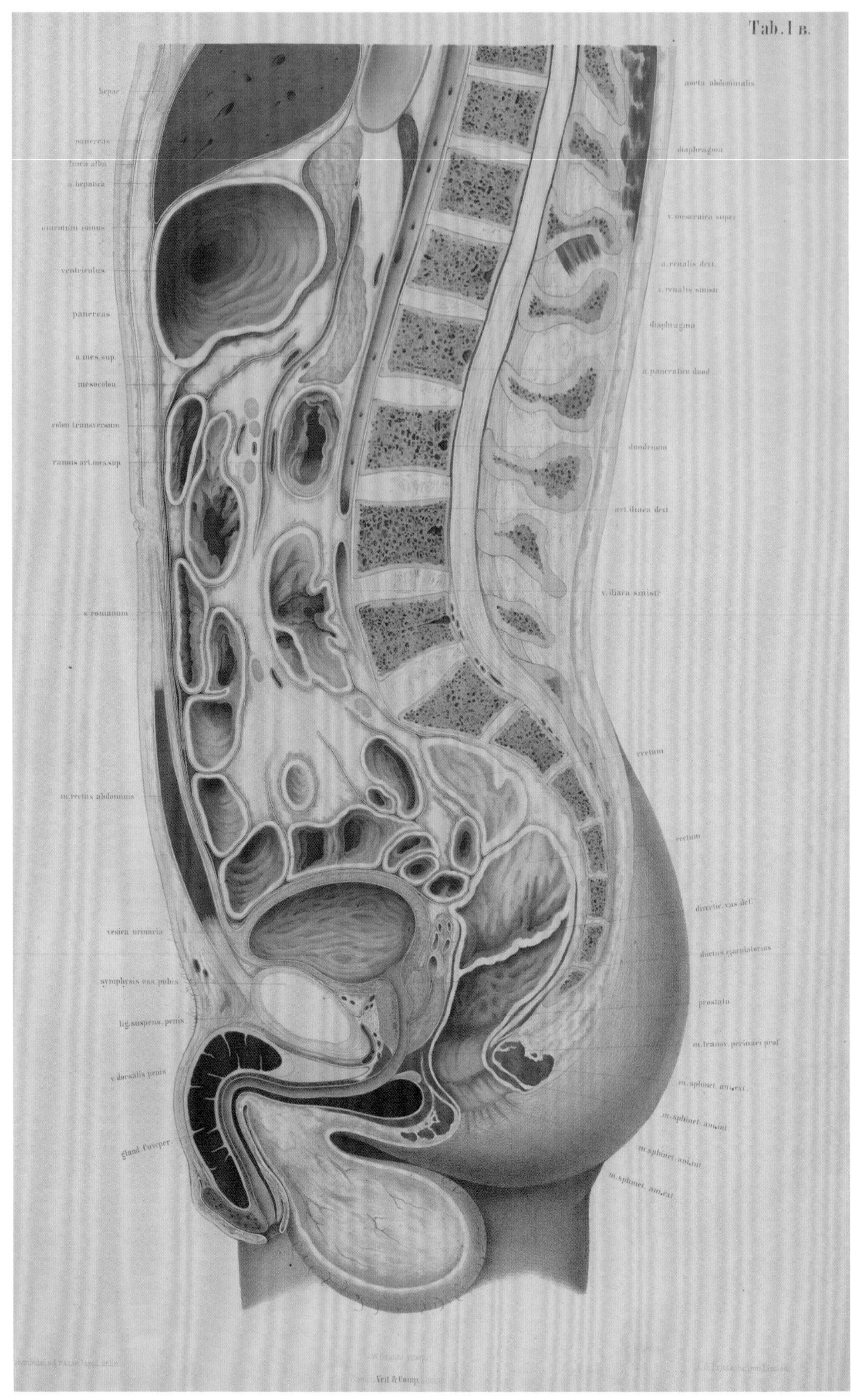
Tab.1 B.
hepar
linea alba
a. hepatica
ventriculus
pancreas
a. mes. sup.
mesocolon
colon transversum
ramus art. mes. sup.
s. romanum
m. rectus abdominis
vesica urinaria
symphysis oss. pubis
lig. suspens. penis
v. dorsalis penis
gland. Cowper.
aorta abdominalis
diaphragma
v. mesenterica super.
a. renalis dext.
v. renalis sinistr.
diaphragma
a. pancreatico duod.
duodenum
art. iliaca dext.
v. iliaca sinistr.
rectum
rectum
divertic. vas. def.
ductus ejaculatorius
prostata
m. transv. perinaei prof.
m. sphinct. ani. ext.
m. sphinct. ani. int.
m. sphinct. ani. int.
m. sphinct. ani. ext.
Veit & Comp.

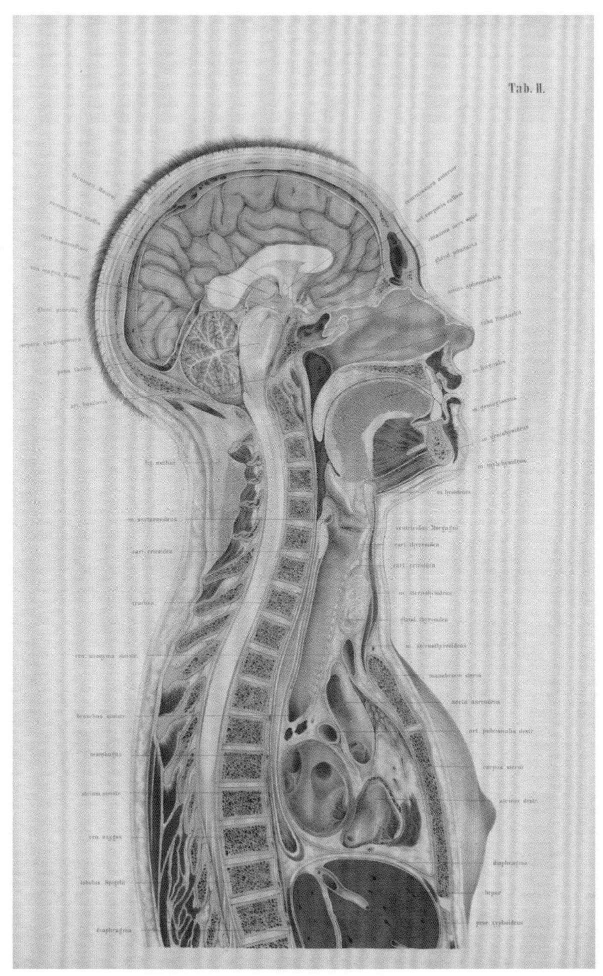

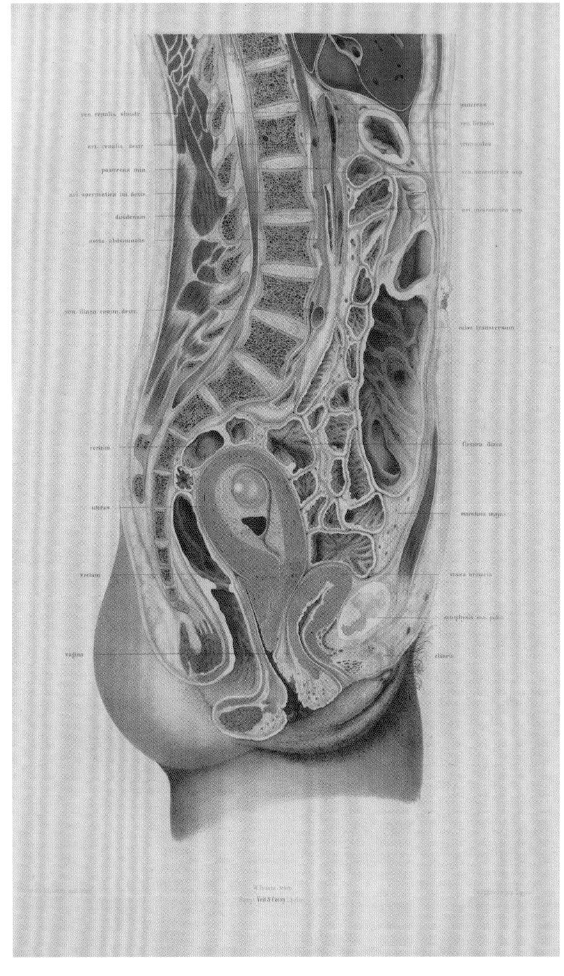

《斷層解剖圖集》
（1867年）

對頁：男性屍體的腹部切面。
上：一組分成兩部分的圖片，分別為女性屍體的頭部與身體切面。

他們葬在自己喜歡的地方，而不是死亡的地點。防腐技術在美國內戰期間更受到廣泛運用，使陣亡軍人的遺體能送返家鄉與親人身邊。

德國化學家奧古斯特・威廉・馮・霍夫曼（August Wilhelm von Hofmann）在 1869 年發現甲醛。儘管甲醛會刺激皮膚，但諷刺的是，這種物質經證實具有防腐特性。其他人也找到了別的防腐方法。波蘭解剖學家齊格蒙特・拉斯科夫斯基（Zygmunt Laskowski，1841–1928 年）在 1866 年時，成功以苯酚與甘油混合製成防腐液（後來以酒精取代甘油），並出版了兩本以此為主題的著作：1885 年的《解剖標本的保存程序》（*Les procédés de conservation des pièces anatomiques*），以及隔年的《實驗對象的防腐保存與解剖的準備工作》（*L'embaumement et la conservation des sujets et des préparations anatomiques*）。

拉斯科夫斯基的集大成之作，是 1893 年在其第二故鄉日內瓦出版的《正常人體解剖學圖解集》（*Anatomie normale du corps humain: atlas iconographique*）。這是一本跨越 19 世紀的宏偉著作。書中 16 幅印製準確的彩色插圖示範了何謂清楚易懂的示意圖：每一幅圖都只呈現真正重要與作者想要表達的部分。

這些非常現代的插圖是齊格蒙特・巴利茨基（Zygmunt Balicki，1858–1916 年）依照拉斯科夫斯基的指示所畫。巴利茨基是在外流亡的波蘭人，不僅是拉斯科夫斯基的同鄉，也是他的戰友。兩人皆為民族聯盟（Liga Narodowa）的成員；當時他們的家鄉波蘭是俄羅斯帝國（Tsarist Russia）的衛星國，而民族聯盟則是波蘭發起政治改革的祕密組織。該組織成立於 1893 年時（也就是正常人體解剖學圖解集》出版的那一年），巴利茨基的貢獻非常大。拉斯科夫斯基在 1862 年參與華沙的一場起義失敗後，被迫流亡到巴黎。巴利茨基則因身為「波蘭社會主義公社」（Polish Socialist Commune）的領導人而被捕，之後在 1883 年被驅逐到瑞士。

拉斯科夫斯基曾在 1870 年法國與普魯士（Prussia）的戰爭中，擔任法軍的戰地外科醫生。後來，普法戰爭促成了德意志帝國的建立。在俄羅斯的聖彼得堡（St Petersburg）學習藝術的巴利茨基，設法在 1896 年出版了他的著作《政治社會之強制性組織狀態》（*L'état comme organisation coercitive de la société politique*）。他在聖彼得堡對俄國革命（Russian Revolution）的籌備做出了重大貢獻，後來在 1916 年因心臟病死於當地。在接著到來的 20 世紀，德意志帝國的崛起與俄羅斯帝國的殞落，將會是決定解剖學發展的關鍵性政治劇變。

解剖學並不存在於真空狀態。其發展受到所處時代的不同文化所形塑，有時受限於宗教習俗，有時從戰爭的殘酷與傷患的修復中獲得成長，有時則得益於自身與其他領域的創新科技而有所進展。然而不論如何，盡情探索與勇敢實驗的科學家們，一直以來都是這門學科的重要推手。

在解剖學的歷史上，經常遭到忽略的是那些身體被解剖學家當成實驗室的人；然而少了他們，解剖學的發展往往受阻不前。這些都是真實存在的人。卡爾・馮・羅基坦斯基（Carl von Rokitansky，1804–78 年）是維也納醫校（Viennese

School of Medicine）的創辦人，其共三卷的著作《病理解剖學手冊》（*Handbuch der pathologischen Anatomie*）在 1846 年出版後，成為奧匈帝國（Austro-Hungarian Empire）所有醫學生的必讀參考書。他在 1876 年秉持著憐憫的精神寫道：

> 當你拿著解剖刀彎下身子，以冷硬的刀身對向這具身分不明的屍體時，務必記住，這副身軀是兩個人因愛而孕育的結晶。在信念的搖曳下，以及用胸懷提供庇護的母親期盼下，他成長茁壯，如孩童與青年般微笑，做著和他們相同的夢。當然，他愛過人也被人愛過；他期待即將到來的幸福日子，也想念已經逝去的美好時光。如今，他的身軀平躺在冰冷的解剖台上，沒有人為他流淚，也沒有人為他祈禱。他的名字，只有上帝知道。然而，無法阻擋的命運給了他權力與崇高價值，使他能為全人類服務。

左下圖

《正常人體解剖學圖解集》（*Atlas iconographique*，1893年）

齊格蒙特・拉斯科夫斯基（Zygmundt Laskowski，1841–1928年）用苯酚與酒精混合液保存標本。

右下圖

奧古斯特・威廉・馮・霍夫曼（August Wilhelm von Hofmann，1818–92年）

霍夫曼發現了甲醛；這種物質對屍體的保存有很大的幫助。

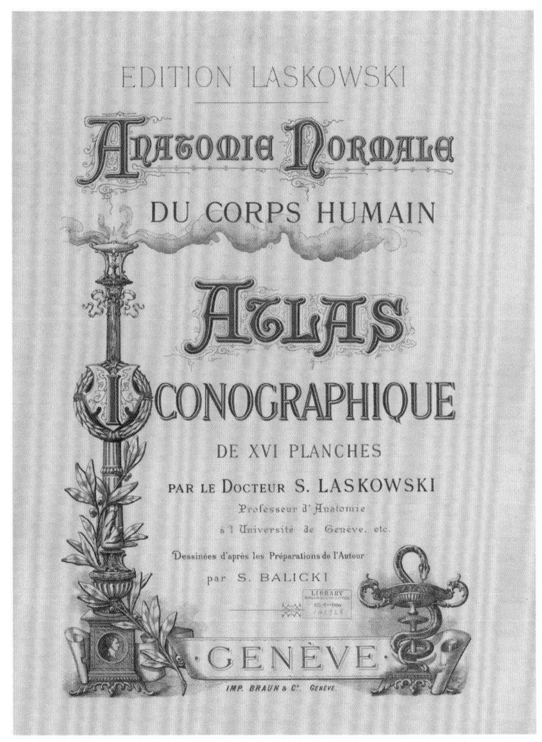

《正常人體解剖學圖解集》（1893年）

右：脊椎與關節的細微研究，由齊格蒙特・巴利茨基（Zygmunt Balicki，1858–1916年）為拉斯科夫斯基所繪。對頁：牙齒、咽喉、口腔與其他內臟的細節。

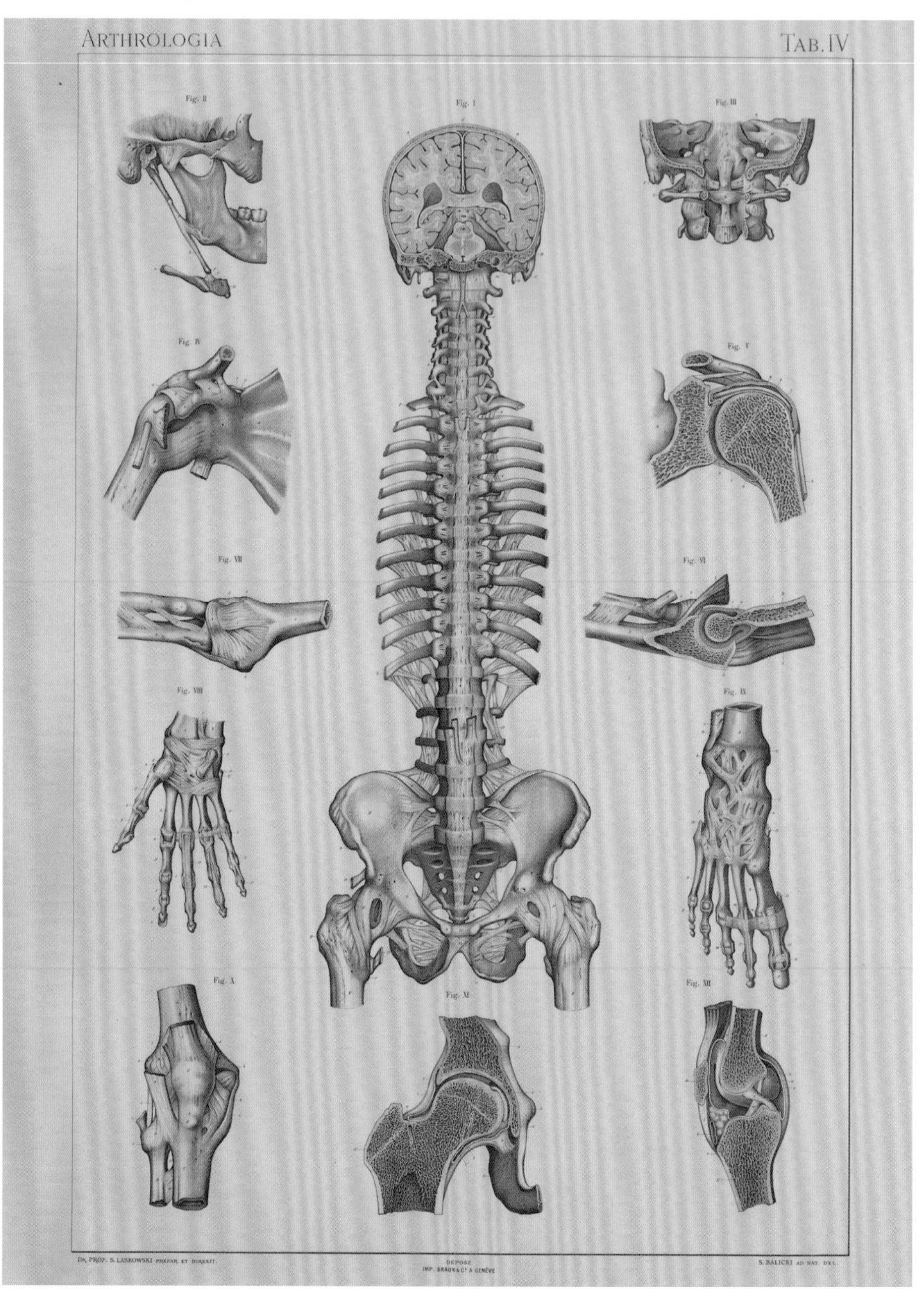

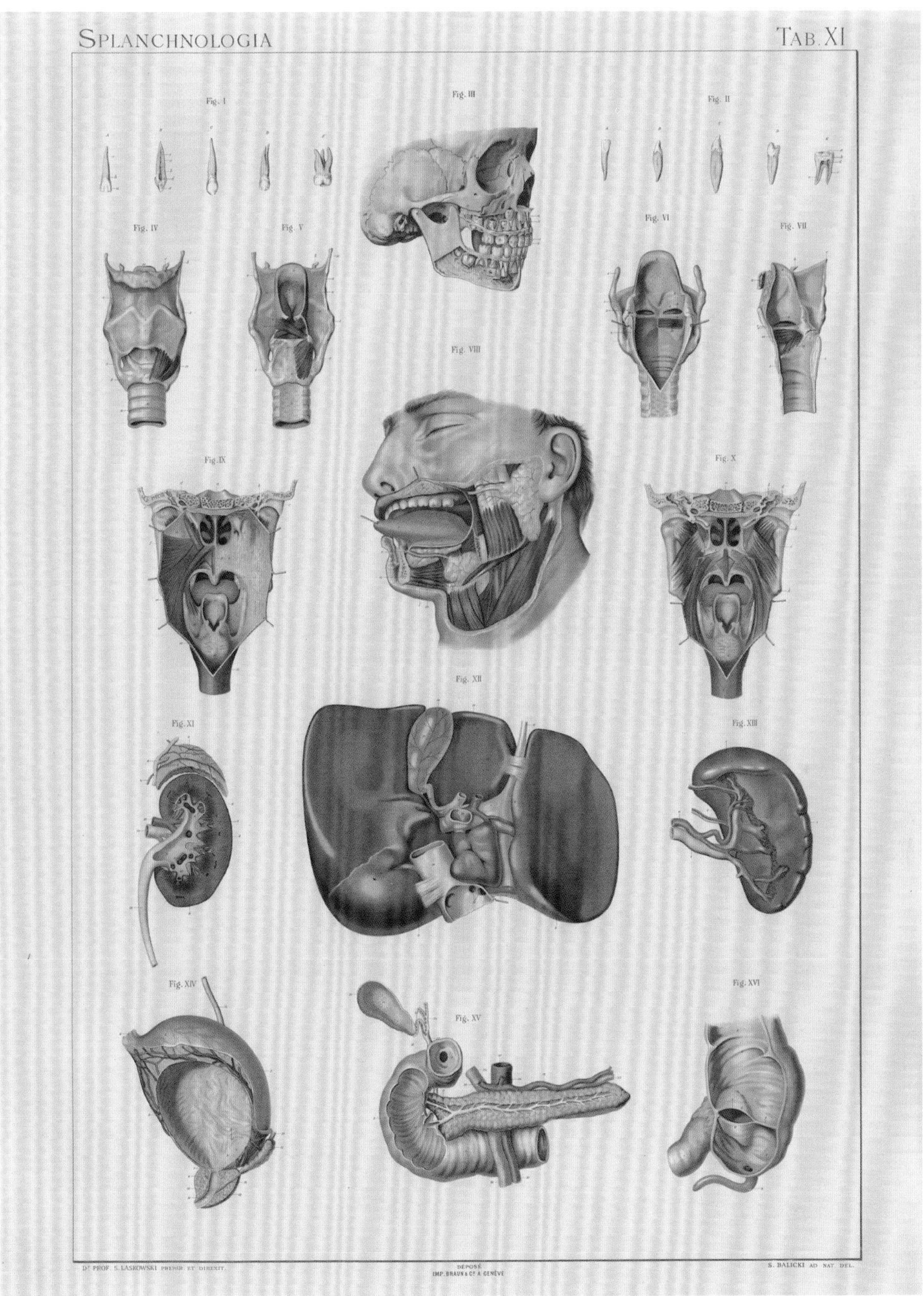
SPLANCHNOLOGIA
TAB. XI
Fig. I
Fig. III
Fig. II
Fig. IV
Fig. V
Fig. VI
Fig. VII
Fig. VIII
Fig. IX
Fig. X
Fig. XII
Fig. XI
Fig. XIII
Fig. XIV
Fig. XV
Fig. XVI
DÉPOSÉ
IMP. BRAUN & Cie À GENÈVE
S. BALICKI AD NAT. DEL.

《正常人體解剖學圖解集》（1893年）

右：肌肉、肺部系統與軀幹內臟總覽圖。
對頁：感覺器官（眼、鼻、耳、口）與毛囊的研究。

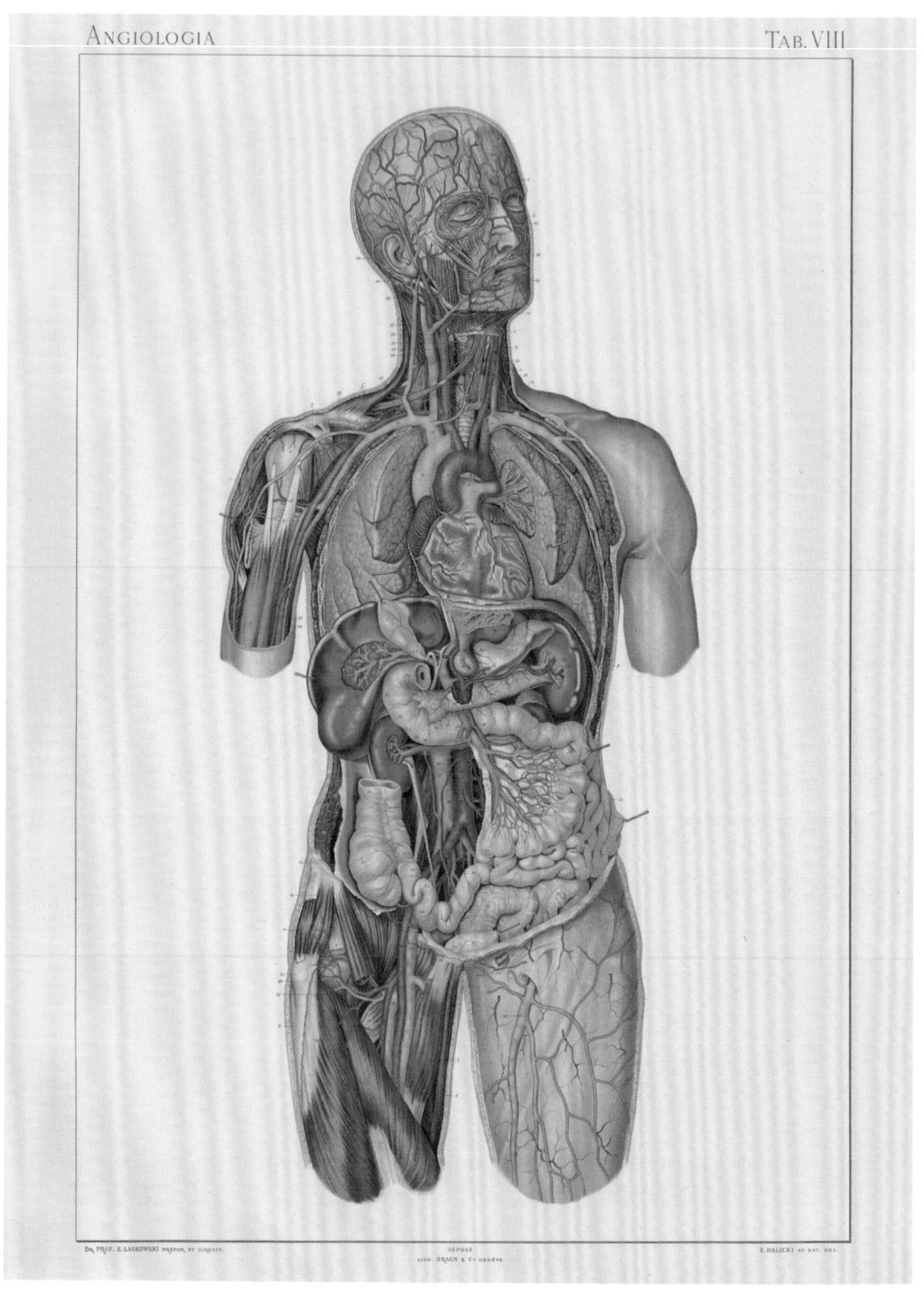

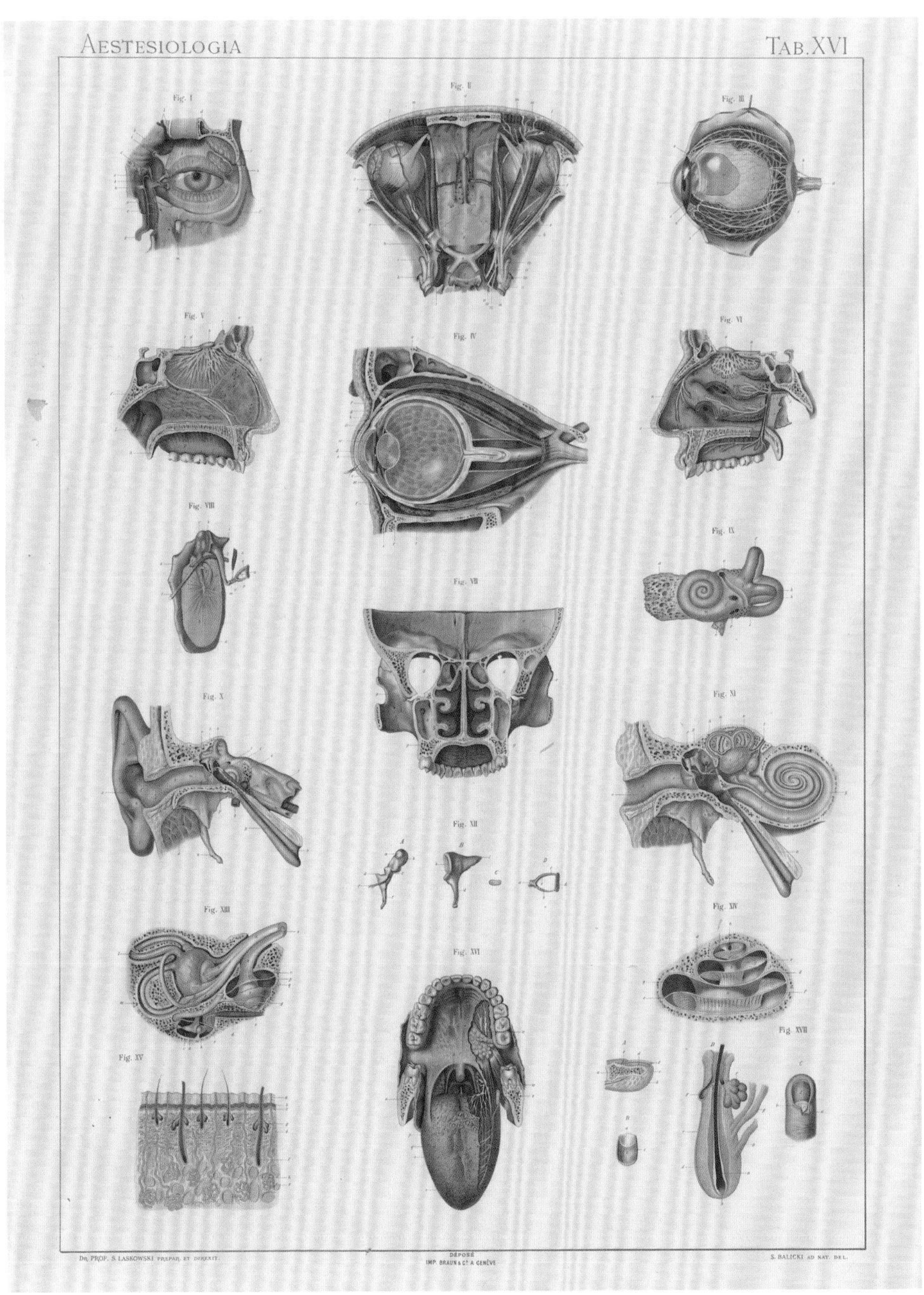
AESTESIOLOGIA
TAB. XVI
Fig. I
Fig. II
Fig. III
Fig. IV
Fig. V
Fig. VI
Fig. VII
Fig. VIII
Fig. IX
Fig. X
Fig. XI
Fig. XII
Fig. XIII
Fig. XIV
Fig. XV
Fig. XVI
Fig. XVII
Dr. PROF. S. LASKOWSKI PREPAR. ET DIREXIT.
DÉPOSÉ
IMP. BRAUN & Cie A GENÈVE
S. BALICKI AD NAT. DEL.

後續有哪些發展？

到了 19 世紀尾聲，人體解剖學的宏觀知識大致上已臻完備。肉眼可見的每一個身體部位都有名稱，而且對所有部位如何運作與互動，人們也有了充分的認識。沒有根據的迷思也已遭到破除。自古埃及時代起，解剖學家一直處心積慮想要理解解剖學；而現在，這門學科的研究終於能畫下句點。

然而，由 18 世紀的顯微鏡學先驅所發起的寧靜革命，如今在剛邁入 20 世紀之際，成為了醫學研究背後的驅動力。解剖學的嶄新時代聚焦於人體的細胞與次細胞組成。一般人再也無法看見或理解的這些人體組織部件，也許會降低大眾對這門科學的興趣，或加深他們對解剖學家的不信任。但事實上，情況卻正好相反。在 20 與 21 世紀，步伐穩健的科學發展使我們所有人遠比前人還要具備更高的科學素養；儘管我們可能不完全了解所見的一切事物，但我們保有對科學的好奇與興趣。

讓解剖學變得可見

過去 120 年來，最重大的科技發展皆起源自菲利浦・波契尼的光線傳導器，也就是歷史上第一支內視鏡。觀察活體生物體內的可能性在 1817 年前還難以想像，但到了 1895 年，威廉・倫琴（Wilhelm Röntgen）所發現的 x 光實現了這個想法。隨著醫學界學會如何使用這項非凡的新工具後，最早出現的相關教科書之一，是在 1938 年出版、由亞瑟・艾普頓（Arthur Appleton）、威廉・漢密爾頓（William Hamilton）與伊凡・契普洛夫（Ivan Tchaperoff）合寫的《體表與放射解剖學》（*Surface and Radiological Anatomy*）。30 年後，艾沙道爾・梅斯漢（Isadore Meschan）推出《放射攝影擺位與相關解剖學》（*Radiographic Positioning and Related Anatomy*），並在書中探究了一個很實際的問題：如何取得人體內目標區域的最佳視圖。

下圖
X光影像

以早期X光影像拼貼而成的作品，裡面有一隻田鷸、一隻龍蝦、一條蛇和一隻帶著結婚戒指的左手。

對頁
磁振造影掃描影像

一系列從上到下的頭部水平磁核造影掃描影像。

x 光影像如今已是過時的產物，但更精細的造影技術一直要到上個世紀末才被研發出來。電腦斷層與磁振造影掃描現今都很普遍，且掃描式電子顯微鏡的放大倍率可達 300 萬倍，解析度比一奈米（十億分之一公尺）還要高。在今日，必備的參考手冊是克萊德・赫姆斯（Clyde Helms）、南西・梅傑（Nancy Major）、馬克・安德森（Mark Anderson）、菲比・卡普蘭（Phoebe Kaplan）與羅伯特・杜索（Robert Dussault）合寫的《骨骼肌肉磁核造影》（*Musculoskeletal MRI*）。這本書最初在 2008 年出版，由於其主題變化快速，因此到了 2020 年就已需要出第三版了。

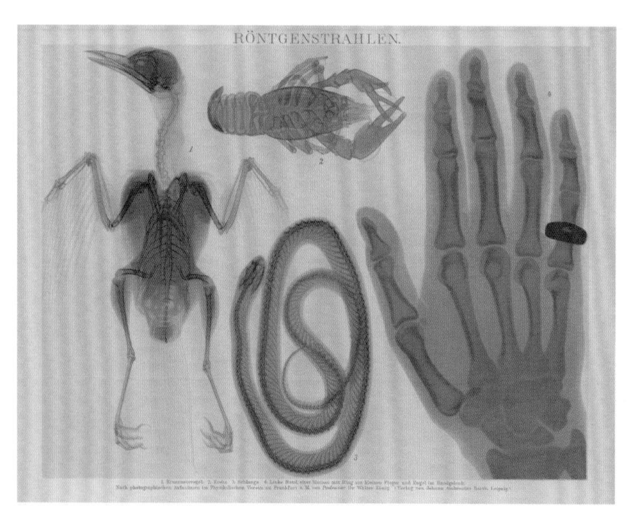

出版里程碑

運用這些設備所產生的影像，如今和傳統照片一起成為解剖書籍中的圖解。然而有時，示意圖依然是最好的說明方式。不時仍有人推

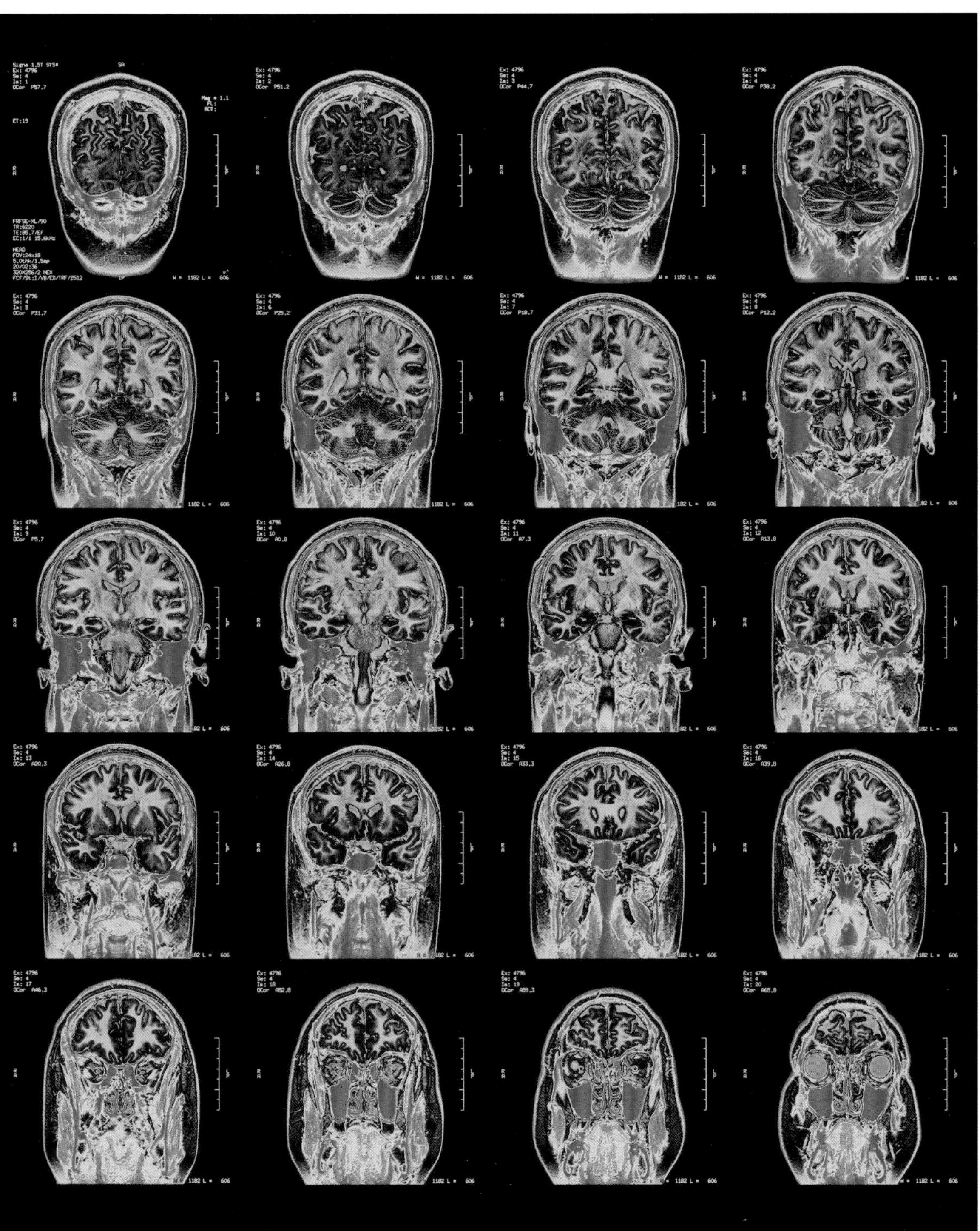

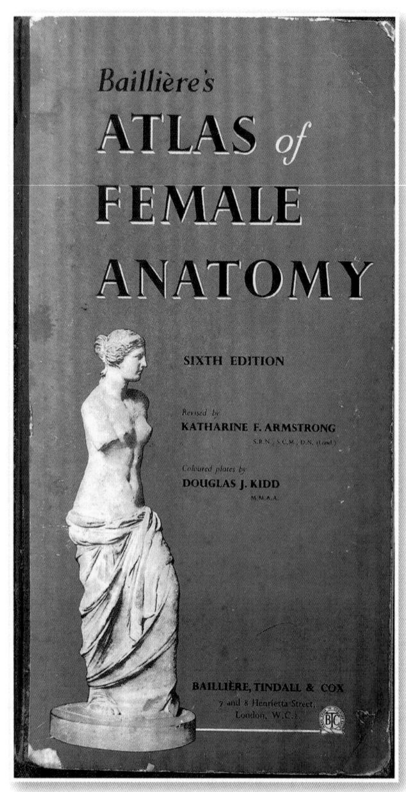

上圖
《貝里耶的女性人體解剖學圖譜》
（*Baillière's Atlas of Female Anatomy*，第六版）

內容完全以女性作為主題的罕見解剖學書；初版在1942年問世。

對頁圖
《人體解剖學圖集》
（*Topographische Anatomie des Menschen*，1937年）

緊鄰胸廓的肌肉層；這幅插圖出自艾德華．彭科夫（Eduard Pernkopf）傑出但不合乎道德的解剖著作。

出新的解剖學著作，且許多都希望能在《格雷氏解剖學》仍通行的學生市場上分一杯羹。其中一本遲來的著作在 1942 年問世，那就是《貝里耶的女性人體解剖學與生理學通俗圖譜》（*Ballière's Popular Atlas of the Anatomy and Physiology of the Female Human Body*）。這本由修伯特．E．J．畢斯（Hubert E.J. Biss）撰寫、喬吉斯．杜普伊（Georges Dupuy）繪製插畫的著作，有可能是史上第一本完全獻給女性的出版物。貝里耶（後來改名為「貝里耶、廷德爾與考克斯」〔Baillière, Tindall and Cox〕）在 19 世紀崛起，成為首屈一指的解剖書籍出版社；其《女性人體解剖學與生理學通俗圖譜》直到 1969 年仍在發行，當時為第七版。

在第一次世界大戰後，護理師的專業化為解剖學作家與出版社開啟了新市場。厄尼斯特．威廉．赫伊．格羅夫斯（Ernest William Hey Groves）與約翰．馬修．福特斯庫－布利克戴爾（John Matthew Fortescue-Brickdale）在 1921 年發行其共四卷的著作《給護理師的教科書》（Text-book for Nurses），內容涉及手術、醫療、解剖學與生理學。凱薩琳．阿姆斯壯（Katharine Armstrong）的《解剖學與生理學輔導指南：給護理師的教科書》（*Aids to Anatomy and Physiology: Textbook for the Nurse*）最初在 1939 年出版，而且就和《格雷氏解剖學》一樣，比自己的作者還長壽，陸續發行了至少九個版本。阿姆斯壯為貝里耶出版社編纂了《女性人體解剖學與生理學通俗圖譜》的後期版本。等到她自己的《解剖學與生理學輔導指南：給護理師的教科書》出版時，依芙琳．皮爾斯（Evelyn Pearce）的《為護理師所寫的解剖學與生理學書》（*Anatomy and Physiology for Nurses*，最初在 1929 年出版）已經出到第四版了——第 16 版在 1975 年發行。皮爾斯為護理師寫了非常多的著作。她在 1935 年所出版的《醫學與護理詞典暨百科全書》（*Medical and Nursing Dictionary and Encyclopaedia*），對護理師有極大的幫助，就如同 50 年前，理查德．奎恩爵士的《醫學字典》對醫生所做出的貢獻一樣。另外有一本至今仍受到運用的解剖書鮮少有人談論；儘管這是一本非常優秀的參考書，但自 1994 年起就已絕版。這本書就是艾德華．彭科夫的《人體解剖學圖集》。該圖集最初於 1937 年出版，且號稱當中包含有史以來最細膩的解剖插圖。某些外科醫生在工作上仍會仰賴這本書作為指引，但其他的外科醫生則認為在使用這本書前，必須先向他們的病人說明其背後的歷史才行。彭科夫是奧地利人，同時也是阿道夫．希特勒（Adolf Hitler）的忠實支持者，總是穿著納粹的制服工作。他在維也納大學（University of Vienna）任教時，開除了所有的猶太籍教職員，其中包括三名諾貝爾獎得主。其四卷鉅著中華美的圖片，皆取材於那些遭納粹處決者的屍體。納粹政權為追求其理想中的「種族純淨」（racial purity），因而對猶太人、同性戀、吉普賽人與異議分子展開屠殺。

《人體解剖學圖集》提出了一個道德問題：在如此殘忍行徑與犧牲下產生的著作，是否應該被用來拯救生命？在第二次世界大戰結束後，彭科夫回到維也納大學。該著作的第四卷在他於 1955 年去世不久後出版，並在世界各地廣泛發行其譯本。一直到 1990 年代，有關其戰時記錄的問題才被提出來討論。猶太社群的領袖們認為《人體解剖學圖集》能被用來對醫學做出貢獻，但前提是這些圖片的真相必須公諸於世。

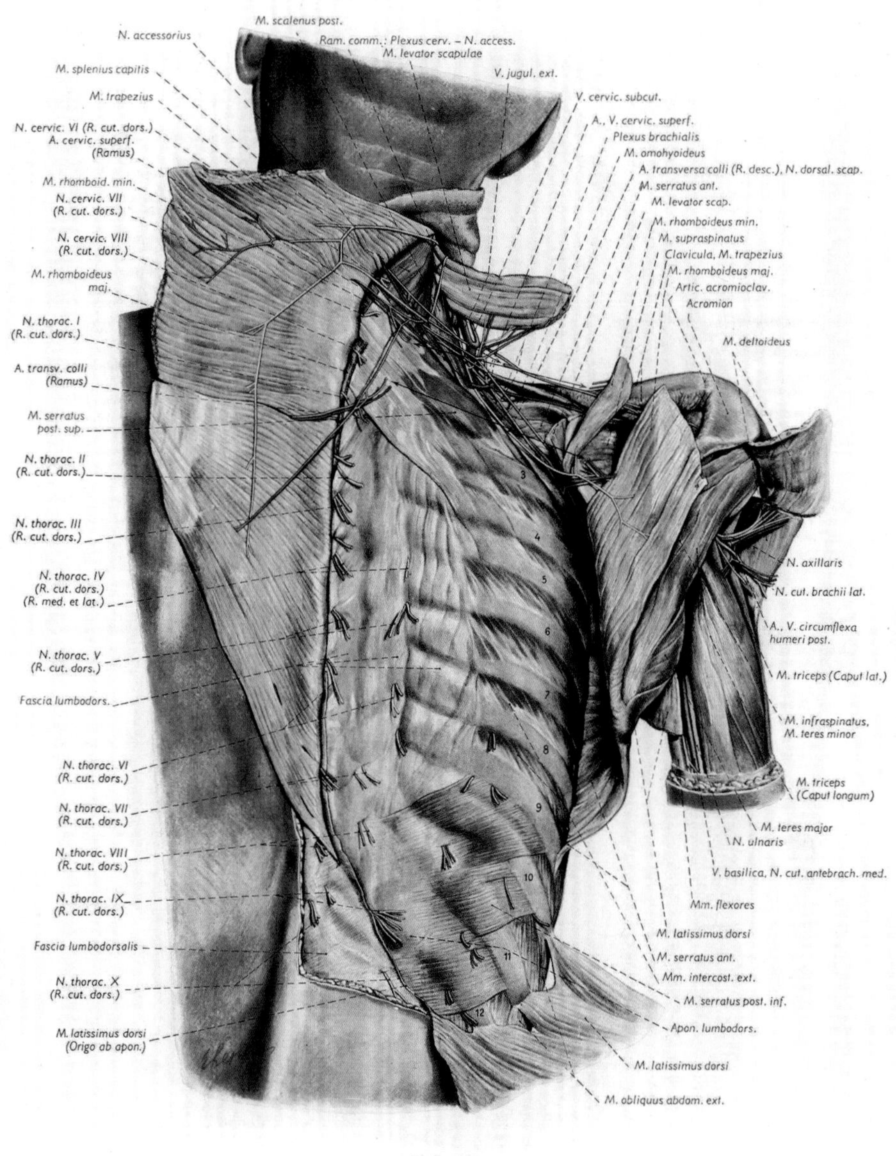

3–12 = ribs

Fig. 24. View of muscle layer which is in direct contact with the thoracic cage, after removal of the rhomboid and levator scapulae muscles, thus displacing the scapula anteriorly. Exposure of both serratus posterior muscles and the fascia of the intrinsic back muscles (lumbodorsal fascia).

Fig. 24

屍體的供給

除了現代掃描為體檢與診斷所帶來的顯著好處外，這些技術也降低了解剖學講師對屍體的仰賴。自 18 世紀後期起，石膏與塑膠製的解剖教學模型，逐漸取代了某些真實的身體部位標本；而如今，掃描影像（不論是實況或書中複印的）已成為學習過程中不可或缺的部分。

然而，在某些情況下，真實的人體還是無法被取代。在美國加州柏克萊大學（University of Berkeley）與其他機構，解剖學學生被鼓勵要觸摸自己或志願者（相當於藝術家的模特兒）的身體，以藉由探索自己或他人身體的外表，獲得有關內部構造的證據。觸診是非常古老的診斷技巧，在麻醉使探查手術成為選項之前，曾受到普遍運用。在英格蘭伯明翰大學（University of Birmingham），解剖學科（為了減少對屍體的依賴）已恢復 16 世紀的解剖示範。他們不再讓學生解剖數具屍體，而是讓他們整群人一同觀看一名解剖員以一具屍體進行解剖與講解。

19 世紀初以前持續了 400 年的教學作法，又重新受到採用。在 19 世紀所引進的《醫療法》規定下，解剖訓練逐漸融入於大學課程，並且在閉門的狀態下進行，以避人耳目。

上圖

《人類解剖學與物理學著色書》
（*The Human Anatomy and Physiology Coloring Book*，2020年）

為孩童所寫的解剖書顯示出社會對這個一度是禁忌的主題，正逐漸改變態度。

大眾吸引力

儘管如此，大眾對解剖學仍充滿好奇。自第二次世界大戰起，出版業因意識到這點，而針對一般讀者——以及他們的小孩——提升了解剖書籍的產量。一個早期的例子是 1964 年在紐約出版的《為兒童所寫的解剖書》（Anatomy for Children），作者是伊爾斯・哥德史密斯（Ilse Goldsmith）。到了 21 世紀，市面上甚至出現了全齡適用的解剖著色書，包括由凱莉・索洛瓦（Kelly Solloway）所寫、內容結合解剖學與正念練習的《看圖著色瑜伽體位與解剖自學指南》（*The Yoga Anatomy Coloring Book*，2018 年；中譯本由積木文化出版），以及運用卡通般的線條畫讓年輕患者感到安心的《人類解剖學與生理學著色書》（2020 年）。

某些具代表性的紀實性醫療電視劇也成為一般成年人的娛樂來源。英國廣播公司（BBC）以《你的命掌握在他們手中》（*Your Life in Their Hands*）開創出一片新天地。這部關於外科手術的長壽電視劇最初從 1958 年到 1964 年是由查爾斯・弗萊徹（Charles Fletcher）主持，接著在 1970 年代改由喬納森・米勒（Jonathan Miller）主持，從 1979 年到 1987 年又改由羅伯特・溫斯頓（Robert

右圖

岡瑟・馮・哈根斯
（Gunther von Hagens，生於1945年）

這位善於作秀的解剖學家戴著他的招牌黑帽，和一匹塑化的馬合影。

Winston）主持。米勒在 1978 年也主持了《關於身體》（The Body in Question）這部共 13 集的電視劇；而溫斯頓則接續主持了許多電視節目，包括 1998 年的《人體奧秘》（The Human Body）。

大眾對解剖學持續抱持著興趣，但這樣的情況也具有爭議的一面，那就是岡瑟・馮・哈根斯（Gunther von Hagens）的研究。哈根斯研發出一種名為「塑化」（plastination）的技術，用來保存人體組織。最初，他將這項技術應用在小型樣本與標本上，但後來延伸到整個人體與動物身體的保存。為了展示不同解剖階段的塑化生物標本，他舉辦了名為「身體世界」（Body Worlds）的公開展覽（至今舉辦過四次）。人體的塑化需花費多達 1500 小時，而展示在第三屆身體世界展覽中的長頸鹿，則花了三年才完成塑化保存程序。

哈根斯堅稱他所展示的人體皆為死者在生前自願捐獻的，但某些宗教團體仍反對這種形式的人體公開展示。許多的反對理由和一直以來針對解剖學家的意見相同，都是未經證實的指控：他們認為哈根斯向新西伯利亞（Novosibirsk）的盜屍人購買屍體，或是使用中國與吉爾吉斯（Kyrgyzstan）的遭處決囚犯屍體。2002 年，哈根斯在一家座無虛席的倫敦劇院裡，進行了一場非法的公開解剖展示。後來，英國的第四頻道（Channel 4）電視台更播出了這場場解剖秀。哈根斯並沒有因此被起訴，但他可能已經發現解剖學對大眾市場的吸引力，是有極限的。

哈根斯在進行公開解剖時，總是戴著一頂黑色的費多拉帽（fedora），而這個造型的靈感，其實是來自林布蘭的畫作《杜爾醫生的解剖課》。解剖學持續在藝術家的訓練中佔了重要的一環；儘管在邁向 20 世紀末之際失去了一些人的好感，但在藝術學校中，人們又開始對解剖學燃起興趣。20 世紀出現了許多為藝術家所寫的解剖書，其中有許多是由藝術家自行出版，以期能增加他們的收入。某些藝術家的著作較為突出，其中兩本特別出色的解剖書皆來自美國，分別為維克多・佩拉德（Victor Perard）的《解剖學與繪畫》（*Anatomy and Drawing*，1928 年），以及查爾斯・卡爾森（Charles Carlson）的《簡易人體藝術解剖學》（*A Simplified Art Anatomy of the Human Figure*，1941 年）。這兩本書現今仍以復刻版的形式發行。

作為隱喻的解剖學

之後，解剖學仍持續散發魅力。若有人對此感到懷疑，那麼 20 世紀後半期的出版業風潮，應該能為他們解開疑惑。其中一本帶領這股趨勢的著作是在 1945 年出版的《和平解剖學》（*The Anatomy of Peace*）。其作者埃默里・里夫斯（Emery Reves）的其中一個身分，是溫斯頓・邱吉爾（Winston Churchill）的著作代理人。他的書主張全球聯邦主義（global federalism）是第二次世界大戰後確保和平的一種手段。然而，羅伯特・崔佛（Robert Traver，密西根州最高法院大法官約翰・D・沃爾科〔John D. Voelker〕的筆名）才是真正讓解剖學成為流行的人。1958 年，他出版了他的新小說《謀殺解剖學》（*Anatomy of a Murder*），這個虛構故事是根據他在 1952 年接下的真實謀殺案所寫成。隔年，由奧圖・普里明傑（Otto Preminger）執導、詹姆斯・史都華（James Stewart）主演與艾靈頓公爵（Duke

上圖
《謀殺解剖學》（*Anatomy of a Murder*，1959年）

為宣傳奧圖·普里明傑（Otto Preminger）的電影而設計的海報。這部電影是改編自羅伯特·崔佛（Robert Traver）的小說，故事內容則是根據崔佛擔任辯護律師的謀殺案所寫成。在20世紀中期，解剖學是一種很流行的隱喻，可用來表示任何類型的嚴密審查。

Ellington）配樂的改編電影，一推出即大獲好評。

沒人能料到把解剖學放在標題裡，對大眾竟有如此強大的吸引力。這種取名策略相當聰明，會令人聯想到受害者的屍體。不過在之後的十年多來，引發讀者與作家想像的其實是解剖學背後的隱喻。一本接著一本出版的著作皆以「……的解剖學」作為書名，其中有許多皆屬於聳動的低俗小說或「真實犯罪故事」：亞歷克斯·M·查德尼克（Alex M. Szedenik）的《瘋人解剖學》（Anatomy of a Psycho，1964年）、蓋瑞·高登（Gary Gordon）的《通姦解剖學與其歷史案例》（*The Anatomy of Adultery, with Case Histories*，1964年），以及金·可洛（King Coral）的《解剖與歡愉》（*The Anatomy and the Ecstasy*，1966年）——這只是其中的三個例子。

也有人嘗試寫出題材嚴肅的暢銷之作：拉迪斯拉斯·法拉哥（Ladislas Farago）的《機智角力戰：諜報與情資解剖學》（*War of Wits: The Anatomy of Espionage and Intelligence*，1954年）、康奈爾·蘭格爾（Cornel Lengyel）的《班奈迪克·阿諾德：叛國解剖學》（*I, Benedict Arnold: The Anatomy of Treason*，1960年；這是在美國獨立戰爭期間，一名投靠英軍的美國軍官所寫的自傳），以及喬治與保羅·安柏（George and Paul Amber）的《自動化科技的解剖學》（*Anatomy of Automation*，1962年；這是兩位作家針對機器人學的歷史所做出的詳盡介紹）——這也只是其中的三個例子。

這波以解剖學作為書名的熱潮在1960年代後期逐漸消退，但偶爾還是會有新作出現。這些書可能看似與解剖學家的藏書無關，但整體而言，它們讓解剖學（不論是作為隱喻，還是作為身體結構的研究）得以深深烙印在大眾的腦海中。羅伯特·崔佛既不是謀殺犯，也不是解剖學家，但他憑著《謀殺解剖學》一書的成功，辭去了他的大法官職務。他在退休後熱衷於垂釣活動，並寫了三本很受歡迎的釣魚遊記，包括《漁人解剖學》（*Anatomy of a Fisherman*；他在1964年著手寫這本書，當時正值這波取名熱潮的最高峰）。

腦部解剖學

目前的研究正利用精細的造影技術，將形塑人體構造的進化過程繪製成圖。迅速蔓延的流行病，例如牛海綿狀腦病（bovine spongiform encephalopathy，簡稱BSE，俗稱狂牛病）、嚴重急性呼吸道症候群（severe acute respiratory syndrome，簡稱SARS）與其他冠狀病毒變異株所引起的疾病，使病理解剖學面臨日益頻繁的挑戰。分子生物學的進展正幫助我們了解人體器官的功能，而隨著物理學家揭開宇宙中次原子的奧秘，他們的發現無疑會導致解剖學在未來的數十年發生典範轉移（paradigm shift）[13]。

那些未來的突破性發展就留待其他的著作來討論。這本書旨在頌讚過去的里程碑，以及在圖畫與著作中建立這些成就的偉大解剖學家，希望能用他們的作品填滿整間書房。現代儀器已徹底改變解剖學的能見度，但值得注意的是，理解解剖學中的可見事物，仍是非凡的人類大腦所要應付的任務，這點數千年來都未曾改變。至少到目前為止，人腦是無法被取代的。

[13] 為美國科學家湯瑪斯·孔恩（Thomas Kuhn，1922–1996年）所提出的概念，意思是一門學科的基本概念與研究方法產生了根本上的變化。

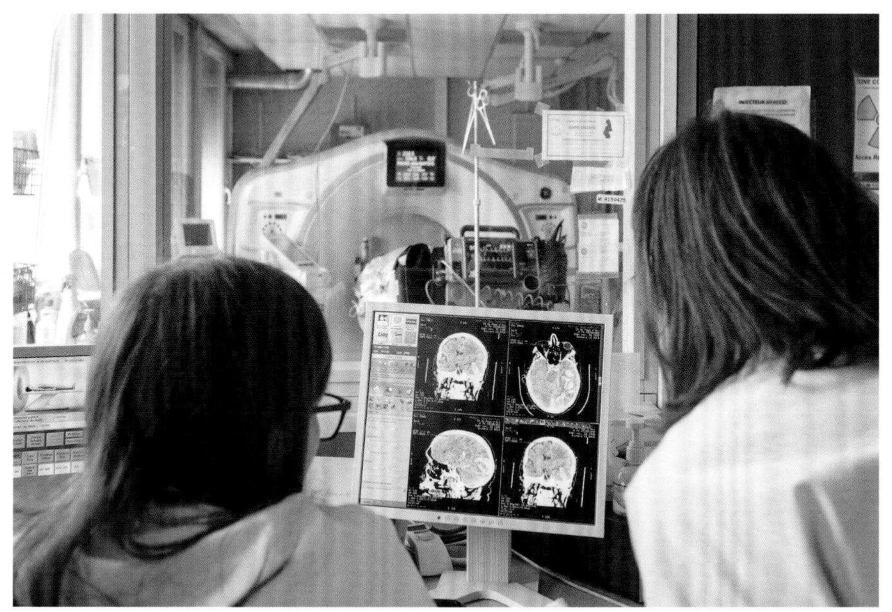

左圖

電腦斷層掃描

上：醫療技術員透過電腦斷層掃描影像，以非侵入的方式檢視一名病患的頭部。
下：正在接受電腦斷層掃描的病患。新科技使我們能以前所未有的視角，觀察人體的各項運作；但理解眼前的事物仍是非凡的人類大腦所要處理的工作。

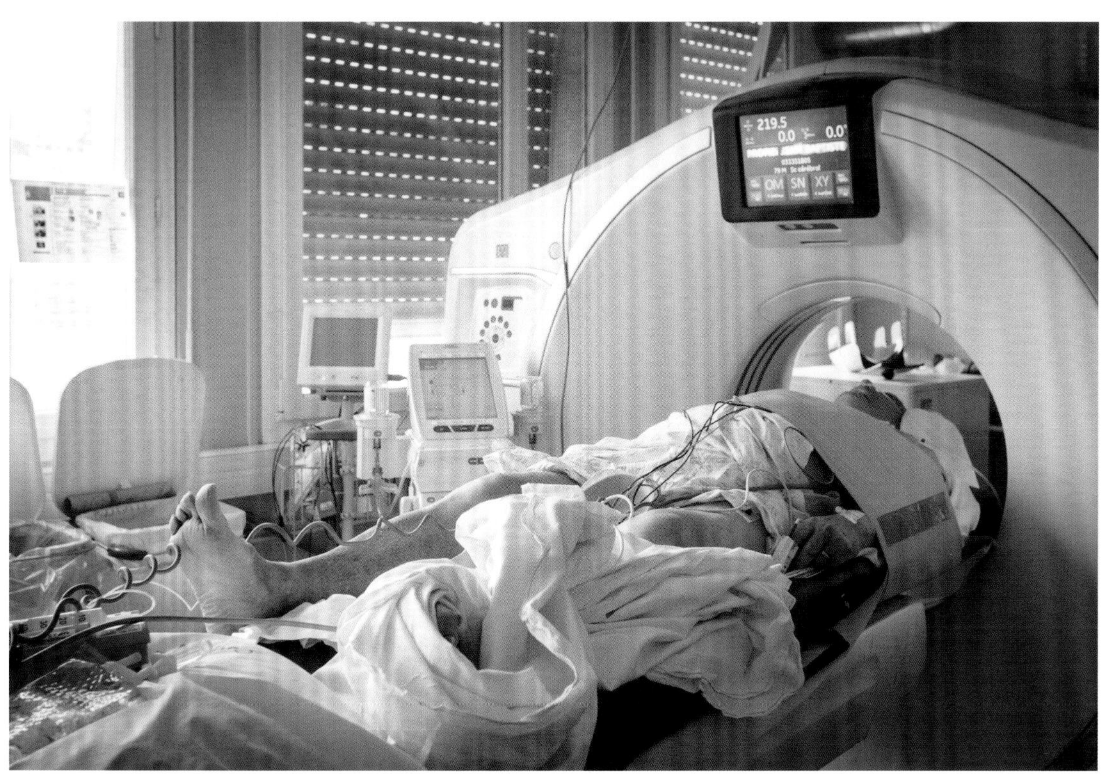

參考書目

第1章：古世界的解剖學

*c.*3000 BCE, Unknown, Edwin Smith Papyrus, Egypt
*c.*3000 BCE, Unknown, Georg Ebers Papyrus, Egypt
*c.*2000 BCE, Unknown, Brugsch Papyrus, Egypt
*c.*1800 BCE, Unknown, Kahun Papyrus, Egypt
*c.*1800 BCE, Unknown, Hearst Papyrus, Egypt
*c.*550 BCE, Alcmaeon, *On Nature*, Greece
*c.*450–150 BCE, Unknown, *Huangdi Neijing*, China
*c.*400–370 BCE, Hippocrates, The Hippocratic Corpus, Greece
*c.*300–280 BCE, Herophilos, On Pulses, Greece
*c.*300–280 BCE, Herophilos, Midwifery, Greece
*c.*200 CE, Galen, *On Anatomical Procedures*, Rome
*c.*200 CE, Galen, *On the Functions of the Different Parts of the Human Body*, Rome
*c.*200 CE, Galen, *On Semen*, Rome
*c.*200 CE, Galen, *On Foetal Formation*, Rome
*c.*200 CE, Galen, *On the Dissection of the Uterus*, Rome
*c.*200 CE, Galen, *Is Blood Naturally Contained in the Arteries?*, Rome
c. 200 CE, Galen, *On My Own Books*, Rome
*c.*860, Hunayn ibn Ishāq (translator), *On Bones for Beginners*, Baghdad
*c.*860, Hunayn ibn Ishāq (translator), *On Anatomical Procedures*, Baghdad
*c.*860, Hunain ibn Ishāq, *Ten Treatises of the Eye*, Baghdad
*c.*900, Rhazes, *Doubts about Galen*, Tehran
*c.*900, Rhazes, *For One Who Has No Physician to Attend Him*, Tehran
c. 940, Rhazes, *The Virtuous Life*, Tehran
1025, Avicenna, *The Canon of Medicine*, Tehran
1288, Ibn al-Nafis, *The Comprehensive Book on Medicine*, Egypt
1316 (published 1475), Mondino de Luzzi, *The Anatomy of the Human Body*, Bologna

第2章：中世紀的解剖學

*c.*1120, Zayn al-Din al-Jurjani, *Thesaurus of the Shah of Khwarazm*, Persia
*c.*1335, Guido da Vigevano, *Health Manual*, France
1345, Guido da Vigevano, *An Anatomy for Philippe VII*, France
1390, Mansur ibn Ilyas, *Anatomy of the Human Body*, Shiraz
1491, Johannes de Ketham (compiler), *Medical Anthology*, Venice
1497, Hieronymus Brunschwig, *The Book of Surgery*
1499, Johann Peyligk, *Compendium of Natural Philosophy*, Leipzig
1501, Magnus Hundt, *Anthropology of the Dignity of Man, Nature and Properties, of the Elements, Parts and Members of the Human Body*, Leipzig
1503, Gregor Reisch, *A Philosophical Pearl*, Strasbourg
1507, Antonio Benivieni, *The Hidden Causes of Disease*, Florence

1512, Hieronymus Brunschwig, *Book of the Art of Compound Distilling*, Strasbourg
1516–24, Alessandro Achillini, *Anatomy of the Human Body*, Venice
1520, Alessandro Achillini, *Anatomical Notes*, Bologna

第3章：文藝復興時期的解剖學

*c.*30 BCE, Vitruvius, *On Architecture*, Rome
1517, Hans von Gersdorff, *Field Book of Surgery*, Strasbourg
1522, Jacopo Berengario da Carpi, *A Brief Introduction . . . to the Anatomy of the Human Body*, Bologna
1528, Albrecht Dürer, *Four Books on Human Proportion*, Nuremberg
1539, Jean Ruel (compiler), *Veterinary Medicine*, Paris
1538, Heinrich Vogtherr, *Anatomy*, Strasbourg
1543, Andreas Vesalius, *On the Fabric of the Human Body in Seven Books*, Basel
1544, Jacob Frölich, *Anatomy*, Strasbourg
1545, Charles Estienne, *On the Dissection of the Parts of the Human Body, in Three Books*, Paris
1545, Ambroise Paré, *The Method of Curing Wounds Caused by Arquebus and Firearms*
1551, Conrad Gessner, *History of Animals*, Zurich
1552 , Juan Valverde de Amusco, *A Pamphlet on the Preservation of Mental and Physical Health*, Paris
1556, Juan Valverde de Amusco, *History of the Composition of the Human Body*, Rome
1559, Realdo Colombo, *Fifteen Books about Anatomy*
1561, Gabriele Falloppio, *Anatomical Observations*, Venice
1575, Ambroise Paré, *Collected Works*, Paris
1598, Carlo Ruini, *Anatomy of the Horse*, Venice
1714, Bartholomeo Eustachi, *Anatomical Charts*, Rome
1898, Leonardo da Vinci, *Leonardo da Vinci's Manuscripts from the Royal Library of Windsor: On Anatomy*, Paris

第4章：顯微鏡時代

1553, Miguel Servet, *The Restoration of Christianity*
1595, Jehan Cousin the Younger, *Book of Portraiture*, Paris
1600, Girolamo Fabrici, *On the Formed Foetus*, Frankfurt
1601, Giulio Casseri, *The Anatomical History of the Voice and Organs of Hearing*
1603, Girolamo Fabrici, *On the Speech of Animals*
1603, Girolamo Fabrici, *On Speech and its Instruments*
1613, Girolamo Fabrici, *Triple Anatomical Treatise*
1613, Johann Remmelin, *A Mirror of the Microcosm*, Augsburg
1621, Girolamo Fabrici, *On the Formation of the Egg and the Chicken*
1626, Adriaan van Spiegel and Giulio Casseri, *On the Formed Foetus*, Padua
1627, Adriaan van Spiegel and Giulio Casseri, *Anatomical Charts*, Venice
1628, William Harvey, *An Anatomical Account of the Motion of the Heart and Blood*, Frankfurt

1644, Giovanni Battista Hodierna, *The Eye of the Fly*, Palermo
1648, William Molins, *Myskotomia, or The Anatomical Administration of all the Muscles of an Humane Body*
1661, Marcello Malpighi, *Anatomical Observations of the Lungs*, Bologna
1664, Thomas Willis, *The Anatomy of the Brain*
1665, Robert Hooke, *Micrographia*, London
1666, Marcello Malpighi, *The Polyp in the Heart*
1668, Reinier de Graaf, *On the Organs of Men which Serve for Generation*
1672, Thomas Willis, *Two Discourses concerning the Soul of Brutes, which is that of the Vital and Sensitive of Man*
1672, Jan Swammerdam and Johannes van Horne, *A Miracle of Nature or the Device of a Woman's Womb*
1672, Reinier de Graaf, *A new Treatise on the Organs of Women which Serve for Generation*
1675, Marcello Malpighi, *Anatomy of the Plants*
1676, Charles Scarborough, *Syllabus of the Muscles*, Oxford
1678, John Browne, *A Compleat Discourse of Wounds*
1681, John Browne, *A Compleat Treatise of the Muscles*, London
1683, Andrew Snape, *The Anatomy of an Horse*
1684, Raymond Vieussens, *A Complete Neurology*, Paris
1685, Govard Bidloo, *Anatomy of the Human Body*, Amsterdam
1694, William Cowper, *Myotomia Reformata, or a New Administration of the Muscles*
1695, Humphrey Ridley, *The Anatomy of the Brain, containing its Mechanism and Physiology*, London
1697, Edward Ravenscroft, *The Anatomist, or The Sham-Doctor*
1698, William Cowper, *The Anatomy of Humane Bodies*, Oxford
1705, Raymond Vieussens, *A New Vascular System of the Human Body*
1737, Jan Swammerdam, *Bible of Nature*, Leiden

第5章：啟蒙時代

1304, Shozen Kajiwara, *Book of the Simple Physician*
1679, Théophile Bonet, *The Cemetery, or Anatomy Practiced from Corpses Dead of Disease*
1706–19, Giovanni Battista Morgagni, *Anatomical Adversaries*
1713, William Cheselden, *The Anatomy of the Humane Body*
1731, Jacques-François-Marie Duverney, *Treatise on the Organ of Hearing*
1733, William Cheselden, *Osteographia, or The Anatomy of the Bones*, London
1735, Antonio Maria Valsalva, *A Treatise on the Human Ear*
1743, William Hunter, *On the Structure and Diseases of Articulating Cartilages*
1746, Jacques Fabien Gautier d'Agoty and Jacques-François-Marie Duverney, *Complete Myology in Colour and Natural Size*, Paris
1747, Bernhard Seigfried Albinus, *Diagrams of the Skeleton and Muscles of the Human Body*, London
1748, Jacques Fabien Gautier d'Agoty and Jacques-François-Marie Duverney, *Anatomy of the Head*, Paris
1749, Jacques-François-Marie Duverney, *The Art of Methodically Dissecting the Muscles*

of the Human Body, Made Accessible to Beginners
1752, Jacques Fabian Gautier d'Agoty, *General Anatomy of the Viscera in Situation: of Natural Size and Colour, Paris*
1754, William Smellie, *A Sett of Anatomical Tables*, London
1752–1764, William Smellie, *A Treatise on the Theory and Practice of Midwifery*
1759, Tōyō Yamawaki, *Notes on the Viscera*
1761, Giovani Battista Morgagni, *Of the Seats and Causes of Diseases Investigated through Anatomy*
1772, Kawaguchi Shinnin, *Analysis of Cadavers*, Heian [Kyoto]
1774, William Hunter, *The Anatomy of the Human Gravid Uterus Exhibited in Figures*, Birmingham, England
1774, Johann Adam Kulmus, Gempaku Sugita, Ryotaku Maeno, Junnan Nakagawa and Hoshu Katsuragawa, *A New Book of Anatomy*, Tokyo
1998, Hilary Mantel, *The Giant*, O'Brien

第6章：發明時代

1789, Antonio Scarpa, *Anatomical Investigations of Hearing and Smell*
1794, Antonio Scarpa, *Neurological Records*
1795, Samuel Thomas von Sömmerring, *A Chart of the Female Skeleton*, Frankfurt
1800, Xavier Bichat, *Treatise on Membranes*
1800, Xavier Bichat, *Physiological Researches upon Life and Death*
1801, Xavier Bichat, *General Anatomy*
1801, Samuel Thomas von Sömmerring, *Pictures of the Human Eye*
1801, Antonio Scarpa, *A Treatise on the Principal Diseases of the Eyes*
1801–1814, Leopoldo Marco Antonio Caldani, *Anatomical Images*, Venice
1805, Hanaoka Seishū, *Findings on Breast Cancer*
1806, Samuel Thomas von Sömmerring, *Pictures of the Human Ear*
1806, Samuel Thomas von Sömmerring, *Pictures of the Human Organ of Taste and Voice*
1807, Philipp Bozzini, *The Light Conductor . . . for Illuminating Inner Cavities and Interstices of the Living Animal Body*
1809, Samuel Thomas von Sömmerring, *Pictures of the Human Organ of Smell*
1809, Franz Joseph Gall and Johann Gaspar Spurzheim, *Investigations into the Anatomy of the Nervous System in General, and of the Brain in Particular*
1819, Franz Joseph Gall, *The Anatomy and Physiology of the Nervous System . . .*
1828, Jones Quain, *Elements of Descriptive and Practical Anatomy for the Use of Students*
1829, John MacNee, *The Trial of William Burke and Helen M'Dougal*
1830, Domenico Cotugno, *Posthumous Works*
1832, Joseph Vimont, *Treatise of Human and Comparative Phrenology*, Paris
1837, Hanaoka Seishū, *Surgical Casebook*
1844, Richard Quain, *The Anatomy of the Arteries of the Human Body*, London
1846, Carl von Rokitansky, *Handbook of Pathological Anatomy*
1858, Henry Gray, *Anatomy: Descriptive and Surgical* (*Gray's Anatomy*)
1858, Rudolph Virchow, *Cellular Pathology*
1859, Charles Darwin, *On the Origin of Species*

1861, Pierre Paul Broca, *Remarks on the Seat of the Function of Spoken Language*
1867, Christian Wilhelm Braune, *Topographical Anatomy Atlas: from Cross-Sections of Frozen Cadavers,* Leipzig
1873, Christian Wilhelm Braune, *The Position of the Uterus and Foetus at the End of Pregnancy from Cross-Sections of Frozen Cadavers*
1882, Sir Richard Quain, *Quain's Dictionary of Medicine*
1885, Zygmunt Laskowski, *Conservation Procedures for Anatomical Specimens*
1886, Zygmunt Laskowski, *Embalming and Conservation of Subjects and Anatomical Preparations*
1893, Zygmunt Laskowski, *Iconographic Atlas of the Normal Anatomy of the Human Body,* Geneva
1931, James Bridie, *The Anatomist*
1966, Sawako Ariyoshi, *The Doctor's Wife*

後記：後續有哪些發展

1921, Ernest William Hey Groves and John Matthew Fortescue-Brickdale, *Text-book for Nurses*, London
1928, Victor Perard, *Anatomy and Drawing*, USA
1929, Evelyn Pearce, *Anatomy and Physiology for Nurses*, London
1935, Evelyn Pearce, *Medical and Nursing Dictionary and Encyclopaedia*, London
1937, Eduard Pernkopf, *Pernkopf's Atlas of Topographic and Applied Anatomy of Man*
1938, Arthur Appleton, William Hamilton and Ivan Tchaperoff, *Surface and Radiological Anatomy*, Cambridge
1939, Katharine Armstrong, *Aids to Anatomy and Physiology: Textbook for the Nurse*, London
1941, Charles Carlson, *A Simplified Art Anatomy of the Human Figure*, New York
1942, Hubert E.J. Bliss, illus. Georges Dupuy, *Baillière's Atlas of Female Anatomy*, London
1945, Emery Reves, *The Anatomy of Peace*
1954, Ladislas Farago, *War of Wits: The Anatomy of Espionage and Intelligence*, USA
1958, Robert Traver, *Anatomy of a Murder*
1960, Cornel Lengyel, I, Benedict Arnold: *The Anatomy of Treason*
1962, George and Paul Amber, *Anatomy of Automation*, Detroit
1964, Ilse Goldsmith, *Anatomy for Children*, New York
1964, Alex M. Szedenik, *Anatomy of a Psycho*
1964, Gary Gordon, *The Anatomy of Adultery, with Case Histories*, USA
1964, Robert Traver, *Anatomy of a Fisherman*
1966, King Coral, *The Anatomy and the Ecstasy*
1968, Isadore Meschan, *Radiographic Positioning and Related Anatomy*
1978, Jonathan Miller, *The Body in Question*, London
2008, Clyde Helms, Nancy Major, Mark Anderson, Phoebe Kaplan and Robert Dussault, *Musculoskeletal MRI*
2018, Kelly Solloway, *The Yoga Anatomy Coloring Book*
2020, (anonymous), *The Human Anatomy and Physiology Coloring Book*

索引

N

O

P

Q

R

S

T

U

V

W

X

Y

Z

圖片來源

在此要感謝以下來源同意本書複製插圖。本人已盡全力提供正確的圖片出處。若有任何無心錯誤或省略情況，將在後續再版時予以更正。

Alamy Stock Photo: 17 (The Picture Art Collection), 18 (Chronicle), 22 (Stocktrek Images, Inc.), 26 (Interfoto), 28 left (World History Archive), 28 right (Artmedia), 30 left (Science History Images), 35 (The Picture Art Collection), 36 (The Picture Art Collection), 37 left, right above + right below (The Picture Art Collection), 38 (The Picture Art Collection), 39 (ART Collection), 40 (Realy Easy Star/Toni Spagone), 45 (Well/BOT), 46 left + right (The Protected Art Archive), 48 (Gravure Francaise), 54 (Art Collection 2), 55 left (Everett Collection Inc), 55 right (Archive World), 59 (ART Collection), 64 (The Granger Collection), 79 (Science History Images), 87 (Universal Art Archive), 89 above left ((Universal Images Group North America LLC), 90 (Gravure Francaise), 95 (incamerastock), 106 left + right (The Picture Art Collection), 107 (The Picture Art Collection), 140 (REDA &CO srl), 141 (World History Archive), 146 above (Album), 146 below (AF Fotografie), 150 left + right), 151 below (Science History Images), 152 (Artokoloro), 162 left above, left below + right (Art World), 163 (Art World), 175 (Granger – Historical Picture Archive), 184 (Artefact), 190 below (Album), 232 (Well/BOT), 240 left below (The History Collection), 241 left (The Picture Art Collection), 241 right (Pictorial Press Ltd)

Anatomia Collection, University of Toronto Libraries: 76 left + right, 77 left + right, 78 left + right, 102, 104 left + right, 105, 135, 136, 137 left + right, 138, 142 left + right, 143 left + right, 159, 160 left, 161 above right, below right, above right + below right, 168, 169 left + right, 170, 171 left + right, 172 above + below, 173, 180–81, 198, 199, 200, 201 below, 224, 225, 226, 227, 228–9

© The Trustees of the British Museum: 222

Bridgeman Images: 34 (© Archives Charmet), 49 (© Photo Josse), 50 (© Photo Josse), 51 above left, above right, below left + below right (© Photo Josse), 151 above left + above right (© British Library Board. All Rights Reserved)

The Cleveland Museum of Art: 84–5 (Purchase from the J. H. Wade Fund)

Getty Images: 6 (Photo Josse/Leemage), 7 (UniversalImagesGroup), 8 (De Agostini Picture Library), 9 (Heritage Images), 10–11 (Heritage Images), 12 (Photo Josse/Leemage), 56 (Mondadori Portfolio), 61 (Universal History Archive), 62 (Sepia Times), 71 (UniversalImagesGroup), 72 (Heritage Images), 73 left + right (Science & Society Picture Library), 88 (Universal History Archive), 89 above right + below right (GraphicaArtis), 89 below left (DEA PICTURE LIBRARY), 91 (GraphicaArtis) , 92 (GraphicaArtis), 98 (Franco Origlia/Stringer), 100 (Leemage), 101 (GraphicaArtis), 156 above left (Universal History Archive), 157 (Science & Society Picture Library), 179 left (Science & Society Picture Library), 185 (Christophel Fine Art), 230 above (Stefano Bianchetti), 240 left below (Bettmann), 252 (mikroman6), 253 (Science Photo Library), 256–7 (Ted Soqui), 258 (LMPC), 259 above + below (BSIP)

Getty Research Institute: 108 left + right, 109, 110

Library of Congress: 65, 66, 67, 68

Metropolitan Museum of Art: 63, 94, 130, 131, 132 left + right

National Library of Medicine: 2, 41, 69 left + right, 70 above left, above right, below left + below right, 80, 81, 82 above left, above right, below left + below right, 96 above left, above right, below left + below right, 112 above + below, 113 left + right, 114 left + right, 115, 116 left + right, 117, 119, 120, 121 left, 122, 125 above left, above right + below, 126 left + right, 127 left + right, 134, 144 left + right, 145, 182, 183 above left, above right, below left + below right, 186, 187, 188 left + right, 189, 191, 192, 203, 204, 205, 206, 207, 208, 209 left + right, 213, 214, 215, 233, 234, 243 left + right, 244, 245 left + right, 247 left, 248, 249, 250, 251

Private Collection: 254, 255

Surgeons' Hall Museums, The Royal College of Surgeons of Edinburgh: 223

Wellcome Collection: 19, 20, 21, 24, 30 middle + right, 31, 32, 33, 44, 53 above left, above right, below left + below right, 60, 118, 124, 139, 147, 153, 154 left + right, 155 above left, above right + below, 156 above right + below, 164 left + right, 165 left, right above + right below, 165 right above + right below, 166 left + right, 167, 177 right, 190 above, 194 left above, left below + right, 195 left + right, 196, 197, 201 above, 216–17, 218 above, below left + below right, 220 left + right, 230 below, 231, 236 left + right, 237 left + right, 238, 239 left + right, 240 below, 247 right

Wikimedia Commons: 16, 47 (Biblioteca europea di informazione e cultura), 83 (National Gallery), 97 (Luc Viatour), 121 right (Biblioteca europea di informazione e cultura), 148 (Mauritshuis), 158 (Rijksmuseum)

作者介紹

科林・薩爾特爾是科學與歷史作家，同時也是圖書愛好者，居住在蘇格蘭的愛丁堡。他著有《科學之美》（*Science is Beautiful*）三部曲（由 Batsford Books 出版社發行），當中集結了大量的植物學與人體微觀圖像。他也是 Pavilion Books 出版社「百大」系列叢書的主要作者，其作品包括《改變世界的 100 本書》（*100 Books that Changed the World*，中譯本由 PCuSER 電腦人文化發行）、《改變世界的 100 個象徵符號》（*100 Symbols that Changed the World*），以及《改變世界的100項科學發現》（*100 Science Discoveries that Changed the World*）。他的《登陸月球》（*The Moon Landings*，由 Flame Tree Publishing 出版社發行）是為了慶祝人類登月 50 周年所寫的書。此外，他曾為貝殼、樹葉與賞鳥指南撰稿，並與麥可・希利（Michael Heatley）合寫《關於發明的一切》（*Everything You Wanted to Know about Inventions*）。他也著有許多有關旅遊與流行音樂的書。